认知盈余 CHEERS

与最聪明的人共同进化

HERE COMES EVERYBODY

模型思维

THE MODEL THINKER

[美] 斯科特·佩奇 著
Scott Page

贾拥民 译

What You
Need to Know
to Make Data
Work for You

圣塔菲
书系
Santa Fe Institute
Series

浙江人民出版社
ZHEJIANG PEOPLE'S PUBLISHING HOUSE

斯科特·佩奇
Scott Page

广受欢迎的"模型思维课"主讲人

密歇根大学复杂性研究中心"掌门人"

圣塔菲研究所外聘研究员

THE
MODEL
THINKER

研究复杂性
与多样性的专家

斯科特·佩奇于1985年获得密歇根大学安阿伯分校数学学士学位，1988年获得威斯康星大学麦迪逊分校数学硕士学位，1990年获得西北大学凯洛格商学院管理经济学硕士学位，1993年获得西北大学凯洛格商学院管理经济学和决策科学博士学位。

佩奇以对社会科学的多样性和复杂性的研究和建模而闻名。具体研究方向包括路径依赖、文化、集体智慧、适应和社会生活的计算模型。研究领域涉及多个学科，包括经济学、政治学、计算机科学、管理学、物理学、公共卫生、地理学、城市规划、工程学和历史学。

他曾多次在高中、大学、公司、非营利组织以及政府演讲，介绍他关于多样性和复杂性的研究。也曾经为国际货币基金组织、美国教育部、福特汽车公司、奔驰汽车公司等提供咨询。

佩奇获得了多项奖金，包括2002年的IGERT奖和2001—2006年的生物复杂性项目SLUCE奖，以及2013年的古根海姆奖（Guggenheim Fellowship）。他还曾多次获得加州理工学院、西北大学和密歇根大学颁发的杰出教学奖，这些大学对他多年来在复杂性和多样性方面的教学成果给予了高度认可。佩奇于2011年当选美国艺术与科学学院院士。

THE MODEL THINKER

广受欢迎的"模型思维课"
主讲人

密歇根大学前校长玛丽·苏·科尔曼（Mary Sue Coleman）说："我们的教师渴望与全世界分享他们的知识，我们的学生对于可以体验全新的教学方式也同样激动。"斯科特·佩奇对此也积极响应，他在Coursera平台上线了"模型思维课"，该课程包括一百多个视频和阅读资料。自课程上线以来，有超过5万名学生注册该课程，超过120万人次观看了课程视频，受到了来自世界各地学生的好评。

佩奇教授鼓励对课程好奇的人们注册学习，并亲身参与其中。他说："这是一个很好的机会，让我们的校友和想要就读密歇根大学的学生们体验一下什么是密歇根大学的教育方式。"

在这门课程里，佩奇讲授了理解和应用模型如何帮助人们做出更好的决策。有证据表明，具备模型思维的人要比没有这种思维的人更优秀，而且能够运用多种模型思考并解决问题的人要比只运用一种模型思考的人更优秀。

佩奇在课程里还着重介绍了几种模型，展示出多样性对创新的重要性。并具体讲解了拥有多样性视角、启发式的群体是怎么比个人表现更好的。

佩奇的课程引用大量的例子，内容生动有趣。他曾在模型思维课程里讲过一个观点：在离散状态马尔科夫（数学模型）过程中，如果把人生看成努力和不努力两个状态，只要状态转移矩阵确定了，长期来看，在每个状态下所停留的时间比例也就都确定了。如果人生的动力源泉是固定的，努力的百分比就是固定的，那么短期内努力或者不努力并不会有什么影响。也就是说，问题的根本不在于你的状态，而在于源动力！所以，在瓶颈期遇到困难实在不想努力的话，多去找一找自己的源动力，想想当初为什么出发。

密歇根大学复杂性研究中心"掌门人"
圣塔菲研究所外聘研究员

斯科特·佩奇于2002—2009年担任密歇根大学复杂性研究中心副主任，于2010—2015年担任主任。复杂性研究中心成立于1999年，其创始成员是一个现已成为传奇的研究小组——巴赫小组（BACH Group）。巴赫小组始于20世纪80年代，成员包括来自不同学科的研究人员，他们都对各种复杂的适应性系统感兴趣。

巴赫小组最初的成员包括美国数学家亚瑟·伯克斯（Arthur Burks）、遗传算法之父约翰·霍兰德（John Holland）等人。美国进化生物学家威廉·汉密尔顿（William Hamilton）、认知科学家侯世达、认知科学家梅勒妮·米歇尔（Melanie Mitchell）也是巴赫小组的成员。现在，巴赫小组由政治学家罗伯特·阿克塞尔罗德（Bob Axelrod）、物理学家马克·纽曼（Mark Newman）、数学家和公共政策学家卡尔·西蒙（Carl Simon）和斯科特·佩奇等人组成。其中，马克·纽曼、卡尔·西蒙也是复杂性研究中心的成员。

佩奇于1999年被圣塔菲研究所聘为研究员，开始了在圣塔菲研究所十几年的研究生涯，主要研究方向依然是复杂性和多样性。

献

给

迈 克 尔 · 科 恩

不应否认，任何理论的终极目标都是尽可能让不可简化的基本元素变得更加简单且更少，但也不能放弃对任何一个单一经验数据的充分阐释。

——————————————阿尔伯特·爱因斯坦

扫码观看斯科特·佩奇对读者朋友的寄语。

这本书是怎样写成的

对我来说，成功意味着我在这个世界上的有效性：我能够把我的思想和价值观带给这个世界，我能够以积极的方式改变它。

———— 汤亭亭

这本书源于我与美国复杂系统专家迈克尔·科恩（Michael Cohen）一次偶然的见面。那是在 2005 年，密歇根大学西厅旁边购物中心的花园。作为一名学者，迈克尔素以慷慨大方而闻名，他在这次见面时说的一番话，彻底改变了我的教学生涯。迈克尔眼中闪烁着光芒，他说："斯科特，我曾经根据查尔斯·拉夫（Charles Lave）和詹姆斯·马奇（James March）写的一本书，开设过一门名为'社会科学建模导论'的课程。你应该重开这门课程，它需要你。"

它需要我？我有点困惑。回到办公室后，我马上找出了那门课的课程大纲。看了之后，我发现迈克尔错了，不是这门课程需要我，而是我需要它。我一直在寻找这样一门课程：既能够向学生介绍复杂系统领域的知识，同时又不脱离他们的日常生活和未来的职业规划。通过讲授一门关于模型的课程，我可以向学生展示各种相关的工具和思想，提高他们推理、解释、设计、沟通、行动、预测和探索的能力。

开设这样一门课程的基本动机是，我们必须利用多种多样的模型去应对复杂性。学了一个学期之后，学生们在看待这个世界时，就不会拘泥于某个特定的角度，相反，他们将透过多种不同的视角去观察世界。他们将站在有许多扇窗户的房子中，拥有看向多个方向的能力。我的学生应该能够更好地应对他们所面对的复杂挑战：改善教育，减少贫困，实现可持续增长，在人工智能时代找到有意义的工作，管理好资源，设计出强大而稳健的金融、经济和政治体系。

第二年秋天，我真的重新开设了这门课程。我本来打算将这门课程命名为"32 种使你变成天才的模型"，但是密歇根大学的传统不允许这个有"王婆卖瓜"之嫌的名字。于是，我沿用了迈克尔的课程名称"建模导论"。事实早已证明，查尔斯·拉夫和詹姆斯·马奇的书是非常不错的入门读物。不过，在过去的几十年中，建模技术已经取得了巨大的进步。我需要对这门课程进行更新，以便将长尾分布（long-tailed distributions）、网络模型、崎岖景观模型（rugged-landscape model）和随机游走模型（random walk model）等全都包括进来。我需要一本讨论复杂性的书。

于是，我开始了写作，但这并非易事。刚开始的两年，写作进展得非常缓慢。后来，在一个春天，我又一次遇到了迈克尔，这次是在西厅的拱门那里。我自己一直对这门课程有所疑问，尽管那时课程已经吸引 20 多名学生了。对于本科生来说，这些模型是否过于抽象了？我是不是应该针对不同的问题或政策领域开设不同的课程呢？面对这些问题，迈克尔笑了笑，他指出任何值得做的事情都必定会招致质疑。告别时，迈克尔再一次强调，帮助人们清晰地进行思考是非常重要且非常有价值的。他叮嘱我不要放弃。

2012 年秋季学期，这门课程又发生了根本性变化。密歇根大学副教务长玛莎·波拉克（Martha Pollack）邀请我加入在线开放课程体系，开设一门在线课程，也就是现在所说的慕课（MOOC）。于是，借助于一台联网的电脑，一个 29 美元的摄像头和一个 90 美元的麦克风，"模型思维"（Model Thinking）这门在线课程正式诞生了。

在来自密歇根大学、斯坦福大学以及 Coursera 的无数师友的帮助下，我将上课用的讲义重新改编成了适合在线课程的形式，包括将每个主题划分为若干模块，并删除了所有受版权保护的资料。在这里，我要对这些热心人士表示感谢，尤其是汤姆·希基（Tom Hickey），他总是随叫随到，帮我解决了很多疑难问题。为了保证效果，我一遍又一遍地重新录制课程。感谢我的狗 Bounder，它是我忠实的听众。

"模型思维"第一次上线时就吸引了 6 万名学生。到现在，这门课程的注册学生人数已经接近 100 万了。在线课程如此受欢迎，以至于我暂时放弃了写作本书的计划。我当时认为也许没有必要写一本书。但是很快，我的电子邮件收件箱就被学生们要求得到一本可以作为在线课程补充书籍的请求塞满了。在迈克尔·科恩不幸因癌症去世后，我更加觉得自己必须尽快完成这本书，于是我重新摊开了书稿。第 1 稿，第 2 稿……第 9 稿……现在，你们看到的是第 30 稿。

写一本书需要大量的时间和开阔的空间。美国著名现代诗人华莱士·史蒂文斯（Wallace Stevens）曾经这样写道："也许，真理取决于在湖边散步的时间。"就我自己写作这本书的经历来说，思考大大得益于数百次横穿怀南斯湖（Winans Lake）的游泳，每到夏天，我和我的家人总是在那里过周末。

在整个写作过程中，我和我生命中的挚爱珍娜·贝德纳（Jenna

Bednar）、我们的儿子奥里（Orrie）和库珀（Cooper），以及我们养的 3 只爱犬 Bounder、Oda 和 Hildy 一起开怀大笑、享受生命、面对挑战、把握机遇。在那里，奥里订正了本书倒数第二稿中的数学错误，珍娜花了两个星期阅读了全部书稿并修正了数百个有问题的地方：字体和语法上有错误的、思路不清晰的、逻辑有缺陷的、举例混乱的……事实上，与我撰写的所有文字作品一样，对这本书的一个更加准确的描述是：斯科特·佩奇写出了第一稿，最后定稿则由珍娜·贝德纳完成。

在写作本书的过程中，我看着我的孩子们从青春期过渡到了成人阶段。我们一家人也吃掉了太多的石锅拌饭、意大利面和燕麦片巧克力饼干。我们用锯子和修枝剪，修剪了无数棵大大小小的树木，补好了篱笆上的几十个破洞；花费了很多时间和精力，试图让地下室和车库变得整齐一些，但最终却总是无功而返。我们也一年又一年地盼望湖上的冰厚到可以滑冰……

从草拟大纲到提交定稿，用了整整 7 年的时间，怀南斯湖冬天结冰、春天又化开，前前后后也有 7 次了。然而，有的冰冻期比其他冰冻期更加难挨。在写作本书的过程中，我的母亲玛丽莲·坦博·佩奇（Marilyn Tamboer Page）不幸因心脏病突发去世，当时她正在散步，那是她每天的例行事务之一。有些深洞永远无法填满，它们会提醒我们珍惜生命所提供的宝贵机会。

现在，这本书终于已经完成了。奥里已经上了大学，库珀明年也要去上大学了。如果您，我亲爱的读者，认为本书中的模型和思想是有用的、有创造性的，而且能够将它们应用于现实世界，并以积极的方式去改变世界，那么我将这些资料组织成书的努力就得到了最大的回报。如果有一天，当我在某个教授或研究生的办公室里（最有可能是在美国中西部的某所大学里）浏览书架时，在拉夫和马奇的书旁边发现了我的这本书，那么我将会觉得非常幸福。

**Part 1
为什么
需要
模型思维**

多模型思维要求掌握多个模型，但是我们并不需要懂得非常多的模型，只要知道每个模型都可以有多种应用场景。要成为一个多模型思考者，需要的不仅仅是数学能力，更需要的是创造力。

**Part 2
模型思维**

要成为一个多模型思考者，必须首先学习掌握多个模型。我们需要理解对模型的形式化描述，并知道如何应用它们。构建模型是一门艺术，只能通过不断实践才能熟练掌握。在建模中，数学和逻辑扮演着专家教练的角色，它们会纠正我们的缺漏。

The Model Thinker

What You
Need to Know to
Make Data Work
for You

Part 1　为什么需要模型思维

多模型思维要求掌握多个模型，但是我们并不需要懂得非常多的模型，只要知道每个模型都可以有多种应用场景。要成为一个多模型思考者，需要的不仅仅是数学能力，更需要的是创造力。

01

做一个多模型思考者

要想成为一个有智慧的人，你必须拥有多个模型。而且，你必须将你的经验，无论是间接的，还是直接的，都放到构成这些模型的网格上。

———————————— 查理·芒格（Charlie Munger）

这是一本关于模型的书。我在书中用简洁的语言描述了几十个模型，并解释该如何应用它们。模型是用数学公式和图表展现的形式化结构，它能够帮助我们理解世界。掌握各种模型，可以提高你的推理、解释、设计、沟通、行动、预测和探索的能力。

　　本书提倡多模型思维方法，应用模型集合理解复杂现象。本书的核心思想是：多模型思维能够通过一系列不同的逻辑框架"生成"智慧。不同的模型可以将不同的力量分别突显出来，它们提供的见解和含义相互重叠并交织在一起。利用多模型框架，我们就能实现对世界丰富且细致入微的理解。本书还包括了一些正式的论证，阐述了如何对现实世界应用多模型框架。

　　本书非常实用。多模型思维具有十分重要的实用价值。运用这种思维方式，你就能更好地理解复杂现象，就能更好地推理。你将会在职业生涯、社区活动和个人生活中表现出更小的差距，做出更加合理的决策。是的，你甚至还可能会变得更有智慧。

　　25 年前，像本书这样讲解模型的著作主要是供教授们和研究生们研究商业、政策和社会科学所用的，金融分析师、精算师和情报界人士也是潜在的读者。这些人都是应用模型的人，他们也是与大型数据库关系最密切的人，这并不是偶然。不过到了今天，关于模型的书已经拥有了更多的读者：广大的知识工作者们。由于大数据的兴起，他们现在已经把模型作为日常生活的一部分了。

如今，用模型组织和解释数据的能力，已经成了商业策略家、城市规划师、经济学家、医疗专家、工程师、精算师和环境科学家等专业人士的"核心竞争力"。任何人，只要想分析数据、制订业务发展策略、分配资源、设计产品、起草协议就必须应用模型，哪怕是做出一个简单招聘决策，也要运用模型思维。因此，掌握本书的内容，特别是那些涉及创新、预测、数据处理、学习和市场准入时间选择的模型，对许多人都有非常重要的实际价值。

使用模型来思考能够带给你的，远远不仅仅是工作绩效的提高。它还会使你成为一个更优秀的人，让你拥有更强的思考能力。你将更擅长评估层出不穷的经济事件和政治事件，更能识别出自己和他人推理中的逻辑错误。有了这种思维方式，你将懂得辨识什么时候意识形态取代了理性思考，并对各种各样的政策建议有更丰富、更有层次的洞见，无论是扩建城市绿地的建议，还是强制药物检测的规定。

所有这些好处都来自与多种多样模型的"亲密接触"，幸运的是，我们用不着一下子掌握千百种模型，而只需先掌握几十种就足够了。本书给出的这些模型就为你提供了一个很好的出发点。它们来自多门学科，其中包括许多人耳熟能详的囚徒困境博弈模型，逐底竞争（Race to the Bottom）和关于传染病传播的 SIR 模型，等等。所有这些模型都有一个共同的形式：它们都假设一些实体，通常是人或组织，并描述他（它）们是如何相互作用的。

本书所讨论的模型可以分为三类：对世界进行简化的模型、用数学概率来类比的模型以及人工构造的探索性模型。无论哪一种形式，模型都必须是易处理的。模型必须足够简单，以便让我们可以在模型中应用逻辑推理。例如，我们讨论了一种传染病模型，这个模型由易感者、感染者和痊愈者组成，可以给出传染病的发生概率。利用这个模型，我们可以推导出一个传染阈值，也就是一个临界点，超过这个临界点，传染病就会传播。我们还可以确定，为了阻止传染病传播，需要接种疫苗人数的比例。

尽管单个模型本身可能就已经相当强大了，但是一组模型可以实现更多的功能。在拥有多个模型的情况下，我们能够避免每个模型本身所固有的局限性。多模型方法能够消除每个单个模型的盲点。基于单一模型的政治选择可能忽略了世界的一些重要特征，如收入差距、身份多样性以及与其他系统的相互依赖关系。[1]有了多个模型，我们可以达成对多个流程的逻辑推理，可以观察不同因果过程是如何重叠和相互作用的，也拥有了理解经济、政治和社会世界复杂性的可能。而且，我们在这样做的时候并不需要放弃严谨性，因为模型思维能够确保逻辑的一致性。由此，推理将建立在扎实的证据基础之上，因为模型需要用数据检验、改进和精炼。总而言之，当我们的思维得以在多个逻辑上一致、处在通过了经验验证的框架中时，我们更有可能做出明智的选择。

大数据时代的模型

在当今这个大数据时代，像本书这样一本讨论模型的书可能看上去有些不合时宜。现在，数据正以前所未有的维度和粒度急速地涌现出来。过去，消费者的购买数据只能以每月汇总表的形式打印出来，而现在却可以与空间、时间信息及消费者"标签"一起实时传输。学生的学习成绩数据，现在也包括每一份作业、每一篇论文、每一次测验和考试的分数，而不再仅仅是一个期末总成绩了。过去，农场工人也许只能在每月一次的农场会议上提出土壤过于干燥的问题，而现在，他们却能够用拖拉机自动传输以平方米为单位的关于土壤肥力和水分含量的实时数据了。投资公司要跟踪数千只股票的数十种比率和趋势，并使用自然语言处理工具来解析文档。医生则可以随时提取包括相关遗传标记在内的患者记录。

仅仅在 25 年以前，大多数人获得的知识只能来自书架上的几本书。也许你工作的地方有一个小型图书馆，或者你家里有全系列的百科全书和几十本参考书。学术界、政府和私营部门的研究者则可以利用大型图书馆的馆藏资料，但是他们也经常不得不亲身前往查阅。就在 20 世纪末 21 世纪初，为了获得必要的信息，学者们仍然不得不在卡片目录室、缩微胶片阅览室、图书馆书架以及私人收藏家的"宝库"之间来往穿梭。

现在，这一切都发生了颠覆性的变化。几个世纪以来一直受到纸张束缚的知识内容，今天已经以数据包的形式在"空中"自由流动了。关于此时此地的实时信息也是如此。以前，新闻是刊载在报纸上的，最高以每天一次的频率送到我们手上；而现在，新闻却是以连续的数字流形式流入我们的个人设备。股票价格、体育赛事比分、关于政治经济事件和文化事件的新闻，全都可以实时查询、实时访问。

然而，无论数据给我们留下的印象如何深刻，它都不是灵丹妙药。我们也许可以通过数据了解到已经发生了什么和正在发生什么，但是，由于现代世界是高度复杂的，我们可能很难能理解为什么会发生这种情况。更何况，经验事实本身也可能是误导性的。例如，关于计件工资制的统计数据往往会显示，工人每生产一件产品获得的报酬越高，他们生产的产品就会越少。对此，用一个薪酬取决于工作条件的模型可以很好地解释相关数据。如果工作条件很差，导致很难生产出产品，那么每单位产品的工资可能很高；如果工作条件很好,那么每单位产品的工资就可能会很低。因此,并不是更高的计件工资导致了更低的生产率,而是更加糟糕的工作条件导致了这种结果。[2]

此外,我们社会中的大多数数据,也就是关于经济、社会和政治现象的数据,都只是时间长河上的瞬间或片断的记录。这种数据是不能告诉我们普遍真理的。我们的经济、社会和政治世界并不是固定不变的。在这个十年内,男孩在标准化考试中的成绩超过了女孩,但是下个十年就有可能变为女孩的成绩好于男孩。人们今天投票的原因,可能与未来几十年投票的原因截然不同。

我们需要模型,不然就无法理解计算机屏幕上不断滑过的数据流。因此,这个时代,可能恰恰因为我们拥有如此多的数据,也可以被称为多模型时代。纵观学术界、政府、商界和非营利部门,你基本上无法找到任何一个不受模型影响的研究领域,甚至可以说根本不存在不需要模型的决策领域。麦肯锡(McKinsey)和德勤(Deloitte)等咨询业巨头要通过构建模型来制订商业策略;贝莱德集团(BlackRock)和摩根大通集团(JPMorgan Chase)等金融业大公司要利用模型来选择投资,州立农业保险公司(State Farm)和美国好事达保险公司(Allstate)等公司的精算师要借助风险校正模型来给保险单定价。谷歌公司的人力资源部门要利用预测分析模型来为超过 300 万求职者进行评估。各大学和学院的招生人员也要建立模型,以便从成千上万的申请入学者当中选出合格的新生。

美国行政管理和预算局(Office of Management and Budget)通过构建经济模型预测税收政策的影响。华纳兄弟公司通过数据分析模型评估观众对电影的反应。亚马逊公司开发机器学习模型向消费者推荐商品。由美国国家卫生研究院(National Institutes of Health)资助的研究团队建立了人类基因组学的数学模型，用于寻找和评估癌症潜在的治疗方法。盖茨基金会使用流行病学模型设计疫苗接种策略。甚至运动队也都使用模型来预测选秀结果和交易机会，并制订比赛策略。例如，芝加哥小熊队（Chicago Cubs）之所以能够在经历了一个多世纪的失败后赢得世界职业棒球联赛的冠军，就是因为很好地利用了模型去选择球员、设计比赛策略。

对于使用模型的人来说，模型思维的兴起还有一个更简单的解释：模型能够让我们变得更聪明。如果没有模型，人们就会受到各种认知偏差的影响：我们会对近期发生的事件赋予过高的权重、会根据"合理程度"分配概率、会忽略各种基本比率。如果没有模型，我们处理数据的能力就会受到极大的限制。有了模型，我们就能澄清相关假设且更有逻辑地进行思考，还可以利用大数据来拟合、校准、检验因果关系与相关性。总之，有了模型，我们的思考会更有效。有证明表明，如果让模型与人面对面直接"竞争"，模型将会胜出。[3]

为什么需要多模型

在本书中，我们主张在给定情况下不仅使用一个模型，而要使用多个模型。多模型方法背后的原理基于这样一个古老的思想，那就是"管中窥豹需多管齐下"。这个思想至少可以追溯至亚里士多德，他强调了将许多人的优点集中起来这个做法的价值。呈现视角和观点的多样性，也是美国历史上"名著运动"（great-books movement）背后的一大动力。在这个运动中涌现出来的《伟大的思想：西方世界名著中伟大的思想观念合集》（*The Great Ideas : A Syntopicon of Great Books of the Western World*）一书，就收集了 102 个重要的可永世流传的思想。

现在，这种方法也在汤亭亭所著的《女勇士》（*The Women Warrior*）

一书中得到了回响，她这样写道："我已经学会了如何让我的思想变得博大；因为宇宙很大，所以给悖论留下了存在的余地。"这种方法也构成了现实的商业和政治世界有实际意义的行动基础。最近的一些论著指出，如果我们想要理解国际关系，就不能只将世界建模为一组具有明确目标的自利国家，也不能只将世界建模为跨国公司和政府间组织之间的联系枢纽，而应该把世界同时建模为这两者。[4]

尽管多模型方法看上去似乎很平常，但请注意，它其实是与我们讲授模型和构建模型的传统方法相悖的。传统的方法，那些在高中时老师教授的方法，依赖一对一的逻辑，也就是说一个问题需要一个模型。比如，老师会告诉我们，在这种情况下，我们应该运用牛顿第一定律；在那种情况下，我们应该运用牛顿第二定律；在第三种情况下，则应该运用牛顿第三定律。又或者，在这里，我们应该使用复制因子方程（replicator equation）来说明下一期兔子种群的大小。在这种传统的方法中，目标是确定一个适当的模型并正确应用这个模型。而多模型思维所要挑战的，恰恰正是这种传统方法。多模型方法主张尝试多个模型。如果你在九年级时就使用过多模型思维，你可能会被阻止，但是现在使用多模型思维，你将会取得很大进步。

大部分学术论文也遵循传统的一对一的方法，尽管有时它们是在使用单一的模型去解释复杂的现象。例如，有人声称，在美国 2016 年选举中投票给特朗普的那些人，都是经济上的失败者。又或者，小学二年级时老师的素质决定了孩子长大成人后能够取得经济成就的大小。[5] 不过，近年来，一系列畅销的非虚构作品的诊断，使这种基于单个模型的传统思维方式的弊端呈现在人们面前：教育成功只取决于毅力；资本集中导致不平等；糖消耗导致民众健康状况不佳……这些单个模型中的每一个都可能是正确的，但没有一个是全面的。面对各种复杂的挑战，创造一个包容更广泛教育成就的世界，我们需要的不是单个模型，而是多个模型构成的格栅。

通过学习本书中的模型，你就可以着手构建自己的格栅模型。这些模型来自多个学科，涉及各种现象，例如收入不平等的原因、权力的分配、传染病和流行风尚的传播、社会动乱的前置条件、合作的发展、秩序的涌现，以及城市和互联网的结构等。

模型的假设和结构各不相同。有些模型描述了少量理性的、自私的行为主体之间的互动，有些模型则描述了大量的遵循规则的利他主义者的行为。一些模型描述了均衡过程，还有一些模型讨论路径依赖性和复杂性。这些模型的用途也各不相同。一些模型是用来帮助预测和解释的，一些模型是用来指导行动、推动设计或促进沟通的，还有一些模型则创造了有待我们去探索的虚拟世界。

所有模型都有三个共同特征。第一，它们都要简化，剥离不必要的细节，抽象掉若干现实世界中的因素，或者需要从头重新创造。第二，它们都是形式化的，要给出精确的定义。模型通常要使用数学公式，而不是文字。模型可以将信念表示为世界状态的概率分布，可以将偏好表示为各备选项之间的排序。通过简化和精确化，模型可以创造易于处理的空间，我们可以在这些空间上进行逻辑推理、提出假说、设计解决方案和拟合数据。模型创建了我们能够以符合逻辑的方式进行思考的结构。正如维特根斯坦在《逻辑哲学论》（*Tractatus Logico-Philosophicus*）一书中所写的："逻辑本身就能解决问题，我们所要做的，就是观察它是如何做到的。"是的，逻辑有助于解释、预测、沟通和设计。但是，逻辑也不是没有代价的，这就导致模型的第三个共同特征是：所有模型都是错误的，正如统计学大师乔治·博克斯（George Box）所指出的那样。[6] 所有模型概莫能外，即使是牛顿提出的那些定律和法则，也只是在特定的条件下成立。所有模型都是错误的，还因为它们都是简化的，它们省略掉了细节。通过同时考虑多个模型，我们可以实现多个可能情况的交叉，从而克服单个模型因严格而导致的狭隘性。

只依靠单个模型其实是过于狂妄自大的表现，这种做法会导致灾难性的后果。相信只凭一个方程，就可以解释或预测复杂的现实世界现象，会使真理成为那种很有"魅力"的简洁的数学公式的牺牲品。事实上，我们永远不应指望任何一个模型能够准确预测 1 万年后的海平面将上升多少，甚至也不应该指望任何一个模型能够准确预测 10 个月后的失业率。我们需要同时利用多个模型才能理解复杂系统。政治、经济、国际关系或者大脑等复杂系统永远都在变化，时刻都会涌现出介于有序和随机之间的结构和模式。当然，根据定义，复杂现象肯定是很难解释或预测的。[7]

因此在这里，我们面临着一个严重的脱节。一方面，我们需要模型来连贯地思考。另一方面，任何只具有少数几个活动部件的单个模型都无法解释高维度的复杂现象，例如国际贸易政策中的模式、快速消费品行业的发展趋势或大脑内部的适应性反应。即便是牛顿，也无法写出一个能够解释就业水平、选举结果或犯罪率下降趋势的三变量方程。如果我们希望了解传染病的传播机制、教育成效的变化、动植物种类的多样性、人工智能对就业市场的冲击、人类活动对地球气候的影响，或者社会动乱的可能性，就必须通过多个模型去了解它们：机器学习模型、系统动力学模型、博弈论模型和基于主体的模型等。

智慧层次结构

为了论证多模型思维方式的优点，我们先从诗人和剧作家 T. S. 艾略特的一个疑问入手："我们迷失于知识中的智慧到哪里去了？我们迷失于信息中的知识到哪里去了？"在这里，我们还可以加上一句：我们迷失于数据中的信息到哪里去了？

我们可以把艾略特的这个疑问形式化为一个智慧层次结构（wisdom

hierarchy），如图 1-1 所示。在这个智慧层次结构的最底部是数据，也就是原始的、未编码的事件、经历和现象。出生、死亡、市场交易、投票、音乐下载、降水、足球比赛，以及各种各样的（物种）发生事件等。数据既可以是一长串的 0 和 1，也可以是时间戳，或是页面之间的链接等。数据是缺乏意义、组织或结构的。

信息用来给数据命名并将数据归入相应的类别。为了说明数据与信息之间的区别，看看这几个例子：落在你头上的雨是数据，佛蒙特州伯灵顿市和安大略湖的 7 月份总降水量则是信息；威斯康星州麦迪逊市国会大厦旁边周六市场上的鲜红辣椒和金黄玉米是数据，而农民的总销售额则是信息。

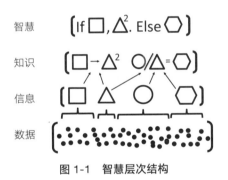

图 1-1　智慧层次结构

我们生活在一个信息极大丰富的时代。一个半世纪以前，掌握信息可以带来很高的经济和社会地位。英国小说家简·奥斯汀（Jane Austen）笔下的爱玛就曾问过，弗兰克·丘吉尔（Frank Churchill）是不是"一个拥有着很多信息的年轻人"。[①] 如果放到今天，她肯定不会在意这个问题。如果穿越到现在，那么弗兰克·丘吉尔会和其他人一样有一部智能手机，问题只在于

---

① 二人均为简·奥斯汀的小说《爱玛》中的人物。——编者注

他有没有能力很好地利用这些信息。正如陀思妥耶夫斯基在《罪与罚》一书中所写的那样："他们说，我们已经得知了事实。但事实不是一切，至少有一半的分歧就出在人们怎样利用事实上！"

柏拉图将知识定义为合理的真实信念。更现代的定义则认为知识就是对相关关系、因果关系和逻辑关系的理解。知识组织了信息，呈现为模型的形式。市场竞争的经济学模型、网络的社会学模型、地震的地质学模型、生态位形成的生态学模型以及学习的心理学模型都体现了知识。这些模型能够解释和预测。化学键模型解释了为什么金属键会使我们无法将手伸进钢制的门，为什么当我们潜入湖水中时氢键会影响我们的体重。[8]

层次结构的基础就是智慧。智慧就是指识别和应用相关知识的能力。智慧需要多模型思维。有时，智慧体现在懂得如何选出最优模型，就好像将箭从箭袋中抽出来一样。还有时，智慧可以通过求出各种模型的平均结果来实现，这是在进行预测时的一种常见做法。采取行动时，有智慧的人都会应用多个模型，就像医生会让病人做好几种检查来帮助诊断一样。他们使用模型来排除某些行为、选择某些行为。有智慧的个人和团队会有意让模型之间相互"对话"，探索不同模型之间的重叠和差异。

智慧包括选择正确的知识或模型。考虑一下这个物理问题：一个小小的毛绒玩具猎豹从一架飞在 6 千米高的飞机上掉下来，当它着地时会造成多大的伤害？学生可能已经掌握了引力模型和自由降落速度模型。这两个模型会给出不同的答案。引力模型的预测是，这个玩具猎豹会撕裂汽车的顶棚。自由降落速度模型的预测则是这个玩具猎豹的最高速度可以达到每小时 16 千米。[9]在这个问题上，智慧意味着，知道应该如何运用自由降落速度模型。事实上，站在地上的一个人，完全可以将这只柔软的毛绒玩具抓在手中。在此，不妨引用进化生物学家 J. B. S. 霍尔丹（J. B. S. Haldane）的一段话来说明这个问题："你可以将一只小鼠丢到一口深达千米的矿井，当它坠落到井底时，只要地面是相当柔软的，那么小鼠只会受到轻微的震荡，而且能够自行走开。但如果是大鼠的话就会摔死，人则会粉身碎骨，马更将尸骨无存。"

回到上面这个毛绒玩具的问题上来，要想得到正确的答案需要信息（这个玩具的重量）、知识（自由降落速度模型）和智慧（选择正确的模型）。商界和政界领袖也依靠信息和知识做出明智的选择。例如，2008 年 10 月 9 日，冰岛的货币冰岛克朗（króna）开始自由落体般的急剧贬值。当时的软件巨头甲骨文公司（Oracle）的财务主管埃里克·鲍尔（Eric Ball）必须做出一个决定。就在几个星期之前，他刚刚处理了国内住房抵押贷款危机带来的冲击。冰岛的情况引发了国际关注，而甲骨文公司持有数十亿美元的海外资产。鲍尔先考虑了关于金融崩溃的网络传染模型，然后他又考虑了讨论供给和需求的经济学模型（在这种模型中，价格变化的幅度与市场冲击的大小相关）。2008 年，冰岛的国内生产总值仅为 120 亿美元，只相当于麦当劳公司 6 个月的销售收入。事后，鲍尔回忆当时的思考过程："冰岛的经济规模比美国弗雷斯诺市还要小呢。回去工作吧，不用多管。"[10]

要理解这个例子，或者理解多模型思维方法，关键是要认识到鲍尔并没有去探索过多的模型，他找到了一个模型来支持已经决定采取的行动。是的，他没有尝试很多模型后找到一个能证明自己行为合理性的模型。相反，他只评估了两个可能有用的模型，然后选择了一个更好的模型。鲍尔拥有正确的信息（冰岛很小），选择了正确的模型（供需模型），并做出了一个明智的选择。

接下来，我们重新反思两个历史事件来说明如何让多个模型展开"对话"。这两个历史事件是：2008 年的全球金融市场崩溃，它使总财富（或者说至少是人们所认定的总财富）减少了数万亿美元，进而导致了长达 4 年之久的全球经济衰退；以及 1961 年的古巴导弹危机，它几乎引发了一场核战争。

对于 2008 年全球金融市场崩溃的原因，已经出现了多种解释：外国投资过多；投资银行过度杠杆化；抵押贷款审批过程缺乏监督；家庭消费者过分乐观的情绪；金融工具的复杂性；对风险的误解，以及贪婪的银行家明知泡沫存在却铤而走险并期望获得救助；等等。表面证据似乎与这些解释保持了一致：从外国流入了大量资金；贷款发起人发放了"有毒"（低质量）的抵押贷款；投资银行的杠杆率确实非常高；金融工具太过复杂导致大多数人无法理解；不少银行预计政府会出台救助计划；等等。通过模型，我们可以在这些解释之间加以"裁决"，可以分析其内在一致性；它们是否符合逻辑？我们还可以用数据进行校准、对推断进行检验。

经济学家罗闻全运用多模型思维方法，对关于这场危机的 20 种不同解释进行了评估。他发现，每一种解释都有不足之处。而且，没有理由认为投资者在明知自己的行为会导致全球危机时还会为泡沫作贡献。因此，泡沫的严重程度一定是出乎许多人的意料的。金融公司可能假定其他公司已经做好了尽职调查，而事实上并没有。回想起来，明显"有毒"的抵押贷款组合也找到了买家。如果全球金融市场崩溃成为定局，那么买家就不会存在。虽然杠杆率自 2002 年以来一直在上升，但却并没有比 1998 年的时候高出很多。而对于政府必定会救助银行的观点，雷曼兄弟银行的遭遇说明了一切：雷曼兄弟银行于 2008 年 9 月 15 日倒闭，它的资产超过 6 000 亿美元，这是美国历史上最大的破产案，然而政府并没有介入。

罗闻全认为，每种解释都包含了一个逻辑上的缺憾。从数据本身来说，没有任何一个解释是特别有根据的。正如罗闻全所总结的："我们应该从一开始就努力对同一组客观事实给出尽可能多的解释，并寄希望于时间。当时机成熟的时候，关于这场危机更细致和更一致的解释就会浮现出来。"他还说："唯有通过收集多样化且往往相互矛盾的解释，我们才能最终实现对危机更完整的理解。"任何单个的模型都是不足的。[11]

在《决策的本质》(*Essence of Decision*) 一书中，美国政治学家格雷厄姆·艾利森（Graham Allison）采用多模型思维方法解释了古巴导弹危机。1961 年 4 月 17 日，一支由美国中央情报局训练出来的半正规武装队伍在古巴海岸登陆，企图推翻菲德尔·卡斯特罗的政权，加剧了美国与古巴的盟友苏联之间的紧张关系。作为回应，时任苏联总理尼基塔·赫鲁晓夫将短程核导弹运到了古巴。而时任美国总统约翰·肯尼迪则以对古巴的封锁作为回应。最终，苏联做出让步，危机结束了。

艾利森用三个模型解释了这个事件。首先，他运用理性行为者模型（rational-actor model）阐明，肯尼迪当时有三种可能的行动：发动核战争、入侵古巴或者进行封锁，最终他选择了封锁。理性行为者模型假设肯尼迪为每种行动绘制了一棵博弈树，并附上苏联可能做出的反应，然后，肯尼迪根据苏联的最优反应来思考自己的行动。例如，如果肯尼迪选择发动核战争，那么苏联就会反击，最终可能会造成数百万人死亡。如果肯尼迪决定封锁古巴，他就会使古巴人挨饿，而苏联则可能选择撤退或发射导弹。考虑到这个选择，苏联应该让步。这个模型揭示了核心策略逻辑（central strategic logic），并为肯尼迪大胆选择封锁古巴提供了合理的理由。

然而，尽管如此，像所有模型一样，这个模型也是错误的。它忽略了一些重要的相关细节，使它乍看起来比实际情况更好。这个模型也忽略了苏联已经将导弹运入古巴这个事实。如果苏联是理性的，他们应该会和肯尼迪一样画出博弈树，并认识到他们必须拆除导弹。理性行为者模型也无法解释为什么苏联没有将导弹藏起来。

其次，艾利森用组织过程模型（organizational process model）解释了这些不一致性。缺乏组织能力是苏联未能隐藏导弹的原因。这个模型也可以解释为什么肯尼迪选择封锁古巴，因为当时美国空军不具备在一次打击中就摧毁导弹的能力。即便只剩下一枚导弹，也会造成数百万美国人的伤亡。艾利森巧妙地结合了这两个模型。来自组织过程模型的洞察力，改变了理性选择模型（rational-choie model）中的结果。

最后，艾利森又使用了政府过程模型（governmental process model）。之前的两个模型都将国家化约为它们的领导者：肯尼迪代表美国行动，赫鲁晓夫代表苏联行动。政府过程模型则认为，肯尼迪不得不与国会抗衡，而赫鲁晓夫则必须维持支持自己的政治基础。因此，赫鲁晓夫在古巴部署导弹是一种力量的宣示。

艾利森这本书分别展示了模型本身以及模型之间对话的威力，每一个模型都能使思路变得更加清晰。理性行为者模型确定了导弹到达古巴后可能采取的行动，并帮助我们看清了这些行动的含义。组织过程模型让我们注意到了是组织而不是个人在实施这些行动。政府过程模型则突出了入侵的政治成本。在通过所有这三个视角评估了这个事件后，我们就有了更全面、更深刻的理解。所有模型都是错的，但是同时运用多个模型确实非常有用。

在这两个例子中，不同的模型解释了不同的因果因素。此外，多模型思维方法也可以专注在不同的尺度上。在一个经常被人提及的故事中，一个孩子声称地球是驮在一头巨大的大象背上的。一位科学家问这个孩子，那么大象又是站在什么东西上呢。孩子回答道："一只巨大的乌龟的背上。"然后，科学家继续问，孩子继续答。不难预料接下来会发生的事情，孩子的回答是："你不要再问啦！乌龟驮乌龟，一直驮下去！"[12]

如果我们这个世界真的就是通过乌龟驮乌龟这样维持着的，或者说，如果这个世界是自相似（self-similar）的，那么最顶层的模型将适用每个层面。但是经济、政治世界和社会都不可能是这样的乌龟队列，大脑也不可能。在亚微米水平上，大脑由构成突触的分子组成，突触组成了神经元，神经元在神经元网络中结合。不同的神经元网络相互重叠，具体模式可以通过脑成像技术来加以研究。这些神经元网络存在的层级低于功能性系统（如小脑）。既然大脑在每个层级都有所不同，我们就需要多个模型，而且这些模型也各不相同。表征神经元网络稳健性的模型与用于解释脑细胞功能的分子生物学模型几乎没有任何相似之处，而后者又与用于解释认知偏差的心理学模型有所不同。

多模型思维的成功取决于一定程度的可分离性。在分析 2008 年金融危机的成因时，我们需要依赖外国人购买资产模型、资产组合模型、金融杠杆模型等多个模型。艾利森在根据博弈论模型进行推导时，不需要考虑组织过程模型。与此类似，在研究人体时，医生会将骨骼系统、肌肉系统、大脑系统和神经系统分开。也就是说，多模型思维并不要求这些不同的模型将系统分割为互不相关的部分。面对一个复杂的系统，用柏拉图的话来说，我们不能"将整个世界雕刻在关节上"。但是，我们可以部分地将主要的因果关系分离出来，然后探讨它们是如何交织在一起的。在这个过程中，我们将发现经济、政治和社会系统产生的数据会表现出一致性。这样一来，社会数据就不会再像家里养的猫一样吐出令人费解的毛球序列了。

做一个多模型思考者

现在总结一下。我们生活在一个充斥着信息和数据的时代。同时，这些数据得以产生的技术条件还极大地缩短了时间和空间上的距离。它们让经济、政治和社会行动者变得更加敏捷，能够在一瞬间就对经济和政治事件做出反应。它们还增加了连通性，因而也增加了复杂性。我们面临着一个由技术引发的悖论：在我们对世界的了解变得更多、更深入的同时，这个世界也变得更加复杂了。考虑到这种复杂性，任何单个模型都更有可能遭到失败。当然，我们不应该抛弃模型，恰恰相反，我们应该将逻辑一致性置于比直觉更优先的位置；我们不能满足于双重模型、三重模型甚至四重模型，我们要成为多模型思考者。

要成为一个多模型思考者，必须学习掌握多种模型，我们可以从中获得实用的知识，需要理解对模型的形式化描述，并知道如何应用它们。当然，我们也不一定非要成为专家不可。因此，这本书在可阅读性和论证深度之间做了一些权衡，它既可以作为学习资源也可以作为学习指导，书中对各个模型的正式描述都放在独立的专栏中。我还保证不会出现一行接一行都是方程式的情况，如果那样的话，即便是最专注的读者可能也无法忍受。不过，本书还是包括了少数几处包含方程式的论述，但它们都是容易理解的，也是应该被掌握的。构建模型是一门艺术，只能通过不断实践才能熟练掌握，这不是一项以观赏为目的的活动，需要刻意地练习。在建模中，数学和逻辑扮演着专家教练的角色，它们会纠正我们的缺漏。

本书其余各章安排如下。第 2 章和第 3 章讨论了多模型思维方法，第 4 章讨论了对人类建模的挑战。接下来的 20 几章，每章分别讨论一个模型或一类模型。由于一次只讲解一个模型，所以可以非常方便地将模型的假设、含义和应用厘清。这种章节结构也意味着，我们既可以阅读纸质书，也可以阅读电子书，而且可以直接去阅读与自己感兴趣的模型相关的章节每一章，我们都会应用多模型思维方法去解决各种各样的问题。本书最后给出了两个深度分析：一是针对类药物流行的现象，另外一个则涉及收入不平等问题。

02

模型的 7 大用途

了解现实就意味着构建转换系统，这些转换系统或多或少
都必须与现实相对应。

——————————————— 让·皮亚杰（Jean Piaget）

在本章中，我们定义了模型的类型。人们通常认为，模型就是对世界的简化。是的，模型可以是对世界的简化，但是模型也可以采用类比的形式，或者，模型本身可能就是为探索思想和总结观点而构建的虚拟世界。在本章中，我们还描述了模型的 7 大用途。在学校里，我们应用模型来解释数据。在现实世界中，我们应用模型来预测、设计和采取行动，也可以使用模型来探索新思想和新的可能性，还可以利用模型来交流思想、增进理解。

模型的价值还体现在，它们能够把特定结果所需要的条件清晰地揭示出来。我们所知道的大多数结论都只是在某些情况下成立。例如，三角形最长边的平方等于另两边平方之和这个结论，只有当最长边是直角的对边时才成立。模型还可以揭示直觉结论可能成立的条件。我们可以分析传染病在什么情况下会传播、市场在什么条件下能正常运行、投票在什么环境下能够得到好的结果、群体在什么条件下能够给出准确预测……。这些都不是确定的事件。

本章分为两部分。在第一部分，我们描述了构建模型的 3 种方法。在第二部分，我们介绍了模型的 7 大用途：推理（reason）、解释（explain）、设计（design）、沟通（communicate）、行动（act）、预测（predict）和探索（explore）。这些用途的首字母，构成了一个缩略词"REDCAPE"。这个缩略词的字面含义为"红色披风"，提醒我们：多模型思维可以赋予我们强大的力量。[1]

构建模型的 3 种方法

要构建一个模型，我们可以在如下所述的 3 种方法中选择一种。

构建模型的第一种方法是具身法（embodiment approach）。用这种方法构建的模型包括重要部分，同时对于不必要的维度和属性，要么剥离，要么将它们整合在一起考虑。生态沼泽模型、关于立法机构和交通系统的模型都是用这种方法构建的，气候模型和大脑模型也是如此。

构建模型的第二种方法是类比法（analogy approach），可以对现实进行类比与抽象。我们可以将犯罪行为传播类比为传染病传播，将政治立场的选择类比为在一个左 - 右连续线段上的选择。球形牛是类比方法的一个最直观的例子：为了估计一头牛身上牛皮的面积，我们会假设那头牛的形状是球形的。之所以要这样做，是因为微积分教科书所附积分表中的公式，会出现 $\tan(x)$ 和 $\cos(x)$，但是不会出现类似 $\cos(x)$ 这样的东西。[2]

相比而言，具身法更强调现实主义，而类比法则致力于刻画过程、系统或现象的本质。当一位物理学家假设不存在摩擦，同时又以其他方式做出符合现实的假设时，他所采用的就是具身法。当一位经济学家将相互竞争的公司视为不同的物种并在此基础上定义产品利基时，就是在做类比，用一个模型来表示不同的系统。但是，在具身法与类比法之间并没有一条明确的界限。例如，关于学习的心理学模型，在给不同的备选项分配权重时，往往会合并考虑多巴胺反应与其他因素，这种模型还会用我们在不同备选项之间进行权衡的方案做类比。

构建模型的第三种方法是另类现实法（alternative reality approach），也就是有意不去表征、不去刻画现实。这类模型可以作为分析和计算的"演练场"，我们可以利用这类模型探索各种各样的可能性。这种方法使我们能够发现适用于物理世界和社会世界之外的一般结论。这类模型有助于我们更好地理解现实世界中各种约束条件的含义，比如如果能够通过空气安全有效地传输能量，那么将会怎样？这类模型还允许我们进行现实世界中不可能的（思想）实验：如果我们能够加快大脑的进化，那么将会怎样？本书包含了不少这种类型的模型，其中一个是"生命游戏"（Game of Life），它是一个很大的棋盘，棋盘上的每一个方块要么是活的（黑色），要么是死的（白色），并根据某个特定规则在生死之间切换。虽然这个模型与现实世界并不一致，但是它能够帮助我们加深对自组织、复杂性现象的认识，甚至是许多关于生命本身的洞见。

无论是表征更复杂的现实世界、创造一个类比，还是建立一个用来探索思想的虚拟世界，任何一个模型都必须是易于处理且便于交流的。我们能够用形式化的语言对模型编码，比如数学符号或计算机代码。在描述模型时，我们不能在不给出正式描述的情况下直接抛出诸如信念或偏好之类的东西。信念通常可以表示为一系列事件或先验的概率分布。而偏好则可以用多种方式来表示，比如用对一组备选项的排序或者一个数学函数来表示。

易于处理则是指适合分析的性质。在以往，分析依赖于数学运算或逻辑推理，因此建模者必须能够证明论证中的每一个步骤。这个约束条件导致了一种崇尚极致简约模型的"审美倾向"。神学家、哲学家奥卡姆的威廉（William of Ockham）提出了流传至今的"奥卡姆剃刀"原则：如无必要，勿增实体（Plurality must never be posited without necessity）。爱因斯坦则把"奥卡姆剃刀"原则进一步阐释为：事情应该力求尽可能简单，但是不可过于简单化。不过到了今天，当遇到用解析方法难以处理的问题时，我们还可以求助计算方法，可以构建由许多不断变化的组件的精细模型，而无须考虑解析上是否易于处理。科学家在构建全球气候模型、大脑模型、森林火灾模型和交通模型时，就采用了这种方法。当然，他们仍然不会忘记"奥卡姆剃刀"原则，只不过已经认识到"尽可能简单"还会要求很多不断变化的组成部分。

模型的 7 大用途

模型有几十种用途，不过在这里，我们只专注讨论其中的 7 种用途：推理、解释、设计、沟通、行动、预测和探索。

模型的 7 大用途 （REDCAPE）	
推理： 识别条件并推断逻辑含义。	
解释： 为经验现象提供（可检验的）解释。	
设计： 选择制度、政策和规则的特征。	
沟通： 将知识与理解联系起来。	
行动： 指导政策选择和战略行动。	
预测： 对未来和未知现象进行数值和分类预测。	
探索： 分析探索可能性和假说。	

REDCAPE：推理

在构建模型时，我们要先确定最重要的行为人（行动者）、实体以及相关特征。然后，描述这些组成部分如何互动和聚合，我们能够推导出一些东西，并说明原因何在。这样一来，也就提高了我们的推理能力。虽然，能够推导出的东西取决于我们的假设，但是我们通过模型发现的绝不仅仅是重言式（tautology）①。因为我们很少能仅凭检验推断出假设的全部影响，我们需要形式逻辑。逻辑还可以揭示不可能性和可能性。利用模型进行推理，我们可以得到精确的，甚至是令人出乎意料的关系。我们可以发现自身直觉的制约性。

阿罗定理（Arrow's Theorem）就是一个可以说明逻辑如何揭示不可能性的极佳例子。这个模型解决了个人偏好是否集结为集体偏好的问题。在这个模型中，偏好表示为各备选项之间的排序。以对餐馆进行排名为例，假设有 5 家意大利餐馆，分别用字母 A 到 E 表示，这个模型允许 120 种排序中的任何一种。阿罗要求集体排序是单调的（如果每个人都将 A 排在 B 之前，那么集体排序也是如此）、独立于无关的备选项（在其他备选项的排名发生了变化的情况下，如果任何人对 A 和 B 的相对排名都没有发生变化，那么 A 和 B 在集体排名中的顺序也不会改变），且是非独裁的（没有任何一个人能够决定集体排序）。然后阿罗证明，如果允许任何偏好都存在，那么就不存在集体排序。[3]

逻辑也可以揭示悖论。利用模型，我们可以证明，每个亚种群中的女性人口比例大于男性，但是在整个种群中却是男性人口的比例更高，这种现象被称为"辛普森悖论"（Simpson's paradox）。在现实世界中，这种情况已经发生过了：1973 年，加州大学伯克利分校的绝大多数院系都录取了更多的女生，但是从总体上看，它却录取了更多的男生。模型还表明，两个没有胜算的赌局，当交替轮流进行时，是有可能带来正的预期回报的，这就是人们熟知的"帕隆多悖论"（Parrondo's paradox）。通过模型，我们可以证明，在向网络中添加节点的同时，是可以减少连接所有节点所需边的总边长的。[4]

---

① 重言式，又称永真式。逻辑学名词。如果一个公式，对于它的任一解释，其真值都为真，就称为重言式。经济上称为套套逻辑。——编者注

需要注意的是，我们不能把上面这些模型的例子简单地视为数学上的新奇事物。事实上，每一个模型都有很大的实际应用价值：提高女性在人口中比例的努力可能会适得其反；将没有机会赢利的投资适当地组合起来可能会带来收益；电线、管道网、以太网线路或道路网的总长度可以通过增加更多的节点来减少等。

逻辑也可以揭示数学关系。根据欧几里得定理，三角形可以由任意两个角和一条边，或任意两条边和一个角唯一确定。根据对消费者和公司行为的标准假设，当市场上有大量的相互竞争的企业时，价格等于边际成本。但是，这里也会出现一些出乎意料的结果，其中一个是所谓的"友谊悖论"（friendship paradox），它说的是，在任何一个由友人组成网络中，平均而言，一个人的朋友拥有的朋友要比这个人更多。

"友谊悖论"之所以会出现，是因为非常受欢迎的那些人有更多的朋友。图 2-1 显示的是扎卡里（Zachary）的空手道网络。在图中，黑色的圆圈所代表的人有 6 个朋友，这些朋友用灰色圆圈表示，他的朋友们平均每个人有 9 个朋友。

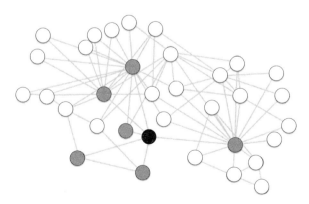

图 2-1　友谊悖论：朋友拥有的朋友比自己多

在整个网络中，34 人中有 29 人拥有比他们自己更受欢迎的朋友。[5] 稍后在下文中，我们还将了解到，只要加入更多的假设，那么大多数人的朋友平均来说会比自己更加好看、更加善良、更加富有、更加聪明。

最重要的是，逻辑还揭示了真理的条件性。政客可能会声称降低所得税会通过促进经济增长，从而增加政府收入。但是，根据政府收入等于收入水平乘以税率的基本模型，我们很容易就可以证明，只有当收入的百分比增幅超过了减税的百分比时，政府收入才会增加。[6] 因此，收入税减少 10% 的政策，只有在它能够导致收入增幅超过了 10% 时，才能带来政府收入的增加。政客的逻辑只适用于某些特定条件，而模型就能将这些条件识别出来。

当我们将模型中推导出来的主张与叙述性主张进行比较时，这种"条件性"的威力将会变得更加明显，即便后者有经验证据支持时也是如此。我们先来考虑一下这个管理名言：重要的事情先做（first thing first）。它说的是，在面对多项任务时，你应该首先完成最重要的那项任务。这个原则有时也被称为"大石头优先"原则，意思是当你要将一些大小不一的石头装入一只桶中时，你应该先装入大石头，如果你先放入小石头，那么大石头就放不下了。

"大石头优先"原则，是专家从观察中总结出来的，在许多时候确实不失为一个很不错的原则，但是它也不是无条件的。基于模型的方法将会先对任务提出具体的假设，然后推导出最优规则。例如，在"装箱问题"（bin packing problem）中，必须将一系列不同大小或不同重量的物体装入容量有限的箱子中，目标是保证所用的箱子尽可能少。

不妨想象这样一个场景：你准备搬家，要把家中的所有东西打好包，放入若干个 50 厘米 ×50 厘米的箱子里。把你的所有东西按大小排好序，然后将每一件东西放入第一个有足够空间的箱子，这种方法称为"首次适应算法"（first fit algorithm），事实证明相当有效。这就是说，"大石头优先"原则的效果非常不错。

但是，假设我们要考虑一个更加复杂的任务：在国际空间站上，为若干研究项目分配空间。每个项目都对有效载荷重量、空间大小和动力有一定要求，对宇航员的时间和认知能力也有自己的要求。而且，每个项目都有做出科学贡献的潜在能力。在这个问题中，即便我们想出了一个衡量这种"大石头"（重要性）的方法，对上面这些属性求加权平均值的权重，但在给定的相互依赖性的维度下，"大石头优先"原则也已经被证明是一个相当糟糕的原则。更复杂的算法以及可能的市场机制则会更好地发挥作用。[7] 因此，在某些条件下，"大石头优先"原则可能是一个很好的原则。但是，在另外一些条件下，"大石头优先"原则就不行了。通过利用模型，我们可以划出一条界线：什么时候应该采用、什么时候不能采用。

形式主义的批评者声称，说到底，模型只不过是对我们已经知道的东西进行了重新包装而已，只不过是将旧酒倒入闪闪发亮的"数学"新瓶中而已。这些批评者可能会说，难道我们不知道"三个臭皮匠，赛过诸葛亮"吗？难道我们不知道"三思而不行，终将无所得"吗？我们不需要模型就能知道这些道理。他们还认为，我们可以通过阅读《荷马史诗》中奥德赛将自己绑在桅杆上的故事，懂得承诺的价值。

但这些批评者没有认识到，从模型中得出的推论总是采用条件判断形式：如果条件 A 成立，那么可以得出结果 B。例如，如果你要装箱，而大小是唯一的约束条件，那么就先装好最大的东西。我们从经典文献和伟大思想家的名言中吸取的教训却通常不包括任何条件。如果我们试图依据这种"原则"来生活或管理他人，就肯定会迷失在众多意思相反的谚语海洋当中，既然有"三个臭皮匠，赛过诸葛亮"，也会有"厨子多了烧坏汤"（表 2-1）！

表 2-1　　　　　　　　　　　相互对立的谚语

谚语	相反的谚语
三个臭皮匠，赛过诸葛亮 （Two heads are better than one）	厨子多了烧坏汤 （Too many cooks spoil the broth）
三思而不行，终将无所得 （He who hesitates is lost）	一针及时顶九针 A stitch in time saves nine
破釜沉舟 （Tie yourself to the mast）	留条后路 （Keep your options open）
"完美"是"优秀"之敌 （The perfect is the enemy of the good）	要做就要尽善尽美，不然不如不做 （Do it well or not at all）
事实胜于雄辩 （Actions speak louder than words）	笔尖强过干戈 （The pen is mightier than the sword）

而在模型中，我们可以在给定的假设下证明定理。相反的谚语经常共存，但是相反的定理却不会出现。两个定理，如果对何为最优行动有不同看法，必定会做出不同的预测；或者，给出了不同解释的定理必定有不同的假设。

REDCAPE：解释

模型为经验现象提供了清晰的逻辑解释。经济学模型解释的是价格变动和市场份额等现象；物理学模型可以解释坠落物体的轨迹和轨迹形状的变化；生物学模型可以解释物种的分布；流行病学模型解释了传染病传播的速度和模式；地球物理学模型能够解释地震的大小和分布。

模型可以解释点值（point values）和点值的变化。例如，某个模型可以解释五花肉期货的当前价格以及过去 6 个月来价格上涨的原因。另一个模型可以解释为什么美国总统会任命持温和立场的最高法院法官，以及为什么美国总统候选人会向左翼或右翼靠拢。模型还可以解释形状：关于思想、技术和传染病传播的模型，都会产生 S 形的采用曲线（或传染曲线）。

我们在物理学中学到过不少模型，例如玻意耳定律，这个定律告诉我们，氧气的压力乘以体积等于一个常数（$pV=k$），这个定律非常完美地解释了许多现象。[8] 如果知道了体积，就可以估计出常数 k，然后就可以解释压力 p，或者预测作为 V 和 k 的函数的压力 p。这个模型的准确性可以归因于如下事实：气体由大量存在的简单成分组成，而且遵循一个固定不变规则，即任何两个氧分子在相同情况下必定遵循相同的物理定律。氧分子的数量如此之多，以至于统计上的平均值可以抹去任何随机性。

但是，大多数社会现象都不具备这三种性质：社会行动者是异质性的、互动是在小群体内展开的、行为人也不遵守固定的规则。此外，人还会思考。更加重要的是，人会对社会上的风吹草动做出反应，而这就意味着行为变化可能是无法相互抵消的。因此，社会现象要比物理现象更加难以预测。[9]

最有效的模型既能解释简单的现象，也能解决令人费解的问题。教科书中关于市场的经典模型能够解释为什么对于像鞋子或薯片这样正常商品需求的意外增加，会在短期内提高它们的价格，这是一个非常直观的结果。这些模型还可以解释，为什么从长期来看，需求增加对价格的影响会小于生产商品的边际成本的影响。需求的增加甚至有可能会导致价格下降，这种现象在规模收益增加的情况下确实会出现。这无疑是一个更令人惊讶的结果。这些模型还可以解释一些悖论，例如水和钻石悖论：钻石只具有很小的实用价值，但是价格却很高；水虽然是人类生存的必需品，但价格却很低。

有人说，模型可以解释任何东西。这种说法没有错，模型确实可以。然而，基于模型的解释必须包括正式的假设和明确的因果链条，而且这些假设和因果链条都要面对数据。例如，有个模型说，用低被捕概率可以解释犯罪率的居高不下，这样的模型就是可检验的。

REDCAPE：设计

模型还可以通过提供框架来帮助设计，因为只有在适当的框架内我们才可以考虑不同选择的含义。工程师使用模型设计供应链；计算机科学家使用模型设计 Web 协议；社会科学家使用模型设计制度。

1993 年 7 月，一群经济学家在位于加利福尼亚州帕萨迪纳市的加州理工学院开会，设计一种拍卖方法，拍卖对象是手机所用的电子频谱。在那之前，美国政府一直将频谱的使用权分配给大型公司使用。1993 年通过的《统一综合预算协调法案》（Consolidated Omnibus Budget Reconciliation Act）则允许政府拍卖频谱以筹集资金。

从一座信号塔发射的无线电信号只能覆盖一定的地理区域。因此，政府可以出售各个特定地区的许可证，例如，俄克拉何马州西部、加利福尼亚州北部、马萨诸塞州、得克萨斯州东部等。这就提出了一个设计问题。一家公司所拥有的任何一张给定的许可证的价值，取决于该公司得到的其他许可证。例如，加利福尼亚州南部许可证对于拥有加利福尼亚州北部许可证的公司来说更有价值。经济学家将价值的这种相互依赖性称为外部性。这里的外部性有两个主要来源：建设成本和广告市场。持有相邻地区的许可证意味着更低的建设成本和利用重叠的媒体市场的潜力。

这种外部性对同时举行的拍卖提出了挑战。一家试图赢得一组许可证的公司可能会在其中某一张许可证的拍卖中输给另一个竞标人，并因此而失去所有外部性，也就是可以带来的收益。那样的话，这家公司就可能会希望退出其他许可证的拍卖。然而另一方面，连续拍卖也有一个缺点。竞标人在前面的许可证拍卖中会出低价，以对冲在后面的拍卖中竞买失败可能导致的损失。

成功的拍卖制度设计必须符合这样一些要求：不会受策略性操纵的影响、能够产生有效率的结果，同时又容易被拍卖参与者所理解。为此，参加加州理工学院会议的那些经济学家，利用博弈论模型分析了策略性竞标人可能会利用的各种特征，采用计算机模拟比较了各种设计方案的效率，还通过统计模型选择了真人实验的参数。最终，他们设计出了一种多轮拍卖方法，做到了允许参与者退出竞标并禁止早期竞标人掩盖真实意图。事实证明，这是成功的。过去的 30 年以来，美国联邦通信委员会已经使用这种拍卖方法筹集了将近 600 亿美元资金。[10]

REDCAPE：交流

由于创造了一种共同的表示方法，模型能够有效地改进交流。模型要求对相关特征及其关系给出正式的定义，这使我们能够精确地进行交流。例如，模型 $F=ma$，涉及 3 个可测量的量——力、质量和加速度，并将它们之间的关系用方程式的形式表示出来。每一项都可以表示为可测量的单位，因而可以很方便地就这个模型进行交流，而不必担心会有什么误解。相比之下，"更大、更快的东西会产生更大的力"这种说法的准确度却要低得多。因为这需要翻译，而翻译会令很多人"迷失方向"。"更大"指的是重量还是体积？"更快"指的是速度还是加速度？"力"指的是能量还是力？"更大"和"更快"的结合又怎么产生"力"呢？对这种说法的定义，也有不同的方向：可以将"力"写为重量与速度之和（$P=W+V$）、重量与速度之积（$P=WV$），又或者写为重量与加速度之和（$P=W+A$）……

当我们根据可复制性的要求，给像"政治意识形态"这样的抽象概念下了一个定义之后，这些概念也就具有了与质量和加速度等物理概念等量齐观的某些特征。我们可以通过一个模型给出这样的论断，根据他们的投票记录，某个政客比另一个政客更"自由"（"保守"）。然后我们可以准确无误地用这种论断与他人交流。"自由"是有明确定义的，而且是可度量的。其他人可以使用相同的方法去对其他政客进行比较。当然，投票记录可能不是衡量"自由"与"保守"的唯一标准。这时我们可以构建出第二个模型，根据演讲的文本分析来分配意识形态立场。有了这种模型，也可以将我们所说的更加"自由"的意思准确无误地传达给其他人。

很多人都低估了交流对人类社会进步的影响。一个无法交流的思想，就像一棵淹没在森林中的树，没有人会注意到它。启蒙时代显著的经济增长在很大程度上取决于知识的可传播性（知识通常表现为模型形式）。事实上，有充分证据表明，在那个时代，思想的可传播性对经济增长的贡献，比教育水平还要大。其中一个有力的证据是，在 18 世纪的法国，各城市的经济增长与狄德罗（Diderot）的《百科全书》（*Encyclopédie*）的订阅数量之间的相关性，远远高于与识字率之间的相关性。[11]

REDCAPE：行动

弗朗西斯·培根曾经这样写道："人生的伟大目标，不在于知，而在于行。"良好的行动需要良好的模型。政府、企业和非营利组织都要使用模型来指导行动。无论是提高价格（降低价格）、开设新的分支机构、兼并其他公司、提供全民医疗保健，还是资助某个课外计划，决策者都要依赖模型。在最重要的行动中，决策者要使用多个复杂的模型，模型与数据紧密相关。

2008 年，作为《问题资产救助计划》的一部分，美国联邦储备银行提供了 1 820 亿美元的金融救助款，以拯救跨国保险公司美国国际集团（AIG）。根据美国财政部的报告，政府之所以决定拯救美国国际集团，是"因为它在金融危机期间如果破产，就会对我们的金融体系和经济产生破坏性影响"。[12] 救助的目的不是为了拯救美国国际集团本身，而是为了支持整个金融体系。每天都有企业破产，但是政府通常不会介入。[13]

根据《问题资产求助计划》做出的每一项具体决策都是以特定模型为基础的。图 2-2 显示了国际货币基金组织给出的一个网络模型。在这里，节点（圆圈）代表金融机构，边代表这些金融机构的持有资产价值之间的相互关系。连接的颜色和宽度代表相关性的强度，更深和更粗的线条意味着更大的相关性。[14]

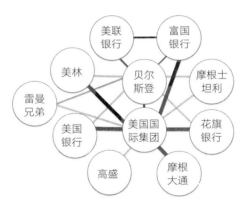

图 2-2　金融机构的网络模型

从图 2-2 可见，美国国际集团在这个金融机构网络中占据了中心位置，因为它向其他公司出售保险。如果这些公司的资产价值蒙受了损失，美国国际集团根据承诺要向它们支付赔偿金。这就是说，如果资产价格下跌，那么美国国际集团就欠了这些公司钱。这个网络的隐含义是，如果美国国际集团破产了，那么与它相关的公司也会破产，从而很可能会引发一连串的破产。

通过稳定美国国际集团，美国政府可以为网络中的其他公司的市场价值提供支持。[15]

图 2-2 也有助于解释为什么政府会让雷曼兄弟公司倒闭：因为雷曼兄弟公司并没有在网络中占据中心地位。我们不能让历史重演，所以我们无法确知美国联邦储备委员会当时是不是采取了正确的行动。但是我们确实知道，雷曼兄弟公司的破产没有导致金融体系崩溃，而且政府向美国国际集团的贷款还为它带来了 230 亿美元的利润。

指导行动的模型通常依赖于数据，但并不是全部模型都依赖于数据。大多数政策模型都需要使用数学公式，但也并非总是如此。过去，决策者也曾经建立过物理模型。在 20 世纪中期，菲利普斯（Phillips）为英国经济构建了一个水力模型，它一度被用于考虑政策选择。另外，关于旧金山湾的物理模型，也对终结将旧金山湾改造为淡水湖的计划起到了很大作用。[16] 密西西比河流域模型水道试验站（Mississippi River Basin Model Waterways Experiment Station）建造的流域缩微模型，位于密西西比州克林顿市附近，占地近 80 万平方米，按 1∶100 的比例完整复制了整个流域。这个模型可以检验建造新水坝和水库对流域上游和下游地区的效应，因为放出来的水会遵循物理结构中的物理定律。这样的物理模型中，嵌入数据的物理实体和物理定律自然会"完成"逻辑推理。

到目前为止，我们举的例子都是关于组织如何使用模型来采取行动的，个人当然也可以这么做。在日常生活中，当我们准备采取某个重要行动时，也应该使用模型。例如，在决定购买房屋、更换工作、回到大学攻读更高的学位，或者在决定是购买还是租赁汽车时，都可以使用模型来指导决策。用到的模型可能只是一些定性的模型而不一定有相应的数据支持，但是多模型思维会"迫使"我们向自己提出一些重要的问题。

REDCAPE：预测

模型长期以来被用来预测。天气预报员、专家、顾问和许多国家中央银行行长，都在使用模型进行预测。警察机构和情报部门也使用模型预测犯罪行为，流行病学家则使用模型预测下个季节哪种流感病毒将最为流行。现在，随着数据可得性的提高和精细度的改进，利用模型进行预测的做法变得更加常见了。例如，Twitter上的跟帖和谷歌上的搜索关键词，都已经被用于预测消费趋势和潜在的社会活动了。

模型既可以用来预测特定的个别事件，也可以用来预测一般趋势。2009年6月1日，法国航空公司的AF 477航班在从里约热内卢飞往巴黎的途中，在大西洋上空坠毁。在接下来的几天里，救援人员发现了一些漂浮的碎片，但是无法找到尸体。到7月份，飞机上的水下信标中的电池耗尽了电力，搜索不得不中止。一年后，伍兹霍尔海洋研究所（Woods Hole Oceanographic Institution）率领的搜寻队使用美国海军的侧扫声呐船和水下自动航行器进行了第二次搜索，也没有得到什么结果。于是，法国国家统计分析局（French Bureau d'Enquêtes et d'Analyses）不得不求助于模型。他们将概率模型应用于大海洋流，并识别出了一个坠毁的飞机最有可能沉没的矩形区域（面积并不很大）。根据模型给出的这个预测，搜索队在一个星期之内就找到了飞机残骸。[17]

过去，解释和预测往往是齐头并进的。解释电压模式的电气工程模型也可以预测电压大小，解释政客过去投票行为的空间模型也可以预测他们在未来的投票。运用原本用于解释的模型进行预测的最著名的一个例子是，法国数学家、天文学家奥本·勒维耶（Urbain Le Verrier）运用解释行星运动的牛顿定律，预测还存在另一颗行星，进而以此来解释天王星运行轨道的异常。勒维耶证明，那些轨道与太阳系外围地区存在另一颗大行星时的轨道一致。1846 年 9 月 18 日，勒维耶将预测发给了柏林天文台。5 天后，天文学家就在勒维耶预测的那个位置上发现了海王星。

不过话说回来，预测毕竟是与解释不同的。有的模型可以用来预测，但是却不一定能解释什么。深度学习算法可以预测产品的销售情况、明天的天气变化、价格演变趋势和身体健康状况，但是它们几乎没有提供什么解释。这些模型类似于"嗅弹犬"。尽管这些狗可以利用它们灵敏的嗅觉系统确定一个包裹是不是包含着爆炸物，但是我们确实不应该要求它们解释为什么知道那里有炸弹，也不能去问它们工作原理是什么、怎样才能拆除炸弹。

此外还要注意到，有些模型有很强的解释力，但是在预测上却没有什么价值。板块构造论模型虽然可以解释地震是怎样发生的，但是却不能预测地震何时发生；动力系统模型虽然可以解释飓风是怎样形成的，但是却无法准确预测飓风什么时候袭来，也不能准确预测飓风的移动路径；生态模型虽然可以解释物种的形成的模式，但是却无法预测出现的新物种类型到底是什么。

REDCAPE：探索

最后，我们还会用模型来探索直觉。这种探索可能与政策相关：如果让所有城市公交车都免费，会怎么样？如果让学生自主选择作业来证实他们的课程成绩，会怎么样？如果在草坪上标出能量消耗数量，又会怎么样？我们可以提出很多假说，而且所有这些假说都可以用模型进行探索。我们还可以利用模型来探索某些在现实世界中不会出现的情况。如果法国生物学家拉马克（Lamarck）的观点是正确的、如果后天获得的性状真的可以遗传给我们的后代，那么那些把牙齿矫正好了的父母的孩子就再也不需要牙套了吗？在这样的世界还会发生什么？提出这样的问题并探索它们的含义可以帮助我们揭示进化过程的局限性。暂且将现实世界的约束丢到一边，可以极大地激发我们的创造力。也正是出于这个原因，批判性设计运动的许多倡导者都利用科幻小说来促进思考并提出了不少新的思想。[18]

探索有时还涉及对共同假设进行跨领域比较。例如，为了理解网络效应，建模者可能会从一系列程式化的网络结构入手，然后追问网络结构是不是会影响以及如何影响合作、传染病传播或社会动乱。又或者，建模者可能会将一系列学习模型应用于决策、双人博弈和多人博弈；但是他们这样做的目的不是为了解释、预测、行动或设计，而只是为了探索和学习。

当我们在实践中应用一个模型时，也能以多种方式使用它。同一个模型既可以用来解释、预测，也可以用来指导行动。例如，2003年8月14日，俄亥俄州托莱多市附近，树木倒塌压断了电线，造成了局部电力中断，但是，由于监控软件出了故障，没有及时发出警报，让技术人员去对电力进行重新分配，最后导致一天之内，美国东北部和加拿大有超过5 000多万人遭受停电之苦。同一年，意大利和瑞士之间的电线受风暴袭击，导致6 000万欧洲民众无法用电。为此，工程师和科学家求助于将电网表示为网络的模型。这些模型不但有助于解释故障是如何发生的，而且有助于预测未来可能出现故障的区域。它们还能够识别出为了增强电网的稳定性，应该在哪些地方增加新的线路、新的变压器和新的电源，从而起到指导行动的作用。

将一个模型用于多种用途，正是本书中将会反复出现的一个主题。正如接下来将会看到的，一对多是运用多个模型来理解各种复杂现象这一中心主题的必要补充。

03

多模型思维

没有什么比现实主义更不真实了……细节令人困惑。只有通过选择、通过消除、通过强调，我们才能获得事物的真正意义。

—————————— 乔治娅·奥·吉弗（Georgia O' Keeffe）

本章将通过科学的方法来引入多模型思维。我们先从孔多塞陪审团定理（Condorcet jury theorem）和多样性预测定理（diversity prediction theorem）入手讨论，这两个定理为证明多模型思维在帮助人们行动、预测和解释方面的价值提供了可量化的论据。需要指出的是，这两个定理可能夸大了许多模型的情况。为了说明原因，我们又引入了分类模型（categorization model），它将世界划分为一个个箱子。使用分类模型的目的是表明构建多模型可能会比预想的更难。然后，我们利用这类模型讨论了模型粒度（model granularity），也就是模型应该有多具体，并帮助我们决定是采用一个大模型还是多个小模型。选择取决于用途：在预测时，我们经常需要大模型；而在解释时，小模型则更好一些。

我们得到的结论解决了一个长期以来挥之不去的忧虑：多模型思维可能需要学习非常多的模型。是的，虽然我们必须学习掌握一些模型，但是并不需要学习像有些人想象的那么多。我们不需要掌握 100 个模型，甚至连 50 个也不需要，因为模型具有一对多的性质。我们可以通过重新分配名称、标识符，或者修改假设来将任何一个模型应用于多种情况。模型的这个性质很好地平衡了多模型思维的需求。事实上，在新的领域应用模型对创造力、开放性和怀疑精神的要求也非常高。我们必须认识到，并非每个模型都适合每项任务。如果一个模型无法解释、预测或帮助我们推理，那就必须将它放到一边，考虑其他模型。

这种一对多的技能，与许多人所认为的要成为一名优秀建模者所必需的数学和分析才能是不同的。一对多的过程对创造力的要求很高，它实际上相当于在问这样一个问题：对于随机游走，我能够想到多少种用途？作为这种创造力的一个例子，在本章的最后，我们将几何学中的面积公式和体积公式作为模型，解释了超级油轮的大小、评估了身体质量指数、预测了新陈代谢的比例……并解释为什么我们很少看到女性 CEO。

孔多塞陪审团定理和多样性预测定理

现在来看看正式模型，它们有助于理解多模型思维的好处。在这些模型的情境下，我们描述了两个定理：孔多塞陪审团定理和多样性预测定理。

孔多塞陪审团定理是从一个解释多数规则长处的模型中推导出来的。在这个模型中，陪审员要做出要么有罪、要么无罪的二元决策。每个陪审员正确决策的时候比错误的时候多。为了将这个定理应用于模型集合而不是一组陪审员，我们将每个陪审员的决策解释为模型的一个类别。这种分类可以是行动（买入或卖出），也可以是预测（美国民主党胜出还是共和党胜出）。孔多塞陪审团定理告诉我们，通过构建多个模型并使用多数规则，将比只使用其中一个模型更加准确。这个模型依赖于世界状态（state of the world）的概念，它是对所有相关信息的完整描述。对于一个陪审团来说，世界状态包括了审判时呈现的所有证据。对于那些衡量某个慈善项目的社会捐献的模型来说，世界状态则可能与项目的团队、组织结构、运营计划以及项目所要解决的问题的特征或状况相对应。

孔多塞陪审团定理　　　　　总数为奇数的一组人（模型）将未知的世界状态分为真或假。每个人（模型）正确分类的概率为 $p > 1/2$，并且任何一个人（模型）分类正确的概率在统计上都独立于任何其他人（模型）分类的正确性。

　　　　　孔多塞陪审团定理：多数投票正确的概率比任何人（模型）都更高；当人数（模型数）变得足够大时，多数投票的准确率将接近 100%。

　　那么，如何将这个定理的原理应用于多模型方法呢？生态学家理查德·莱文斯（Richard Levins）对此给出了详细的阐述："因此，我们尝试用几个不同的模型来处理同一个问题，这些模型的简化方法各不相同，但都有一个共同的生物学假设。如果这些模型（尽管它们有不同的假设）都导致相似的结果，那我们就得到了一个强有力的定理，它基本上不受模型细节的影响。因此，我们的真理就是若干独立的谎言的交集。"[1] 需要注意的是，在这里，莱文斯渴望达成一致的分类。当许多模型都给出了相同的分类时，我们会信心大增。

　　多样性预测定理则适用于给出数值预测或估值的模型，它量化了模型的准确性和多样性对所有模型平均准确性的贡献。[2]

多样性预测定理　　　　　多模型误差 = 平均模型误差 - 模型预测的多样性，即：

$$\left(\bar{M} - V \right)^2 = \sum_{i=1}^{N} \frac{\left(M_i - V \right)^2}{N} - \sum_{i=1}^{N} \frac{\left(M_i - \bar{M} \right)^2}{N}$$

在这里，M_i 表示模型 i 的预测，$\bar{M}$ 等于模型的平均值，V 等于真值。

多样性预测定理描述了一个数学恒等式。我们用不着费心检验，因为它总是成立。下面举一个例子来说明这一点。假设我们用两个模型来预测某一部电影会获得多少项奥斯卡奖。一个模型预测它将获得两项奥斯卡奖，另一个模型则预测它将获得 8 项。这两个模型预测的平均值，也就是多模型预测的结果等于 5。如果最后这部电影获得了 4 项奥斯卡奖，那么第一个模型的误差等于 4（2^2），第二个模型的误差等于 16（4^2），而多模型误差则等于 1，模型预测的多样性等于 9（因为每个模型的预测与平均预测均相差 3）。这样一来，多样性预测定理就可以表达为：1（多模型误差）=10（平均模型误差）−9（模型预测的多样性）。

这个定理的原理在于，相反类型的误差（正负）会相互抵消。如果一个模型的预测值太高，同时另一个模型的预测值太低，那么这些模型就会表现出预测多样性。两个模型的误差相互抵消，模型的平均值将比任何一个模型更加准确。即便两个模型的预测值都太高，这些预测值的平均误差仍然不会比两个高预测值的平均误差更糟。

但是，多样性预测定理并不意味着任何不同模型的集合的预测必定是准确的。如果所有模型都有一个共同的偏差，那么它们的平均值也会包含那个偏差。不过，这个定理确实意味着，任何多样性的模型（或人）的集合将比其普通成员的预测更加准确，这种现象就是通常所说的"群体的智慧"（wisdom of crowds）。这是一个数学事实，它解释了计算机科学中集成方法（ensemble method）成功的原因，这种方法对多个分类加以平均，也解释了使用多个模型和框架进行思考的人比使用单个模型的人预测的准确性更高的事实。任何一种看待世界的单一方式都会遗漏掉某些细节，使我们更容易产生盲点。单模型思考者不太可能准确预测到重大事件，例如 2008 年的金融危机。[3]

这两个定理为我们利用多个模型提供了令人信服的理由，至少在进行预测的情况下。然而，这个理由在一定意义上可能显得过强。孔多塞陪审团定理意味着，如果有足够多的模型，我们几乎永远不会犯错。多样性预测定理则意味着，如果能够构建一组多样的中等准确性的预测模型，我们就可以将多模型误差减少为接近于零。但是，正如接下来将会看到的，我们构建多个多样性模型的能力是有限的。

分类模型

为了说明为什么这两个定理可能会"夸大其词"，现在来讨论一下分类模型。这类模型为孔多塞陪审团定理提供了微观基础。分类模型将世界状态划分为不相交的。最早的分类模型可以追溯到古希腊时代。在《范畴篇》（*The Categories*）一书中，亚里士多德描述了对世界进行分类的 10 个范畴，包括了实体（substance）、数量（quantity）、地点（location）和状态（positioning）等，每个范畴都会创建不同的类别。

当我们使用一个普通名词时，"裤子"是一个类别，"狗"、"勺子"、"壁炉"和"暑假"也是如此。我们就是在使用类别去指导行动。我们按种族，比如意大利人、法国人、土耳其人或韩国人，来对餐馆进行分类，以便决定在哪里吃午餐；按照市盈率对股票进行分类，并根据市盈率高低买卖股票。当人们声称亚利桑那州的人口之所以增长是因为该州气候宜人时是在用分类方法进行解释。我们还使用类别进行预测，例如预计身为退伍军人的候选人在选举中会有更大的获胜机会。

我们还可以在智慧层次结构中解释分类模型的作用。对象构成了数据，将对象分为不同类别就能创造出信息，而将估值分配给各个类别则需要知识。为了评价孔多塞陪审团定理，我们依赖一个二元分类模型，它将对象或状态分为两个类别，一类标记为"有罪"，另一类标记为"无罪"。关键的思想是，相关属性的数量限制了不同类别的数量，因此也就限制了有用模型的数量。

分类模型　　　　　存在一组世界的对象或状态，每个对象或状态都由一组属性定义，每个属性都有一个值。根据对象的属性，分类模型 M 将对象或状态划分为一个有限的类别集 $\{S_1, S_2, \cdots\cdots, S_n\}$，然后给每个类别赋值 $\{M_1, M_2, \cdots\cdots, M_n\}$。

假设有 100 份学生贷款，其中有一半是按期还款的，另一半是违约的。我们知道每一笔贷款的两个信息：第一，贷款金额是否超过了 5 万美元；第二，贷款者主修的工科还是文科。这是两个属性。通过这两个属性，我们可以区分出 4 种类型的贷款：主修工科学生的大额贷款、主修工科学生的小额贷款、主修文科学生的大额贷款以及主修文科学生的小额贷款。

二元分类模型将上面这 4 种类型中的每一种都分为按期还款与违约。一种模型可能将小额贷款归为按期还款，将大额贷款则归为违约。另一种模型则可能将主修工科学生的贷款归为按期还款，将主修文科学生的贷款归为违约。我们有理由认为这两种模型中的任何一个都可能在超过一半的情况下是正确的，而且这两种模型大体上相互独立。

但是，当我们尝试构建更多的模型时就会出现问题。要将 4 个类别映射为两个结果，最多只有 16 个模型。上面这两个模型是其中的两个，它们将所有贷款分为按期还款或违约。剩下的 14 个模型中的每一个都有一个完全相反的模型，只要某个模型的分类是正确的，那么与之相反的那个模型的分类就是错误的。因此，在 14 个可能的模型中，最多只有 7 个可能在超过一半的情况下是正确的。而且，如果任何一个模型碰巧在一半的情况下是正确的，那么与它相反的模型也必定如此。

数据的维数限定了可以创建的模型数量，最多可以有 7 个模型。我们无法创建出 11 个独立的模型，更不用说 77 个了。而且，即使我们有更高维度的数据，比如，假设我们知道贷款者的年龄、平均成绩、收入、婚姻状况和住址，那么依赖这些属性的分类一定能产生准确的预测。每个属性子集都必须与贷款是否已经偿还相关，同时还必须与其他属性无关。这两者都是很强的假设。例如，如果收入、婚姻状况和住址是相互相关的，那么交换这些属性的模型也将是相互相关的。[4] 在严格的概率模型中，独立性是合理的：不同的模型会产生独立的错误。运用分类模型的原理分析孔多塞陪审团定理的逻辑时，我们看到了构建多个独立模型的困难。

在试图构建一组多样性的、准确的模型时，也可能会遇到类似的困难。假设我们想要构建一个分类模型来预测 500 个中型城市的失业率。一个准确的模型必须将这些城市划分为多个类别，以便让同一个类别中的城市具有相似的失业率，而且该模型必须能够准确地预测该类别的失业率。对于两个进行多样性预测的模型来说，它们必须对城市进行不同的分类或给出不同的预测，或两者兼而有之。这两个标准虽然并不冲突，但却很难同时满足。如果一个分类依赖于平均教育水平，而另一个分类依赖于平均收入，那么它们分类的结果可能是类似的。如果确实是这样，这两个模型可能都将是准确的，但却不是多样性的。根据每个城市名称的第一个字母创建 26 个类别，可以构造多样性的分类，但却很可能无法成为一个准确的模型。最重要的是，在实践中，"许多"实际上可能更接近 5，而不是 50。

预测的实证研究结果与这种推论一致。虽然增加模型可以提高准确性（根据多样性预测定理，必定会是这样），但是在已经拥有了一定数量的模型之后再继续增加模型，每个模型的边际贡献就会下降。例如，谷歌公司在实践中发现，仅用一位面试官评估求职者（而不是随机挑选），会使录用一名高于平均水平雇员的概率从 50% 提高到 74%，加入第二位面试官可以把这个概率提高到 81%，再加入第三位面试官则只能把这个概率进一步提高到 84%，加入第四位面试官也只能提高到 86%……使用 20 位面试官也只能将这个概率提高到 90% 多一点。这些证据表明，增加面试官人数的作用是有限的。

类似的结果也出现在经济学家对失业率、经济增长率和通货膨胀率进行的成千上万次的预测中。在这种情况下，我们应该把每位经济学家视为一个模型。加入一位经济学家会使预测的准确性提高大约 8%，加入两位可以提高 12%，加入 3 位可以提高 15%，加入 10 位经济学家则能够将准确率提高大约 19%。顺便说一句，假设你知道谁是最好的经济学家，那么最好的经济学家的预测只比平均水平高出大约 9%。因此，3 位随机选择出来的经济学家的表现就已经优于那位最好的经济学家了。[5] 相信多位经济学家的平均预测、而不依赖历史上表现最好的经济学家的另一个原因是世界一直在变化。在今天的预测中表现优异的经济学家，明天就可能会泯然众人。同样的逻辑也可以解释为什么美国联邦储备系统要依赖一系列经济模型，而从来不会只依赖某一个经济模型。

这里的教益非常明确：如果能构建出多个多样性的、准确的模型，我们就可以做出准确的预测和估值，并选择正确的行动。这些定理验证了多模型思维逻辑的可靠性。但是，构建出满足这些假设的许多模型，却不是这些定理所能做到的，也不是它们所应该做到的。在实践中，我们可能会发现我们可以构建出 3 个或 5 个很不错的模型。如果是这样，那就太好了。我们刚刚讲过，加入 1 个模型后可以改进 8%，加入 3 个模型后改进幅度可以达到 15%。请不要忘记，第二个和第三个模型不一定比第一个模型更好，它们也许会更糟。但是，即使它们的准确性稍差，但只要分类（字面意义）有所不同，就应该把它们加入进来。

适当的模型粒度

许多模型都能在理论上和实践中起到作用，但这并不意味着它们就一定代表正确的方法。有时，我们最好构建一个单一的大型模型。现在，我们就来分析什么情况下应该使用什么策略，同时考虑粒度问题，也就是我们应该在怎样的精细程度上划分数据。

关于应该只用一个大型模型，还是使用多个小型模型的问题，我们先回顾一下模型的 7 大用途：推理、解释、设计、沟通、行动、预测和探索。其中有 4 种用途——推理、解释、沟通和探索都要求我们进行简化。通过简化，我们可以应用逻辑来解释现象、交流思想，并探索各种各样的可能性。

回想一下孔多塞陪审团定理。在这个定理中，我们可以分析内在逻辑，解释为什么使用多模型方法更有可能产生正确的结果，也更有利于传播我们的发现。如果我们构建了一个以人格类型分类的陪审员模型，并将证据描述为语词的载体，我们就会迷失在细节的丛林中。阿根廷著名作家豪尔赫·路易斯·博尔赫斯（Jorges Luis Borges）在一篇科学论文中阐明了这一点。他描述了一批总想制作更精细地图的制图师："制图师协会决定制作一幅国家地图，它的大小与国家大小相同，而且一对一地将土地上的每一点都标记在地图上。但是，他们的后代不像他们的祖先这样喜欢研究制图，并认为这种巨大的地图毫无用处。"

模型的另外 3 种用途——预测、设计和行动，却可以因高保真模型而受益。因此，如果有大数据，那么就应该利用它。根据经验，我们拥有的数据越多，模型就越精细。这一点可以通过用来梳理思维的分类模型来说明。假设我们想构建一个模型来解释数据集中的变化。为了给问题提供一个背景，不妨再假设我们从很多杂货店获取了大量数据，详细列出了数百万家庭每个月的食品支出。这些家庭的消费金额不同，我们用变差（variation）来衡量这种变化，也就是每个家庭的支出与所有家庭的平均支出之间的差的平方和。如果每个月的平均支出是 500 美元，而某个特定家庭每个月的支出为 520 美元，那么这个家庭对总变差（total variation）的"贡献"就是 400（20^2）。统计学家把一个模型中能够解释的变差比例称为该模型的 R^2。

如果数据的总变差为 10 亿，而模型解释了其中的 8 亿，那么这个模型的 R^2 是 0.8。解释的变差比例对应于模型在平均估计上的改进程度。如果某个模型估计某家庭每个月的支出为 600 美元，而且这个家庭的实际支出确实为每个月 600 美元，那么这个模型就解释了该家庭对总变差的全部贡献。如果家庭支出为 800 美元，但是模型的预测是 700 美元，那么对总变差的贡献就从原来的 9 万 [$(800-500)^2$]，变成了 1 万 [$(800-700)^2$]。从而模型解释了 8/9 的变差。

R^2：解释变差的
百分比

$$R^2 = \frac{\sum_{x \in X}\left(V(x) - \bar{V}\right)^2 - \sum_{x \in X}\left(M(x) - V(x)\right)^2}{\sum_{x \in X}\left(V(x) - \bar{V}\right)^2}$$

其中，$V(x)$ 等于 X 中的 x 的值，$\bar{V}$ 等于平均值，$M(x)$ 等于模型的估值。

在这种情况下，分类模型将家庭划分为不同类别，并估计了每个类别的值。更精细的模型会创建更多的类别，而要创建这些类别就需要更多的家庭属性。如果加入了更多的类别，可以解释的变差比例就会更大。如果我们像博尔赫斯所说的那些制图师一样思考，将每个家庭都分为一类，我们就可以解释所有的变差。但是，这种解释，就像比例为 1∶1 的地图一样，没有多大用处。

创造过多的类别会导致对数据的过度拟合，而过度拟合会破坏对未来事件的预测。假设我们想利用上个月的食品采购数据来预测本月的数据，而家庭每月的支出是会有变化的。如果一个模型将每个家庭都分为一类，那么就可以预测家庭的支出与上个月相同。由于存在月度波动，这个模型并不是一个好的预测器。通过将某个家庭与其他类似的家庭归入同一个类别中，我们可以通过对类似家庭在食品上的平均支出来构建一个更准确的预测器。

为此，我们假设每个家庭的月支出是从某个分布中抽取出来的（我们将在第 5 章详细讨论各种分布），再假设分布的均值和方差已知。创建分类模型的目的是根据属性构建类别，使同一类别中的家庭具有类似的均值。如果能做到这一点，那么某个家庭在第一个月内的消费就能够告诉我们其他家庭在第二个月的支出大概是多少。当然，没有任何一种分类方法是完美的。在每个类别中，家庭的均值可能会略有不同，我们称这种情况称为分类误差（categorization error）。

构建的类别越大，分类误差就越大，因为类别越大，我们就越可能将具有不同均值的家庭集中到同一个类别中。但是，更大的类别依赖更多的数据，又可以使我们对每个类别均值的估计更加准确（参见第 5 章中讨论的平方根规则）。因估计均值错误而出现的误差称为估值误差（valuation error）。估值误差随类别数量的增加而减少。如果不同家庭的月支出不同，那么包含一个家庭的类别（甚至包含 10 个家庭的类别也一样）将无法准确估计均值，但包含 1 000 个家庭的类别则能够准确地估计均值。

现在，我们已经得到了关键的直觉：增加类别的数量能够通过将具有不同均值的家庭归入同一个类别减少分类误差。统计学家将这种情况称为模型偏差（model bias）。但是同时，构建更多类别则会增加对每个类别均值估计的误差，统计学家将这种情况称为均值方差的增加。因此，我们在决定要构建许多个类别时就面临着一个权衡。对于这种权衡，我们将它总结为模型误差分解定理（model error decomposition theorem），统计学家则将这个结果称为偏差 - 方差权衡（bias-variance trade-off）。

模型误差分解定理　　　　　　　　偏差 - 方差权衡

模型误差 = 分类误差 + 估值误差

$$\sum_{x \in X} \left(M(x) - V(x) \right)^2 = \sum_{i=1}^{n} \sum_{x \in S_i} \left(V(x) - V_i \right)^2 + \sum_{i=1}^{n} \left(M_i - V_i \right)^2$$

其中，$M(x)$ 和 M_i 分别表示数据点 x 和类别 S_i 和 $V(x)$ 的模型值，V_i 表示它们的实际值。[6]

一对多

学习模型需要时间精力以及广泛的兴趣和知识。为了减少学习成本，我们可以采用一对多的方法。我们提倡掌握适量的、比较灵活的模型，并学会创造性地应用它们。例如，我们可以使用流行病学模型来解释玉米良种的扩散、Facebook 的风行、犯罪行为的传播和流行明星的"吸粉"。我们将信号传递模型应用于对广告、婚姻、孔雀羽毛和保险费的分析。我们利用进化适应的崎岖景观模型解释为什么人类不需要鲸鱼那样的喷气孔。当然，我们不能随便拿起一个模型就将它应用到任何情境之中。但是，大多数模型都是灵活的。而且，即使失败了我们也会有所获益，因为尝试创造性地使用模型能够暴露它们的局限，这是一件很有趣的事情。

一对多方法是一个相对较新的方法。过去，特定的模型只属于特定的学科。经济学家有供求模型、垄断竞争模型和经济增长模型；政治学家有选举竞争模型；生态学家有关于物种形成和复制的模型；物理学家有描述运动规律的模型，等等。所有这些模型都是针对特定目的而构建的。那个时候，科学家们不会将物理模型应用到经济学领域，也不会用经济学模型去研究大脑，就像普通人不会用缝纫机来修理泄漏的水管一样。

但是今天，将模型从各自所属的学科孤岛中"释放"出来，并将它们以一对多的方法应用到其他领域中去的做法已经取得了显著成功。经济学家保罗·萨缪尔森（Paul Samuelson）重新诠释了物理学中的模型，以解释市场如何实现均衡。经济学家安东尼·唐斯（Anthony Downs）利用经济学中描述海滩上冰激凌商店之间的竞争的模型，解释了相互竞争的政治候选人在意识形态空间上的定位。社会学家应用粒子相互作用的模型，分析不同国家的贫困陷阱、犯罪率的变化，甚至经济增长。经济学家则已经开始采用基于经济原理的自我控制模型来理解大脑的功能。[7]

一对多：更高的幂

要想创造性地应用模型，需要不断实践。为了说明"一对多"这种方法的巨大潜力，在这里以一个大家熟悉的数学公式 X^N，也就是求一个变量的 N 次方为例，并将它作为模型应用。当幂等于 2 时，这个公式给出的是正方形的面积；当幂等于 3 时，它给出的是立方体的体积。当幂变为更高的值时，这个公式则刻画了几何膨胀或几何衰减。

超级油轮： 第一个应用是考虑一艘长方体状的超级油轮，其长度是深度和宽度的 8 倍，表示为 S。如图 3-1 所示，超级油轮的表面积为 $34S^2$，体积则为 $8S^3$。建造一艘超级油轮的成本主要取决于它的表面积，因为这决定了所需钢材的数量。而超级油轮能够产生的收入数量则取决于它的体积。先计算一下体积与表面积之比，为 $8S^3/34S^2 \approx S/4$，这表明，随着尺寸的增加，盈利能力呈线性增长。

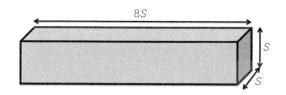

图 3-1　长方体状的超级油轮：表面积 $=34S^2$，体积 $=8S^3$

航运业巨头斯塔夫罗斯·尼阿科斯（Stavros Niarchos）掌握了这个比例关系，他建造了第一艘现代超级油轮，并在第二次世界大战后的重建期间赚了数十亿美元。第二次世界大战期间使用的 T2 油轮长 152 米、深 7 米多、宽 15 米多。而现代超级油轮，例如诺克·耐维斯号（Knock Nevis），则长450 多米、深 20 多米、宽 50 多米。要想象诺克·耐维斯号这样超级油轮的大小，不妨想象一下，将芝加哥的西尔斯大厦放倒，并让它漂浮在密歇根湖的水面上会是什么样子。诺克·耐维斯号大体上相当于将 T2 油轮放大了3 倍多。然而，与 T2 油轮相比，诺克·耐维斯号的表面积是 T2 邮轮的 10 倍，体积则是 T2 邮轮的 30 倍。有人也许会问，那么为什么超级油轮不造得更大一些呢。答案很简单：超级邮轮必须通过苏伊士运河。事实上，诺克·耐维斯号每一次通过苏伊士运河时，都是"挤"过去的，它的两侧都只能剩下一点儿缝隙。[8]

身体质量指数：医学界通常用身体质量指数（BMI）来定义身体质量的不同类别。身体质量指数最早出现在英国，计算方法是一个人的体重与身高的平方比。[9] 因此，保持身高不变，身体质量指数会随体重呈线性增长。如果一个人比身高相同的另一个人重 20%，那第一个人的身体质量指数就会高出 20%。

为了应用模型，我们先将人假设为近似一个完美的立方体，由脂肪、肌肉和骨骼的某种混合物构成。M 表示 1 立方米立方体的重量。那么"人体立方体"的重量就等于它的体积乘以每立方米的重量，即 $H^3 \times M$，立方体的"身体质量指数"就等于 $H \times M$。到这里，这个模型还有两个缺陷：身体质量指数随身高呈线性增长；而且考虑到肌肉比脂肪更重，更健美的人会有更高的 M，因此会有更高的身体质量指数。身高本应与肥胖无关，而肌肉发达本应是肥胖的对立面。即便我们使这个模型变得更加"真实"，这些缺陷仍然存在。

如果使用参数 d 和 w 来表示一个人的"深度"（前胸到后背的厚度）和"宽度"，并与高度成比例，那么身体质量指数可以写成：$BMI = \frac{H \times (dH) \times (wH) \times M}{H^2} = dwHM$。这样一来，许多 NBA 以及其他球类运动明星的身体质量指数将会把他们归入超重类别（BMI>25），甚至许多世界顶尖男子十项全能运动员也不能幸免于难。[10] 由于即便是身材适中、身体健康的人也可能有很高的身体质量指数，我们不应该对如下结果感到惊讶：对涉及样本总数高达数百万人的近百项研究进行的一个荟萃分析表明，体重稍稍超标的人寿命更长。[11]

代谢率：现在，应用模型来预测动物大小与代谢率之间的反比关系。每个生物体都要进行新陈代谢，也就是重复进行的一系列化学反应，分解有机物质并将之转化为能量。以卡路里计量的生物体代谢率等于维持生命所需的能量。如果我们构建小鼠和大象的立方米模型，那么从图 3-2 可知，小立方体的表面积与体积的比值要大得多。

我们可以把小鼠和大象建模为：身体由 1 立方英寸体积大小的细胞组成，每个细胞都进行新陈代谢，同时这些代谢反应产生的热量必须通过动物的体表皮肤发散掉。小鼠的表面积为 14 平方英寸，体积为 3 立方英寸，表面与体积之比约为 5:1。[12] 因而，对小鼠来说，每立方英寸的细胞，就有 5 平方英寸的体表皮肤来散热。相比之下，大象的每个发热细胞则仅有 1/15 平方英寸的体表皮肤来散热。这就是说，小鼠散热的速度是大象的 75 倍。

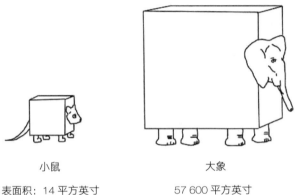

小鼠

表面积：14 平方英寸
体积：3 立方英寸

大象

57 600 平方英寸
864 000 立方英寸

图 3-2　膨胀的大象

因此，对于这两种动物来说，要想保持相同的体内温度，大象的新陈代谢就必须更慢。事实也确实如此。如果一头大象的新陈代谢速度与小鼠一样，那么这头大象每天将会需要吃下 6 800 千克的食物。那样的话，大象的细胞所产生的大量热量无法完全通过它的体表皮肤发散出去。最后，大象将会热到冒烟，然后爆炸。在现实世界中，大象之所以没有爆炸，原因就在于它们的代谢率为小鼠的 1/20。这个模型不能预测新陈代谢随体形大小而变化的速度，但是准确地预测了方向。更精细的模型还可以解释比例定律。[13]

女性 CEO：最后，我们进一步增大公式中的指数，并以此来解释为什么只有较少的女性能够成为 CEO。根据统计，2016 年，只有不到 5% 的财富 500 强企业是由女性 CEO 掌管的。一个人要成为一名 CEO，必须经历多次升职。我们可以将这些升职机会建模为概率事件，即一个人有一定概率可以升职。然后进一步假设，要成为 CEO，必须做到每一个升职机会都不会错过。

我们假设，要成为一名 CEO，至少要升职 15 次，这大体上相当于每两年升职一次、在 30 年内成为 CEO。大量证据表明，升职时会出现有利于男性的"温和"的偏差。我们可以将这种偏差建模为男性升职的概率更高一些。[14] 具体地说就是将这种偏差描述为男性的升职概率略高于女性的升职概率。如果将这两个概率分别设定为 50% 和 40%，那么男性最终成为 CEO 的可能性几乎是女性的 30 倍！[15] 这个模型揭示了"温和"的偏差会累积成为非常巨大的差异。10% 的升职概率差异，最终变成了成为 CEO 可能性的 30 倍的差距。

这个模型也可以为如下现象提供一个新的解释：为什么女性大学校长的比例（大约 25%）要比女性 CEO 的比例高得多？与财富 500 强企业相比，学院和大学的管理层级较少。一名教授只需升职 3 次，就可以成为大学校长：系主任、院长，然后就是校长。既然只有 3 个层级，那么偏差累积的程度就不会太过严重。因此，女性大学校长的比例更高，并不意味着教育机构比企业更加平等。

多模型思维

在本章的一开始，我们通过孔多塞陪审团定理和多样性预测定理为多对一的方法奠定了逻辑基础。然后，我们使用分类模型说明了模型多样性的局限性，也阐述了多个模型是怎样改进我们在预测、行动和设计等方面的能力的，同时也指出，要想构建多个不同的模型并不容易。如果可以的话，也就能达到接近完美的预测准确度了，但是我们很清楚这是不可能的。无论如何，我们的目标是尽可能多地构建有用的、多样性的模型。

在接下来的各章中，我们将会描述一系列核心模型。这些模型突出了世界的不同部分，它们对因果关系做出了不同的假设。通过它们的多样性，这些模型创造了多模型思维的可能性。通过强调更复杂整体的不同部分，每个模型都可以发挥自己的作用，还可以成为更强大的模型集合的一部分。

如前所述，多模型思维确实要求我们掌握多个模型，但是我们并不需要懂得非常大量的模型，只需要知道每个模型都可以应用到多个领域，但这并不容易。成功的一对多思维取决于创造性地调整假设和构建新的类比，以便将为某个特定目的而开发的模型应用到新的领域。因此，要成为一个多模型思考者，需要的不仅仅是数学能力，更需要的是创造力。这一点我们已经看得很清楚了。

装袋法与多模型

通常，我们会用模型与现有数据集中的样本拟合，然后用其余数据来检验这个模型。而在其他一些时候，我们会用模型去拟合现有数据集，然后用该模型去预测未来的数据。然而，这种构建模型的过程会产生一种张力：模型中包含的参数越多，就越能够很好地拟合数据，同时也越有可能过度拟合。好的拟合不一定意味着好的模型。

物理学家弗里曼·戴森（Freeman Dyson）曾经谈到物理学家恩利克·费米（Enrico Fermi）对他的一项研究的评论。那项研究的模型拟合度极高。"无奈之下，我问费米是不是对我们计算出来的数值与他测量出来的数值之间的高度一致性没有什么印象。他反过来问我：'你是用多少个任意参数进行计算的？'我回忆了一下我们的截止程序，然后告诉他'4个'。他说：'我记得我的朋友约翰·冯·诺伊曼曾经说过，有4个参数，就可以拟合一头大象；有5个参数，就可以让大象摆动它的大鼻子了。'然后，对话就结束了。"[16]

用于"摆动大象鼻子"的估计量通常包括了更高阶的项：平方、立方，甚至四次方。高阶项的存在会带来大误差的风险，因为高阶项有很强的放大效应。10只是5的两倍，但是10^4却是5^4的16倍。下图显示了过度拟合的一个例子。

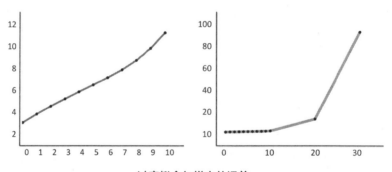

过度拟合与样本外误差

左图显示了一家生产工业用3D打印机的企业销售数据（假设），销售数据是该公司的销售团队每月（平均）上门推销次数的函数。左图显示的是一个非线性最优拟合，包括非线性项的5次方。右图则表明，如果销售团队上门推销的次数达到了30，那么该模型预测3D打印机的销售量将达到100台。如果一个客户最多只购买一台 3D 打印机，那这个预测就不可能是正确的。因此，由于存在过度拟合，这个模型出现了巨大的样本外误差。

为了避免过度拟合，可以避免使用高阶项。不过，一种更巧妙的解决方法是，可以采取自举聚合法（bootstrap aggregating）或装袋法（bagging）来构建模型。为了引导数据集，我们从原始数据中随机抽取若干数据点，创建多个规模相同的数据集。抽取这些数据点时，采取的是抽出后放回的方法，也就是说，在抽取了一个数据点之后，我们又将它放回到"袋子"中，下一次仍然可能会抽到它。这种技术产生了一组规模相同的数据集，每个数据集都包含某些数据点的多个副本而不包含其他数据点的副本。

然后，我们将（非线性）模型拟合到每个数据集上，以便生成多个模型。[17] 这样一来，就可以把所有数据集都绘制在同一组数轴上，从而得到一幅如下所示的"意大利面图"（spaghetti graph），图中颜色最深的那条线表示不同模型的平均值。

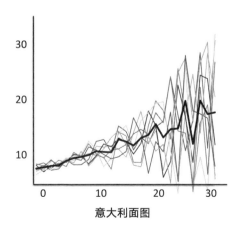

意大利面图

装袋法能够刻画鲁棒的非线性效应，因为它们在数据的多个随机样本中都清晰可见，同时又能避免在任何单个数据集中去拟合特殊模式。通过随机样本构建多样性，然后对多个模型求平均值，装袋法很好地应用了多样性预测定理背后的逻辑。它构建了多样性的模型，如前所述，这些模型的平均值将比模型本身更加准确。

04

对人类行为者建模

时至今日，我们仍然无法说出哪一种人类行为理论是设定很成功并在各种环境下都通过了检验的。

——————————— 埃莉诺·奥斯特罗姆（Elinor Ostrom）

这一章讨论本书的一个核心问题：应该怎样对人进行建模？在接下来将要给出的众多模型中，人都将成为分析的基本单元。我们将构建关于人们投票、合作、参与时尚活动、投资退休账户，以及毒品上瘾的模型。在每一个模型中，我们都必须对"人"做出假设：他们的目标是什么？他们是只关心自己的利己主义者还是利他主义者？他们可能采取的行动是什么？他们如何选择自己要采取的行动？或者说他们是否拥有选择权？

我们可以为每个模型构建任意的特殊假设，但这种做法会引起混乱并错过真正的机会。如果这样做，最终将只剩下一组特殊的构造，而且每一次要构建新模型时，都需要对人们的行为方式进行新的思考。由此产生的异质性会限制我们思考和组合模型的能力，我们将不可能成为有效率的多模型思考者。

我们遵循的方法强调一致性和多样性。或者将人建模为基于规则的行为者（rule-based actor），或者将人建模为理性行为者（rational actor）。在基于规则的行为者集合中，我们考虑那些基于简单固定规则行事的人以及基于适应性规则行事的人。基于适应性规则行事的人能够根据信息、过去的成功或者通过观察他人的行为而改变自己的行为。正如我们在下文中将会详细讨论的那样，在这些不同的情况之间并不存在明确的界线：适应性规则有时可以解释为一个固定规则，理性行为有时也会采取简单规则的形式。

我们怎样对人建模，归根到底取决于问题的背景和想要实现的目标。我们是在预测还是在解释？是在评估政策行动吗？是在尝试设计一种制度吗？或者，是在探索？在低风险的环境中，例如要构建一个预测人们会购买什么颜色的外套或者他们会不会在看完演出后起立鼓掌的模型时，我们通常会假设人们采用固定规则。而在构建关于人们决定是不是要合作创业或信任他人的模型时，我们假设人们会学习和适应。而在高风险的环境中，我们将假设知晓相关信息的、经验丰富的人会做出最佳选择。

在更详细地描述我们的方法之前，先来澄清一些常见的误解。许多人都是在经济学入门课程中第一次接触到描述社会现象的正式模型的，而且那些经济学模型通常依赖一个基本的理性行为者模型。在这个基本模型中，每个人都是自利的，并且有能力实现优化。这个模型通常还假设每个人都有相同的偏好和收入水平，经济学家在这些模型中求解均衡，并在此基础上评估各种冲击对市场或政策变化的影响。这些模型虽然基于不准确的假设，但却很有用。这些模型方便了经济学家之间的交流，也更有利于学生理解。

基于这种经验，许多人推断，构建正式的模型需要一种狭隘的、不切实际的"人性观"，也就是说，必须假设所有人都是自私的，而且从来不会犯错。但事实并非如此。事实上，即便是经济学家也不会这样认为。在经济学的前沿领域，早就出现了包含不完全信息和异质性行为主体的模型。在这些模型中，行为者会根据他们所了解的东西做出调整，他们有时（尽管不总是）会关心他人的收益。当然，人们会在何种程度上表现出涉他偏好（other-regarding preferences）则取决于具体情况。例如，当向慈善机构捐款或从事志愿工作时，一个人可能会显得比在购房时更加关心他人。

　　尽管如此，令人遗憾的是：经济学模型总是假设自私的、不切实际的理性行为者。我们必须放弃这种观点。打个比方，如果你只是在沙滩边的海水里走了几步，那么你可能会推断海水是浅的。但是，当你游到更远的地方时，你就会开始感受到海水的深度。在这里，就让我们从近岸的浅水地带开始尝试。有时，我们会冒点儿险，进一步说明模型如何能够容纳关心他人的、有限理性的行为者。

　　无论做出什么假设，我们都无法摆脱假设的影响。我们被绑在逻辑一致性的"桅杆"上，不能随便制造影响。如果假设消费者的选择具有强大的社会影响力，那模型就会产生若干占据很大市场份额的产品。如果假设人们通过网络获得信息，那么填补结构漏洞的那些人将会拥有权力。

　　在本章的其余部分，我们先概述了在对人建模时会遇到的一些挑战：人是多样性的、易受社会影响的、容易出错的、有目的的、有适应能力且拥有自己主体性的。我们不能在一个模型中包含所有这些特征而不会产生复杂的混乱，因此我们必须做出选择。如果异质性无关紧要，那我们也许可以假设完全同质的行为主体。如果问题很简单或人们很精明，那也许可以假设人们不会犯错误。

　　接下来描述理性行为者模型，并讨论其理论基础以及运用这种模型的理由（尽管它在描述层面上是不准确的）。我们的结论是，理性行为者模型是起到"黄金标准"的作用，还是"稻草人"的作用，抑或是介于这两者之间，都取决于模型的目的。理性行为者模型在预测人类行为方面的作用，不如作为沟通、评估行动和设计政策的工具那么成功。

然后，我们阐明了如何在标准的理性行为者模型中加入心理偏差和利他偏好。是否让模型包含心理偏差或（和）关心他人的偏好，仍然取决于我们正在研究的内容。某些人类心理偏差，例如损失厌恶和现世主义偏差（presentist bias）。这些假设对于退休储蓄或社会骚乱的模型可能很重要，但对于驾驶行为或疾病传播的模型可能不那么重要。

　　然后，我们将描述基于规则的行为。这类模型的优点是既灵活（我们可以把任何行为记下来，作为一个规则），又易处理。我们所要做的，是将这种行为用计算机程序编好码，也就是一个基于主体的模型，然后观察接下来会发生什么。这种自由当然也伴随着责任。由于我们可以选择任何一种行为规则，所以必须小心不要做出特殊的假设。在某些情况下，当给定目标函数时，可以证明所用的行为规则是一种最优行为，尽管情况并非总是如此。

　　最后，在本章的结束部分，我们又回过头去重新讨论理性行为作为基准行为的价值。即使人们没有优化，他们也会适应不断变化的环境和新的知识。这个观察结果带来了各种各样的难题。如果我们根据人们有心理偏差的假设，或者他们会做出不符合自身利益的行为的假设设计制度或政策，我们就不得不承担人们会改变行为的风险。你也许可以愚弄人们一次，但很难愚弄他们两次、三次。尽管不一定能得出理性是唯一合理的假设这种结论，但是逻辑确实支持将理性作为相关的基准。逻辑还支持考虑作为理性下限的简单行为规则。而且，在对任何给定情况进行建模时，我们可以应用任意数量的适应性规则和心理规则，作为探索这些极端之间巨大空间的方式。

对人建模的挑战

对人建模是一个很大的挑战，虽然模型要求低维表征，但人却是天生无法简单地加以表征的。人是多样性的、易受社会影响的、容易出错的、有目的的、有适应能力且拥有自己主体性的，也就是说，我们有行动的能力。

相比之下，诸如碳原子和台球之类的物理对象是没有上述这 6 个属性的。碳原子不具备多样性，尽管它们可以在化合物中占据不同的位置，例如在丙烷中。碳原子从不违反物理定律，也不会主导有目的的生命。它们不会根据过去的经验改变自己的行为，没有主体性，也不会发起行动或转行。因此，社会科学家会时不时地讽刺：如果电子可以思考，那么物理学就会面临非常大的困难。如果电子也拥有构建模型的能力，那么物理学无疑会变得更加困难。

我们可以从多样性所带来的问题开始讨论。人们的偏好、行动能力不同，形成的社交网络、利他主义倾向以及分配给不同行动的认知资源（注意力）也有所不同。如果每个人都一样，那么建模工作就会轻松得多。有时我们会根据统计原理假设行为的多样性可以相互抵消。例如，我们可以构建一个模型，预测慈善捐赠额是收入水平的函数。对于给定的收入水平和税率，有些人可能比我们所假设的（偏好）更利他，而另一些人则可能比假设的更利己。如果偏离模型的偏差达到平均值（在第 5 章中，我们将给出一些能够解释为什么会是这样的分布模型），那么这个模型的预测就可能是准确的。当然，除非不同人的行动是相互独立的，否则不会出现多样性可以抵消掉的结果。在行为受到社会影响的时候，极端行为会产生溢出效应（spillovers）。当政治活动家鼓动选民时，就会发生这种情况。在下文中模拟社会骚乱时，我们会讨论多样性的这种影响。

人们所犯的错误是否能够相互抵消，取决于具体情境。认知依恋（cognitive attachment）缺失导致的误差就可能是随机且独立的，认知偏差导致的误差可能是系统性的、相关的。人们对最近发生的事件往往更加重视，并且更容易回忆起故事性的情节而不是统计数字。这类共同偏差不会被消除。

还有一个挑战与人们所渴望得到的东西有关。构建与人相关的模型时，一个主要的挑战是如何准确评估他们的目标和目的。有些人渴望财富和名声，有些人则希望为自己所在的社区乃至全世界变得更好做出贡献。在理性行为者模型中，我们直接以函数的形式表示一个人的收益。在基于规则的模型中，目的可能更加隐而不露。这是一种行为规则，人们愿意生活在一个"融合"的社区中，但如果与自己同一种族的人在社区中的比例低于10%，人们就选择离开。这样的规则显然包括人们对自己渴望得到的东西的信念。

对人建模的最后一个挑战来自人的主体性：我们有采取行动的能力，改变行为的能力以及学习的能力。也就是说，在某些情况下，人类可能是一种"习惯生物"：行动可能会超出我们的控制范围。也很少有人会主动选择沉迷于阿片类药物或贫穷。但是，归根到底是人们采取的行动产生了这些结果。

通常，当人们采取的行动产生了不好的结果时，他们会修正自己的行为。我们可以通过在模型中加入学习来捕捉这一点。人们采取的学习方式因环境而异。为了搞清楚自己需要学习多少个小时才能在考试中取得好成绩，或者自己需要每个星期锻炼多少次才能保持好身材时，人们可以根据个人经历或通过内省来学习。而在了解要到哪家杂货店购买食品，或者要不要为某个慈善项目捐款时，人们可以通过观察他人来学习。在第26章中，我们证明，在非策略性行为的环境中，学习机制一般能发挥作用，人们能够学习最好的行动。我们还将证明，在策略性的博弈环境中，则"世事难料"。而且，无论是个人学习还是社会学习，都不一定会带来好的结果。

人的这 6 个特征的每一个都是潜在的模型特征。如果建模时决定只包含一个特征，那么我们还必须决定在多大程度上来体现它。例如，我们要如何使演员变得多样性？需要包括多少社会影响力？人们会向他人学习吗？要如何定义目标？能拥有多大的主体性？我们所拥有的主体性（或活力）可能比自己所认为的要少。美国社会心理学家乔纳森·海特（Jonathan Haidt）[①] 用骑手和大象的比喻描述了我们缺乏主体性的状态。他这样写道："当我对自己的弱点感到惊讶时，我所想到的自我形象是一个骑在大象背上的骑手。我手中紧握着缰绳，以为自己只要动一动缰绳，就可以指挥大象，告诉它是该转弯、停步或前行。我是可以指挥它的，但只有当大象没有它自己的欲望时，我才能这么做。一旦大象自己真的想做什么事情，我根本不能左右它。"[1] 我们有时候能够驾驭大象，有时候却不能。没有任何一种单一对人进行建模的方法适用于所有环境，我们不得不用多种方法对人进行建模。

理性行为者模型

理性行为者模型假设人们在给定收益或效用函数的情况下做出最优选择。这里所说的行为既可以是决策，其收益只取决于行为者个人的行为；也可以发生在博弈中，其收益取决于其他人的行为。在同时进行选择或信息不完全的博弈中，理性行为者模型还需要设定关于其他人将会做什么的信念。

---

① 乔纳森·海特的著作《象与骑象人》详细讲述了这个比喻。其中文简体字版已由湛庐文化策划，浙江人民出版社出版。——编者注

理性行为者模型　　　　　行为者个体的偏好由在一组可能的行为上定义的数学形式的效用函数或收益函数（payoff function）来表示。行为个体选择函数值最大化的行动。在博弈中，这种选择可能需要相信其他博弈参与者的行为。

我们构建了一个原始的理性行为者模型，用于描述一个人如何决定将多大比例的个人收入分配给住房支出。这个模型将行为者的效用描述为住房和所有其他消费的函数，后者包括食品、服装和娱乐。这个模型假设了住房的价格和所有其他商品的价格。当然，这个模型并不完全符合现实世界，它认为所有住房都是一样的，并将所有其他商品都归为一个名为消费品的类别，并认为它们完全等价。在这里可以暂且将这些不准确的情况放在一边不予考虑，因为这个模型的目的是解释住房支出占收入的比例。

消费的　　　　　　假设：行为者个体的效用来自总消费 C 和住房支出
理性行为者模型　　H，其效用函数可以写成如下形式：

$$U(C,H) = C^{\frac{2}{3}} H^{\frac{1}{3}}$$

结果：效用最大化的行为者个体会将自己收入的 1/3 用于住房。[2]

在这个模型中，个体用于住房的收入比例不取决于住房价格与收入水平。这两个结果在数据上都是合理近似值。[3] 除了位于收入分布极端位置上的那些人之外，大多数人都将自己收入的 1/3 用于住房。这个发现具有重要的政策意义：如果房价下跌了 10%，人们将会多购买 10% 的住房。这个结果也为假设同质性行为主体提供了理由。既然人们将收入的某个固定比例用于住房支出，那么住房总支出将只取决于平均收入。

使用效用函数能使模型成为可分析、可检验且易于处理的。我们可以用数据估计函数，可以推导出最优行为，还可以通过更改参数值来提出各种各样"如果……将会怎样"的问题。假设了一个效用函数，也就意味着假设了偏好一致性，尽管那在现实世界中可能并不存在。任何偏好，要想用效用函数来表示，就必须满足某些公理。证明效用函数存在的定理需要假设一个备选方案集并确定偏好排序。想象一下，我们可以列出一个人可能购买的所有可能商品的组合，偏好排序就是这些商品组合从最受欢迎到最不受欢迎的排序。一个人可能更喜欢加牛奶的咖啡，而不怎么喜欢加柠檬的茶，如果真的是这样，那么他就将咖啡、牛奶的组合排在茶、柠檬的组合前面。

当且仅当在偏好排序中，A 排在了 B 的前面时，效用函数赋予 A 的值高于赋予 B 的值，我们就说这个效用函数表示了偏好。偏好要与效用函数一致，就必须满足完备性、传递性、独立性和连续性。完备性要求对所有备选方案定义偏好排序。传递性排除了偏好循环，也就是说，如果有人偏好 A 甚于 B，偏好 B 甚于 C，那么他必定偏好 A 甚于 C。换句话说，如果一个人在苹果与香蕉之间更喜欢苹果，在香蕉与奶酪之间更喜欢香蕉，那么他在苹果与奶酪之间必定更喜欢苹果。这个条件排除了不一致的偏好。

独立性要求人们分别评估彩票的结果。彩票是备选方案的一种概率分布，而不是备选方案本身，比如，一个可能的彩票形式是 A 的概率为 60%，是 B 的概率为 40%。如果，某个人对 A 的排序高于 B，而且对于任何结果中包含了 B 的彩票，这个人都偏好用 A 代替 B，那么他的偏好就满足独立性。独立性排除了过于强烈的风险规避。一个厌恶风险的人可能会在"去新奥尔良玩一趟"与"到迪斯尼世界玩一下"之间更偏好"去新奥尔良玩一趟"；同时在"肯定可以去迪斯尼世界"与"一半的机会去新奥尔良、一半的机会去迪斯尼世界"之间更偏好"肯定可以去迪斯尼世界"。

连续性要求，如果一个人偏好 A 甚于 B、偏好 B 甚于 C，那么必定存在这样一个彩票，以概率 p 得到 A、以概率（$1-p$）得到 C，他对 B 的偏好与对这个彩票的偏好完全一样。连续性条件排除了对某些确定结果的强烈偏好。[4]

除了人们进行优化这一可疑主张外，人们违背独立性和传递性的假设导致许多人质疑理性行为者模型的广泛使用，特别是经济学家。但是，作为建模者，我们有充分的理由采用理性行为者模型。

第一，人们往往会表现得"似乎"在最优化。他们可能会应用产生近似最优行为的规则。当人们打桌球、玩飞盘或开车时，他们当然不会写下一堆数学方程式。为了计算出接住飞盘的准确时机所需要的数学方程式的高深程度，可能会让所有人震惊。然而，人们确实能够接住飞盘。顺便说一句，狗也接得住。因此，从人和狗接飞盘的行为来看，"似乎"两者都解决了一个困难的最优化问题。

同样的逻辑还可以扩展应用到更高维的问题上。对威斯康星州麦迪逊市大都会巴士公司（Metropolitan Bus Company）运维主管哈罗德·泽克（Harold Zurcher）的工作进行分析发现，他在是否要更换公交车引擎以及什么时候更换方面做出的决策，近乎最优。[5] 虽然泽克没有用过任何数学方程式，但是他依靠启发式方法取得了成功。这些启发式来自经验，通过利用它们，泽克就能表现得"似乎"一个（几乎）完美的理性行为者了。

第二，即便人们确实会犯错，但在重复的情况下，人们的学习能力也会推动人们接近最优行为。

第三，在"赌注"（利害关系）很大的情况下，人们更应该投入足够的时间和精力来做出接近最优的选择。人们可能会为了喝一杯咖啡或买一节电池而多付 30%，但他们不会在购买汽车或房子时多付 30%。学习与更大的"赌注"会使人们表现得更理性，这个观点有充分的经验和实验证据支持。[6]

第四，理性行为者模型简化了分析。大多数效用函数都只有一个唯一的最优行为。一个人可以有上千种次优行为，说人们没有实现最优，就打开了一个拥有巨大可能性的盒子。如果假设人们会通过选择来维护自己的身份或捍卫文化规范，那么我们就可能无法得到一个清晰的答案。理性选择也许是不现实的，但现实主义却是以混乱为代价的。即使知道某个答案是错误的，它也可能比完全没有答案更有用，因为它至少允许我们将模型转化为数据，并讨论某些变量的变化会带来什么影响。[7]

第五，理性行为者假设保证了内部一致性。如果模型假设了次优行为且模型在公共域中，它就可以用来学习。人们可以改变自己的行为，可能不会最优化，但除了最优之外的任何假设都会受到批评，也就是不一致。我们在本章的末尾还会回到这一点。

第六，有人认为这是最重要的一个原因，也就是理性可以作为基准。[8]在设计政策、做出预测或选择行动时，我们应该考虑如果人有理性偏好并且进行最优化时会发生什么。这种做法可能帮助我们找出思维中存在的缺陷。还应该接受这样一种可能性，也就是这种做法会使我们得出这样的结论：理性行为者模型不适用，我们应该选择其他模型。有鉴于此，我们可能会再增加第七个原因：多模型思维。如果人们应用多模型方法，犯错的可能性就会大大减少。

"似乎"：基于智能规则做出的行为可能与最优或近似最优行为无法区分。

学习：在重复的情况下，人们应该能够接近最优行为。

大的"赌注"：在重大决策中，人们会收集信息并认真思考。

唯一性：最优行为通常是唯一的，从而使模型成为可检验的。

一致性：最优行为创建一致的模型。如果人们学会了利用这样的模型，就不会改变自己的行为。

基准：最优行为提供了一个基准，作为人们认知能力的上限。

损失厌恶和双曲贴现

理性行为者模型受到心理学家、经济学家和神经科学家的挑战。他们指出，这种模型与人类的行为方式不符。来自实验室和自然实验的经验证据表明，人在决策时会受到各种各样的偏差（包括现状偏差）的影响。我们在进行概率计算时会忽略基本比率，对确定的事情赋予的权重过高，也会表现出损失厌恶。

随着越来越多的研究者开始将行为、信念与大脑内的神经过程联系起来，硬连线偏差的证据变得非常引人注目。例如，神经经济学使用脑成像技术来研究与经济相关的行为，如对风险的态度、信心水平和对信息的反应等。[9] 著名心理学家丹尼尔·卡尼曼（Daniel Kahneman）指出，到目前为止，我们已经掌握了大量支持区分两种思维方式的证据：快速、直观的基于规则的思考（快思考）和深思熟虑（慢思考）。快思考更容易受到上述各种偏差的影响。[10] 从长远来看，我们可以从大脑的结构中推断出一些行为模型，但是一定要记住，大脑具有巨大的可塑性。能够通过慢思考来克服各种偏差。

此外，对于仅在少数研究中可见的任何发现，我们都应该保持谨慎。许多心理学研究的结果尚未完全得到证实。2015 年一项研究表明，在主要心理学期刊上发表的 100 个研究结果中，有一半都无法复制。[11] 更何况可复制性本身也并不意味着普遍性。而且，许多研究的被试池也没有足够的经济和文化上的多样性。[12] 如果利用更加多样性的被试池，我们应该会看到更少的行为规律，从而提供更大的理由避免对行为进行概括。

在尝试构建更符合现实的模型时，我们必须牢记易处理性这个原则。更符合现实的模型可能需要更复杂的数学。[13] 这些困难或担忧当然并不意味着我们必须放弃那些心理现实行为模型，但它们确实意味着我们应该谨慎行事，并将更多的注意力放到那些已经得到很好证明的行为规律上。

下面就来讨论两种已经多次复制成功的偏差：损失厌恶和双曲贴现（hyperbolic discounting）。损失厌恶是指面对收益时，人们表现为风险厌恶，面对损失时，人们却表现为风险偏好。卡尼曼和行为科学家阿莫斯·特沃斯基（Amos Tversky）提出了一个关于这种行为的一般理论，也就是前景理论（prospect theory）。[14] 损失厌恶初看上去似乎并不是非理性的，但是它意味着对于一个相同的情景，在呈现为潜在损失与潜在收益时，人们会选择不同的行为。[15]

例如，人们更偏好肯定能赢得 400 美元，而不怎么喜欢有机会赢得 1 000 美元的彩票。然而，他们却更愿意选择有可能损失 1 000 美元的彩票，而不愿意选择肯定会损失 600 美元。同样的不一致性也延伸到非货币领域。医生在收益情境时的选择是风险厌恶的，而当备选方案以损失的形式呈现给他们时，他们则愿意冒更大的风险。

前景理论：示例　　　**收益框架：** 有两个备选方案。

备选方案 A：肯定可以赢得 400 美元。

备选方案 B：如果硬币正面朝上，可以赢得 1 000 美元；如果背面朝上，什么也得不到。

损失框架： 先给你 1 000 美元，然后给你两个备选方案。

备选方案 Â：肯定会损失 600 美元。

备选方案 B̂：如果硬币正面朝上，不会损失什么；如果背面朝上，你将损失 1 000 美元。

在这里，A 和 Â 是等价的，B 和 B̂ 也是等价的。根据前景理论，会有更多的人选择 A 和 B̂。

双曲贴现意味着，人们对近期的贴现更强。标准经济模型假设的是指数贴现（exponential discounting），也就是说，人们对未来会以恒定的贴现率贴现。对于一个年贴现率为 10% 的人来说，明年的 1 000 美元，相当于今天的 900 美元；而且他在未来的每一年，都会以 10% 的贴现率对下一年贴现。但是，大量证据表明，大多数人都不会以固定的贴现率去贴现未来。相反，他们会受即时性偏差的影响：他们对近期的贴现率远远高于更远的未来。[16] 例如，如果你问人们，在从今天起 20 年后得到 9 500 美元与从今天起 20 年多一天后得到 10 000 美元之间，更愿意选择哪一个，几乎每个人都会再等一天以便多得到 500 美元。但是，如果你问同样一批人，在今天就可以得到 9 500 美元与明天才能得到 10 000 美元之间，更愿意选择哪一个，那么多数人都会选择现在就得到 9 500 美元。这就是即时性偏差的一个例子。[17]

这种偏差会导致时间不一致的行为。20 年后，大多数人更愿意再等一天，以得到 10 000 美元。这种偏差在逻辑上并不一致。双曲贴现可以解释人们为什么会欠下巨额信用卡债务、吃不健康的食品、做出无保护措施的性行为，也可以解释许多人不能为退休进行储蓄的原因。

总之，根据对模型用途的设想，我们可以选择假设损失厌恶和双曲贴现，只要这些假设似乎更能匹配大多数人的行为。但我们也可以不这样做，主要原因是，它们可能使模型更加复杂，而不能改变我们所发现的东西的性质；或者，如果假设双曲贴现，模型可能产生不符合实际的行为。

基于规则的模型

现在讨论基于规则的模型。[18] 基于最优化的模型假设人们最大化的效用函数或收益函数，而基于规则的模型则假设特定的行为。基于规则的模型可能会假设，在拍卖中，一个人的出价总是比拍卖物品的真实价值低 10%；或者，如果一个人的朋友一直可以获得更高回报的话，那么这个人会"复制"这位朋友的行为。

许多人将基于最优化的模型等同于数学（模型），而将基于规则的模型等同于计算（模型）。但是基于最优化的模型和基于规则的模型之间的区别并不像人们想象的那样清晰。不妨回想一下前面给出的住房支出模型。最优行为是以一个简单规则的形式呈现的：将 1/3 的收入用于住房。这两种方法的关键区别在于它们的基本假设。在基于最优化的模型中，对偏好或收益的假设是最基本的；而在基于规则的模型中，对行为的假设才是最基本的。

行为规则既可以是固定的，也可以是适应性的。固定规则意味着始终适用相同的算法。正如理性选择模型可以作为人类认知能力的上限，固定规则模型则可以作为人类认知能力的下限。在市场中，一个常见的固定规则是零智能规则（zero intelligence rule），也就是接受任何能够带来更高收益的报价。这个规则意味着永远不会采取愚蠢的（即减少效用的）行动。假设我们想要衡量单边市场机制的效率，在这种市场中，卖方对某种商品发布报价，买方要么接受、要么放弃。遵循零智能规则的卖方会随机选择一个高于该商品价值的价格，买方则会以低于该商品价值的价格购买。当我们在计算机模型中对这些行为进行编码时发现，在该市场中，零智能交易者可以得到接近完全有效的结果。因此，交易市场即便在买卖双方不理性的情况下，也可以良好地运行。[19]

而适应性规则可以在一系列行为之间切换，演变出新的行为或者复制其他行为。之所以要采取这些行动，是为了提高收益。因此，与固定规则不同，适应性规则需要效用函数或收益函数。这种方法的支持者认为，在任何情况下，只要人们倾向于采取简单而有效的规则，就应该采用基于适应性规则的模型，也就是说，既然人们以这种方式行事，那么就得按这种方式来建模。[20]虽然基于规则的模型没有对理性做出明确的假设，但适应性规则确实表现出了生态理性（ecological rationality）——更好的规则会占据主导地位。[21]

为了解释基于适应性规则的模型的工作原理，我们在这里不妨以"爱尔法鲁"（El Farol）① 自组织协调模型为例。[22]爱尔法鲁是美国新墨西哥州圣塔菲的一家夜间营业的酒吧，每个星期二的晚上都会举办很吸引人的舞会。每个星期，都有 100 名潜在舞者要决定是去爱尔法鲁酒吧跳舞还是留在家里。所有这100 个人都喜欢跳舞，但是如果酒吧过于拥挤，他们也就不想去了。这个模型假设了一个明确的偏好结构：一个人留在家里的收益为 0；如果只有小于或等于 60 个人参加，那么收益为 1；如果有超过 60 个人参加，收益为 -1。

如果我们构建一个固定规则模型，那么任何结果都可能出现。假设为

---

① "爱尔法鲁酒吧问题"最早由经济学家布莱恩·阿瑟提出，他的著作《复杂经济学》《技术的本质》中文简体字版已由湛庐文化策划，浙江人民出版社出版。——编者注

每个人分配这样一个规则：第一个星期，去酒吧，如果发现到场的人超过了 60 人，那么下一个星期就不去；再下一星期，去。那么，在爱尔法鲁酒吧，第一个星期将会涌进 100 个人，第二个星期却一个人都不会来，然后第三个星期又会有 100 个人来……与此不同，爱尔法鲁模型通过赋予每个人一组规则来创建适应性规则。每条规则都告诉个体是不是应该去爱尔法鲁酒吧。规则有几种形式。有些是固定的规则，例如，每隔一星期去一次。其他规则是根据最近几个星期前往爱尔法鲁酒吧的人数变化趋势来制订的。例如，其中一条规则可能预测这个星期去爱尔法鲁酒吧的人数将与上个星期相同。如果上个星期到场的人数少于 60 人，那么这个规则就会告诉你这个星期应该去。

基于适应性规则的模型将会给每个规则分配一个分数，这个分数等于该规则给出正确建议的星期所占的百分比。然后每个人都可以采取规则集合中分数最高的那个规则。最好（分数最高）的规则将在几个星期内发生变化。对这类模型的模拟发现，如果每个人都拥有大量的规则集合，那么每个星期二都会有大约 60 人到场，这就是说，在没有任何中央计划者的情况下实现了协调。或者换句话说，这个适应性规则系统通过自我组织实现了几乎完全有效的结果。

**爱尔法鲁模型：
适应性规则**　　　有 100 个人，每个人每个星期都要独立地决定是否前往爱尔法鲁酒吧。如果决定前往，且只有 60 个人或更少的人到场，那么这个人的收益为 1，否则收益为 -1，决定不前往爱尔法鲁酒吧的人收益为 0。

每个人都有一套规则来决定是否参加。这些规则可以是固定的，也可以依最近一段时间以来的参加人数而定。每个星期，每个人都要按照遵循他的规则集合中曾产生过最高收益的规则行事。

我们可以在（图 4-1）微观 - 宏观循环的框架内解释适应性规则模型（例如，爱尔法鲁模型）中的行为。在微观层面，一组个人（用 a_i 表示）根据规则采取行动，这些规则创建了宏观层面的现象（用 $Macro_1$ 和 $Macro_2$ 表示），如图 4-1 中向上的箭头所示。在爱尔法鲁酒吧问题中，宏观现象是过去的博弈参与者人数的序列，向下的箭头表示这些宏观现象是如何反馈到个人的行为中的。在爱尔法鲁模型中，每个人可能在应用不同的规则。如果人们所用的规则连续 4 个星期都导致爱尔法鲁酒吧人满为患，那么规则就会告诉人们较少参加将会带来更高的收益。当一些人转而采用这些规则后，前往爱尔法鲁酒吧的人数就会减少。微观层面的规则产生宏观层面的现象（过高的"出勤"率），后者又反馈回微观层面的规则。

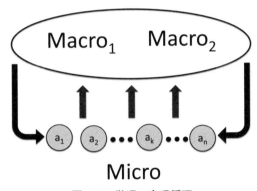

图 4-1　微观 - 宏观循环

模型产生了什么样的结果

微观 - 宏观循环揭示了一个关键问题：模型中的行为主体应该有多聪明？人们有能力推断出他们行为的所有后果吗？这个循环还暗示了本书中要讨论的一个更大的问题：模型会产生什么样的结果？它是否会达成均衡？还是会产生随机性、创建一个循环，抑或导致一系列复杂的结果？

我们先从行为主体应该有多聪明这个问题开始讨论。现在不妨假设，我们认为个体都只拥有适度的认知能力，因此我们构建了一个零智能行为主体模型。个体的行为集结到一起会产生宏观层面的总体现象。如果宏观层面出现了有效或近乎有效的结果——由买方和卖方组成的单边市场就是如此，那么我们的假设就可能是合理的。既然如此易于遵循的固定规则会产生很好的结果，那么人们将几乎没有动力去开发更精致复杂的规则。

但是，当我们的模型只能产生效率低下甚至糟糕的宏观结果时，就会产生张力，爱尔法鲁模型就是这种情况。在爱尔法鲁模型中，一个共同的固定规则可能会导致完全无效率的周期性结果：这个星期爱尔法鲁酒吧是过度拥挤的，而下个星期却空无一人。面对这种效率低下的结果，我们可能更倾向认为人们会适应。他们可能会试错，可能会考虑整个形势，然后制订新的行动规则。如果将这个逻辑推向极致并假设思考成本很低，我们就会发现自己实际上已经在倡导理性行为者模型了。任何表现不佳的人都可以做得更好。虽然这是事实，但是人们也得有能力制订更好的行动规则才行。

这也就引出了一个大问题：模型产生了什么样的结果？我们有四种选择：均衡、周期、随机性或复杂性。结果的类别将决定我们对于人们应该学会实现均衡的论点的重视程度。如果模型会在宏观层面上产生随机性，那么个人可能无法学到任何东西。好在我们的模型没有这个问题。同样的逻辑也适用于产生复杂模式的模型。在这些情况下，我们可以假设人们能够继续适应新规则，但不能假设他们可以选择最优规则。相反，宏观现象的复杂性会使最优反应显得难以置信。人们更有可能像在爱尔法鲁模型中一样，通过一系列简单的规则来应对复杂性。

产生周期或均衡的模型则可以创造一个稳定的环境，因此我们有理由期望人们可以学习，没有人会持续采取次优的行动。假设现在有这样一个交通模型：每个人都利用一个固定规则选择一条通勤路线。在这个模型中，交通系统处于某个均衡状态。假设在这个均衡中，有一个名叫莱恩的人，每天早上都要花费 75 分钟从卡拉巴萨斯前往洛杉矶市中心。在给定这个均衡的情况下，如果莱恩从托潘加峡谷（Topanga Canyon）抄近路走，那么她这段行程将只需要 45 分钟。考虑到每天能够节省 30 分钟的价值以及住在洛杉矶的人谈论交通的频率，莱恩确实很可能会找到这条更短的路线。事实上，她有很多种方法：可以利用地图软件的线路推荐，或者问一下自己的邻居，也可以自己多探索几次。

因此，如果模型产生了均衡（或简单的周期），并且均衡与优化行为不一致，那就意味着我们的模型存在逻辑缺陷。如果人们可以采取更好的行动，他们应该可以弄清楚，他们应该学习。需要注意的是，为了达到均衡，我们并不需要假设最优化行为。人们可以通过遵循简单的规则来产生均衡；在这种均衡中，任何人都无法通过改变自己的行为来让自己受益。在这种均衡状态下，人们看上去"似乎"正在最优化，事实上确实是。同样，这个逻辑不一定适用复杂或随机的结果。如果洛杉矶的交通模式产生一系列复杂的交通拥堵和通行减速，那么我们没有理由相信莱恩每天都能选择最优路线。事实上，她几乎肯定不能。

如果可以采取任何行动的适应性规则产生了均衡，那么这种均衡必定与致力于最优化的行为主体的行为一致。如果同样这些适应性规则产生了复杂性，那么行为主体的行为就不一定是最优的。我们还可以将这个观点表述为如下形式：最优行为可能是一种不切实际的假设，特别是在复杂情况下。另一方面，如果一个系统产生了稳定的结果，而且某个人可以采取更好的行动，那么这个人很可能会找到这种更好的选择。

同样的逻辑还延伸适用于政策干预。假设我们现在要利用数据来估计人们的行为规则，比如，一个人因为很轻微的健康问题而在午餐时间出现在医院急诊室的可能性。如果假设一个固定规则，那么我们可能会扩建医疗设施，以保证求医的人们不必过多等待。如果人们一直持续遵循这个固定规则，就会达到新的一个均衡：中午的等待时间将会变得很短。然而，在等待时间变得更短了之后，本来不会因为扭伤了脚踝或小小的感冒就去急诊的人，也可能会决定去。这种均衡依赖于人们对次优行为的选择，例如，即使不必等待也不去急诊室。如果人们会学习，我们就不能依靠过去的数据来预测政策变化之后的结果。这个见解被称为"卢卡斯批判"（Lucas critique），是坎贝尔定律（Campbell's law）的一种变体，它指出人们对任何措施或标准的反应都会使其效率降低。[23]

卢卡斯批判　　　　政策或环境的变化可能引起受影响者的行为反应。因此，使用过去的行为数据估计的模型将不准确。模型必须考虑到人们对政策和环境变化做出反应这一事实。

这一点我们应该已经很清楚了：对于如何对人进行建模这个问题，并不存在一个固定不变的最优答案。如何理性地制订规则及如何根据具体情况制订。我们需要的是在每种情况下尽可能做出最好的判断。考虑各种各样的不确定性，我们应该往构建更多模型的方向试错，而不是更少的模型。

即便我们倾向认为理性选择模型不切实际，也必须认识到它们的易处理性，它们所拥有的揭示激励的正确方向的能力，以及它们作为基准的价值。简单的基于规则的行为，比如零智能，也是不现实的。虽然这些假设是"错"的，但是它们仍然可以使用。它们都很容易分析，可以用来揭示给定环境下智能的重要性。

毫无疑问，人类行为发生在零智能与完全理性这两种极端情况之间，因此构建行为个体利用适应性规则的模型是有意义的。这些规则应该考虑到人们在同一个领域内的认知依恋和认知能力各不相同这一事实。因此，我们应该期待行为多样性会涌现出来，也可以期待群体内部的某种一致性。这些也都可以包含在模型当中。[24]

总而言之，考虑到对人建模所涉及的复杂性，我们有充分的理由去利用多种不同的模型。我们可能无法准确地预测人们会做什么，但是也许能够确定一系列可能性。如果可以的话，就应该多构建一些模型，我们已经从构建模型中获益，因为我们知道会发生什么。

最后，我们呼吁大家保持谦卑和同理心。在构建关于人的模型时，建模者必须非常谦卑。由于面临着多样性、社会的影响、认知错误、目的性和适应性等多种挑战，我们的模型不可避免地会出现这样那样的问题，这也正是需要采用多模型方法的原因。严谨的行为模型能够很好地拟合某些情况，并使我们能够专注于环境的其他方面。当我们拥有更多更好的数据时，更丰富的行为模型将会更合适。我们必须保持适度的期望。人是多样性的、易受社会影响的、容易出错的、有目的的、有适应能力且拥有主体性的。怎么能认为单一的人类行为模型不会出错呢？一定会。我们的目标是构建许多模型，作为一个整体，它们将是有用的。

The Model Thinker

What You
Need to Know to
Make Data Work
for You

Part 2　模型思维

要成为一个多模型思考者，必须首先学习掌握多个模型。我们需要理解对模型的形式化描述，并知道如何应用它们。构建模型是一门艺术，只能通过不断实践才能熟练掌握。在建模中，数学和逻辑扮演着专家教练的角色，它们会纠正我们的缺漏。

正态分布

我不敢说自己比其他 65 个人都更聪明——但是我当然要
比那 65 个人的平均水平更高。

—————————————— 理查德·费曼（Richard Feynman）

分布构成任何建模者核心知识库的一部分。从本章开始，我们将利用各种分布来构建和分析路径依赖、随机游走、马尔可夫模型，以及各种搜索模型和学习模型。如果想要度量权力、收入和财富的不平等，并进行统计检验，也需要关于分布的知识。在本书中，我们花了篇幅不大的两章专门讨论分布。本章先讨论正态分布（normal distribution），下一章讨论幂律分布（长尾分布）。我们都是从建模者而不是从统计学家的角度来讨论的。作为建模者，我们对两个主要问题感兴趣：为什么要这样看待分布？为什么分布很重要？

要解决第一个问题，就需要重新认识分布。分布以数学的方式刻画变量的变差（在某个类型内部的差异）和多样性（不同类型之间的差异），将变量表示为在数值上或类别上定义的概率分布。正态分布的形状是我们熟悉的钟形曲线形状。大多数物种的高度和重量都满足正态分布，它们围绕着均值对称分布，而且不会包含特别大或特别小的事件，例如，我们从来没有遇到过 1 米长的蚂蚁，也没有看到过 1 千克重的麋鹿。我们可以通过中心极限定理（Central Limit Theorem）来解释正态分布的普遍性。中心极限定理告诉我们，只要把随机变量加总或求其平均值，就可以期望获得正态分布。许多经验现象，特别是像销售数据或投票总数这样的总量数据，都可以写成随机事件总和的形式。

当然，并不是所有事件的规模（大小）都是正态分布的。地震、战争死亡人数和图书销量都呈长尾分布，这种分布主要由很小的事件组成，也包括极少数非常巨大的大型事件。加利福尼亚州每年都发生超过 10 000 次地震，但是除非你一直盯着茉莉花的花瓣看它们是否在颤动，否则你不会注意到这些地震。然而，偶然也会出现大的地震：地面裂开、高速公路塌陷，整个城市都在颤抖。

了解系统是否由于多种原因产生正态分布或长尾分布是非常重要的。例如，我们可能想了解电网是否会受到大规模停电的冲击，或者市场体系是否会产生少数亿万富翁和数十亿穷人。有了相关的分布知识，就可以预测洪水超过堤坝的可能性、达美航空 238 航班准时抵达盐湖城机场的可能性，以及交通枢纽成本超过预算金额两倍的可能性。分布知识对设计也很重要。正态分布意味着不会有太大的偏差，因此飞机设计师不需要为身高 5 米的人预留腿部空间。对分布的理解也有利于指导行动。正如我们在下文中将会了解的那样，防止骚乱在更大程度上取决于能不能在极端情况下安抚人群，而不在于平时能不能减少不满情绪的平均水平。

在本章中，我们按结构—逻辑—功能的顺序来展开论述。我们先定义了何为正态分布，并描述它们是怎样产生的，然后回答它们为什么这么重要。我们将应用分布知识，解释为什么好的东西总是以小样本的形式出现，检验哪些效应是有显著性的，解释六西格玛（Six Sigma）过程管理为什么有效。然后回到逻辑问题，追问如果我们将随机变量相乘而不是相加会发生什么，结果是获得对数正态分布（lognormal distribution）。对数正态分布可以包括更大的事件，且均值不对称。由此，我们可以推导出，多重效应会导致更大的不平等，这个深刻的结论对提高工资的政策如何影响收入分配有重要的意义。

结构：正态分布

分布为事件或价值分配概率。每日降雨量、考试分数或身高的分布为每一个可能的结果值分配一个概率。各种统计量将分布中包含的信息压缩为单个数值，例如均值，分布的平均值。德国黑森林中树木的平均高度可能达到 24 米，开胸手术后的住院时间平均为 5 天。社会科学家经常通过均值来比较各个国家的经济和社会条件。2017 年，美国的人均国内生产总值为57 000 美元，远超法国的 42 000 美元，但是法国人的平均预期寿命则比美国人高出 3 年。

均值之外的第二个重要统计量是方差，可以衡量一个分布的离散程度，也就是数据与均值之间距离的平方的平均值。[1]如果分布中的每个点具有相同的值，那么方差等于零。如果一半数据的值为 4，一半的值为 10，那么平均来说，每个点与均值的距离为 3、方差等于 9。分布的标准差是另一个常用的统计量，等于方差的平方根。

可能的分布集合是无限的。我们可以在纸上任意画出一条线并将它解释为概率分布。幸运的是，我们经常遇到的分布一般都属于有限的几种类型。最常见的分布就是正态分布，也就是钟形曲线，如图 5-1 所示。

正态分布的均值是对称的。如果一个正态分布的均值等于零，那么抽取到大于 3 的概率等于抽取到小于 −3 的概率。正态分布的特征在于其均值和标准差（或者等价地，其方差）。也就是说，所有正态分布的图形看上去都是相似的，大约 68% 的结果在均值的一个标准差内，大约 95% 的结果在两个标准差内，并且超过 99% 的结果在三个标准差内。正态分布允许任何大小的结果或事件，不过"大"事件是非常罕见的，与均值距离超过五个标准差的事件发生的概率为 200 万分之一。

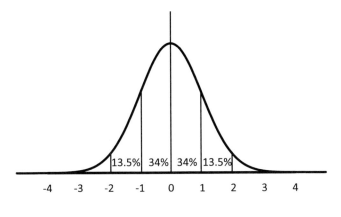

图 5-1　正态分布及其标准差

我们可以利用正态分布的规律给各种范围的结果分配概率。如果位于美国威斯康星州密尔沃基市房子的平均面积是 2 000 平方英尺（1 平方英尺 ≈ 0.09 平方米）、标准差为 500 平方英尺，那么那里 68 % 的房子面积介于 1 500 平方英尺到 2 500 平方英尺之间，95 % 的房子面积介于 1 000 平方英尺到 3 000 平方英尺之间。如果 2019 年的福特福克斯汽车平均每加仑（1 加仑 ≈3.79 升）汽油可以行驶 40 英里（1 英里 ≈1.6 千米），且标准差为每加仑 1 英里，那么超过 99 % 的福特福克斯汽车每加仑汽油可以行驶 37 英里至 43 英里。尽管消费者希望自己的汽车越省油越好，但是一般来说不可能每加仑汽油行驶 80 英里。

逻辑：中心极限定理

非常多的现象都表现为正态分布：动物和植物的体型大小，学生在考试中的成绩，便利店每天的销售额，海胆的寿命，等等。中心极限定理表明为什么对随机变量求和或取均值会产生正态分布。

中心极限定理 只要各随机变量是相互独立的，每个随机变量的方差都是有限的，且没有任何一小部分随机变量贡献了大部分变差，那 $N \geqslant 20$ 个随机变量的和就近似一个正态分布。[2]

中心极限定理一个非常重要的特征是，随机变量本身不一定是正态分布的。它们可以有任何分布，只要每一个随机变量都具有有限的方差，并且它们中的任何一小部分随机变量都不贡献大部分方差。假设，在一个 500 人的小城镇中，人们的购买行为数据显示，每个人平均每个星期花费 100 美元。在这些人中，可能有些人这个星期只花 50 美元、下个星期则花 150 美元，另一部分人可能每 3 个星期花费 300 美元。而其他人则可能每个星期的花费在 20 至 180 美元之间。只要每个人的支出都只有有限的变差并且没有任何一小部分人贡献了大部分变差，那么分布的总和必定是一个正态分布，其均值为 50 000 美元。每个星期的总支出也将是对称的：可能高于 55 000 美元，也可能低于 45 000 美元。根据同样的逻辑，人们购买的香蕉、牛奶以及炸玉米饼的数量也都是正态分布的。

我们还可以应用中心极限定理来解释人类身高的正态分布。一个人的身高取决于基因、环境以及两者之间的相互作用。基因的贡献率可能高达 80%，因此不妨假设身高只取决于基因。研究表明，至少 180 个基因有助于人体长高。[3] 例如，一个基因可能有助于长出较长的颈部或头部，另一个基因可能有助于长出更长的胫骨。虽然基因之间存在相互作用，但我们可以假设在"长高"这件事情上，每个基因都是相互独立的。如果身高等于 180 个基因贡献的总和，那么身高将呈现正态分布。相同的逻辑可以证明，狼的体重和大熊猫的拇指长度也是如此。

功能：应用分布知识

我们对正态分布的第一个应用将揭示：为什么罕见结果在规模小的群体中更常见，为什么最好的学校往往规模较小，为什么癌症发病率最高的郡县人口较少。回想一下，在一个正态分布中，95％的结果位于两个标准偏差内，99％的结果位于三个标准偏差内，根据中心极限定理，一组独立随机变量的均值将是正态分布的（当然方差要满足前述要求）。由此可见，我们可以非常确信：考试分数的总体平均值也将是正态分布的。然而，随机变量平均值的标准差并不等于变量标准差的平均值，而且总和的标准差也不等于标准差的总和。相反，这些关系取决于总体大小的平方根。

平方根法则
（The square root rules） N个相互独立的随机变量，都具有标准差 σ，对这些随机变量的值的标准差 σ_μ 和对这些随机变量总和的标准差 σ_Σ，分别由以下公式给出：[4]

$$\sigma_\mu = \frac{\sigma}{\sqrt{N}} \qquad\qquad \sigma_\Sigma = \sigma\sqrt{N}$$

均值的标准差公式表明，大的总体的标准差要比小的总体的标准差低得多。由此可以推断，在小的群体中应该会观察到更多的好事和更多的坏事。事实上我们确实观察到了：最安全的居住地是小城镇，但最不安全的地方也是小城镇；肥胖率和癌症发病率最高的那些郡县的人口较少。这些事实都可以通过标准差的差异来解释。

如果不考虑样本量，直接根据离群值（异常值）推断因果关系可能会导致相当糟糕的政策行为。出自这个原因，美国统计学家霍华德·魏纳（Howard Wainer）将均值标准差公式称为"世界上最危险的方程式"。例如，在 20 世纪 90 年代，盖茨基金会和其他一些非营利机构以"最好的学校都是小学校"为依据，倡导将大学校分拆为小学校。[5] 为了揭示这种推理的逻辑缺陷，试想一下，现在有两所学校，一所是只有 100 名学生的小学校，另一所是有 1 600 名学生的大学校，并假设这两所学校学生的成绩均来自相同的分布，平均分为 100，标准差为 80。在小学校中，平均值的标准差等于 8，即学生成绩的标准差 80 除以学生人数的平方根 10。而在大学校中，平均值的标准差则等于 2。

如果以平均分为标准，把那些平均成绩在 110 以上的学校称为"优秀"，把平均成绩在 120 以上的学校称为"非常优秀"，那么将只有小学校才有可能达到这个标准。对于小学校而言，平均成绩为 110 时，只比总体均值高出了 1.25 个标准差，这类事件发生的概率大约为 10%。而平均成绩为 120 时，则比总体均值高出了 2.5 个标准差，这类事件大约 150 所学校发生一次。对大学校进行相同的计算时，我们却会发现"优秀"阈值意味着比均值高 5 个标准差，而"非常优秀"阈值则比均值高 10 个标准差！实际上这类事件永远不会发生。因此，最好的那些学校普遍规模较小这个"事实"并不能证明小学校的表现更好。即便学校规模本身完全没有影响，"最好的学校都很小"这种事情也会发生，因为平方根法则会起作用。

检验显著性

我们还可以利用正态分布的规律来检验各种平均值的显著性差异。如果经验均值与假设均值之间的偏差了超过两个标准差，那么社会科学家就会拒绝这两种均值相同的假设。[6] 现在提出这样一个假设，即巴尔的摩的通勤时间与洛杉矶的通勤时间相同。假设数据表明，巴尔的摩的通勤时间平均为 33 分钟，而洛杉矶为 34 分钟。如果这两个数据集的均值标准差都是 1 分钟，那么我们就不能拒绝巴尔的摩和洛杉矶两地通勤时间相同的假设。虽然二者的均值不同，但只存在 1 个标准差。如果洛杉矶的平均通勤时间为 37 分钟，那么我们就会拒绝这个假设，因为均值之间相差 4 个标准偏差。

但是，物理学家可能不会拒绝这样的假设，至少当数据来自物理实验时不会。物理学家采用更严格的标准，因为他们拥有更大的数据集（原子的数量远远超过了人的数量），数据也更"干净"。物理学家在 2012 年证明希格斯玻色子（Higgs boson）存在时所依据的证据，在 700 万次试验中随机出现不到一次。

美国食品药品监督管理局（FDA）所使用的药物批准程序也包含了显著性检验。如果一家制药公司声称自己研发的某种新药可以减轻湿疹的严重程度，那么这家公司就必须进行两项随机对照试验。为了构建一项随机对照试验，该公司组织了两个相同的湿疹患者群体。一组接受这种药物治疗，另一组则只使用安慰剂。试验结束后，比较平均严重程度和平均副作用发生率。然后，该公司还要进行统计检验。如果药物显著地缓解了湿疹症状（以标准差衡量）且没有显著地导致副作用，则可以批准该药物。美国食品药品监督管理局并没有使用严格的双标准差规则。治疗某种致命疾病且同时只会导致轻微副作用的药物比能够缓解真菌导致的灰指甲症状但同时却会导致骨癌发病率高于预期的药物的统计标准更低。美国食品药品监督管理局还关注统计检验的效力，也就是测试能够证明药物有效的概率。

六西格玛方法

这里要讨论的正态分布规律的最后一个应用是六西格玛方法，我们将说明正态分布是如何通过六西格玛方法为质量控制提供有效信息的。六西格玛方法是摩托罗拉公司于 20 世纪 80 年代中期提出的，目的是减少误差，该方法根据正态分布对产品属性进行建模。试想这个例子：一家企业专业生产制造门把手所用的螺栓。它生产的螺栓必须天衣无缝地与其他制造商生产的旋钮组装在一起。规格要求是螺栓直径为 14 毫米，但是任何直径介于 13毫米与 15 毫米之间的螺栓也可以接受。如果螺栓的直径呈正态分布，均值为 14 毫米，标准差为 0.5 毫米，那么任何超过两个标准差的螺栓都是不合格的。两个标准差事件发生的概率为 5%，这个概率对于一家制造企业来说太高了。

六西格玛方法涉及缩减标准差的大小从而降低生产出不合格产品的可能性。各企业可以通过加强质量控制来降低误差率。2008 年 2 月 26 日，星巴克超过 7 000 家门店停止营业 3 小时，目的是重新培训员工。与此类似，航空公司和医院所用的检查清单也有助于减少变差。[7] 六西格玛方法降低了标准差，这样即使出现了 6 个标准差的误差，也可以避免出现故障。在生产螺栓这个例子中，就要求必须把螺栓直径的标准差减少至 1/6 毫米。而 6个标准差的含义是，误差率仅为十亿分之二。实际使用的阈值假设 1.5 个标准差的出现是不可避免的。因此，一个六西格玛事件实际上对应于一个四个半西格玛事件，这时允许的误差率大约为三百万分之一。

在六西格玛方法中应用中心极限定理（即隐含的加性误差模型）是如此微妙，因而几乎没有什么人注意到。螺栓制造企业不可能精确地测量每个螺栓的直径，它可能会抽样几百个，并根据这样一个样本来估计均值和标准差。然后通过假设直径的变差源于多种随机效应的总和，例如机器振动、金属质量变化以及压力机温度和速度的波动，就可以利用中心极限定理推断出正态分布。这样一来，这家螺栓制造企业就可以得出一个基准标准差，然后花大力气去降低它。

对数正态分布：乘法冲击

中心极限定理要求我们对随机变量求和或求平均值，以获得正态分布。如果随机变量是不可相加而是以某种方式相互作用的，或者如果它们不是相互独立的，那么产生的分布就不一定是正态分布。事实上，一般情况下都不会是。例如，独立随机变量之间的乘积就不是正态分布，而是对数正态分布。[8] 对数正态分布缺乏对称性，因为大于 1 的数字乘积的增长速度比它们的和的增长速度快，比如，$4 + 4 + 4 + 4 = 16$，但 $4 \times 4 \times 4 \times 4 = 256$；而小于 1 的数字的乘积则比它们的和小，比如，$\frac{1}{4} + \frac{1}{4} + \frac{1}{4} + \frac{1}{4} = 1$，但 $\frac{1}{4} \times \frac{1}{4} \times \frac{1}{4} \times \frac{1}{4} = \frac{1}{256}$。如果将 20 个不均匀地分布在 0 到 10 之间的随机变量相乘，那么多次相乘后所得到的乘积将会包括一些很接近于零的结果与一些相当大的结果，从而生成如图 5-2 所示的对数正态分布。

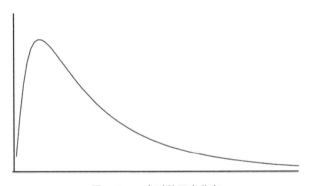

图 5-2　一个对数正态分布

一个对数正态分布的尾部长度取决于随机变量相乘的方差。如果它们的方差很小，尾巴就会很短，如果方差很大，尾巴就可能会很长。如前所述，将一组很大的数相乘会产生一个非常大的数字。在各种各样的情况下都会出现对数正态分布，包括英国农场的大小，地球上的矿物质的浓度，从受到感染到症状出现的时间，等等。[9] 大多数国家的收入分布也近似于对数正态分布，尽管在最顶端，许多点会偏离对数正态分布，因为高收入的人"太多"了。

一个简单的模型可以解释为什么收入分布更接近于对数正态分布而不是正态分布。这个模型将与工资增长有关的政策与这些政策所隐含的分布联系起来。大多数企业和机构都按某种百分比来分配加薪，表现高于平均水平的人能够得到更高百分比的加薪，表现低于平均水平的人则只能得到更低百分比的加薪。与这种加薪方法相反，企业和机构也可以按绝对金额来分配加薪，例如普通员工可以获得 1 000 美元的加薪，表现更好的人可以获得更多，而表现更差的人则只能获得更少。

百分比加薪方法与绝对金额加薪方法两者之间的区别乍一看似乎只是语义上的区别，但其实不然。[10] 如果每一年的绩效都是相互独立且随机的，那么根据员工绩效按百分比加薪，就会产生一个对数正态分布。即使后来的表现相同，未来几年的收入差距也会加剧。假设一名员工因过去几年表现良好，收入水平达到了 80 000 美元，而另一名员工则只达到了 60 000 美元。在这种情况下，当这两名员工的表现同样出色并都可以获得 5% 的加薪时，前者能够获得 4 000 美元的加薪，后者却只能得到 3 000 美元的加薪。这就是说，尽管绩效完全相同，不平等也会导致更大的不平等。如果企业按绝对数额分配加薪，那么两名绩效相同的员工将获得相同的加薪，由此产生的收入分布将接近正态分布。

小结

在本章中，我们讨论了正态分布的结构、逻辑和功能。我们看到，正态分布可以用均值和标准差来表示。中心极限定理说明，当我们将有限方差的独立随机变量相加或求平均值时，正态分布是如何产生的。还给出了随机变量的均值与总和的标准差公式，阐述了这些性质会带来的后果。我们现在已经知道，小的群体更有可能呈现异常事件，如果缺乏对这类事件的洞察力，就会做出不正确的推断并采取不明智的行动。我们还了解到，假设随机变量服从正态分布，科学家就可以对统计检验的显著性和效力做出判断。本章还分析了在过程管理中如何利用正态假设来预测失败发生的可能性。

　　并不是每个量都可以写成独立随机变量的总和或平均值，因此并非所有事件都满足正态分布。有一些量是独立随机变量之间的乘积，因此它们是对数正态分布的。对数正态分布只取正值，有更长的尾巴，意味着更大的事件和更多非常小的事件。当高方差的随机变量相乘时，尾部会变得更长。长尾分布的可预测性较差，而正态分布则意味着很强的规律性。作为一个预测规则，我们当然更倾向于规律性，而不是发生很大事件的可能性。因此，如果了解了生成各种各样分布的逻辑，我们将会获益匪浅。我们可能更希望随机冲击相加，而不是相乘，以减少发生很大事件的可能性。

幂律分布 06

每个基本定律都有例外，但是你仍然需要定律，否则你所拥有的只是毫无意义的观察。那不是科学，只是做笔记。

————————————————— 杰弗里·韦斯特（Geoffrey West）

在本章中，我们将讨论幂律分布。幂律分布就是通常所称的长尾分布或重尾分布。在把这种分布绘制在图上时，会产生对应大事件的沿水平轴运行的长尾。例如城市人口分布、物种灭绝、万维网上的链接数量以及企业规模等，所有这些分布都有很长的尾巴，视频下载量、书籍销量、学术论文引用数量、战争中的伤亡人数、洪水和地震的分布也是如此。换句话说，在这些分布中，都包括了非常大的事件：东京有 3 300 万居民，J. K. 罗琳的"哈利·波特"系列畅销书卖出了 5 亿本，1927 年密西西比河的大洪水将面积相当于西弗吉尼亚州的地区淹在了 9 米深的水下……[1]

要想对幂律分布与正态分布之间的巨大差异有一个直观的了解，不妨想象一下人类身高的幂律分布。如果人类身高与城市人口的幂律分布类似，而且假设所有美国人的平均身高为 175 厘米，那么美国人当中将会有一个人比帝国大厦还高，有超过 1 万人比长颈鹿还高，同时身高小于 18 厘米的人也将超过 1.8 亿人。[2]

产生幂律分布要求非独立性，通常以正反馈的形式出现。[3] 图书销售、森林火灾的发生和城市人口都不同于光顾杂货店的次数，这些并不是独立的。当某个人买了一本《哈利·波特》后，其他人也可能跟着买；当一棵树着火时，火势会蔓延到邻近的树木；当一个城市的人口增加时，这个城市的基础设施会随之改善，工作机会也会随之增加，从而对其他人更具吸引力。社会学家罗伯特·默顿（Robert Merton）把这种已经拥有更多的人未来也能够得到更多的现象称为马太效应（Matthew effect），正如《圣经》中所说："凡有的，还要加给他，叫他有余；凡没有的，连他所有的，也要夺去。"（马太福音 25:29）

既然在各种领域中都能发现发幂律分布，那么如果有某个机制可以解释所有这些幂律分布就太好了，可惜的是，这种机制并不存在。如果幂律分布的每一个实例都有一个独特的解释，那将更好，可惜的是，这也不是真的。相反，我们只拥有一系列能够生成幂律分布的不同模型，每个模型都能解释不同的现象。

在本章中，我们将重点放在两个幂律分布模型上。第一个模型是优先连接模型（preferential attachment model），它能够解释城市规模、图书销量和网络链接等；第二个模型是自组织临界模型（self-organized criticality model），它能够解释交通拥堵、战争伤亡，以及地震、火灾和雪崩的大小等。在第 12 章中讨论熵时，我们还会研究第三个幂律分布模型，在那个模型中，幂律会在给定均值的条件下最大化不确定性。在第 13 章中，我们将证明随机游走模型中的返回次数也满足幂律分布。还有其他一些模型则表明幂律会从最优编码、随机停止规则和组合分布中产生。[4] 本章还将讨论幂律分布的结构、逻辑和功能。在讨论中，我们重新评估了特别大的事件的影响，并描述在预防和规划这些事件上的能力局限。

幂律分布的结构

在幂律分布中，事件发生的概率与事件大小的某个负指数成比例。例如，我们熟悉的函数 $\frac{1}{x}$ 就描述了一种幂律。在这个幂律分布中，一个事件的概率与其大小成反比：事件越大，发生的可能性越小。因此，在幂律分布中，小事件的数量要比大事件要多得多。

幂律分布　　　　一个定义在区间 $[x_{min}, \infty)$ 上幂律分布[5] 可以写成如下形式：

$$P(x) = Cx^{-a}$$

其中，指数 $a > 1$ 决定了尾部的长度，同时常数项 $C = (a-1)x_{min}^{a-1}$ 确保总概率的分布。

幂律中指数的大小决定了大事件的可能性和大小。当指数等于 2 时，事件的概率与其大小的平方成比例。大小为 100 的事件，发生的概率与 $\frac{1}{100^2}$（或一万分之一）成比例。当指数增加到 3 时，该事件的概率与 $\frac{1}{100^3}$ 成比例。对于 2 或更小的指数，幂律分布缺乏一个可明确定义的均值。例如，从指数为 1.5 的幂律分布中抽取出来的数据均值永远不会收敛。换句话说，它会无限地增加。

图 6-1 显示了网页链接数量分布的近似图。

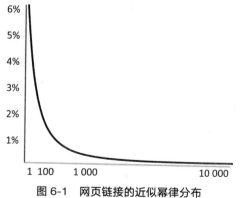

图 6-1　网页链接的近似幂律分布

大事件的可能性将幂律分布与正态分布区分开来，因为在正态分布中，我们实际上从未见过大事件，而在幂律分布中，大事件虽然也很少见，但是它们发生的频率足以引起注意和准备。即使是百万分之一的事件也必须加以考虑。例如，地震大小的分布接近于指数大约为 2 的幂律。如果发生了震级大于里氏 9.0 级的地震，不但建筑物会被夷为平地，整个地形地貌都会变得面目全非。这是一个发生的可能性只有百万分之一的大事件，在一个世纪的时间中，这种规模的地震发生的概率为 3.5%。[6]

为了更清楚地分析概率为百万分之一的大事件在正态分布与长尾分布之间的差异，现在来看一看由于恐怖袭击所造成的死亡人数的分布，它遵循幂律分布，且指数为 2。[7] 在长尾分布中，概率为百万分之一的恐怖袭击事件是一个差不多有 800 人死亡的事件。如果由于恐怖袭击造成的死亡人数满足一个均值为 20、标准差为 5 的正态分布，那么概率为百万分之一的事件将只会导致不到 50 人死亡。

幂律分布有明确的定义，不是每一个长尾分布都是幂律分布。要想快速地检验某个分布是不是幂律分布，可以用双对数坐标系把该分布画出来：双对数坐标系可以将事件大小及其概率转换为相应的对数值，并将幂律分布转换为直线（图 6-2）。[8]

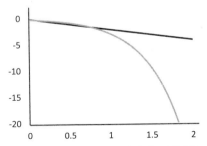

图 6-2　双对数坐标中的幂律分布（黑色）与对数正态分布（灰色）

换句话说，在双对数坐标系中，自始至终都呈直线的图形就是幂律分布的证据，而一开始是直线然后逐渐下降的图形则与对数正态分布（或指数分布）相对应。对数正态分布图形向下弯曲的速率取决于产生分布的变量的变化。[9]当我们增大对数正态分布的方差时，对数正态分布的尾部增大，从而使在双对数坐标系中的图形更接近线性。[10]

齐普夫分布（Zipf distribution）是幂律分布的一个特例，即指数等于 2 的幂律分布。指数等于 2 的幂律分布的一个重要特征是，事件的等级排列序号乘以其概率等于常数，这个规律被称为齐普夫定律（Zipf's Law）。单词符合齐普夫定律，最常见的英语单词 the 出现的频率为 7%，第二最常见的英语单词 of 出现的频率为 3.5%。请注意，of 的等级排列序号 2 乘以频率 3.5%，恰恰等于 7%。[11]

齐普夫定律　　　　对于指数为 2 的幂律分布（$a=2$），事件的等级排列序号乘以它的大小等于常数，即：

$$事件等级 \times 事件大小 = 常数$$

包括美国在内的许多国家的城市人口分布大体上符合齐普夫定律。从美国 2016 年的城市人口数据可以看出，每个城市的人口排名乘以它的人口总数的值接近 800 万（表 6-1）。

表 6-1　　　　　　　　城市人口分布

排名	城市	2016 年人口	排名 × 人口
1	纽约，纽约州	8 600 000	8 600 000
2	洛杉矶，加利福尼亚州	4 000 000	8 000 000
3	芝加哥，伊利诺伊州	2 700 000	8 100 000
4	休斯敦，得克萨斯州	2 300 000	9 200 000
5	菲尼克斯，亚利桑那州	1 600 000	8 000 000

幂律分布的逻辑

现在，我们着手讨论若干产生幂律分布的模型。如果没有适当的模型，幂律分布就只是一种无法解释的模式。

我们要讨论的第一个模型是优先连接模型。模型假设实体以相对于其比例的速度增长。优先连接模型刻画了罗伯特·默顿所说的马太效应：更多导致更多。这个模型考虑了通过新移民到来而实现增长的人口。新到达的人，要么加入现有的某个实体，要么自己创建新的实体。如果是前者，那么加入现有某个实体的概率与该实体的大小成正比。

优先连接模型　　一连串物体（人）一个接一个地到达。第一个到达者创建一个实体。后续每次有人到达时都应用以下规则：在概率 p（较小）的情况下，新到达者创造一个新的实体；在概率（$1-p$）的情况下，新到达者加入现有的某个实体。加入某个特定实体的概率等于该实体的大小除以到目前为止所有到达者的数量。

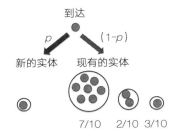

不妨想象一下大学新生进入大学校园时的情景。第一个来到学校的学生创建了一个新的社团，第二个到达的学生以较小的概率创建了自己的社团，更有可能的是，他会加入第一个学生创建的社团。前 10 个到达的学生可能

会创建 3 个社团：一个有 7 个成员，一个有两个成员，一个有一个成员。第 11 个到达的学生只会以极小的概率创建第 4 个社团，如果不创建新的社团，她就加入现有的社团。如果这样做，那么她有 70% 的可能性加入已有 7 个学生的社团，有 20% 的可能性加入已有两个学生的社团，只有 10% 的可能性加入只有一个学生的社团。

优先连接模型有助于解释为什么网络链接、城市规模、企业规模、图书销量和学术引用数量的分布都是幂律分布。在这些情况下，一个行动（比如一个人购买了一本书）会增加其他人也这样做的可能性。如果从某家企业购买商品的概率与它在当前市场的份额成正比，同时如果新企业进入市场的概率较低，那么优先连接模型预测企业规模的分布将是幂律分布。同样的逻辑也适用于图书销量、音乐下载量和城市发展。

我们要讨论的第二个模型是自组织临界模型，它通过在系统中建立相互依赖关系的过程产生幂律分布，直到系统达到临界状态为止。自组织临界模型有很多种。其中，沙堆模型（sand pile model）假设有人将沙粒从距桌面几十厘米的地方洒落到桌子上。随着沙粒不断增多，一个沙堆开始形成。最终，沙子的堆积会达到临界状态，此后每加一次沙子都可能导致"沙崩"。在这种临界状态下，多加入的沙子通常要么没有影响，要么最多只会导致一些沙子下滑。这些属于幂律分布中的数量众多的小事件。但有时，只要再加入一粒沙子就会导致大规模的"沙崩"，这就是大事件。

森林火灾模型（forest fire model）也是自组织临界模型的一种。假设树木可以在一个二维网格上生长，这些树木也可能会随机地被闪电击中。当树木的密度较低时，由闪电引发的任何火灾的规模都很小，最多只会蔓延到几个格点。当树木密度变得足够高时，再被闪电击中就会导致森林大火。

森林火灾模型　　　　　"森林"最初只是一个空的 $N \times N$ 网格。每个周期在网格上随机选择一个格点。如果该格点为空，那么就以概率 g 在那里种上一棵树。如果该格点上已经有树，那么闪电会以概率（$1-g$）击中该格点。如果该格点有一棵树，那么树会着火，火势会蔓延到所有连接到该格点的有树的格点。

这里需要注意的是，在森林火灾模型中，被闪电击中的概率等于 1 减去种树的概率。这种结构使我们能够改变种树与闪电击中树的相对速度。这是一种简化，减少了模型中参数的数量。在对各种各样的种树速度进行试验之后，我们发现，当种树的速度接近 1 时，树木的密度会增加到一个临界状态：在这个相对茂密的森林中，被闪电击中有可能摧毁很大一片森林。在这种临界状态下，森林中斑块大小的分布，以及火灾大小的分布，都满足幂律分布。此外，森林还会自然而然地趋向这种密度水平。如果密度较低，密度会增加（因为火灾很小）。如果密度超过了阈值，那么任何火灾都会毁掉整个森林。因此，树木密度自组织地达到了一个临界状态。[12]

在沙堆模型和森林火灾模型中，宏观层面的变量，也就是沙堆的高度或森林的密度，都具有一个临界值。当有像沙崩或火灾这样的大事件发生时，宏观层面的变量值会减小。这两个模型的一些变体可以解释太阳耀斑、地震和交通拥堵的分布。不过，当事件发生时，不断增加的宏观层面的变量会减少，这虽然是必要的，但对于自组织临界性来说是不够的。均衡系统也具有这种特征。水通过溪流，流入和流出湖泊，但是由于水流很平稳，所以湖水的水位是逐渐变化的。通过自组织达到临界状态的关键假设是压力平稳地增加（就像水流入湖中一样），同时压力在爆发时迅速减少，这包括可能发生的大事件。

长尾分布的含义

在这里，我们讨论长尾分布的三个含义，即它们对公平、灾难和波动性的影响。根据定义，与正态分布相比，长尾分布意味着少数几个大"赢家"（大崩溃、大地震、大火灾和严重的交通拥堵）和很多的"输家"；而正态分布则是关于均值对称的。长尾分布也可能增加波动性，因为更大实体中的随机波动会产生更大的影响。

公平

如果某一个人写的书更好、创作的歌曲更有吸引力、发表的论文学术水平更高，那么他应该比其他人获得更大的名声和更多的金钱。但是，如果另一个人只是因为表现得稍微好一点，或者完全靠碰巧走运就比其他人赚到了多得多的钱、获得了大得多的名声，那就有失公平了。就像我们在优先连接模型中看到的，因为马太效应，正反馈创造了少数大赢家。在市场中，要发生正反馈，人们必须知道别人买了什么商品，而且人们必须有能力购买商品。就手机上的应用程序而言，根本不存在可能会减慢正反馈的生产限制，但是卡车就会面临这种约束。福特公司不可能无限增加 F-150 卡车的产量，但是财捷集团（Intuit）却可以无限量地销售 TurboTax 应用程序，只要有人愿意下载。

实证研究表明，社会效应会创造更大的赢家。在音乐实验室的实验研究中，研究者让大学生挑选和下载歌曲。在第一个实验组中，被试不知道其他人下载了哪些歌曲，下载量的分布具有较短的尾部，没有出现下载量超过 200 次的歌曲，且下载量少于 30 次的歌曲也只有一首。在第二个实验组中，被试知道其他人下载了哪些歌曲，下载量的分布具有较长的尾巴，有一首歌的下载量超过 300 次。而且，超过一半歌曲的下载量都不到 30 次。

尾巴变长了，社会影响增加了不平等。如果社会影响只会导致人们下载更好的歌曲，那么这种不平等也不会造成什么问题。但事实上，这两个实验组的下载量之间的相关性并不强。我们可以将第一个实验组中每一首歌的下载次数解释为歌曲质量的一个表征，那么这项研究表明，社会影响并没有导致人们去下载更好的歌曲。大赢家的出现不是随机的，但它们其实并不一定是最好的。[13]

当然，我们必须非常小心：不能从一项研究中就得出太强的推论。然而，我们确实可以推断，卖出了 5 000 万册书的畅销书作家、学术论文得到了 20 万次引用的科学家当然是值得赞许的，但是这种极端的成功本身就表明中心极限定理是不成立的。人们不会独立地购买书籍或引用论文。惊人的成功可能意味着正反馈，也许还有一点运气。在本书的最后一章讨论收入不平等的原因时，我们还会回到这些思想上来。[14]

灾难

长尾分布还包括灾难性事件：地震、火灾、金融崩溃和交通拥堵。尽管模型无法预测地震，但确实可以深入解释为什么地震的分布会满足幂律。这些相关的知识告诉我们各种强度的地震发生的可能性。我们至少知道会发生什么，尽管不知道什么时候会发生。[15]

而且，森林火灾模型已经可以指导行动了。人们可以通过选择性地在森林中采伐一些树木来降低树木的密度，以防止大火灾的发生，也可以制造防火带。有人会说，在模型告诉我们应该这样做之前，我们早就懂得采伐树木或建造防火带了。这当然是事实，但重要的是，森林火灾模型能够让我们意识到临界密度的存在。临界密度可能因森林而异，可能取决于树木的类型、盛行风速和地形。这个模型有效地解释了为什么森林会出现自组织临界状态。

我们还可以使用这个模型来做一个很好的类比。请回想一下，第 1 章中讨论了席卷整个体系的金融机构的破产，我们可以将森林火灾模型应用到那种情况下：把银行和其他金融机构想象为网格上的树，网格上的邻接则表示存在未偿还的贷款。一个银行破产相当于一棵树着火，而火势有可能会蔓延到邻近的银行。

当银行的"密度"变得越来越高的时候，这种看似浅显的森林火灾模型就预示着大规模的银行破产随时可能发生。不过，在深入探析这个类比时，我们可以发现它存在四个方面的缺点。第一，金融机构的网络并未嵌入物理空间，各家银行的连接数也不相同，有的银行可能拥有几十项金融债务，而有些银行则可能只有一两项金融债务。第二，森林中的树木不能主动采取行动来减少火势蔓延的可能性，但是银行却可以，它们可以提高自己的储备水平。

第三，一家银行拥有的连接越多，其破产会产生连锁反应的可能性就越低，因为它的损失已经分散到了更多的银行身上。例如，如果一家银行只从另一家银行借款，那么如果它在借来的 1 亿美元的贷款上出现了违约，第二家银行可能会破产。但是，如果第一家银行是从其他 25 家银行分别借款的，那么任何一家银行都不至于受到重创。在这种情况下，银行体系可以很好地消化这个违约事件而不会崩溃。[16]

第四，从一家银行的破产到另一家银行的破产，这种蔓延会不会出现还取决于银行的投资组合。如果两家"相连"的银行拥有相似的投资组合，那么当一家银行破产时，另一家银行也可能早就脆弱不堪了，这时银行破产蔓延的可能性就很大。如果整个网络中的所有银行都拥有相同的投资组合，那么最糟糕的情况就很可能会出现。在这种情况下，当一家银行破产时，就可能会出现普遍的银行破产。[17]但是，如果每家银行分别持有不同的投资组合，那么一家银行表现不佳并不意味着其他银行也表现不佳。在这种情况下，银行破产就可能不会蔓延。因此，一个模型要想真正有用，就必须考虑到各种不同的投资组合。如果没有这些信息，那么即便知道哪些银行对其他银行负有未偿还债务也不足以预测或防止银行破产，而且银行之间的高互连性的净效应也是不明确的。

波动性

最后，我们讨论最微妙的一个含义。如果组成幂律分布的实体规模出现了波动，那么幂律的指数就可以作为衡量系统层面波动性的一个代表。由此可以推断，企业规模的分布应该会影响市场波动性。例如，我们可以将某个国家的国内生产总值视为数千家企业的总产量。如果各家企业的生产水平相互独立且变差有限，那么根据中心极限定理，这个国家的国内生产总值分布将服从正态分布。也就是说，企业生产水平的差异越大，总体波动性就越大。如果企业规模的长尾分布导致生产水平上更大的变差，那么这种长尾分布也必定与更大的总体波动性相关。

对美国波动性模式的实证研究表明，波动性在 20 世纪 70 年代和 80 年代有所上升，然后在接下来的 20 年间又下降了，有人将后面这 20 年称为"大稳健"（Great Moderation）。[18] 但是，从 2000 年前后开始，波动性再次上升。研究显示，可以通过企业规模分布的变化来解释这种波动性演变的模式。[19] 随着企业规模分布的尾部变得越来越长（越来越短），最大的企业对波动性的影响越来越大（越来越小）。换句话说，总体波动性会随企业规模分布的尾部变长（变短）而增加（减少）。1995 年，当总体波动性较低时，沃尔玛的营业收入为 900 亿美元，相当于美国国内生产总值的 1.2%。到了 2016 年，沃尔玛的营业收入增加到了 4 800 亿美元，占国内生产总值中的百分比提高到了 2.6%，沃尔玛在美国国内生产总值中所占的份额增加了一倍多。2016 年，沃尔玛收入的增加或减少可能导致的总体波动性因而也增加了一倍多。

没有人能够反驳这个观点的逻辑。因此，相关的问题是，一个经过校准的模型到底能不能生成与实际波动水平相对应的效应。校准拟合结果表明，确实非常接近。企业规模的分布很好地对应于大稳健时期的历史证据。虽然这种相关性并不能证明是企业规模分布的变化（而不是政府对经济的有效管理或更好的库存控制）导致了这种变化，但是它确实足以"阻止"我们拒绝这个模型。[20] 这些证据还为我们在未来评估各种波动时将这种模型加入我们的工具箱提供了很好的理由。

设想长尾分布的世界

在长尾分布中，大事件发生的概率必须加以考虑。在本书讨论的多个模型中，长尾分布是由于反馈和相互依赖性而产生的。我们应该高度注意这个结果。随着世界中相互联系性的提高和反馈的增加，我们应该会观察到更多的长尾分布，同时现在关注的这些长尾分布的尾部也可能会进一步拉长。这就是说，不平等可能会增加，灾难可能变得更大，波动性也会变得更加剧烈。这些都是不可取的。

到目前为止，我们都是在宏观层面上讨论这些事件的可能性的。它们也同样可能发生在更小的尺度上。波士顿的中央隧道工程（Big Dig）是一条穿过市中心的长达 5 000 多米的隧道，它是一个中等规模的灾难的典型例子。这个项目花费了 140 亿美元（相当于最初预算的 3 倍多），并成了美国有史以来最昂贵的公路项目。根据模型思维的方法，我们不会把这个项目简单地视为一个单独的项目，而是作为很多子项目的总和：挖掘深沟、浇筑混凝土隧道、设计排水系统、建造墙壁和"顶盖"。项目的总成本等于各个子项目成本的总和。

如果每个子项目的成本都是相加的，那么这个项目的成本分布将是正态分布。[21] 然而，各个子项目的成本是相互关联的。原本计划用来将顶盖黏合到位的那种环氧树脂强度不够时，就不得不用成本更高、强度更大的另一种环氧树脂来代替，从而增加了项目的成本。而且，第一种环氧树脂的失效还产生了移除和更换折叠顶盖的额外成本。这些工作反过来又需要重做项目的其他几个部分。于是总体成本增加了一倍以上，因为每个项目必须撤销然后重做。这种相互依赖性最终导致了一个大型且昂贵的事件。

大事件发生的可能性使计划变得非常困难。像地震这样自然灾害的分布符合幂律分布。因此，大多数事件都是很小的事件，但是有些事件一旦发生就会很大。如果灾难性事件遵循指数为 2 的幂律分布，那么政府就必须时刻保留大量的储备金或者至少做好应对的准备，必须未雨绸缪。如果政府为了这个目的而在应急基金账户中保持了巨额盈余，那么如果没有大事件发生，政府可能会阻止自己花掉这笔钱或减税。

搜索与机会

我们可以在某些搜索模型中应用关于分布的知识来解释为什么一个人获得机会的数量可能与他的成功经历密切相关。在这里，事实上是将一类模型（分布模型）嵌入了另一类模型（搜索模型）。我们在搜索的时候，无论是搜索新鞋、工作职位还是度假胜地，其实是不知道所选择的价值的，直到去真的尝试它。不过，我们可能会对所选择的价值的分布有所了解，例如它的均值、标准差，以及这种分布是正态分布还是长尾分布等。

在这里，我们将职业选择建模为一个搜索过程。给定某个行业，一个人尝试某条职业道路。我们将这种行为建模为从一个分布中抽取某个事件。假设，这个人可以坚持这个职业选择或再试一次，再试一次对应于从分布中的另一次抽取。例如，考虑一个有才华的年轻科学家的职业选择。她可以选择去医学院深造，也可以选择去研究量子计算。医学院提供了一条更安全的道路，选择研究量子计算则可能成为一名创业企业家并承担更多风险。为了解释这些差异，我们将医生的工资分布表示为均值 25 万美元、标准差 25 000 美元的正态分布，并把量子计算企业家的工资分布表示为指数为 3、期望工资为 20 万美元的幂律分布。[22]

再假设，在每个行业内，这位科学家也可以尝试多种职业。也就是说，她可以搜索。医生可以从肿瘤科转入放射科，一个企业家破产后也可以重整旗鼓继续尝试创业。但是每一次转换职业都要付出一定的成本：对于一个医生来说，这意味着要接受更多的培训；对于一个从事量子计算的企业家来说，这意味着需要付出更多的时间去从事没有报酬的工作。

另外再假设，这位科学家认为这两个职业同样有意思，并且会根据薪资水平来做出选择。我们的模型证明，哪种选择更好取决于有多少次尝试新职业的机会。如果她必须坚持自己的第一个职业选择，那么成为一名医生就可以获得更高的期望工资；如果她有足够的资源持续尝试，努力成为一名企业家，那么最终她将从长尾中获得高薪。假设在每个职业中分别进行 1 次、2 次、5 次和 10 次职业搜索，下图显示在 20 次测试中得到的平均最高工资。如果这位科学家有机会在量子计算初创企业中尝试 10 次，那么她的薪资将会是她选择进入医学院深造并尝试 10 个职业后收入的两倍。

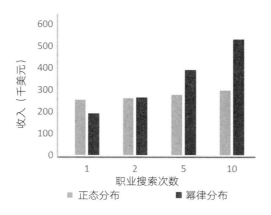

如果拥有的财富和家庭的支持与一个人不得不尝试新职业的机会数量相关，那么模型的预测是，更富有的人将选择风险较高的职业。[23] 专利证据与我们的模型是一致的。一个人成功申请专利的可能性与他的数学技能相关，数学能力排名前1%的人更容易获得专利。而且在这数学能力排名前1%的人当中，收入排名前10%的家庭的人更有可能拥有专利。[24] 至少有两个模型可以解释这种差异：一个模型假设更贫穷且有才华的学生没有上大学的机会，他们可能正在从事日常工作，从未有机会在进入医学院深造还是去研究量子计算之间做出选择，另一个模型则假设更贫穷的学生会选择更安全的职业。

机会的增加可以创造风险激励，这个逻辑可以应用到很多领域。风险资本家经常冒险，因为他们有机会进行多项投资。只要投中了一个独角兽（市值10亿美元以上的公司），不仅可以补偿多次失败的投资，还可以带来很大的利润。研究药物的实验室也愿意承担风险，花费数十亿美元用于药物开发。甚至在决定午餐吃什么时，我们也可以应用同样的逻辑。长途旅行并在某个不熟悉的小镇短暂停留时，我们一般更喜欢选择连锁餐厅用餐；但是，如果真的搬到那个小镇去居住，我们就会尝试多家餐厅。

07 线性模型

是的,我承认我在说谎。但为什么你非要强迫我给出一个线性解释呢!线性解释几乎总是谎言。

———————————— 埃莱娜·费兰特(Elena Ferrante)

模型通常假定变量之间存在某种特定的函数关系。这种关系可以是线性的，也可以是非线性的，或者可以包括阈值效应。在这些模型中，线性模型是最简单且应用最广泛的。本章的重点就是线性模型。教育对收入的影响、因锻炼而增加的期望寿命，以及收入对选民投票率的影响，都可以用线性模型来解释。

　　在本章的开头部分，先回顾一下单变量线性函数。然后讲解了如何通过回归将数据与线性函数拟合，并揭示各种效应的符号、大小和显著性。我们还讨论了为什么误差、噪声和异质性意味着数据不会全部落在回归线上。接着，我们扩展了线性模型以容纳更多的变量，并讨论了如何拟合多元线性模型。为了建立多变量模型的直觉，我们将成功建模为技能和运气的线性函数。本章的结尾部分总结了如何依靠数据和回归指导行动、减少错误，但是这样做也可能会导致边际行为，进而导致保守的行为。确实，"唯大系数论"思维可能会扼杀创新。为了确定更多的创新项，我们可能需要考虑构建其他更具推测性的模型。

线性模型

在线性关系中，由于第二个变量的变化而导致的第一个变量的变化量不依赖于第二个变量的值。假设树木的高度与树木的年龄呈线性关系，那么树木每年生长的高度相同。假设房子的价值随它的面积（平方米）线性增加，那么房子面积扩大 200 平方米所带来的房子价值的增量，等于房子面积扩大 100 平方米所带来的房子价值增量的两倍，400 平方米的扩大使房子的价值增加了 4 倍。

线性模型　　　　在线性模型中，自变量 x 的变化，会导致因变量 y 的线性变化，用如下方程表示：

$$y = mx + b$$

其中，m 等于直线的斜率，b 等于截距，即当自变量等于 0 时的因变量值。

线性回归模型的目标是找到能够最小化到各数据点的直线。线性回归可以解释犯罪、洗衣机销量，甚至可以解释葡萄酒价格的变化。[1] 假设我们找到了一组年龄介于 20 岁到 60 岁之间的成人的年龄数据以及他们每个星期走路的距离，可以发现如下回归方程：

$$第 i 个人步行的英里数 = -0.1 \times 年龄_i + 12 + \varepsilon_i$$

这个回归方程不仅告诉我们这种效应的符号（距离随年龄的增长而减少），还告诉我们这种效应影响的大小（年龄每增加 1 岁，距离减少 1/10 英里）。在这个例子中，截距并不重要，因为它位于数据范围之外，也就是说，数据原本就不包括年龄接近于 0 的人。根据这个方程，我们可以预测，一个 40 岁的人每个星期步行 8 英里，而 50 岁的人则每个星期步行 7 英里。

但是，用于产生回归的数据不会全部都落在回归线上。

图 7-1 显示了用于生成回归线的假想数据。其中灰色圆圈代表的人名叫博比，他 40 岁了，每个星期步行 11 英里，比模型估计的要多走 3 英里。为了使数据与模型一致，我们在方程中给每个数据点增加了一个误差项，用 ε 表示，等于模型估计值与因变量实际值之间的差异。博比的误差项等于 +3 英里。

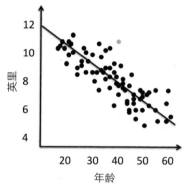

图 7-1　散点图和回归线

在社会环境和生物环境中，我们不能期待会有完美的线性拟合。结果通常取决于多个变量，但是根据定义，单变量回归只能包含一个变量。由于这些被省略的变量，预测值可能会偏离实际值。博比走的路可能要比预期更多，因为作为植物学教授，他要带他的学生到树林里采集标本。这个模型没有把职业作为一个变量，但是职业有助于解释为什么图 7-1 中的数据点没有落在回归线上。ε 项也可能由测量误差引起。如果人们忘记随身携带智能手机，或者将智能手机借给他人，那么利用智能手机收集的健身数据就会包含误差。此外，环境噪音也可能导致误差，比如人们可能会因为坐在颠簸的汽车上而获得额外的步行里程。[2]

回归线越靠近数据，模型解释的数据越多，R^2 就越大（得到解释的百分比越大）。如果数据全部都恰好位于回归线上，R^2 就等于 100%。

符号、显著性和大小　　线性回归可以告诉我们关于自变量系数的如下内容：

　　符号：自变量与因变量之间的正相关或负相关。

　　显著性（p 值）：系数上非零符号的概率。

　　大小：对自变量系数的最佳估计。

在单变量回归中，回归线与数据拟合得越好，我们对系数的符号和大小就越有信心。统计学家使用 p 值来表示系数的显著性，p 值等于基于回归的系数不为零的概率。p 值为 5% 意味着数据由一个系数等于零的过程生成的概率为 1/20。显著性的标准阈值是 5%（通常用 * 表示）和 1%（通常用 ** 表示）。但是，显著性并不是我们唯一关心的东西。一个系数可能是显著的，但是却很小。如果真的是这样，就可以对相关关系很有信心，但是变量的影响其实不大。又或者，也可能系数虽然不显著但却很大，这通常发生在有噪声数据或数据带有许多遗漏变量的情况下。

为了阐明如何利用回归来指导行动，不妨想象一下这样一家销售香料的公司。该公司供应超过 100 种香料。客户会购买包含 6 种、12 种或 24 种香料的包装。客户下单后，员工负责包装和运输。将每 8 小时的班次的订单数量作为员工工作年限的函数进行回归，结果如下：

完成的订单数 =200+20 ** × 工作年数

在上面的方程中，工作年数前面的系数 20 的显著性水平为 1%。我们可以确信它是正的。如果这种关系是因果关系，那么这个模型就可以用来预测每个员工每个班次可以完成的订单数量（作为工作年数的函数），还可以使用这个模型来预测某个在职员工明年可以完成的订单数量。在这里，有一个模型的实例，既可以给出预测，也可以指导行动。

相关关系 vs. 因果关系

回归所揭示的是变量之间的相关关系，而不是因果关系。[3] 如果先构建了某个模型，然后用回归检验模型的结果是否得到数据的支持，但那也不能证明因果关系。但是，在我们能够用回归发现显著的相关性之前，有一种方法远比回归方法好，这种方法就是通常所称的"数据挖掘"（data mining）。但是，数据挖掘存在识别与其他因果变量相关的某个变量的风险。例如，数据挖掘可能会揭示维生素 D 的水平与身体总体健康程度之间存在显著的正相关关系。人们多晒阳光有利于吸收维生素 D，因此这种效应可以归于生活方式更积极的那些人在户外度过的时间更长，从而健康状况更好。或者回归可能会发现，某个大学的学术表现与参加马术队的学生人数存在显著相关。但是，马术队与学术水平之间可能并不存在直接的因果关系，但它们与平均家庭收入和学校资助水平相关。

数据挖掘还可能导致虚假的相关关系，即两个变量只是偶然相关。我们可能会发现，名字较长的公司可以获得更高的利润，或者居住在比萨店附近的人更容易患流感。事实上，使用 5% 的显著性水平阈值，每检验 20 个变量就会发现有一个是显著的。因此，如果尝试足够的变量，肯定会发现某些显著但虚假的相关性。

我们可以通过创建训练集（training set）和检验集（testing set）来避免报告虚假相关。在训练集上发现的相关性，如果也存在于检验集上，就更可能是真实的。但即便是这样，我们仍然无法保证那就是因果关系。为了证明因果关系，还需要进行一个实验来操纵自变量并观察因变量是否会随之发生变化，或者也可以想办法找到可以证明这类因果关系的自然实验。

多元线性模型

大多数现象都有不止一个因果变量和相关变量。一个人的幸福可以归因于身体健康、婚姻美满、子女、宗教信仰和财富等。一栋房子的价值取决于室内面积、庭院大小、浴室数量、卧室数量、建筑类型以及当地学校的质量等。在解释房子价值的时候，可以把所有这些变量都包含在回归中。但是必须记住，随着添加更多的变量，也就需要更多的数据，不然无法得到显著的系数。

实力 - 运气方程

在讨论多元回归之前，先引入迈克尔·莫布森（Michael Mauboussin）的实力 - 运气方程，以便对多元方程有一个直观的认识。[4] 这个方程说的是，任何成功，无论是日常工作中的成功、体育运动上的成功，还是游戏时的成功，都可以视为实力 - 运气的一个加权线性函数。

实力 - 运气方程　　　　　　　　成功 $=a\times$ 实力 $+(1-a)\times$ 运气

其中，a 位于区间 $[0, 1]$ 上，是技能的相对权重。

如果给实力和运气分配适当的权重（也许通过利用现有数据进行回归，可以得到这样的权重），我们就能够运用这个模型来预测结果。例如，假设一家休闲汽车销售公司的经理发现，用销售数量来衡量的成功有很大的运气成分，那么他就会期待回归均值：本月取得了很好业绩的销售人员下个月可能会回到平均水平。然后，这个经理就可以利用这个模型来指导行动了。比如，他不会为了争取一个连续两个月都取得非常不错业绩的销售人员而付出比竞争对手高很多的薪资。相反，如果回归表明运气对成功几乎没有任何作用，那么连续两个月的业绩就可以作为未来业绩表现的一个很好的预测器。在这种情况下，经理就应该为这个最佳销售人员提供有竞争力的报酬。[5]

同样的逻辑也适用于 CEO 薪酬的决定。在那些"运气决定了成功"的行业中，董事会不应该向 CEO 发放高额奖金。石油公司的利润取决于原油的市场价格，那是一个公司无法控制的变量。因此，一家石油公司的董事会不应该因为某一年公司业绩不错就给 CEO 发放巨额奖金。相反，广告公司则不然：如果广告公司业绩表现良好，那么给 CEO 发放巨额奖金就是一件明智的事情。简而言之，要奖励实力，而不要为运气去买单。事实上，那些很成功的公司都不会为运气付出太多。

即便是最简单的模型，例如上面这个实力 - 运气方程，也能帮助我们得出深刻的见解。进一步思考这个方程可以发现，即便是在那些成功几乎完全取决于实力的环境中，例如跑步、骑自行车、游泳、下棋或网球比赛，如果不同的参赛者之间实力差异很小，那么运气就会在很大程度上决定谁输谁赢。我们可以预期，在竞争最激烈的比赛中，比如奥运会，进入决赛的选手之间的实力差异很小，因而运气就非常重要了。莫布森把这种情况称为"实力悖论"（paradox of skill）。

历史上最伟大的运动员之一迈克尔·菲尔普斯（Micheal Phelpls）可以说同时位于这个悖论的两端。在 2008 年奥运会的一场决赛中，菲尔普斯在 100 米蝶泳快结束时仍然落后于米洛拉德·卡维奇（Milorad Cavic）。然而幸运女神眷顾了他，菲尔普斯率先触到了池壁。然而，在 2012 年奥运会的一场决赛中，菲尔普斯一直领先于查德·勒·克洛斯（Chad le Clos），但是幸运女神这次没有眷顾他，勒·克洛斯率先触到了池壁。菲尔普斯拥有令人难以置信的实力，但是上一次胜利和这一次失败，却都是运气的产物。

多元线性回归

多元线性回归模型拟合了具有多变量的线性方程，当然同样要最小化到数据的总距离。这些方程包括每个自变量的系数。下面的方程反映了这样一个假设的回归输出：学生在数学考试中的成绩，是学生学习的小时数（HRS）、学生家庭社会经济状况（SES）和上"快班"课程的数量（AC）的函数。

$$数学成绩 = 21.1 + 9.2**×HRS + 0.8×SES + 6.9*×AC$$

根据回归分析的结果，学生每多学习一个小时，数学成绩会提高9.2分。这个系数有两个 * 号，因此它在1%的水平上显著，这意味着很强的相关性，尽管不是因果关系。这个方程也表明，每参加一个"快班"课程，数学成绩能够提高近7分，这个系数也是显著的，但仅仅在5%的水平上显著。家庭社会经济状况这个变量的取值为从1（低）到5（高），系数也为正，但是与零没有显著差异，因此我们可以认为它可能没有什么因果关系。

有了这样一个（或任何形式的）回归方程，我们就可以预测结果。这个模型预测，如果花7个小时学习，并同时参加一个"快班"课程，数学成绩就能够达到90分左右。这个模型还可以用来指导行动，但必须保持谨慎，因为我们无法推断因果关系。数据表明，花时间学习和参加"快班"课程的学生成绩更好。但是，花时间学习和参加"快班"课程这两个因素也可能没有什么用，因为也许存在选择性偏差（selection bias），那些花更多时间学习、参加"快班"课程的学生，数学成绩可能本来就更好。

即便回归不能说明是什么原因导致数据呈现出来的特定模式，但是至少可以排除其他解释。以美国种族之间的巨大财富差距为例：2016年，白人家庭的平均财富（约 11 万美元）是非洲裔美国人家庭和拉美裔美国人家庭的 10 倍。各种各样的原因都可以用来解释这种差距，包括制度因素、收入差距、储蓄行为差异或结婚率差距等。回归可以为其中一些解释提供支持并排除其他解释。例如，回归分析表明，非洲裔美国人的婚姻状况与家庭财富之间没有显著关系，因此婚姻状况不能成为这种财富差异的原因。此外，收入差距虽然相当大，但是也不足以解释这种财富差距。[6]

大系数与新现实

如前所述，线性回归模型在科学研究、政策分析和战略决策中都发挥着重要作用，部分原因是因为线性回归模型容易估计和解释。而且，随着数据可得性的不断改善，线性回归模型得到了更广泛的应用。"要信只信上帝，要认只认数据"（In God we trust. Everyone else must bring data.）这句话在商界和政界都可以经常听到。对数据的这种依赖（通常意味着线性回归模型），可能会导致我们过于倾向边际行动（marginal action），远离重要的新思想。企业、政府或基金会，都致力于收集数据，拟合线性回归模型，试图找到有最高统计显著性系数的变量，这种努力几乎肯定会导致调整该变量并获得边际收益的行为。

在采取行动的时候，最好选择具有较大系数的变量，而不要选择具有较小系数的变量。与此同时，"大系数至上"这个思路建立在"保守主义"的基础上，它会使我们将注意力集中到较小的改进上，而无法再关注全新的政策。"大系数至上"的另一个问题是大系数的大小对应于给定现有数据的边际效应。正如我们在下一章中会阐述的，通常这种效应将会随着变量值的增大而减少。如果确实是这样，那么当我们试图利用它时，大系数就会变小。

大系数与新现实　　　　　　线性回归揭示了自变量与我们感兴趣的（因）变量之间的相关程度。如果这种相关是因果关系，那么具有大系数变量的变化就会产生很大的影响。基于大系数的政策在保证能够带来改进的同时，排除了涉及更多根本性变化的新现实。

　　"大系数至上"思维方式的替代者是"新现实思维"。如果说，大系数思维可以拓宽道路、建造高利用率的车道以减少交通拥堵，那么新现实思维就相当于建造了铁路和公共汽车系统。大系数思维为低收入家庭的学生购买计算机提供补贴，新现实思维则直接为每个人都提供了计算机。大系数思维改变了飞机上座位的宽度，新现实思维则创造了一个使用可互换吊舱的飞机机舱。大系数思维已经相当不错了，因为基于证据的行为是明智的，但我们也必须同时关注重要的新思想。当我们遇到重要的新思想时，可以用模型去探究它们是否可行。对青少年交通事故的回归也许会告诉我们，年龄的系数是最大的，这意味着提高驾驶年龄的政策也许能起到一定作用。还可以采取更多的政策，例如禁止夜间驾驶的宵禁、通过智能手机自动监控青少年驾驶员或限制青少年驾驶汽车的乘客数量等。这些新现实政策带来的效果可能比大系数带来的要好。

小结

　　总而言之，线性模型需要假定效应大小不变。线性回归为我们对数据进行第一轮加工提供了一个强大的工具，有了它，我们能够识别出变量的符号、大小和显著性。如果我们希望了解咖啡、酒精或苏打水对健康的影响，就可以进行回归分析。我们可能会发现，喝咖啡会降低心血管疾病的风险，适量饮酒也有同样的效果。这也就是说，在现有数据范围之外推断线性效应时必须非常小心。我们绝对不能推断，喝 30 杯咖啡、6 瓶葡萄酒会是个好主意。我们不应该用线性模型对过于久远的未来进行预测。从 1880 年到 1960 年，加利福尼亚州的人口增长率为 45%，如果进行线性预测，那么我们将会预测 2018 年加利福尼亚州的人口会达到 1 亿人，但这超出了实际人口水平的两倍。

请记住，线性模型只是一个开始，大多数有趣的现象都不是线性的。因此，回归模型通常会包括非线性项，例如年龄的平方、年龄的平方根，甚至包括年龄的对数。为了解释非线性，我们还可以将线性模型首尾相连，这些连接起来的线性模型可能近似于曲线，就像我们可以使用直边的砖块来砌出弯曲的路径一样。虽然线性可能是一个强大而不切实际的假设，但是它至少提供了一个很好的起点。在给定了数据的情况下，可以使用线性模型来检验我们的直觉判断。然后，我们可以构建更精细的模型，其中变量的影响会随着它的增加（收益递减）或变得更强大（正回报）而减弱。这些非线性模型正是下一章要研究的重点。

对数据的二元分类

在当今这个大数据时代，组织普遍使用根据模型建立的算法对数据进行分类。政党可能想要了解哪些人投了谁的票，航空公司可能想知道常客的特点，某项活动的组织者可能想要了解哪些人会参加这项活动。在所有这些情况下，它们所使用的方法都将相关的人分成了两组：一组是"正"的（＋），也就是购买了、贡献了、注册了的人；另一组是"负"的（－）。

分类模型应用算法根据人们的年龄、收入、教育水平或在互联网上花费的时间等性质，将人划分为不同的类别。不同的算法意味着不同的属性与结果之间关系的基础模型。应用多种算法，也就是使用许多模型，能够产生更好的分类。

线性分类： 在图 a 中，"正"（＋）代表参加投票的人，"负"（－）代表没有参加投票的人。在此基础上，可以用一个反映人们年龄与教育水平的线性函数来对某个人是否会参加投票进行分类。数据表明，受过更多教育的人更有可能去投票，同时年龄大的人也更有可能去投票。在这个例子中，图中的直线近乎完美地实现了分类。[7]

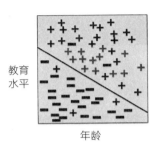

图 a　用线性模型对投票行为进行分类

非线性分类： 在图 b 中，"正"（＋）代表航空公司的常客（每年飞行超过 1 万英里的旅客），"负"（－）代表航空公司的所有其他旅客。中年人和收入更高的人更有可能乘坐飞机旅行。要对这些数据进行分类，需要先利用某个深度学习算法（如神经网络算法）找到一个非线性模型。神经网络模型包含多个变量，因此它们几乎可以拟合任何曲线。

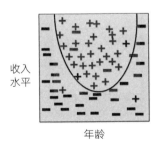

图 b　用非线性模型对航空公司的常客进行分类

决策树森林： 在图 c 中，"正"（＋）表示参加科幻大会的人，基于他们的年龄和每个星期花在互联网上的小时数。在这里，我们使用了三棵决策树对数据进行分类。决策树根据各种属性不同的条件组合进行分类。图中显示的三棵决策树分别为：

决策树 1：如果年龄 <30 岁
且每个星期花在互联网上的小时数介于 ［15，25］岁之间

决策树 2：如果年龄介于 ［20，45］岁之间
且每个星期花在互联网上的小时数 >30

决策树 3：如果年龄 > 40 岁
且每个星期花在互联网上的小时数 <20

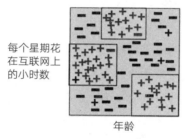

图 c 用决策树森林对会议参与者进行分类

树木的集合称为森林。机器学习算法会在一个训练集上随机构造出树，然后将那些在检验集上准确分类的树保存下来。

08

非线性模型

讨论非线性科学，就类似于讨论无大象的动物学。

———————————— 约翰·冯·诺伊曼

在本章中，我们介绍非线性模型和非线性函数。非线性函数可以向下或向上弯曲，可以形成 S 形，还可以扭结、跳跃和波动。在下文中，我们将会讨论到所有这些可能性。现在先从依赖于凸性和凹性的模型开始讨论。我们阐明了增长和正反馈是如何产生凸性的，收益递减和负反馈又是如何产生凹性的。在绝大多数学科中，都包含了这两类模型。

关于生产的经济学模型假设交货期和库存成本会随着企业规模的增大而减少，从而使每单位产品的销售利润成了企业规模的一个凸函数，这也就解释了为什么沃尔玛能够获得如此高的利润。[1]关于消费的经济学模型则假设效用（或价值）是凹的，也就是说，第 5 块比萨带给我们的享受比第 1 块比萨小。在一个生态系统中，当一个新物种入侵并无须面对任何天敌时，其"人口"会以恒定的速率增长，这就产生了一个凸函数。但是随着"人口"的增长，它们的食物就会减少。因此，作为种群规模函数的适合度（fitness）是凹的。

本章由三个部分组成。第一部分讨论凸函数，包括了人口增长和衰退模型。第二部分讨论凹函数。在这一部分中，我们将会看到凹性意味着风险规避和对多样性的偏好。在第三部分中，我们研究了一系列经济学中的增长模型，它们结合了凹函数和线性函数。

凸函数

凸函数的斜率是递增的：函数值随度量值的增加而增加。例如，在一个人群中，可能结成的"对"的数量是这个群体人数的凸函数。一组 3 人，可以结成 3 个不同的"对"；一组 4 人，可以结成 6 个不同的"对"；一组 5 人，则可以结成 10 个不同的"对"。群体规模每增大一些，都会导致"对"的数量有更大的增加。与此类似，每一次，当厨师增加了一种新的香料时，他可以使用的香料组合数量就会增加很多。

我们要讨论的第一个凸函数模型是指数增长模型（exponential growth model），它描述的是一个变量的数量（通常是指人口或资源）与它的初始值、增长率和周期数之间的函数关系。

指数增长模型　　　　时间 t 的资源值 V_t，其初始值为 V_0，且以速率 R 增长，可以写成如下方程：

$$V_t = V_0 (1+R)^t$$

这个单方程模型在金融、经济、人口、生态以及技术等领域中都发挥着核心作用。当我们把它应用于金融问题时，这里的变量就是货币。利用这个方程，我们可以计算出，年利率为 5% 时 1 000 美元债券在一年后的价值会增加 50 美元，而到第 2 年将增加 100 多美元。为了得出清晰的推论，我们假设增长率固定不变。根据这个假设，可以利用指数增长方程推导出 72 法则（Rule of 72）。

72 法则　　　　如果一个变量在每个周期内的增长率为 R%（增长率小于 15%），那么下面提供了一个很好的近似：

$$\text{翻倍所需的周期数} \approx \frac{72}{R}$$

72 法则量化了最高增长率的累积效应。1966 年，津巴布韦的人均国内生产总值为 2 000 美元，是博茨瓦纳的两倍。但是在接下来的 36 年里，津巴布韦几乎没有增长，而博茨瓦纳的年平均增长率则达到了 6%，这意味着博茨瓦纳的人均国内生产总值每 12 年就会翻一番。于是在 36 年中，博茨瓦纳的人均国内生产总值翻了三番（增加了 8 倍）。因此，到了 2004 年，博茨瓦纳的人均国内生产总值达到了 8 000 美元，相当于津巴布韦的 4 倍。

同样是这个公式，还揭示了为什么房地产泡沫必定会结束而技术进步则不会。2002 年，美国的房价上涨了 10%。这个增长率意味着每 7 年翻一番。如果这种趋势一直持续 35 年，那么美国的房价将会翻五番，即增长 32 倍。这也就是说，一栋在 2002 年价格为 20 万美元的房屋在 2037 年将上涨到 640 万美元。当然，价格不可能一直这么涨下去，泡沫必定会破灭。与此不同，摩尔定律（Moore's law）则指出，可以安装在一块集成电路上的晶体管数量每两年会增加一倍。摩尔定律之所以持续存在，是因为用于研发的投入带来了近乎恒定不变的进步速度。

人口学家则用指数增长模型研究人口问题。如果每年增长 6%，那么人口在 12 年内就会翻一番，在 36 年内会翻三番，在 100 年内则会翻八番，即增长 256 倍。早在 1798 年，英国政治经济学家、人口学家托马斯·马尔萨斯（Thomas Malthus）就观察到了人口数量呈指数增长的现象，并在给出的一个模型中指出，如果经济体生产粮食的能力是呈线性增长的，就会出现粮食危机。短期的变化如下：人口增长模式为 1、2、4、8、16、32……；而粮食生产的增长模式则为：1、2、3、4、5……。马尔萨斯预测，灾难很快就会发生。幸运的是，出生率不久之后就下降了，工业革命的到来也极大地提高了生产率。如果这两件事情都没有发生，那么马尔萨斯的预测应该是正确的。关键是，马尔萨斯忽视了创新的潜力。本章下面将要给出的模型重点就是创新，它颠覆了马尔萨斯担心的趋势。

指数增长模型也可以用于研究物种的增长，当然不仅仅适用于兔子。当你受到细菌感染时，那些肉眼不可见的细菌会以极高的速度繁殖。人类鼻窦中的细菌每分钟都在以 4% 的速度增加。应用 72 法则，我们可以计算它们每 20 分钟就会翻一番。一天之内，每个初始细菌都会繁衍出超过 10 亿的后代。[2] 当然，由于鼻窦的物理空间有限，它们不可能一直繁殖，没有空间时增长就会停止。食物的限制、天敌的存在、生存空间的缺乏，都会减缓增长。有些物种，例如生活在美国郊区的鹿，或者被毒枭巴勃罗·埃斯科巴（Pablo Escobar）带入哥伦比亚的河马，虽然繁殖速度远远不如细菌，但是由于受到的限制很少，它们的种群迅速增大。[3]

具有正斜率的凸函数会以递增的值增加，具有负斜率的凸函数就会变得不那么陡峭，也就是说，最初具有较大负斜率的凸函数将逐渐走平。半衰期模型（half-life model）中的方程就是如此，这个模型可以用来刻画分解、折旧和遗忘。

在半衰期模型中，每 H 周期，数量就会衰减一半。因此，我们把 H 称为该过程的半衰期。对于某些物理过程，半衰期是恒定的。所有有机物都包含两种形式的碳：不稳定的同位素碳 -14，以及稳定的同位素碳 -12。在活的有机物中，这些同位素是以固定比例存在的。当有机体死亡后，体内的碳 -14 开始分解，其半衰期为 5 734 年，碳 -12 的数量则不会改变。美国物理化学家威拉德·利比（Willard Libby）意识到，通过测量碳 -14 与碳 -12 的比例，就可以估计化石或人工制品的"年龄"，这种技术被称为放射性碳年代测定法（radiocarbon dating）。现在，古生物学家已经将放射性碳年代测定法应用于测定恐龙、猛犸象和史前鱼类遗骸的年代了。考古学家则用这种方法来判断古生物的真伪。利用这种方法，考古学家估计，在意大利阿尔卑斯山发现的冰人"奥茨"（Ötzi）的遗骸有 5 000 年的历史。而于 1357 年首次出现在公众眼前的"都灵裹尸布"则被认定为是 14 世纪的物品，而不是某些人所声称的用于耶稣基督葬礼的那一块。

半衰期模型　　　如果每 H 周期，剩余数量的一半会衰减，那么在 t 周期后，剩余的比例为：

$$剩余比例 \approx \left(\frac{1}{2}\right)^{\frac{t}{H}}$$

半衰期模型的一个新应用是在心理学中。早期的心理学研究表明，人们几乎以接近固定不变的速度忘记信息。人们记忆的半衰期取决于事件的显著性。[4]2016 年，电影《聚焦》（Spotlight）获得了奥斯卡最佳影片奖。假设，人们对奥斯卡获奖记忆的半衰期为两年，那么到了 2018 年，有 1/4 的人会记住这一事实；但是到了 2026 年，将只有 1/1024 的人还会记得这件事情。但对任何特定事件的回忆因人而异，对《聚焦》的导演汤姆·麦卡锡（Tom McCarthy）来说，他可能永远不会忘记他是哪一年获得奥斯卡奖的。

凹函数

凹函数与凸函数相反。凹函数的斜率是递减的。具有正斜率的凹函数会呈现收益递减的特点：当我们拥有的东西越来越多的时候，每个额外东西所能带来的价值会越来越少。几乎所有商品的效用或价值都呈递减趋势。闲暇越多、金钱越多、冰激凌越多，甚至与爱人共度的时光越多，对我们的价值就越小。一个直观的证据源于如下事实：包括巧克力在内，对任何事物的消费越多，我们就会越不觉得享受，同时愿意为它付出的代价也就越少。[5]

收益递减可以解释很多现象，包括为什么异地恋往往能够带来很大的幸福感。如果你每月只能与你的伴侣相聚几个小时，那么每多一分钟都是一个莫大的惊喜。而在一个月不间断的相处后，幸福曲线的斜率就会变平，从而额外增加的相聚时间就变得不那么重要了。[6] 同样的逻辑也可以解释为什么房地产开发商喜欢邀请人们在周末免费去他们的海滨公寓。在短暂的周末，你无法在海滩上享受足够长的时间，你会很想把房子买下。相反，如果让你在海滩上连续待上十天半个月，你可能就会觉得无聊。

当我们假设了凹性时，也就隐含地假设了对多样性和风险规避的偏好向。要证明前者，只需要给出一个有多个参数的凹函数就可以。如果人们的幸福曲线是凹性的，而且闲暇和金钱都在增加，那么人们就会更偏好休闲和金钱的组合，而不怎么喜欢只有金钱、没有闲暇或只有闲暇、没有金钱。而风险规避则意味着更偏好确定的有把握的事情而不怎么喜欢彩票，也就是不确定的事情。例如，一个厌恶风险的人会更喜欢得到 100 美元，而不是只有一半机会得到 200 美元，另一半机会什么也得不到。一个厌恶风险的人也更喜欢双层冰激凌甜筒，而不怎么喜欢要么没有冰激凌、要么可以得到四层冰激凌。

图 8-1 说明了为什么凹性就意味着风险规避。这幅图描绘了 3 种结果的幸福价值（幸福感）：高结果（H）、低结果（L），以及前两种结果的平均值（M）。给定形状向下的曲线，平均结果的幸福感会超过低结果和高结果的平均幸福感。凸函数情况下则相反。凸性意味着风险爱好：我们更喜欢的是极端值，而不是平均值。可以购买的股票数量是其价格的一个凸函数，因

此，股票买家更喜欢价格波动。如果价格不断上涨和下跌，买家最终能够获得的股票比价格保持不变时获得的更多。[7]

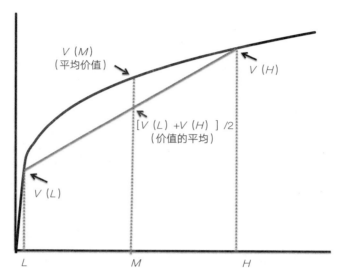

图 8-1　风险规避：平均价值 > 价值的平均

经济增长模型

接下来，我们将构建一系列经济增长模型。这些模型不仅揭示了增长的原因，还可以解释和预测各国的增长模式，还可以指导例如提高储蓄率等的行为。为了给对增长模型的研究奠定基础，我们先引入一个标准的经济生产模型，其中产出取决于劳动和实物资本。经验证据和逻辑都支持产出是劳动力和资本凹函数的假设。保持固定资本，随着投入的劳动力的增加，劳动力的价值应该变得越来越低。同样，在保持工人数量不变的情况下，添加更多的机器或计算机会增加更少的价值。逻辑推理还表明，产出应该是线性的，工人数量和资本总额翻番应该能使产出翻番。这就是说，一家拥有60名工人和一栋厂房的扫帚生产企业，在新建了一栋同样大小的厂房并多雇用了 60 名工人后，它的产出肯定应该翻番。柯布－道格拉斯模型（Cobb-Douglass model）是经济学中使用最广泛的模型之一，它同时包括了这两种性质。产出是劳动力和资本的凹函数，而且从规模上看是线性的。这个模型既可以应用于单个企业，也可以应用于行业或整个经济生产。[8]

柯布－道格拉斯 模型	给定 L 个工人和 K 个单位资本，总产出如下所示： $$产出 = 常数 \times L^a K^{(1-a)}$$ 其中 a 是介于 0 到 1 之间的实数，表示劳动力的相对重要性。

接下来，我们利用柯布－道格拉斯模型来构建经济增长模型。简化起见，我们假设经济体中有 10 000 名工人，并暂且不考虑工资和价格，这使我们能够专注于分析机器数量的变化是如何影响总产出的。然后，将资本投资与增长联系起来。为了使模型尽可能简单，再假设只生产一种商品——椰子。椰子含有丰富的椰汁和椰奶，可以作为食物。然而，椰子长在高高的树上，所以工人需要使用某种机器才能把它们摘下来。接下来，再做出一个非常不现实的假设，即机器本身也是用椰子制成的。这样可以简化模型，同时也保持了当前消费与未来投资之间的关键权衡。作为柯布－道格拉斯模型的一个特例，我们将生产函数写为工人数量的平方根乘以机器数量的平方根，即：

$$产出 = \sqrt{工人数量} \ \sqrt{机器数量} = 100\sqrt{机器数量}$$

如果经济体中只有一台机器，那么产量等于 100 吨。如果人们消费掉了所有 100 吨椰子，就不能投资制造新机器了，从而明年的产量将保持不变，也就是经济没有增长。如果他们投资 1 吨椰子制造了第 2 台机器，产量将增加到 141 吨，增长率为 41%。如果他们制造了第 3 台机器，那么产量将增加到 173 吨。[9] 通过不断地投资，经济增长率却逐渐下降，因此产出是一个凹函数。

我们已经大体知道投资是如何推动增长的。现在可以构建一个包含投资规则的更加精细的模型。假设投资等于储蓄率乘以产出，并假设机器按某个不变的折旧率折旧。例如，到了年底，不能再用的机器数量等于机器总数的某个固定比例。然后就可以得出，下一年的机器数量等于上一年的机器数量加上新投资的机器数量，再减少因折旧而减少的机器数量。于是，这个完整的简单增长模型由 4 个方程组成。

简单增长模型　　　　**产出函数**：$O(t) = 100\sqrt{M(t)}$

投资规则：$I(t) = s \times O(t)$

消费 - 投资方程：$O(t) = C(t) + I(t)$

投资 - 折旧方程：$M(t+1) = M(t) + I(t) - d \times M(t)$

其中，$O(t) =$ 产出，$M(t) =$ 机器，$I(t) =$ 投资，$C(t) =$ 消费，$s=$ 储蓄率，$d=$ 折旧率。

假设这个经济体中有 100 台机器，储蓄率为 20%，折旧率为 10%，产量等于 1 000 吨椰子，消费量等于 800 吨椰子，新投资 200 台机器。再假设，因折旧而损失的机器为 10 台，也就是在新的一年开始时将有 290 台机器。通过类似的计算可知，在第 2 年，产出将增长为 1 702 吨，而第 3 年的产出则将为近 2 500 吨。[10] 由此可见，在这前 3 年，产出以递增的速度在增长。但是这种凸性只会在前几年出现，原因是机器的初始数量很少，因而折旧几乎完全不会产生任何影响。

随着时间的推移，机器数量的增加和折旧开始变得十分重要。从长远来看，产出的增长将完全停止（图 8-2）。只要分析一下模型，就可以找到原因。投资是线性的，因为增加的新机器的数量是随产出呈线性增加的，同时产出则是机器数量的凹函数。因此，随着经济的增长，投资与机器数量的关系也是凹性的。然而，折旧与机器数量之间却是线性关系。最终线性折旧会赶上产出的凹性增长。

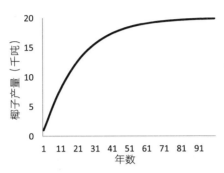

图 8-2　简单增长模型中前 100 年的产出

在经济的长期均衡中，投资的新机器数量等于折旧损失的机器数量。在这个简单增长模型中，当经济体拥有 40 000 台机器并生产 20 000 吨椰子时，这种长期均衡就会出现。在这一点上，经济体在新机器上投入了 20% 的产出或 4 000 吨椰子，恰恰等于因折旧而损失的机器数量，也就是 40 000 台机器当中的 10%。因此，因折旧而损失的机器数量等于通过投资和停止增长所创造的新机器数量。[11]

索洛*增长模型

现在构建一个更一般的模型，它是索洛增长模型（Solow Growth Model）的简化，因此我们在索洛后加了一个**星号**。我们用实物资本取代机器，并将劳动力视为一个变量。此外，还添加了一个技术参数，它可以线性地增加产出。创新会使这个参数增大。与简单增长模型一样，当投资等于折旧时，长期均衡就会出现。不过，在这里，人们认为均衡时的产出水平取决于劳动力数量和技术参数，以及储蓄率和折旧率。[12]

索洛*增长模型　　　经济体中的总产出由以下方程给出：

$$产出 = A\sqrt{L}\sqrt{K}$$

其中，L 表示劳动量，K 表示实物资本量，A 表示技术水平。长期均衡产出 O^* 由下面的方程给出：[13]

$$O^* = A(t)^2 L \frac{s}{d}$$

长期均衡产出随劳动力数量的增加、技术的进步、储蓄率的提高而增加，同时随折旧率的上升而下降。这些结果都不足为奇。更多的工人、更先进的技术和更多的储蓄理应可以增加产出，更快的折旧理应减少产出。但是，产量随着劳动力数量的增加和储蓄率的提高而线性增长这个事实却着实令人惊讶。劳动只能带来递减的收益，因此如果不考虑模型，我们可能会预测长期产出与劳动力数量之间是凹性关系。但是，随着劳动力数量的增加，产出也会增加，投资也会增加，进而带来更高的产出。从长远来看，投资的正反馈恰好抵消了收益递减。均衡产出与折旧率之间的关系是凸性的，折旧率降低 20% 可以使产出增加 25%。

长期均衡产出也会随技术改进的平方而增加。因此，创新增加的产出要比线性增长更快。我们可以使用这个模型来了解其原因。如果从一个长期均衡的经济体开始，并将技术参数提高 50%，那么产出将会增加 50%，投资也将增加 50%。然后投资超过了折旧，经济继续增长，投资将继续超过折旧，直到经济再增长 50% 为止，在这一点上，因折旧而造成的资本损失抵消了投资。这个计算过程揭示了创新乘数（innovation multiplier）的存在，创新有两个效应。首先，创新直接增加产出；其次，创新间接导致更多的资本投资，从而导致产出再次增加。因此，创新是持续增长的关键。[14]

需要注意的是，产出的这些增加不是瞬间发生的。当技术出现了一个突破时，技术参数的变化是相当缓慢的。直接效应的影响需要随着时间的推移显现。旧的实物资本必须被新技术的新实物资本所取代。当计算机技术进步刚刚发生时，一般企业的计算机不会马上变得更快，只有当技术发生了变化并且企业购买了新计算机之后，它们才会变得更快。实物资本投资增加导致的二阶增长则会发生在更长的时间范围内。技术与技术对增长的影响之间的滞后，可能意味着创新在出现后的几十年时间内都会导致增长。火车是在 19 世纪早期发明的，但是镀金时代（Gilded Age）并没有马上开始，直到 19 世纪的后半期才到来，这是一个长达 50 多年的"时滞"。另一个例子是，在阿帕网（ARPANET）出现整整 30 年后，互联网才开始步入繁盛期。[15]

国家缘何成功与失败

我们还可以将增长模型应用于一系列重大政策问题，例如，落后国家是否可以赶上发达国家？为什么有些国家取得了成功而有些国家却失败？政府在促进增长方面能够发挥什么作用？这些研究揭示了增长模型的价值和局限性。为了便于说明，不妨从低国内生产总值的国家实现快速增长的能力开始讨论。模型证明，资本积累可以实现快速增长，技术投资也可以。一个实物资本较少的落后国家，有可能通过新的资本投入进入技术前沿，从而实现难以置信的高速增长。[16]

创新对长期增长来说是必不可少的，这种必要性也意味着一次性进口新技术有很大的局限性，而持续增长需要创新。

这些模型也表明，攫取和腐败，也就是政府将经济体的产出挪用于政府开支，会减少储蓄，进而削弱增长。对经济增长率的跨国比较研究的结果支持以下这些观点：减少攫取和腐败以及促进创新，都能推进经济增长。实现这些目标，需要一个强大但有限的中央政府来促进多元化。强大的中央政府能够保护产权、贯彻法治。多元主义能够阻止精英的俘虏，精英往往更喜欢现状，可能不会接受创新，因为创新往往可能具有很大的破坏性。

举一个破坏性创新的例子：克雷格列表网（Craigslist）。用户可以自行在这个网站上发布待售和求助广告。在 21 世纪初，克雷格列表网导致美国平面媒体行业失去数十万个工作岗位，但其实在那个时候，克雷格列表网本身只雇用了几十名员工而已。虽然许多人失去了工作，但是克雷格列表网通过增加技术参数使整体经济更有效率。而在一个多元化程度较低的社会中，平面媒体行业可能会游说政府禁止克雷格列表这样的网站。很显然，这样做将会减缓经济增长。

中国的经济优势

线性模型 +72 法则：从 1960 年到 1970 年，日本的国内生产总值以每年 10% 的速度增长。根据线性模型的预测，连年 10% 的增长，会使日本经济每 7 年翻一番（运用 72 法则）。1970 年，日本人均国内生产总值约为 2 000 美元（以当前美元计）。如果这种增长趋势持续下去，那么到 2012 年，日本的人均国内生产总值将会翻六番，也就是说，人均国内生产总值将达到 128 000 美元。

增长模型：增长模型对日本经济增长的解释为实物资本投资的结果。这个模型还预测日本经济增长在一段时间内将会是凹性的。具体来说，这个增长模型的预测是，当日本的国内生产总值接近美国和欧洲时，日本的经济增长率会降低到 1%～2% 的跨国平均值。[17]证据支持这个预测。从 1970 年到 1990 年，日本国内生产总值的年

增长率大约为 4%。但是从 1990 年到 2017 年，它的增长率仅为 1%
或更低。

中国的增长：从 1990 年到 2010 年，中国国内生产总值的增
长率接近 10%。2016 年，中国的人均国内生产总值达到了 8 000
美元左右；正如增长模型预测的那样，增长速度已经放缓了。从
2013 年至 2017 年，增长率接近 6%。同样，在中国，10% 的增长
率不可能一直持续下去，这与 72 法则相悖。如果中国经济在整个
21 世纪一直保持 10% 的增长水平，那么到这个世纪结束时，中国
的人均国内生产总值将会超过 1 亿美元。

这毕竟是一个非线性的世界

之所以要构建非线性模型，是因为我们感兴趣的现象很少是线性的。在
本章中，我们看到收益递减和收益递增是许多经济、物理、生物和社会现象
的共同特征。我们还看到，在模型中包含曲率是有重要含义的。也许最重要
的是，我们看到了函数形式能够影响我们的思维，用函数拟合数据有助于做
出精确的表述。科学家可以使用碳 -14 数据来计算人工制品的年龄，经济
学家还可以估计经济小幅增长的长期影响。

本章的一个核心结论是，一旦包括了非线性，直觉就变得不够用了。直
觉可以告诉我们影响的方向：储蓄的增加、劳动力的增加和技术创新可以加
快增长。模型还揭示了这些影响的形状和形式。正如我们所料，储蓄具有线
性效应。从长远来看，劳动力的增加也是如此，即便模型假设短期收益递
减。创新的增加还会产生乘数效应，我们对这种效应取其平方。第一个增长
是创新的直接影响，产出的第二次增长则来自资本的增加。

在模型的帮助下，这些见解会变得很清晰。如果没有模型，我们通常可以推断出上升和下降的内容，但缺乏对功能关系形式的理解。我们会倾向于以线性的方式来思考，从而得出日本的经济将很快成为世界霸主的结论。利用模型，我们可以更好地思考非线性效应。也就是说，本章中介绍的凹函数型和凸函数，在非线性模型的巨大海洋中，只不过是沧海一粟。如果我们希望提高在复杂世界中推理、解释和行动的能力，就需要更深入地研究非线性现象。①

---

① 本章介绍的凹函数和凸函数，与一些教科书从图形的角度给出的定义是不同的。——译者注

09 与价值和权力有关的模型

你的价值不在于你知道了什么，而在于你能够分享什么。

———————————————— 罗睿兰（Ginni Rometty）

在本章中，我们讨论对个体行为者的价值和权力进行量化分析的模型。有些情况很容易处理。当一个群体的总产出等于每个成员个人贡献的总和时，每个人的价值就等于自己的贡献。但是，当集体产出不能分解为单独的组成部分时，例如当一组计算机程序员编写软件程序时，或者当一群创业企业家提出了新技术的某种创造性用途时，要分清每个人的贡献就会很困难。在美国，将权力授予政党时也会出现类似的问题：一方政党控制的议座数量与权力相关，但是这种相关并不是完美的相关。

　　在本章中，我们定义了度量价值和权力的两个标准。第一个标准是"最后上车者价值"（last-on-the-bus value，简称 LOTB），它等于一位行动者在团队已经形成的情况下加入团队时的边际贡献。第二个标准是夏普利值（Shapley value），它等于行动者遍历所有可能的加入团队的序列，加入团队时的边际贡献平均值。例如，在一个由三个人组成的团队中，要求出一位行动者的夏普利值，先要求出他以第一、第二、第三位加入者的身份加入时的边际贡献，再计算平均值。我们是在合作博弈模型的框架下定义这些度量标准的。合作博弈模型由一组博弈参与者和一个价值函数组成。这个价值函数为每个可能的博弈参与者子集分配一个集体收益。

本章由四个部分组成。在第一部分中，我们定义了合作博弈、"最后上车者价值"和夏普利值，并给出了一些实例。在第二部分中，我们讲述了夏普利值的公理基础，并证明它是唯一能满足四个条件的度量标准。其中有两个条件分别是：对永远不能为团体增加价值的博弈参与者必须赋予零值，所有博弈参与者的价值总和必定等于博弈的总价值。在第三部分中，我们将夏普利值概念应用于执行某个创造性任务的团队。在这里，创造性的团队指每个成员都有新想法的团队。我们将阐明在这种情况下，夏普利值是怎样产生直观的价值衡量标准的。在第四部分中，我们考虑如何将夏普利值方法应用于投票博弈这个特殊情况。我们利用这个概念区分了投票权与投票百分比，结果发现两者之间并不总是一致的。某个拥有 20% 席位的政党，在这一次投票中可能完全没有权力，但是在另一次投票中却可能得到 1/3 的总权力。

合作博弈

合作博弈由一组博弈参与者和一个价值函数组成。这个价值函数为博弈参与者的每个可能的子集（通常称为联盟）分配一个值。合作博弈的目标是刻画集体工作和联合项目。在合作博弈模型中，假设人们都会参与，以便我们可以专注于讨论如何为他们的参与分配价值。

合作博弈　　　　合作博弈由 N 个博弈参与者和一个价值函数组成。这个价值函数为任何子集 $S \subseteq N$ 分配一个值 $V(S)$ 赋值。这些子集称为联盟。没有博弈参与者组成的联盟的价值等于零，即 $V(\emptyset)=0$。所有 N 个博弈参与者的价值 $V(N)$ 等于博弈的总价值。

在合作博弈中，一个博弈参与者的"最后上车者价值"等于当他是最后一个加入团队的人时，他所能增加的价值。"最后上车者价值"刻画了边际博弈参与者的价值。如果雇用 4 个人来搬运一张桌子，假设搬运这张桌子产生的价值为 10，并且要 4 个人一起动手才搬得动，那么每个人的"最后上车者价值"均为 10。如果只需要三个人就可以搬动这张桌子，那么每个人的"最后上车者价值"均为零。这里需要注意的是，"最后上车者价值"不一定是博弈的总价值相加。特别是，如果价值函数表现出了规模收益递减的性质，那么"最后上车者价值"的总和将小于博弈的总价值；如果增加的价值表现出了规模收益递增的性质，那么"最后上车者价值"的总和将超过博弈的总价值。

一个博弈参与者的夏普利值，等于他在所有可能加入的联盟的次序下对联盟边际贡献的平均值。换句话说，我们要在想象中按顺序将博弈参与者加入联盟中并计算每个博弈参与者为每个序列增加的价值。例如，考虑一家同时在西班牙和法国运营的小公司，它至少需要一位会讲法语的人和一位会讲西班牙语的人开展日常业务。假设该公司有三名员工：一名会讲西班牙语的人、一名会讲法语的人和一名既会讲法语又会讲西班牙语的双语人士。

现在假设，这个合作博弈为任何一位能讲法语和西班牙语的人分配了1 200 美元的价值。如果该公司能够运营，这个金额就等于公司每日的收入。如果任何两名员工来上班了，那么第三名员工就不是必需的。因此，在这个例子中，每个博弈参与者的"最后上车者价值"为零。

为了计算只会讲法语的那个人的夏普利值，我们要考虑这三个人来上班的所有 6 种可能的次序。在这 6 种次序中，只有在一种情况下，也就是只会讲西班牙语的人第一个到，然后这个只会讲法语的人第二个到时，这个只会讲法语的人才增加了价值。因此，这个只会讲法语的人的夏普利值就等于

1/6 乘以 1 200 美元，即 200 美元。与此类似，只会讲西班牙语的那个人只有当他第二个到且只会讲法语的那个人第一个到时，才能增加价值，因此他的夏普利值也等于 200 美元。而在其他四个次序中，既会讲法语又会讲西班牙语的人第一个到或者第二个到都能增加价值，因此，他的夏普利值等于 800 美元。所有这三个人的夏普利值总和等于 1 200 美元，也就是这个博弈的总价值。

夏普利值　　　　给定合作博弈 $\{N, V\}$，夏普利值的定义如下：

N 个博弈参与者加入联盟的次序有 $N!$ 个，让 O 代表这所有 $N!$ 个次序。对于 O 中的每一个次序，将博弈参与者 i 增加的价值定义为当博弈参与者 i 加入时价值函数发生的变化。博弈参与者 i 的夏普利值等于他在 O 中所有次序上增加价值的平均值。

在了解了上述基本概念的基础上，现在可以构建一个更加复杂的例子了。想象一下，在赛艇比赛中，一个团队通常由四名桨手和一名舵手（舵手通常个子较小，控制划桨节奏和方向）组成。现在想组建一支赛艇队，就需要找到六名赛艇运动员，也就是合作博弈中的博弈参与者：五名高大强壮的桨手和一名舵手。在参加比赛的时候，四名桨手和一名舵手上场的团队价值为 10；或者由五名桨手上场，但由于重量过重，整个团队表现不佳，这样的团队价值为 2。

为了计算出夏普利值，假设这些博弈参与者以各种可能的顺序加入。如果舵手以第一、第二、第三或第四位的次序加入，那么他不会增加任何价值；当他以第五位的次序加入时，他增加的价值为 10，这种情况出现的概率为 1/6；如果他以第六位的次序加入，那么他将取代一位桨手，所增加的价值为 8。将所有这些情况平均，可以发现舵手的夏普利值等于 3。

而对于任何一个桨手来说，当且仅当他以第五位的次序加入时，才能增加价值，这种情况发生的概率为 1/6。如果舵手没有加入，那么以第五位加入的桨手所增加的价值为 2。如果舵手已经加入，那么以第五位加入的桨手所增加的价值为 10。由于舵手最后一位加入的机会是 1/5，同时舵手在前四位加入的机会是 4/5，因此可以求出每一个桨手的夏普利值为 7/5。[1] 从直观上就可以看出，舵手的价值应该超过单个桨手的价值，同时考虑到桨手可以在没有舵手的情况下参加比赛（尽管成绩会"很差"），因此舵手的价值应该比所有桨手的总价值低。有无数种方法都可以在满足上面这两个约束的前提下分配价值，夏普利值只是给出了其中一个特定的分配方案：给舵手分配 3，给所有桨手分配 7。

夏普利值的公理基础

我们现在讲述夏普利值唯一满足的公理，这也就解释了为什么要优先考虑夏普利值而不是其他。第一，我们是通过对所有可能次序中博弈参与者的边际贡献来计算夏普利值的，因此任何永远不能增加价值的博弈参与者的夏普利值都为零。第二，对任何两个相同的博弈参与者，即对每个联盟贡献相同的任两个博弈参与者，也必须分配给他们相同的夏普利值。第三，由于所有次序的价值总和等于博弈的总价值，所以夏普利值的总和也必定等于与博弈的总价值。这里需要注意的是，"最后上车者价值"虽然满足前两个性质，但是却不满足最后一个公理。

在这三个公理的基础上，还可以增加第四个公理——可加性。这个性质要求，如果合作博弈的价值函数可以分解为两个价值函数，并把每个分解出来的价值函数分配给一个不同的合作博弈，那么复合博弈中一个参与者的价值应该等于他在两个分博弈中的价值总和。很容易看出，夏普利值也满足这个性质。不过，这四个公理唯一刻画了夏普利值这一点其实并不太明显。

证明一种度量唯一满足一组公理，也就为这种度量奠定了坚实的逻辑基础。如果没有公理基础，或许也可以找到某种直观的度量，但是我们可以认为它是武断的、似是而非的。上述公理告诉我们，如果选择任何其他度量，就不得不至少放弃其中一个公理。当然，这并不意味着夏普利值是唯一合理的标准。罗依德·夏普利（Lloyd Sharpley）这位伟大的经济学家和数学家，可能是先写出了这个标准，然后才构造了这些只有它唯一满足的公理的。当然，谁先谁后其实并不重要。即便这些公理是用后向方法构造出来的，只要我们接受，就应该采用这种方法。衡量标准的适当性取决于公理的合理性。就这些公理而言，前三个公理是无可争议的。第四个公理（可加性）虽然看上去比较复杂，但也是合理的，如果没有这个公理，博弈参与者就会有很强的动机去合并或分割联盟。

夏普利值的公理基础

夏普利值唯一满足以下公理：

零性：如果博弈参与者为任何联盟增加的价值都等于零，那么该博弈参与者的价值等于零。

公平性 / 对称性：如果两个博弈参与者对任何联盟都具有相同的增加价值，那么这两个博弈参与者具有相同的价值。

完全分配性：博弈参与者价值的总和等于博弈的总价值 $V(N)$。

可加性：给定两个定义在相同博弈参与者集合之上的博弈，它们的价值函数分别为 V 和 $\hat{V}$，那么在博弈 $(V+\hat{V})$ 中，一个博弈参与者的价值等于该博弈参与者在 V 和 $\hat{V}$ 的价值的总和。

夏普利值的应用

现在，我们将夏普利值应用在基于替代用途测试（alternative uses test）的合作博弈中。在测试中，每个人都必须为一种常见的物品想出一些新的用途，比如砖块。这种测试的目的是根据人们想出来的用途或用途类别来衡量一个人的创造力。我们在计算夏普利值的过程中，发现了一个直观的评分规则。

想象一下有三个人参加了某替代用途测试，分别是阿伦、贝蒂和卡洛斯。测试要求他们想出区块链的替代用途，这是一种分布式记账技术。如图9-1所示，阿伦和卡洛斯分别提出了6个想法，每个人的创造力得分均为6；贝蒂则提出了7个想法，因而得到7分。他们这三个人组成的团队的总创造力得分为9，因为总共有9个不同的想法（不同人提出的想法，有些是重合的）。

为了计算夏普利值，可以写下这个团队能够形成的所有6种可能的排序，而且只有当某个人为团队提供了独特的想法时才"给分"，然后再对所有6种情况求平均值。或者，在计算夏普利值的过程中，我们可能已经注意到了，某个人因某个想法而"得分"的概率等于1除以所有提出了这个想法的人的数量。任何一个提出了一个他人没有的独特想法的人都可以获得满分。图9-1用粗体字来表示这类想法，例如阿伦提出的用区块链进行艺术交易的想法。

如果两个人提出了同一个想法，那么每个人都有1/2的机会首先加入该团队。同样，如果所有三个人都想到了同一个想法，那么每个人都有1/3的机会首先加入。这就是说，在想到同一个想法的人之间平等地分配得分能够产生夏普利值。因此，它是分配满足4个公理的值的唯一方法。这些值表明，虽然阿伦不是提出最多想法的那个人，但是他却增加了最多的价值。[2]

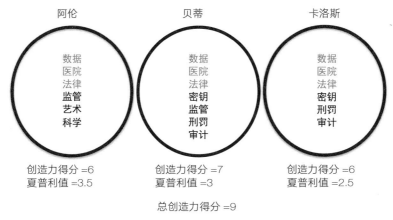

阿伦　　　　　　　　贝蒂　　　　　　　　卡洛斯

数据　　　　　　　　数据　　　　　　　　数据
医院　　　　　　　　医院　　　　　　　　医院
法律　　　　　　　　法律　　　　　　　　法律
监管　　　　　　　**密钥**　　　　　　　**密钥**
艺术　　　　　　　**监管**　　　　　　　**刑罚**
科学　　　　　　　**刑罚**　　　　　　　**审计**
　　　　　　　　　　审计

创造力得分 =6　　　创造力得分 =7　　　创造力得分 =6
夏普利值 =3.5　　　夏普利值 =3　　　　夏普利值 =2.5

总创造力得分 =9

图 9-1　在替代用途测试中应用夏普利值

夏普利 - 舒比克权力指数

接下来，我们将夏普利值应用于一类投票博弈。在这种投票博弈中，每个博弈参与者（代表某个政党或官员）控制着固定数量的席位或投票权，而且要采取行动，就必须获得多数席位或支持票。在投票博弈中，夏普利值通常被称为夏普利 - 舒比克权力指数（Shapley-Shubik index of power）。[3]通过对这个指数的计算，我们发现一个博弈参与者（政党）控制席位（投票权）的百分比与其权力之间并不存在直接的转换。

为了计算权力指数，考虑各个政党加入联盟所有可能的次序。如果某个政党加入了一个联盟并获得绝对多数，那么这个政党所增加的价值等于1。在这种情况下，我们就称这个政党是"关键的"。否则，这个政党不会增加任何价值。

假设议会中共有 101 个席位，分别由 4 个政党掌握：A 党控制了 40 个席位、B 党控制了 39 个席位、C 党和 D 党则各控制了 11 个席位。在这个例子中，如果 A 党首先或最后加入，那么 A 党就不会成为"关键的"政党。但是，如果 A 党在第二位或第三位加入，就肯定会成为"关键的"政党。因此，A 党的权力指数为 1/2。如果 B 党在第一位或最后一位加入，那么它就不能增加任何价值；如果 B 党在第二位加入，那么当且仅当 A 党已经在第一位加入时，B 党才可能成为"关键的"政党。如果 B 党在第三位加入，那么它要想成为"关键的"政党，唯一的机会是 A 党在最后一位加入。这两个事件组合发生的概率分别为 1/12。因此，B 党的权力指数等于 1/6。C 党和 D 党也可以在两个与 B 党类似的事件组合中成为"关键的"政党。如果 C 党或 D 党在第一位加入，那么不可能成为"关键的"政党。如果 A 党在第一位加入，那么只要 C 党或 D 党在第二位加入，就能成为"关键的"政党。如果 A 党在最后一位加入，那么只要 C 党或 D 党在第三位加入，也能成为"关键的"政党。因此，C 党和 D 党的权力指数也分别为 1/6（图 9-2）。

政党	席位数量	权力指数
A	40	1/2
B	39	1/6
C	11	1/6
D	11	1/6

图 9-2　席位与权力之间的脱节

这个例子表明，一个政党控制的席位百分比与它实际拥有的权力之间可能存在着脱节。A 党和 B 党控制的席位数量几乎相同，但是 A 党的权力却是 B 党的三倍；B 党控制的席位虽然比 C 党或 D 党多得多，但是所拥有的权力却不比它们大。与这个例子相似的席位分配在现实世界的议会制度中经常出现。因此，只拥有少量席位的政党往往可以掌握很大的权力。例如，在以色列议会中共有 120 个席位。2014 年，利库德集团领导的联盟共有 43 个席位，反对派联盟则拥有 59 个席位（仅略低于多数席位），正统派联盟拥有 18 个席位，但所有这三方都拥有相同的夏普利－舒比克权力指数。当然，相同的权力指数并不意味着正统派联盟在现实世界中确实拥有完全相同的权力，不要忘记，所有模型都是错的。但是它确实表明，正统派联盟的影响力超过了他们的席位数所占的百分比。

20 世纪 60 年代中期，纽约拿骚县（Nassau County）监事会出现过惊人的席位与权力脱节的情况。该监事会由 6 名成员组成，每个成员控制的选票与该成员所代表的地区的人口成比例（图 9-3）。投票事项要多数通过，需要得到 115 张票中的 58 张或以上。在三个最大的地区中，任何两个地区合作都可以稳占多数。因而另外三个地区的投票永远不可能是决定性的，这三个地区没有权力。例如，虽然北亨普斯特德（North Hempstead）地区拥有 21 票，超过了总票数的 18%，但是并不能影响投票结果。

地区	票数	权力指数
亨普斯特德 1 区（Hempstead 1）	31	1/3
亨普斯特德 2 区（Hempstead 2）	31	1/3
奥伊斯特贝（Oyster Bay）	28	1/3
北亨普斯特德	21	0
长滩（Long Beach）	2	0
格伦科夫（Glen Cove）	2	0

图 9-3　拿骚县席位与权力脱节

理论上说，夏普利－舒比克权力指数适用于任何席位或投票权分配不均等的情况，比如欧盟或美国的选举团，但这并不意味着它在所有情况下都是适当的方法。就美国选举团制度而言，50 个州可以有 50！（3×10⁶⁴）的不同次序。

当然，考虑到选民偏好的区域相关性，并非所有联盟都是可能的。密西西比州几乎不太可能与纽约州组成联盟。为了提供更有效的权力衡量标准，我们需要将某些联盟置于更优先于其他联盟的位置，或将某些联盟排除出去。在后面的章节中，我们描述了允许排除某些联盟的迈尔森值（Myerson Value）。

小结

个体的夏普利值与为联盟增加的平均贡献相对应。它是衡量增加价值的一种标准。在投票博弈中，也可以将夏普利值解释为权力的一种度量。不过，夏普利值可能并不一定总是最好的衡量标准。假设威胁是可信的，那么在一个群体已经形成的情况下，个人的"最后上车者价值"可能是衡量权力的一个更好标准，因为它能够度量每个人通过威胁离开可以攫取多大利益。

在这些情况下，联盟会希望减少"最后上车者价值"。通过扩大联盟规模，可以创建出一个具有很高的总价值、同时"最后上车者价值"又足够低的联盟。不断加入新成员，会使现有成员变成"可以放弃的"，从而使"最后上车者价值"趋向于零。我们在实践中确实可以观察到这一点。例如，雇主会通过雇用多余的工人来削弱工人的权力，制造业企业会向多个相互竞争的供应商采购中间产品，政府会与多个承包商签订合同，等等。

同样的直觉也可以用于解释美国立法机构中出现的联盟。国会游说者和政党领导人希望通过法案（价值的一种结果），同时又试图限制个别众议员和参议员的权力。[4] 如果游说者努力争取到了通过法案所必需的最低数量的众议员和参议员的支持，那么每一个众议员和参议员都会拥有很大的"最后上车者价值"。任何一个人都可以通过改变自己的投票来推翻那个法案。在这种情况下，游说者可以通过收买绝大多数众议员和参议员来降低他们的"最后上车者价值"。同样的逻辑也意味着，只拥有微弱多数的政党可能是非常难以驾驭的，因为每一个成员都拥有很大的"最后上车者价值"。而在某个政党拥有了绝大多数席位（投票权）的时候，没有任何众议员或参议员能够拥有太大的权力。

将视野放大到现代互联网世界，我们发现应用"最后上车者价值"和夏普利值的概念来思考权力问题非常有用。无论是个人、组织、企业，还是政府，抑或是恐怖组织的权力，都部分取决于偏离合作制度可以造成的损害的程度，也就是"最后上车者价值"。一个技术高超的计算机黑客，由于拥有摧毁大量财富的力量，因而拥有巨大的权力。即便黑客完全不能给社会创造价值，这个结论依然成立。

在考虑跨国企业或其他跨国组织的价值时，夏普利值可能是一个更好的衡量标准。在这些情况下，退出本身就是一个不可行的选择。能源公司必须参与能源生产博弈、能源分配博弈、房地产博弈、环境博弈、就业博弈等。这样的公司的总增加值等于各个领域的增加值之和。

通过合作博弈论的视角来思考权力和价值，可以得出很多深刻有力的洞见。合作博弈还指出了我们下一步应该关注的地方。在政界和商界，并不是所有联盟都是合理的。不过目前的模型假设它们合理。更丰富的模型需要考虑到世界的连通性。咨询公司和金融公司要从科技公司购买软件，科技公司和咨询公司通过金融公司进行投资和借贷，金融公司和科技公司要聘请咨询师。在这些网络中，每个参与者都能增加价值并发挥影响力。要计算出这种环境下的权力，我们需要网络模型。

10

网络模型

网络理论是科学的一个完整分支。但是就过去的二三十年来说，它相对较新。我们还没有机会把所有这些理论从大学中拿出来，然后问自己："我们应该建立什么样的网络？应该将网络用于什么样的目的？"

—— 安妮 - 玛丽·斯劳特（Anne-Marie Slaughter）

本章将介绍网络模型。对网络进行全面研究，需要写好多本书。因此，我们在这里只专注于一个更加温和的目标：只希望了解有关网络的基础知识，能够给网络的各个组成部分命名，并讨论它们对于建模的重要性。我们得出的答案是，网络几乎总是很重要。我们构建的任何模型，无论是市场模型、传染病传播模型，还是信息传播模型，都可以通过将参与者嵌入网络中而变得更加丰富。[1]

网络无处不在。人们经常会谈起贸易网络、恐怖主义网络，以及志愿者网络。不同物种会组织成食物链，那是一种网络形式。企业会建立供应链，那也是一种网络。如前所述，将金融系统视为一个支付承诺的网络会很有效。网络对于理解社会关系一直都很重要。在人类历史的大部分时间里，社交网络受到地理限制，难以扩展。由于技术的进步，许多社会互动和经济交易现在都是通过虚拟网络进行的，并且可以使用模型进行分析。

本章内容仍然遵循前面用来讨论分布时所用的模式，即结构—逻辑—功能。我们首先用一系列统计量来表征网络结构，包括：度、路径长度、聚类系数和社区结构等。然后我们讨论了一些常见的网络类别：随机网络、中心辐射网络、地理网络、小世界网络和幂律网络。之后探索网络形成的逻辑，我们构建了一些微观层面的流程，生成所能观察到的网络结构。最后讨论功能，也就是网络结构为什么是一个重要的问题。

本章主要关注网络结构的五个重要含义。我们首先从友谊悖论入手，在对它进行了全面分析之后，描述六度分隔理论和弱关系属性的强度。最后讨论了网络在节点或出现故障时的鲁棒性，解决了网络上的信息集结问题。本章最后还讨论了网络会如何影响模型结果。

网络的结构

网络由节点以及连接节点的边（edge）组成。由边连接起来的节点互为邻居。如果沿着边，可以从任何一个节点到达任何其他节点，就将这样的网络称为连接的网络。网络可以用图形来表示，也可以用边的列表表示，或者也可以用由 0 和 1 组成的矩阵表示，其中第 A 行、第 B 列的一个数字表示节点 A 和节点 B 之间的边。虽然人们更喜欢用图形来表示网络，但是其实用列表和矩阵来表示网络，才更适用于计算网络统计数据。

网络中的边可以是定向的，也就是说，可以从一个节点指向另一个节点。在信息网络中，一条有向边表示一个人从另一个人获取信息。在生态系统网络中，从红尾鹰到灰松鼠的一条有向边表示红尾鹰吃松鼠。边也可以是非定向的；连接两个朋友的边就是非定向的。在非定向网络中，一个节点的度（degree）等于连接到它的边的数量。

网络以一组网络统计数据为特征。对于每个统计量，我们可以计算网络平均值和所有节点的分布。例如，友谊网络的平均程度告诉我们平均每个人有多少个朋友。度分布（degree distribution）告诉我们某些节点是否比其他节点连接得更多。社交网络的分布比万维网、互联网和引文网络更加平等，后面这几类网络都有很长的尾巴。

路径长度，指两个节点之间的最小距离，与度成反比。当增加边时，就缩短了节点之间的平均距离。在航空公司的航线网络中，路径长度对应于人们从航线网络中的某个城市到另一个城市所需的航班数量。如果要在两家航空公司之间做出选择，在其他所有条件（即价格）都相同的情况下，旅客会更喜欢平均路径长度更低的那家航空公司。平均路径长度也与信息丢失相关。经过多人中转传递的信息比直接在两个人之间传递的信息更容易遭到扭曲。最短路径上的节点在网络中起着关键作用。如果信息是通过最短路径传递的，那么就必定会经过最短路径上的节点。节点的介数得分（betweenness score）等于通过该节点的最小路径的百分比。在社交网络中，介数得分高的人掌握更多信息并且拥有更多权力。

最后一个统计量是聚类系数，它等于节点的邻居节点对当中，同时彼此也互为邻居节点对所占的比例。例如，一个人有 10 个朋友，这些朋友可以组成 45 个对。如果在这 45 个对当中，有 15 个对本身也是朋友，那么这个人的聚类系数就等于 1/3。如果所有这 45 对都是朋友，那么这个人的聚类系数就等于 1，这也是所有可能值当中最大的一个。整个网络的聚类系数等于各个节点聚类系数的平均值。

> **网络统计量**　　**度**：节点的邻居数（即边数）。
>
> **路径长度**：从一个节点到另一个节点必须遍历的最小边数。
>
> **介数**：经过某个节点连接两个其他节点的最短路径数量。
>
> **聚类系数**：一个节点的邻居对当中，同样也由一条边连接的邻居对所占的百分比。

图 10-1 显示了一个辐射网络和一个地理网络，它们各具有 13 个节点。在这个辐射网络中，中心节点的度为 12，所有其他节点的度均为 1，因此平均度小于 2。这种度分布是"不平等"的。中心节点与其他每个节点的距离均为 1。所有其他节点与中心节点的距离为 1，与中心节点之外的任何一个节点的距离为 2。因此，这个辐射网络的平均路径长度也小于 2。中心节点位于任何两个其他节点之间的最小路径上，于是介数得分为 1。任何一个分支节点都不位于连接其他节点的任何最小路径上，因此它们的介数得分均为 0。最后，在这个辐射网络中，连接到某个节点的任何节点都不彼此连接。因此，网络的聚类系数为 0。

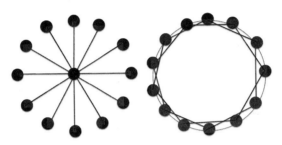

网络测度	辐射网络		地理网络
	中心节点	分支节点	
度	12	1	4
平均路径长度	1	$1\frac{11}{12}$	2
介数	1	0	$\frac{1}{12}$
聚类系数	0	0	$\frac{1}{2}$

图 10-1　一个中心辐射型网络和一个地理网络

在这个地理网络中，每个节点都连接到位于它右侧和左侧的两个节点，因此平均度等于 4。每个节点到 4 个节点的距离为 1、2、3，因此平均距离恰好等于 2。从图 10-1 可见，这个地理网络的度和距离分布都是简并性

（degenerate）的，因为每个节点都具有相同的度和相同的平均距离。可以看出，每个节点的介数都等于 1/12。[2] 每个节点都有 4 个邻居，可以构成 6 个对。在这 6 个对中，恰好有 3 对是相互连接的：直接靠着该节点的左右两个节点分别连接到再外一点的节点，并相互连接。因此，聚类系数等于 1/2。

刻画网络的聚集程度的另一种方法是将节点划分为不同的社区（community）。在年轻人的友谊网络中，这里所说的社区可能对应于对艺术、体育或科学感兴趣的青少年。或者，社区也可以通过种族和性别来定义。政治联盟网络可能可以分为地区性的或意识形态上的盟友。可以用来确定社区的方法有很多，其中一种方法是依次移除具有最高介数的边，因为介数高的边更有可能将不同的聚类连接起来。还有一种方法是将社区的数量视为给定的，并在特定的目标函数下寻找最佳划分方法，例如最小化社区之间边的数量或最大化社区内部边的比例。[3]

我们可以使用社区检测算法（community detection algorithm）去查看网络数据的问题。有研究表明，人们可能会生活在"网络泡沫"（online bubbles）当中。这也就是说，我们所属的社区，可能是由只从类似来源获取新闻的人组成的。如果真的是这样，那么无疑会对社会凝聚力产生重要的影响。在互联网出现之前，情况可能也是这样的，但是很难用数据证明。现在，数据科学家可以在网络上抓取海量数据，从而将人们的新闻来源准确地识别出来，实际上我们确实在一定程度上生活在"泡沫"当中。现在，模型可以给出社区的正式定义，数据可以揭示这些社区的力量。结合我们的判断力，就可以根据数据做出明智的推断。

常见的网络结构

在分析网络时，我们遇到了网络过于多样性的问题（图 10-2）。少数几个网络统计量无法确定具体的网络结构：人们可以构建出数十亿个具有 10 个节点且平均度为 2 的不同网络。还可以通过检验它的统计指标是否与某个常见的网络结构有显著差异来表征网络。例如，当一位法官引用了另一位法官的判决时，一个研究者可能会收集司法引用的数据并将其以网络的形式表示。这种网络从图形上看似乎有一个很特殊的结构和集群。我们可以将这个网络的统计数据与具有相同数量的节点和边的随机网络进行比较，以检验这个网络是不是随机的。在第一种常见的网络随机网络（random network）中，聚类系数等于一条随机的边的概率，因为一个节点的两个邻居并不比任何其他随机选择的节点更可能包含一条边。

随机网络的 蒙特·卡罗方法①　为了检验一个具有 N 个节点和 E 条边的网络是不是随机网络，可以创建大量具有 N 个节点和 E 条边的随机网络，并计算出度、路径长度、聚类系数和介数的分布。然后，执行标准的统计检验，以确定接受还是拒绝那个网络的统计数据可能抽取自该模拟分布的假设。[4]

　　理论模型通常假设某种特定的网络结构。有的研究者偏好假设随机网络，而有的研究者则偏好假设规则的地理网络，例如这样的网络：节点排列成圆形并且每个节点在每个方向上都连接到最近的节点。这也是第二种常见的网络，有一种地理网络将节点排列在棋盘上，并让每个节点与自己东、南、西、北的邻居相连。大多数常见的地理网络都具有较低的度，即节点仅连接到本地邻居，并且具有相对较大的平均路径长度。在地理网络上，介数和聚类系数不会有变化。

　　第三种常见的网络是幂律网络，这种网络的度分布是幂律的。少数节点

---

① 蒙特·卡罗方法，又称模拟统计方法，是一种以概率统计理论为指导的一类重要的数值计算方法，是使用随机数来解决很多计算问题的方法。——编者注

有许多连接，同时大多数节点的连接则非常少。第四种常见的网络是小世界网络，它结合了地理网络和随机网络的特征。[5] 要想构建一个小世界网络，可以从一个地理网络开始，然后进行"重新布线"，方法是随机地选择一条边并把这条边所连接的其中一个节点替换为一个随机的节点。如果"重新布线"的概率等于零，所拥有的就是一个地理网络；如果"重新布线"的概率等于1，那么就有了一个随机网络；而当概率介于这两者之间时，就会得到一个小世界网络，以小集群区别于通过随机链接连接到其他集群的地理网络。社交网络看起来类似于小世界，每个人都有一群朋友，以及若干随机的朋友。

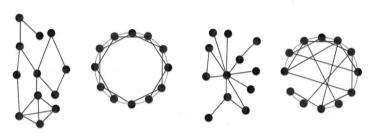

图 10-2　随机网络、地理网络、幂律网络和小世界网络

网络形成的逻辑

现在简要讨论一下几个描述网络形成的模型，这些模型给出了解释网络结构的逻辑。我们遇到的大多数网络结构都是从个体行为者做出的关于建立连接的选择中涌现出来的。友谊网络、万维网和电网都是如此。这些网络不是计划的结果。不过，也有一些网络，例如供应链网络，确实是计划的产物。我们希望按计划构造的网络对节点的故障具有鲁棒性。当然，自发涌现的网络结构都具有鲁棒性这个事实是一个谜。

我们已经讨论了如何创建随机网络和小世界网络。只需要随机创建一组节点，然后绘制连接随机节点对的边，就可以创建随机网络。通过构建一个规则的地理网络（常用的方法是在一个圆周上排列节点并在每个方向上连接 k 个邻居），然后随机"重新布线"一部分边，就可以创建一个小世界网络。

电网形成的模型依赖于经济和工程原理。电网必须为家庭、企业和政府提供电力。无论生产者是营利性企业还是公共事业公司，都没有动力去创造聚集程度很高的网络，因为那种网络效率低下。但是，聚类的缺乏降低了网络的鲁棒性。经济和工程方面的考虑也排除了远距离跳跃——跨越网络连接的可能性。电力公司不会建立从芝加哥到达拉斯的直接连接。然而，人和企业却可以，一个芝加哥人可能会与达拉斯的某个人建立起友谊，新加坡的一家公司可能会与底特律的一家公司进行交易。正如后面将看到的，这些远距离跳跃有助于提高网络的鲁棒性。

要创建一个具有长尾分布的网络，可以利用优先连接模型的一个变体。先随机创建一些节点，然后画出从新节点到现有节点的边。如果我们令连接到节点的概率与节点的度成正比，就可以产生幂律的度分布。在这个模型中，越早"到达"的节点的度越大。但是这个模型有一个缺点，那就是，它不允许节点质量有任何差异。更高质量的节点本应具有更高的度。不过，质量和度的网络形成模型（quality and degree network formation model）纠正了这种缺憾，并且产成了长尾分布。

质量和度的网络形成模型　　创建 d 个互不连接的节点。在每周期 t 中创建一个质量为 Q_t 的、从分布 F 中抽取出来的新节点。根据其他 d 个节点的度将这个新节点连接到那些节点上。用 D_{it} 表示在时间 t 时节点 i 的度，那么给定 N 个节点时选择节点 i 的概率等于：

$$\frac{D_{it}+Q_{it}}{\sum_{j=1}^{N}(D_{jt}+Q_{jt})}$$

如果新节点质量的均值和方差都足够低，那么这个模型就类似于标准的优先连接模型。如果质量分布有一条长尾，那么质量很高的新节点的度可以增长到非常大的程度。[6]

网络的功能

前文中，已经提到过友谊悖论；事实上，在任何网络上，平均来说，人们确实不可能比他们的朋友拥有更多的朋友。我们可以利用辐射网络来说明出现这种情况的原因及其背后的逻辑。在辐射网络中，12 个人中的每人都只有 1 个朋友，只有 1 个人有 12 个朋友。有 1 个朋友的那 12 个人都连接到了中心节点，中心节点有 12 个朋友。这个特征，也就是度更高的人与更多的人连接在一起的事实，驱动了结果。在中心网络上，平均来说，所有人只有不到两个朋友。然而，平均而言，每个人的朋友都有超过 11 个朋友。

友谊悖论适用于任何网络：电子邮件网络、学术引文网络、银行网络和国际贸易网络等。平均而言，一篇学术论文引用的参考文献被引用的次数比这篇文章本身更多；与一个国家的贸易伙伴进行贸易的国家数量，要比与这个国家进行贸易的国家更多；食物网络中与单一物种相连接的多个物种的连接比该物种自身更多。在具有更加分散的度分布的网络上，朋友的数量与朋友的朋友的数量之间的差异会变得更加明显。例如，根据 Facebook 的数据对友谊网络进行的一项研究结果表明，一个人平均大约有 200 个朋友，而他们的朋友平均来说有超过 600 个朋友。[7]

友谊悖论　　如果网络中任何两个节点的度不同，那么平均而言，节点的度会低于其相邻节点。换句话说，平均而言，人们的朋友比他们自己更受欢迎。[8]

友谊悖论的逻辑可以扩展到任何与朋友数量相关的性质。如果活跃、快乐、聪明、富有和友善的人平均而言会拥有更多的朋友，那么一个人的朋友平均来说会更活跃、更快乐、更聪明、更富有、更友善。[9] 想象一下这样一个网络，在不快乐的人中，90% 的人有 4 个朋友、10% 的人有 10 个朋友。而快乐的人的情况则相反：在快乐的人中，10% 的人有 4 个朋友，90% 的人有 10 个朋友。人们的朋友将不成比例地由拥有 10 个朋友的人组成。由于那些人中的大多数都是快乐的，因此绝大多数人的朋友都会比自己更快乐。

现在，我们来看一下六度分隔理论，也就是地球上的任何两个人都可以通过 6 个或更少的朋友联系到一起。虽然友谊悖论适用于任何网络，但是六度分隔却只适用于某些类型的网络。这个术语源于美国社会心理学家斯坦利·米尔格兰姆（Stanley Milgram）在 20 世纪 60 年代进行的一项实验。米尔格兰姆向内布拉斯加州奥马哈市和堪萨斯州威奇托市的 296 人寄出了一些包裹，那些包裹最终需要转寄给在马萨诸塞州波士顿市的一个人。收到包裹的人必须遵守相同的规则：所有参与者只能通过邮政系统将包裹寄给他们认识且他们认为更有可能认识那个波士顿人的人，并附上同样的指示。每个参与实验的人都要在一份记录路径的名册上签名，并邮寄明信片给研究者，以便研究者可以跟踪链条上的断点。最终，有 64 个包裹抵达了波士顿。这些抵达波士顿的包裹所经历的平均路径长度略小于 6，因此就有了"六度分隔"这种说法。

50 年后，研究者们又组织了一场更大规模的"六度分隔"实验。这一次是利用电子邮件进行的，实验组织者在全球范围内设定了 18 个最终收件人，邀请了 20 000 多个人参加了这个实验。电子邮件链的中间路径长度在 5 到 7 之间，具体取决于最初的发送者与最终目标之间的地理距离。由于实验中运用的路径长度不等于实验参与者之间的最小路径长度。因此，这些证据表明，大多数人之间用不着 6 度就可以连接起来了。[10]

在这里，我们构建了一个简化版的小世界网络，以便直观地理解六度分隔理论。这个小世界网络假设每个人都有一个由若干个圈内好友构成的小群体，这些人彼此认识，而且每个人都拥有不属于这些圈内的朋友，我们把这些圈子外的朋友称为"随机朋友"（random friends）。[11] 图 10-3 表明，某人（用黑色圆圈表示）有 5 个圈内好友和两个随机朋友。它还显示了这个节点的朋友（用浅灰色圆圈表示）的部分"朋友圈"。

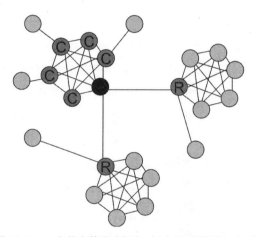

图 10-3　一个节点的圈内好友（C）和随机朋友（R）

这些随机朋友也可以认为是一种弱关系，他们可以将你连接到其他群体的人。我们的弱关系，也就是网络中的随机朋友，由于连接了具有不同兴趣和信息的社区，从而发挥了重要的信息作用。因此，社会学家很强调弱关系的力量。[12]

在这种网络结构中，我们可以计算出二度邻居，也就是朋友的朋友的数量，方法是将随机朋友的所有朋友人数相加，但是不把圈内好友计算在内，因为他们本身就是节点群体的成员。与此类似，我们可以计算出朋友的朋友的朋友的数量，方法是把所有"圈内好友"的随机朋友的朋友加进来，但是不把随机朋友的"圈内好友"的"圈内好友"计算在内，因为他们在计算二度邻居时已经加进来了。为了产生六度分隔，我们将相同的逻辑应用于一个具有 100 个"圈内好友"和 20 个随机朋友的网络。

六度分隔　　　　假设每个节点有 100 个"圈内好友"（C），他们彼此都是朋友；以及 20 个随机朋友（R），他们没有与节点共同的朋友。

一度：C+R=120

二度：CR + RC + RR=2 000 + 2 000 + 400=4 400

三度：CRC + CRR + RCR + RRC + RRR=328 000

四度 [13]：17 360 000

五度：> 10 亿

六度：> 200 亿

　　由于假设随机朋友的朋友之间没有重叠，这个模型隐含地假定人口是无限的。但是在现实世界中，随着度数的增大，真实的社交网络会出现朋友之间的重叠。在包括了重叠和其他真实世界特征（例如朋友数量的异质性）的网络中，实际值将会与上面计算出来的值不同。不过，每个度的邻居数量的相对大小将保持相似：一个人的三度邻居（朋友的朋友的朋友）会比二度邻居（朋友的朋友）多得多。

　　三度朋友可能是相当重要的，在我们这个例子中，三度朋友的人数超过了 25 万。与一个人的"圈内好友"不同，一个人的三度朋友往往会住在不同的城市，就读于不同的学校，拥有不同的信息，他们会更加多样性。他们也足够接近，可以建立起信任关系：朋友的朋友的朋友可能是你的室友的母亲的同事，或者是你妹妹的男朋友的姨妈。三度朋友的数量很重要，他们的多样性以及相对接近性使他们成了你的重要资产，他们可以提供新的信息和工作机会。这些人最有可能帮助你找到工作，促使你搬到新的城市，或者成为生活中、商业上的伙伴。

网络结构的鲁棒性

现在来讨论网络结构的鲁棒性，看看当网络的一个节点或一条边发生故障时会怎样。网络最重要的性质是，它在受到冲击时是不是仍然能保持连接。我们可以使用模型来计算网络保持连接的概率——作为移除节点数量的函数。还可以考察当移除某些节点时平均路径长度会发生什么变化。例如，在航空公司的航线网络中，这种分析可以告诉我们，如果某个机场由于天气原因或电力故障而关闭了，将会需要多少额外的航班。

在这里，我们考虑网络中最大连接部分，即巨型组件的大小怎样随着节点的随机失败而变化的问题。图 10-4 显示了一个大型随机网络和一个大型小世界网络中巨型组件的大小。在这个随机网络中，巨型组件的大小一开始会呈线性下降。在边概率等于 1 除以节点数这个临界点上，巨型组件的大小会下降到原始网络的任意小的比例。但是，小世界网络却不会出现这种突然的变化。因为在小世界网络中，大多数连接都存在于地理聚类中。每个聚类都可以顶住多个节点发生故障的冲击。这个性质与随机连接相结合，可以有效地防止整个网络崩溃。

从图 10-4 可以看出：缺乏局部聚类的稀疏网络更容易出现故障。我们可以将这个结论应用于对电网的分析。电网缺乏远距离跳跃连接和紧密聚类，而保证小世界网络鲁棒性的就是这些。在电网中，节点或连接如果发生了故障，是不能通过聚类中的其他连接或与仍然有效节点的远距离连接来克服的。因此，局部故障就级联放大地传播到整个网络。[14] 与此形成鲜明对照的是互联网。具有长尾度分布的互联网对随机节点故障具有很强的鲁棒性。

互联网的度分布意味着，绝大多数节点的连接很少，因此即便它们发生了故障，网络也能保持连接。

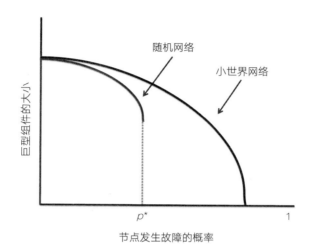

图 10-4 巨型组件的大小作为节点故障的函数

到目前为止，我们一直假设节点是随机发生故障的。我们也可以考虑移除战略性节点。有些具有长尾分布的网络，比如说互联网，现在也变得比以前脆弱了。战略性地移除度最高的节点会破坏整个网络。可以从辐射网络看出其逻辑。当随机移除节点时，辐射网络仍然可以保持连接，除非直接移除中心节点，但那是一个低概率事件。然而，战略性地移除节点，即直接毁灭中心节点，却可以一步切断网络连接。

对于某些网络，例如恐怖主义网络和毒品贸易网络是我们想要切断的。如果这些网络是像电网那样的稀疏网络或者具有长尾度分布，那么就可以通过移除战略节点来断开这些网络。对于恐怖主义网络来说，这意味着必须逮捕拥有链接最多的恐怖组织成员。如果这些网络类似于小世界网络，那么它们就会具有鲁棒性，甚至在战略性的节点被移除之后仍然能屹立不倒。尝试切断这种网络任何"区段"的努力都将失败，因为随机重新连接的存在会将这些"区段"重新连接到网络上。

小结

当我们尝试构建关于由人构成的网络模型时，目的通常是用它们来刻画社会影响，也就是在社会网络中，一个人的成功、行为、信息或信念，会影响他们的朋友的成功、行为、信息或信念。一个人的行为既可能是依赖于情境的，也可能是由内在因素决定的；个人对共同事业的价值或贡献也是如此。一个人的价值或贡献可能是源于他本身的某种性质，例如聪明才智、努力水平或好运气，但是，一个人的成功或许也可以归功于其朋友和同事的网络。这其实是一个非常古老的问题：成功到底取决于你所知道的东西，还是取决于你所认识的人？

试想一下，一群科学家在一个实验室里一起进行研究工作。他们分享想法和知识，互相提建议。因此，某个科学家发表的学术论文、申请的专利或取得科学突破的数量不仅取决于他自己知道些什么，而且也依赖于他与其他科学家的互动，他会受到他所认识的人的影响。我们要把环境特征和内在性质一起考虑，然后再来确定某位科学家的成功应该在何种程度上归因于自己的努力程度。

成功主要取决于人才的信念，有些投资公司雇用明星基金经理来操盘，但是往往无法取得预期的结果。经验证据表明，顶级投资者也依赖于向他们提供特定类型信息的同事网络。[15] 放在更大的文献背景内，这个发现其实并不令人意外。许多文献（其中有一些是基于模型的）都表明，一个人在一个组织中的位置会影响他的成功。

当然，成功肯定与能力相关。一个能够让投资者获利数百万的商业创意当然是一个好主意，发表数百篇论文并获得无数奖项的科学家肯定具有很高的科研能力。但是另一方面，我们也不能否认，恰恰是那些在网络中占据了最核心位置的人做出了最大的贡献。我们可以使用介数和其他中心性测度来衡量一个人的位置。在网络中占据了介数很高位置的那些人，填补了著名社会学家罗纳德·伯特（Ronald Burt）所说的社区之间的"结构洞"（structural holes），我们可以使用特定的算法识别出这些结构洞。[16]由于能够从多个社区获取信息和思想，这些填补了结构洞的人拥有很大的权力和影响力。当然，要想去填补结构洞，你得有相当高的才华和能力才行。看到一个洞就跳下去并不算填补结构洞。要填补结构洞，你必须让社区的每一个人信任和理解你，你必须熟悉每个社区的知识库。

运用同样的原理，我们还可以对企业的价值进行评估并讨论国家的权力分配。我们可以将企业的价值视为内在价值，着重从资产负债的角度分析。还可以考察该企业运营的情境，例如它在供应链中的位置。与此类似，一个国家的权力取决于它的资源和联盟。无论是对于企业还是对于国家，它们的内在性质都是与连通性相关的。那些在网络中占据很高位置的人也拥有某些举足轻重的特性。

这里的分析以及大多数文献都将节点视为分析的单位。事实上，边同样也很重要。而且，从一个更广泛的角度来看，网络本身可能就是一个合适的分析单位。例如，如果教师网络能够让思想和信息在课堂之间顺畅流动，那么就可以改善教育成果，因此一个连通性很好的管理者可以有效地协调课程改革。与此类似，一个二年级的老师知道很多关于刚上三年级的学生的信息，而这些信息对三年级的老师非常有帮助。数学老师知道学生还有什么概念没有掌握好，这类信息可以帮助科学老师更好地设计课程。因此，优秀的学校都拥有强大的教师网络。这只是一个例子；在许多其他公共领域和私人领域，网络都可以改进我们的思考。[17]

迈尔森值和结构洞

　　填补结构洞的人能够将网络中的不同社区联系起来，从而具有更大的影响力。网络的各种统计数据，例如介数，都与能不能占据结构洞相关。对于一个人在网络中的影响力的另一个衡量指标是迈尔森值，它依赖于夏普利值的原理。为了计算迈尔森值，我们在网络上构建一个合作博弈。在这个合作博弈中，只允许存在包含了连接组件的联盟。

　　考虑排成一行的三个人。假设他们的位置代表他们的政治（意识形态）立场。如图所示，B位于中间。如果我们限定只允许直接相邻的人组成联盟，那么位于最左的A将不能与位于最右边的C连接，除非B也加入联盟。为了计算出每个博弈参与者的迈尔森值，我们先为所有可行的联盟分配增加值；再对每个可能的联盟计算夏普利值，将每个联盟视为一个单独的博弈。最后，将每个联盟博弈的夏普利值相加，就可以得到迈尔森值。

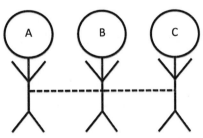

可能的次序：ABC，BAC，BCA，CBA
排除掉的次序：ACB，CAB

举例来说，假设两个博弈参与者的任何联盟产出的价值为 10，并且所有三个博弈参与者在一起时的产出的价值为 14，那么就可以求出如下迈尔森值：博弈参与者 A 为 3；博弈参与者 B 为 8；博弈参与者 C 为 3。[18]

中心性测度（例如介数）只以网络为基础，而迈尔森值则取决于价值函数。同时采用这两种测度，可以将一个人的权力对他在网络中位置的依赖性，与对他所发挥作用的依赖性分开。在这个例子中，三个博弈参与者的迈尔森值（3，8，3）与他们的介数得分（0，1，0）是完全相关的。但是情况并非总是如此，特别是对于更加复杂的网络和价值函数。

11

广播模型、扩散模型和传染模型

就像传染病的传染导致更多的传染病一样，信任的"传染"也可以促成更大的信任。

——————————— 玛丽安·穆尔（Marianne Moore）

在本章中，我们运用广播模型、扩散模型和传染模型分析信息、技术、行为、信念和传染病在人群中的传播。这些模型在通信科学、市场营销学和流行病学的研究中发挥着核心作用。所有这三类模型都将整个人口划分为两个群组：知道或拥有某种东西的人与不知道或不拥有某种东西的人。随着时间的推移，个人会在这两个群组之间移动。有人会从易感者变为感染者，或者从不了解新产品新思想的人变成知情达意者。

患上某种传染病、购买了某种产品或掌握了某个信息的人的数量随时间推移而演变的曲线，也就是采用曲线的经验图形往往是凹的或 S 形的。人们如何获悉信息或怎样患上传染病——无论是通过广播传播还是扩散传播，决定了这种图形的形状。本章的主要内容就在于，将思想和传染病传播的微观过程与这些采用曲线的形状联系起来。为此，本章首先分析了广播模型。这种模型适用于人们从某个单一来源知悉思想或罹患传染病的情形。广播模型生成的图是 r 形的。然后，我们讨论扩散模型。在扩散模型中，传播始于接触，就像传染病在人与人之间传播时那样。扩散模型会产生 S 形曲线。

许多产品、应用程序、思想和信息都是通过广播传播和口碑传播的。我们可以同时允许广播和扩散来对这些情况建模，由此而得到的模型被称为巴斯模型（Bass Model），它在营销学中起着核心作用。巴斯模型会生成 r 形曲线还是 S 形曲线，则取决于广播过程和扩散过程之间的相对优势。

本章中讨论的最后一个模型来自流行病学的关于传染病传播的 SIR 模型（易感者、感染者和痊愈者模型）。这个模型包括了痊愈率，它能够刻画抵御传染病的免疫系统、突显性逐渐弱化的信息，以及被流行浪潮甩下的时尚行为等。SIR 模型会产生一个临界点，在临界点上，产品或传染病性质的微小变化，就意味着失败与成功之间巨大分野。病毒毒力的轻微减少，就可以使大规模传染变为轻微的发病；歌曲传唱概率的小幅变动，就可能把一只热门的新乐队送上天堂或打入地狱，区别之大，恰如披头士乐队与一支在利物浦某个地下酒吧卖唱的乐队之间的区别。

广播模型

本章中介绍的所有模型都要假设存在一个相关人群，用 N_{POP} 表示。相关人群包括那些可能患上传染病、了解信息或采取行动的人。相关人群所指的并不是一个城市或国家的全部人口。如果我们要为连续主动脉缝合法的扩散建模，那相关人群就是指心脏外科医生，而不是居住在费城的所有人。

在任何时候，总会有些人患上了某种传染病、了解特定信息或采取了一定行动。我们将这些人称为感染者或知情者（用 I_t 表示），相关人群中除了感染者或知情者之外的其余成员则是易感者（用 S_t 表示）。这些易感者可能会感染传染病、了解信息或采取行动。[1] 相关人群的总人数等于感染者或知情者人数加上易感者人数的总和：$N_{POP}=I_t + S_t$。

广播模型
$$I_{t+1}=I_t+P_{broad}\times S_t$$

其中，P_{broad} 表示广播概率，I_t 和 S_t 分别等于时间 t 上的感染者（知情者）和易感者的数字

初始状态为 $I_0=0$，且 $S_0=N_{POP}$。

广播模型刻画了思想、谣言、信息或技术通过电视、广播、互联网等媒体进行的传播。大多数时事新闻都是通过广播形式传播的。这个模型的目标是描述一个信息源传播信息的过程，可以是政府、企业或报纸。它也适用于通过供水系统传播污染的情况。但是，这个模型不适用于在人与人之间传播的传染病或思想。由于广播模型更适合描述思想和信息的传播（而不是传染病的传播），所以我们在这里说知情者的人数，而不说感染者的人数。

在给定时间段内，知情者人数等于前一期的知情者人数加上易感者听到信息的概率乘以易感者人数。按照惯例，初始人口全部由易感者组成。要计算未来某期的知情者人数，只需要将知情者人数和易感者人数代入上述方程即可。由此得到的将是一个 r 形采用曲线。

想象一下：某个拥有 100 万居民的城市的市长宣布了一项新的税收政策。在他宣布之前，没有人知道这项政策。假设某人在任何一天听到这个新闻的概率等于 30%（即，P_{broad}=0.3），那么第一天会有 30 万人听到这个新闻。在第二天，剩下的 70 万人中有 30% 的人，即 21 万人会听到这个新闻。在每一个时期，知情者的人数都会增加，并且以一个递减的速度增加，如图 11-1 所示。

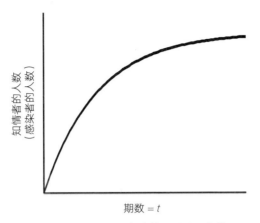

图 11-1　广播模型产生的 r 形采用曲线

在广播模型中，相关人群中的每一个人最终都会知悉信息。如果有适当的数据，就可以估计出相关人群的规模。假设一家企业为练习太极拳的人推出了新设计的运动鞋，并在第一个星期就收到了 20 000 双鞋的订单。如果在第二个星期收到了 16 000 双鞋的订单，那么我们可以大致估计出他们最终的总销售量，也就是相关人群的规模为 100 000。

**用广播模型
拟合销售数据**

第 1 期：$I_1=20\,000=P_{broad}\times N_{POP}$；

第 2 期：$I_2=36\,000=20\,000+P_{broad}\times（N_{POP}-20\,000）$

于是，总销售量为[2]：$P_{broad}=0.2$，$P_{broad}=100\,000$

当然，对于根据仅有的两个数据点估计出来的任何结果，我们都不应该抱以太大的信心。这个模型无疑遗漏了许多现实世界的特征。人们既可能通过传媒获悉相关消息，也可能通过口耳相传听到消息，而且有些人可能会购买不止一双鞋子，或者可能存在针对潜在消费者的广告，等等。如果把这些因素都包括进去，估计出来的结果肯定会有所不同。尽管必须牢记这个注意事项，但是这个模型确实提供了一个粗略的估计。这个企业不应该期望能够卖出 200 万双鞋，但是应该有信心可以卖出不止 100 000 双鞋。随着更多数据的出现，估计结果是可以得到改进的。如果第三个星期的销售额是 13 000 双（这等于模型预测的数量），那么这个企业对当初的预测可以寄予更大的信心。

扩散模型

大多数传染病，以及关于产品、思想和技术突破的信息，都是通过口口相传而传播开来的，扩散模型刻画了这些过程。扩散模型假设，当一个人采用了某种技术或患上了某种传染病时，这个人有可能将之传递或传染给与他接触的人。在传染传染病的情况下，个人的选择不会在其中发挥任何作用。一个人患上某种传染病的概率取决于诸如遗传、病毒（细菌），甚至环境温度等因素。在炎热潮湿的季节，疟疾的传播速度要比在寒冷干燥的季节快得多。

技术的传播则与采用者的选择有关，因此更有用的技术被采用的概率更高。但是在这里，我们并没有在模型中明确将这种情况选择考虑在内。这样一来，苹果智能手表的新潮性就发挥了与流感病毒同样的作用。

在这里，我们更看重的是信息的传播，因此我们将人们分为知情者或不知情的新人。如果新人与知情者相遇且信息在他们之间传播，那么新人就会变成知情者。这种事件的发生，因环境而异。生活在城市中的人，相遇的概率可能比生活在农村的人更高，同时也有更高的接触概率。非常吸引人眼球的新闻也比一般的新闻被分享的概率更高，例如，关于外星人降临登陆的新闻被分享的概率比关于 M & M 公司的椒盐卷饼重新上市的新闻更容易被分享。因此，我们可以将扩散概率（diffusion probability）定义为接触概率（contact probability）和分享概率（sharing probability）的乘积。我们可以根据扩散概率来构建模型，但是在估计或应用模型时，必须独立地跟踪接触概率和分享概率。

扩散模型假定随机混合（random mixing）。随机混合的含义是，相关群体中任何两个人接触的可能性都相同。对于这个假设，我们应该保持警惕。就描述幼儿园内传染病传播的扩散模型而言，这可能是一个准确的假设，因为幼儿园里儿童之间的相互接触是高频率的。但是，如果将它应用于城市人口则是有问题的。在城市中，人们并不是随机混合的。人们在一定的社区中生活，在一定的场所内工作，他们属于工作团队、家庭和社会团体，他们的互动主要发生在这些群体中。但是同时也不要忘记，一个假设要成为有用模型的一部分，其实不一定非得十分准确不可。因此，我们将继续使用这个假设，同时保持开放的心态，在需要改变的时候随时改变这个假设。

扩散模型

$$I_{t+1} = I_t + P_{diffuse} \times \frac{I_t}{N_{POP}} \times S_t$$

其中，$P_{diffuse} = P_{spread} \times P_{contact}$。

在这个模型中，与在传播模型中一样，从长期来看，相关人群中的每个人都会掌握信息。不同的是，扩散模型的采用曲线是 S 形的。最初，几乎没有人知情，I_0 很小。因此，能够与知情者接触的易感者人数也必定很小。随着知情者人数的增加，知情者与不知情者之间接触的机会增加，这又使知情者的人数更快地增多。当相关人群中几乎每个人都成了知情者时，新知情的人数会减少，从而形成了 S 形的顶部。技术的采用曲线通常也具有这种形状。例如，杂交种子的采用曲线虽然因州而异（艾奥瓦州采用杂交种子的速度比亚拉巴马州更快），但是所有州的采用曲线都是 S 形的。[3]

在广播模型中，根据数据估算相关人群规模是一件相当简单的事情。采用者的初始数量与相关人群规模密切相关。与此相反，利用扩散模型的数据估计相关群体的规模可能会非常困难。产品销售量的增加，可能是由于一个很小的相关人群内部的高扩散概率，也可能是由于一个很大的相关人群中的低扩散概率。

图 11-2 显示了两个假想的智能手机应用程序的相关数据。在第一天，每个应用程序都有 100 人购买。在接下来的 5 天中，应用程序 1 拥有更高的总销量和更快的销量增长。如果没有模型，我们很可能会预测应用程序 1 拥有更大的市场。但是，用模型拟合这两组数据的结果表明，事实与我们猜想的恰恰相反。

上市日	智能手机应用程序 1	智能手机应用程序 2
1	100	100
2	136	130
3	183	169
4	242	220
5	316	286
...		
365	1 000	1 000 000

图 11-2　智能手机应用程序的两条采用曲线

应用程序 1 拟合的扩散概率为 40%，相关人群规模为 1 000 人；而应用程序 2 的扩散概率为 30%，相关人群规模为 100 万人。[4] 事实上，只要再过几天，我们就会观察到应用程序 2 的相关人群更大。但是，如果没有模型，如果不能根据前 5 天的数据来进行分析，我们就可能会对总销售额给出不正确的推断。

在使用扩散模型来指导行动的时候，我们必须将扩散概率分解为分享概率和接触概率的乘积。为了提高应用程序的销售速度，开发人员既可以设法提高人们相互接触的概率，也可以设法加大他们分享关于应用程序信息的概率。要想改变第一个概率是很困难的。为了增大第二个概率，开发人员可以为带来了新注册用户的老用户提供一些激励，事实上，许多开发人员都是这样做的，比如游戏开发者可能会给带来了新注册玩家的老玩家奖励游戏积分。虽然这样做能够增加扩散速度，但是并不会影响总销量，至少根据这个模型来看不会有影响。如上所述，总销量等于相关人群的规模，而与分享概率高低无关，提高销售速度不会带来长期的影响。

大多数消费品和信息都是通过广播和扩散传播的。而巴斯模型则将这两个过程组合在一起了。[5] 巴斯模型中的差分方程等于广播模型和扩散模型中的差分方程之和。在巴斯模型中，扩散概率越大，采用曲线的 S 形就越显著。电视、收音机、汽车、电子计算机、电话机和手机的采用曲线形状都是 r 形和 S 形的组合。

巴斯模型

$$I_{t+1} = P_{broad} \times S_t + P_{diffuse} \times \frac{I_t}{N_{POP}} \times S_t$$

其中，P_{broad}＝广播概率，$P_{diffuse}$＝扩散概率。

SIR 模型

到目前为止，在我们已经讨论过的模型中，一旦有人采用了一项技术，则永远不会放弃它。对于电力、洗碗机和电视等技术来说，确实如此：一旦采用之后，一般永远不会不采用。但这并不适用于所有通过扩散传播的事物，例如我们患上了某种传染病之后不久就会恢复健康，或者当我们采用了某种流行款式或参加了某项潮流运动之后（例如，某种时装或舞蹈），是可以放弃的。遵循惯例，我们将放弃所采用的某种事物的人称为痊愈者。由此产生的模型，即 SIR 模型（易感者、感染者、痊愈者），在流行病学中占据了中心位置。

由于这个模型起源于流行病研究领域，同时也因为考虑传染病的痊愈更为自然，因此我们以传染病的传播为例来描述 SIR 模型。为了避免过于复杂的数学计算，我们假设治愈传染病的人会重新进入易感人群，也就是说治愈传染病并不会产生未来对传染病的免疫力。

SIR 模型

$$I_{t+1} = I_t + P_{contact} \times P_{spread} \times \frac{I_t}{N_{POP}} \times S_t - P_{recover} I_t$$

其中，$P_{recover}$，P_{spread}，和 $P_{contact}$ 分别等于传染病的痊愈概率、传播概率和接触概率。

流行病学家对接触概率和传播概率会进行单独跟踪，我们也会这样做。接触概率取决于传染病如何从一个人传播到另一个人。艾滋病通过性接触传播；白喉通过唾液传播；流感病毒通过空气传播。因此，流感的接触概率高于白喉，白喉的接触概率又高于艾滋病。而且，在发生接触后，各种传染病的传播概率也会有所不同。白喉比 SARS 更容易传染给另一个人。

SIR 模型会产生一个临界点，就是所谓的基本再生数 R_0，也就是接触概率乘以传播概率与痊愈概率之比。某种传染病，如果 R_0 大于 1，那么这种传染病就可以传遍整个人群，而 R_0 小于 1 的传染病则趋于消失。在这个模型中，信息（或者，在这个例子中是传染病）并不一定会传播到整个相关人群。能不能做到这一点取决于 R_0 的值。因此，像疾病控制中心这样的政府机构必须依据对 R_0 的估计来指导政策制定。[6]

基本再生数 R_0

$$R_0 = \frac{P_{spread} \times P_{contact}}{P_{recover}}$$

如表 11-1 所示，麻疹可以通过空气传播，因而它的再生数高于艾滋病，艾滋病只能通过性接触和共用针头传播。对 R_0 的估计假设人们不会为了应对传染病而改变行为。然而，当学校里虱子肆虐时，家长的反应可能是让孩子待在家中，以降低接触概率，还可能会剃光孩子的头发，减少接触发生时传播的可能性。这两种行为变化都会降低虱子传播的 R_0。

表 11-1	各传染病的基本再生数 R_0			
	麻疹	脊髓灰质炎	艾滋病	流感
R_0	15	6	4	3

在没有疫苗的情况下，检疫是一个选择，但是成本很高。[7] 如果存在疫苗，那么疫苗接种可以预防传染病传播。即便做不到每个人都接种疫苗，也可以预防传染病传播。必须接种疫苗的人的比例，即疫苗接种阈值（vaccination threshold），可以通过公式$V \geqslant \frac{R_0 - 1}{R_0}$求出。我们可以从上述模型中推导出这个公式。[8]

疫苗接种阈值随 R_0 的增加而提高。例如，脊髓灰质炎的 R_0 为 6，因此为了防止脊髓灰质炎的传播，疫苗必须覆盖 5/6 的人群。而麻疹的 R_0 为 15，为了阻止麻疹的传播，疫苗必须覆盖 14/15 的人口。疫苗接种阈值的数学推导也为决策者提供了指引，如果接种疫苗的人数太少，这种传染病就会传播开来，因此政府接种疫苗的次数会超过模型估计的阈值。对于麻疹和脊髓灰质炎等 R_0 非常高的传染病，政府将努力保证所有人都接种疫苗。

有些人担心疫苗有副作用，选择不参加疫苗接种计划。如果这些人只占人口的一小部分，那么其他人接种疫苗也可以防止这些人感染这种传染病，流行病学家将这种现象称为群体免疫力。选择不接种疫苗的人事实上是搭了其他接种疫苗的人的便车，对于搭便车的现象，我们将在本书后面的章节中详细研究。[9]

R_0、超级传播者，以及度的平方

假设随机混合 R_0 的推导如下：在每一步，人群中的个体随机相遇。如前所述，随机混合假设可能与通过空气传播的传染病或通过接触传播的传染病有关，但对于通过性行为传播的传染病则不太合理。

如果将 SIR 模型嵌入到网络中，就会观察到度分布对传染病传播的重要性。在这里，我们比较一下矩形网格网络（棋盘格）与中心辐射型网络。在矩形网格网络中，每个节点都连接到东、南、西、北的节点；而在中心辐射型网络中，则由一个中心节点连接到所有其他节点。

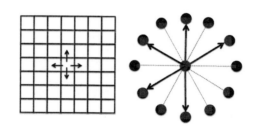

假设传染病会随机发生在某个节点上。我们在网络中设定 $p_{contact}=1$，以保证每个人都会与他所连接的每个人接触。在下一个

时期，传染病可能以一个与传染病毒力相对应的给定概率，独立地扩散给每个邻居。

首先考虑矩形网格网络。在每个时期，传染病都可以扩散到东、南、西、北4个节点中的任何一个。我们预计，如果传染病传播的概率超过了1/4，传染病就会蔓延。展望未来的一个时期就会看到，如果一个新节点患上了传染病，那么这个节点有3个可能患上传染病的邻居。如果原始节点的北部和东部的两个邻居患上了传染病，那么传染病可能传播的节点就会达到6个。因此，这种网络似乎对传染病传播的潜力发挥没有太大影响。

接下来，考虑中心辐射型网络。第一个患上传染病的节点可能是中心节点，也可能是外围节点。如果中心节点患上了某种传染病，那么它可以将传染病传播到任何一个其他节点。我们预计这种传染病会扩散，即便传播的概率很低也是如此。如果是一个外围节点患上了传染病，那么唯一可能被传染的节点就是中心节点。正如在前面讨论过的，如果中心节点患上了传染病，那么即使传播的可能性很小，传染病也会蔓延。

对于中心辐射型网络，R_0携带的信息量很有限，因为如果中心节点患上了传染病，传染病就会传播开来。流行病学家们将位置在度很高的中心节点上的人称为"超级传播者"（superspreaders）。超级传播者加速了艾滋病和SARS的早期传播。[10]超级传播者不一定是社交明星或"人脉"特别广的人，可能从事某种特定的行业职业，比如收费站的收费员、银行柜员、牙科医生，这类职业使他会与属于不同社交网络的人接触。生活在19世纪与20世纪之交的"伤寒玛丽"（Typhoid Mary）只是纽约的一名上门服务的厨师。她从这一家再到另一家，将伤寒感染给每一个接触者。当她被确认为传染源之后，就被强制隔离了。

为了推导出高度数节点的影响，我们首先要注意到一个事实：高度数节点不但能够更快地传播传染病，而且会更快地患上传染病。如果一个人朋友的数量是另一人的三倍，那么他患上传染病的可能性也是后者的三倍，同时传播这种传染病的可能性也是后者的三倍。因此，他对传染病传播的总贡献将是另一个人的九倍。因此，节点对传染病（或思想）传播的贡献与节点的度的平方相关。如果节点 A 的度数是节点 B 的 K 倍，那么节点 A 传播传染病的可能性是节点 B 的 K 倍，同时传染病传播到节点 A 的概率也是节点 B 的 K 倍。因此，节点 A 对传染病传播的总效应将是节点 B 的 K^2 倍。这种现象被称为度的平方。

一对多

尽管 SIR 模型原本是用来分析传染病传播的，但是我们也可以将它应用于所有先通过扩散传播，然后趋于消失的社会现象，例如书的销售、歌曲的流行、舞步的风行，"热词"的传播、食谱和健身方法的流传等。在这些情形下，我们也可以估计接触概率、传播概率和"痊愈"概率，以及基本再生数 R_0。这个模型意味着，这些概率只要发生了微小的变化，就可以使 R_0 移动到高于零的水平，从而造成成功与失败之间的天壤之别。

确实，成功可能取决于非常微小的差异，正如美国作家约翰·厄普代克（John Updike）在描述棒球明星特德·威廉姆斯（Ted Williams）最后一次击球时所说的："一件事情做得很好与搞砸了之间，只有极其细微的差异。"[11] 假设你构思了一个新的笑话；只要让这个笑话更有趣一点点，就可

能会把 R_0 推到高于 1 的水平，从而使这个笑话广泛传播开来。同样的逻辑也适用于想法的"黏性"。如果一个想法能够在人们的思维中再坚持一小段时间，那么他们摆脱它的"痊愈"率就会降低，从而提高了 R_0。

当然，并不是所有情况都会位于阈值上。披头士乐队拥有巨大的才华，他们的 R_0 肯定超过了 1，尽管这只是一个猜想。对于现在的流行歌星，我们可以使用互联网下载量来估计他们的 R_0。流行歌星贾斯汀·比伯（Justin Bieber）的 R_0 估计为 24，这就是说，他的传染"毒力"比麻疹更强。[12]

在 SIR 模型中，我们推导出了两个关键阈值，即 R_0 和疫苗接种阈值。这两个阈值都是属于敏感依赖于环境的临界点，环境（情境）中的微小变化都会对结果产生很大的影响。这种临界点不同于直接临界点（direct tipping point）。在直接临界点，特定时刻的微小行动会永久性地改变系统的路径。直接临界点出现不稳定的点是，例如当球停在山顶上时。在任一方向上稍微推一下，都将会使球从山的这一侧或另一侧滚下去，这个小小推动是一个直接的倾覆。[13]

而在依赖于环境的临界点上，参数的变化会改变系统的行为方式。在直接临界点上，未来的结果轨迹急转直下。折弯，例如由扩散模型产生的 S 形采用曲线中的第一个弯曲，不满足这两种临界点的定义。采用曲线中的折弯对应于斜率增长率最大的点。在那一点上，扩散一发不可收拾，但是并没有发生倾覆。

图 11-3 显示了 Google+ 发布后前两个星期的用户数。[14] 从图中可以看出，在发布 6 天后，出现了一个折弯。在那一点上，扩散的过程正在顺利展开。从两个星期内就获得了超过 1 600 万用户这个结果来看，我们不能说 Google+ 很早就陷入了困境，更不能说它在第 6 天就出现了直接临界点。

将倾覆与急剧上升（下降）混淆起来，导致临界点这个术语被过度滥用了。新闻媒体和互联论坛上所说那些临界点，几乎有很少符合正式定义的。

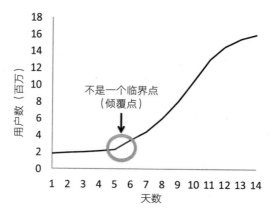

图 11-3　Google+ 用户数量上的一个折弯点（不是一个倾覆点）

　　我们不妨将肥胖症视为一种流行病来考虑。尽管人们不会像患上感冒那样感染肥胖症，但是他们可能会受到某种社会影响而做出一些容易导致肥胖的行为。[15] 要想扭转肥胖这种流行病，我们必须降低它的 R_0。而要降低 R_0，则可以通过降低接触概率或者提高分享概率和痊愈概率来实现。当然，在很多方面，用 SIR 模型来研究肥胖症的传播、学校辍学率或犯罪率，并不比经济学模型或社会学模型更好。它只是一个不同的模型，因此会给出不同的解释和预测，它也可能指向不同的行动或政策。它扩大了我们的模型集合，帮助我们更好地理解世界，但它不是解决问题的灵丹妙药。

　　在将广播模型、扩散模型和传染模型应用于社会现象时，我们可能会发现某些假设是成立的，而其他一些假设则不能成立。例如，在某种传染病的传播中，每一次接触导致该传染病传播的概率是独立的。但是在社交领域，由于采用本身也是一种选择，因此传染有可能会因更多的接触（曝光）而变得更有可能。流感不是我们选择的，我们只是得了流感。但是我们会选择买紧身牛仔裤，随着越来越多的人穿上了紧身牛仔裤，我们所有人都更可能穿紧身牛仔裤。类似的逻辑也适用于分析社交运动的参与率、新技术的采用率，甚至分析文身的人有多少。在这些情况下，我们可能必须对基本模型进行修正，以允许每次接触的采用概率会随着接触次数的增多而增大。[16] 信仰或信任行为的"传染"也是如此。这种修正，在扩大模型的应用范围时通常是必不可少的。

12

熵：对不确定性建模

信息是不确定性的解。

——————————— 克劳德·香农（Claude Shannon）

在本章中，我们讨论熵。熵是对不确定性的一个正式测度。利用熵，我们可以证明不确定性、信息内容与惊喜之间的等价性。低熵对应于低不确定性，同时揭示的信息很少。如果某个结果发生在低熵系统中，例如太阳从东方升起，我们并不会感到惊讶。而在高熵系统中，比如在抽奖时抽中了某个数字，结果是不确定的，并且实现的结果能够揭示信息。在这个过程中，我们经历了惊喜。

利用熵，可以比较不同的现象。我们可以判断新西兰的选举结果是不是比联合国对谴责某个国家的方案的投票结果更不确定，还可以将股票价格的不确定性与体育赛事结果的不确定性进行比较，也可以利用熵的概念来区分四类结果：均衡、周期性、复杂性和随机性。我们可以将看似随机的复杂模式和真正的随机性区分开来，并且可以分辨出哪些现象看起来像是有一定模式的，但事实上是随机的。

我们还可以使用熵来表征分布。在没有控制或调节力量的情况下，一些群体可能会向最大熵漂移。给定特定的约束条件，例如不变的均值或方差，就可以解出最大熵分布。最大熵分布的结果还可以用来证明某些分布比其他分布更优，从而能够对我们在建模时的选择起到指导作用。

本章分为五个部分。在第一部分中，我们讨论对信息熵（information entropy）的直观认识，然后给出信息熵的正式定义。在第二部分中，我们描述了关于熵的公理基础。在第三部分中，我们讨论如何使用熵来区分均衡、周期性、随机性和复杂性。在第四部分中，我们研究了会在给定约束条件下产生最大熵的系统。最后，我们探讨了这样一个问题：为什么在有的时候，我们更喜欢复杂性而不是均衡。

信息熵

熵是用来度量与结果的概率分布相关的不确定性的。因此，它也可以衡量意外。熵与方差不同，方差度量一个数值集合或数值分布的离散程度。不确定性与离散程度有关，但是两者并不是一回事。在具有高不确定性的分布中，许多结果的概率都是有意义的，这些结果并不一定有数值，具有高离散度的分布则只是具有一些极端的数值。

通过比较具有最大熵的分布与具有最大方差的分布，可以将这种区别鲜明地呈现出来。给定取值范围为从 1 到 8 的整数的若干结果，能够使最大化熵的分布对每个结果赋予相同的权重。[1]而能够使方案最大化的分布则是以 1/2 的概率取值 1、以 1/2 的概率取值 8（图 12-1）。

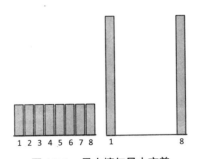

1 2 3 4 5 6 7 8　　1　　　　　　8

图 12-1　最大熵与最大方差

熵是在概率分布上定义的。因此它可以应用于非数值数据分布，例如森林中鸟儿的种类或不同口味果酱的市场份额。熵在数学上等于概率与它们的对数之和的相反数。这个数学公式听起来似乎很复杂，但是事实并非如此。

我们先从信息熵这种特殊情况开始讨论。对于信息熵，可以把它理解为根据随机抛硬币的结果来衡量不确定性的一种方法。假设每个家庭都只有两个孩子，男孩和女孩的可能性相同。某个家庭的孩子们的性别列表（按出生顺序排列）相当于抛两次硬币。因此，结果分布的信息熵为 2，因为它对应于两个随机事件。其信息内容也等于 2，因为我们只要提出两个"是或否"问题要求他们回答，就可以掌握结果。

与此类似，在有三个孩子的家庭中，性别列表相当于抛 3 次硬币。要了解这样的家庭的孩子的性别，也只需要提出三个"是或否"问题。同样的逻辑适用于任何数量的儿童。在一般情况下，要了解 N 个孩子的性别，只需要提出 N 个"是或否"问题。

这里需要注意的是，这 N 个问题区分出了 2^N 种可能的出生顺序。这种数学关系是理解熵测度的关键所在：N 个二元随机事件会产生 2^N 个可能的结果序列，并且，与之等价，我们可以通过提出 N 个"是或否"问题知悉结果序列。这也意味着，信息熵将不确定性水平（和信息内容）N 分配给了 2^N 个结果上的一个等可能分布。

于是，挑战变成了如何用数学公式刻画这种关系。每个结果序列的概率均为 $\frac{1}{2^N}$。要将这个数值转换为 N，需要一个相当复杂的数学公式 $N = -\log_2\left(\frac{1}{2^N}\right)$。[2] 我们可以将这个公式推广到任意概率的情形下。如果某个结果序列出现的概率为 p，就分配一个不确定性 $\log_2(p)$，它近似于识别该序列所需要提出的"是或否"问题的数量。为了计算出一个分布的信息熵，我们只需求得所有结果（或者像在前面那个例子中那样的结果序列）需要提出的问题的期望数量的平均值。

信息熵　　　　给定一个概率分布$(p_1, p_2, \cdots p_N)$，信息熵，H_2
等于：

$$H_2(p_1, p_2, ...p_N) = -\sum_{i=1}^{N} p_i \log_2(p_i)$$

注：上面的下标 2 表示使用的是以 2 为底的对数。

乍一看，这个数学公式带来的混淆似乎比它所能澄清的还要多。通过举例说明，应该能够使这个公式更加直观。想象一下这种情况：第一胎是女孩的家庭不再生任何孩子，而第一胎是男孩的家庭则还要再生两个孩子。从而，所有家庭中将有一半家庭只有一个女孩。而另一半家庭则等可能地分别属于如下四个结果之一：三个男孩；两个男孩与一个女孩；一个男孩与两个女孩；一个男孩一个女孩与一个男孩。这四种结果中的每一种出现的概率均为 1/8。

信息熵等于我们想了解一个家庭的子女排列状况时必须提出的"是或否"问题的期望数量。我们首先会问，第一个孩子是不是女孩，回答"是"的概率为 1/2。如果是这个答案，那么就不需要继续问下去了。因此有一半的时间，我们只需问一个问题。我们可以把这写成$-\frac{1}{2}\log_2(\frac{1}{2})$。如果答案是否定的，那么我们还必须再提出两个问题，于是总共要问三个问题。这四种情况中的每一种都以 1/8 的概率出现，因此每种情况对信息熵的贡献为1/8×3，我们对每种情况可以写出$-\frac{1}{8}\log_2(\frac{1}{8})$。从而，信息熵等于 2，即上述五项的总和。[3] 虽然这里使用的对数和负号可能会让有些人觉得困扰，但是直观含义仍然是非常清楚的：信息熵就对应着"是或否"问题的期望数量。

如果我们不得不提出很多问题，那么分布就是不确定的。而知道了结果，也就揭示了信息。

熵的公理基础

公理基础：熵

$$H_a(p_1, p_2, \ldots p_N) = -\sum_{i=1}^{N} p_i \log_a(p_i)，\text{其中，} a > 0。$$

这种熵测度是唯一满足以下四个公理的测度：

对称性：对于任何转置概率，都有连续函数 $H(\sigma(\vec{p})) = H(\vec{p})$。

最大化：对于所有 N，$H(\vec{p})$ 在 $p_i = \frac{1}{N}$ 处最大化。

零性：$H(1, 0, 0, \cdots 0) = 0$。

可分解性：如果 $\vec{P} = (p_{11}, p_{12} \cdots p_{nm})$

$$H(\vec{P}) = H(P_1, P_2, \ldots P_N) + \sum_{i=1}^{N} H(Q_{P_i})$$

其中，$P_i = \sum_{j=1}^{m} p_{ij}$ 且 $Q_{P_i} = (\frac{p_{i1}}{P_i}, \frac{p_{i2}}{P_i}, \ldots, \frac{p_{im}}{P_i})$。

为了得到熵的一般表达式，我们采用公理化的方法。数学家克劳德·香农对他给出的这种测度施加了四个条件。前三个条件很容易理解，它必定是连续的和对称的，而且在所有结果以相同的概率发生时最大化，同时在某些结果上等于零。第四个条件可分解性则要求在具有 m 个子类别的 n 个类别上定义的概率分布的熵，等于各类别上的分布的熵与每个子类别的熵的总和。香农证明，有一类熵测度是唯一满足这些公理的测度。虽然这里的分布的乘积是一个不那么直观的自然假设。例如，在结果是两个独立事件的乘积的情况下，这意味着联合事件的信息内容是每个事件单独发生时的信息内容的总和。

正如夏普利值的公理基础一样，这些公理对存在性的贡献大于它们本身的合理性。聪明的数学家总是可以构造出能唯一定义一个函数的公理。香农的前两个公理很难质疑。有的人可能吹毛求疵地指责，将已知分布的不确定性设置为零过于任意了，但这只是一个适当的基准，另一种可能性是将已知分布的不确定性指定为 1。[4] 可分解性虽然解释起来不是很容易，但是也很难去挑战它。两个组合随机事件的不确定性理应等于每个事件的不确定性之和。总的来说，这些公理不仅仅是可辩护的，事实上，它们是难以辩驳的。

利用熵区分结果类别

我们现在阐明，如何利用熵测度来对经验数据进行分类，并在计算机科学家、数学家斯蒂芬·沃尔弗拉姆（Stephen Wolfram）给出的四大类别的框架下建模：均衡、周期性、随机性和复杂性。[5] 在沃尔弗拉姆的这个分类中，放在桌子上的铅笔处于均衡状态，绕太阳运转的行星处于循环当中，抛硬币的结果序列是随机的，纽约证券交易所的股票价格也是近似随机的（我们在下一章中将会说明原因）。最后，一个人大脑中的神经元发放则是复杂的：它们既不会随意发放，也不会以某个固定的模式发放。图 12-2 以图形方式呈现了这四个类别。

平衡结果没有不确定性，因此其熵等于零。周期性过程具有不随时间变化的低熵。当然，完全随机过程具有最大的熵。复杂性具有中等程度的熵，因为复杂性位于有序性和随机性之间。虽然熵在两种极端情况下能够为我们给出明确的答案——均衡和随机性；但是这并不适用于周期性和复杂性的结果。在这些情况下，通常还必须善用我们的判断力。

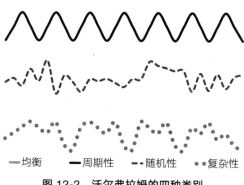

—均衡　—周期性　--随机性　·复杂性

图 12-2　沃尔弗拉姆的四种类别

　　为了对时间序列数据进行分类，我们需要先计算出不同长度的子序列中的信息熵。假设，有个人会把他每天戴的帽子的类型——记录下来。假设他只在两种帽子之间进行选择，一种是贝雷帽，记为 B，另一种是浅顶软呢帽，记为 F。这样过了一年，他对帽子的选择生成了一个有 365 个事件的时间序列。我们先计算长度为 1 的子序列的熵，也就是说，先计算戴每种类型帽子的概率的熵。假设他喜欢这两种类型的帽子的程度相同，那么长度为 1 的子序列的熵等于 1。因此，我们可以先把均衡排除掉，因为他会改变他的选择，但是其他三种类别中的任何一种都是可能的。

　　为了确定类别，我们接下来计算长度为 2 到 6 的子序列的熵。如果所有都具有最大的熵，那么我们可以以将简单的周期性排除掉。假设当我们考虑更长的序列时，熵会缓慢增加，直到达到最大值 8 为止。换句话说，无论子序列有多长，熵都不会超过 8。熵为 8 相当于 256 个结果的等可能分布，这不可能是一个简单的循环。熵为 8 更可能代表具有特定结构和模式的复杂过程序列。我们不能确定地说，这个时间序列是复杂的。一种可能的情况是，这个人试图做到随机化，但是却失败了。

最大熵和分布假设

在很多情况下，我们建模时都必须把不确定性包括进来；因而作为建模者，必须对有关的分布做出假设。这里的原则是，我们要尽量避免做出任意特殊假设（ad hoc assumption）。也许，我们对产生分布的过程已经有了一些了解。如果是这样，通常可以运用逻辑—结构—功能方法，推导出该过程产生的统计结构。

例如，假设我们想要对一个房地产拍卖中的所有拍卖对象的总价值的分布做出一个假设。总价值等于各个项目的价值总和。因此，我们可以根据中心极限定理假设这是一个正态分布。对于一栋房子的可能价值，我们也可以假设一个正态分布，因为房屋的价值取决于它的多个性质：卧室的数量、浴室的数量和占地大小等。

对于艺术珍品或稀有手稿的可能价值，正态分布却可能没有意义。在这些情况下，我们对决定它们价值的过程几乎一无所知。一种方法是假设一个具有最大不确定性的分布，即最大熵分布。

最大熵分布的形状取决于各种约束条件。正如我们已经看到的，如果假设了一个最小值和一个最大值，那么均匀分布会使熵最大化。教科书和学术期刊中的许多社会科学模型都假设均匀分布，我们可能会质疑这个假设，因为均匀分布在现实世界中确实很少出现。然而，无差别原则（principle of indifference）可以证明假设均匀分布的合理性。如果只知道范围或可能集，那么就应当予以无差别的对待。

在某些情况下，我们可能知道分布的均值，也知道所有值都必定是正数。给定这些约束条件，最大熵分布必定具有长尾，因为我们要将分布置于更多的值上，从而必须使少数高值结果与许多低值结果保持平衡。不难证明，熵最大化分布是一个指数分布。因此，如果我们正在构建一个模型，需要假设网站点击量或市场份额的分布形式，那么在没有可用数据的情况下，指数分布是一种自然的假设。

如果我们确定了均值和方差（并且允许出现负值），那么最大熵分布则是正态分布。这里的逻辑与前一种情况类似。为了创造更多的不确定性，我们创造了一些极端值，在这里，可以平衡正值和负值，而不用改变均值。但是，这样做会增大方差，因此我们必须在均值附近添加更多值，从而创造出钟形曲线。

我们可以在逻辑—结构—功能框架内解释这些最大熵分布。如果我们认为在给定的社会、生物或物理环境中，某个微观层面的过程能够最大化熵，那么我们应该期待上面这些分布中的某一个会出现。或者也可以假设一个微观过程，并能够证明熵在增加。如果是这样，上述分布中的某一个也会涌现出来。

最大熵分布	**均匀分布**：给定范围 $[a, b]$，使熵最大化。
	指数分布：给定均值 μ，使熵最大化。
	正态分布：给定均值 μ 和方差 σ^2，使熵最大化。

我们也可以将这些结果解释为探索性的。我们可能会遇到一些指数分布或正态分布的数据。虽然没有"义务"去追问某种潜在的行为是否会在一定约束条件下使熵增加，但这样做确实可以帮助我们获得一些新的洞见。在本书前面的章节中，我们利用中心极限定理解释了物种的高度、重量和长度为什么会服从正态分布。在这里，我们再给出一个不同的、基于模型的解释：如果一种突变能够最大化熵（以便探索最好的生态位），并且假设平均规模和总离散度是固定的，那么规模的分布将会是正态的。关键不在于这种最大

熵方法是不是提供了一个更好的解释，而在于给定约束下最大化熵必定会导致正态分布。因此，当我们看到正态分布时，它可能是最大化熵的结果。

熵的实证含义和规范含义

前面我们已经讨论了，熵如何衡量不确定性、信息和惊喜，如何与测量离散度的方差不同，以及如何有助于我们对不同类别的结果进行分类和比较。在本书第 13 章和第 14 章中研究随机游走和路径依赖时，还会利用熵来识别随机性并测量路径依赖的程度。事实上，我们可以将熵测度用于任何实际应用，可以用它来衡量对金融市场的干预是增加了还是减少了不确定性，可以检验选举、体育赛事或博彩中的结果到底是不是随机的。

在这些应用中，熵都是作为一个实证的衡量标准来使用的。它告诉我们世界是什么样的，而不是世界应该是什么样。一个系统中的熵的本质，不能简单地说好，也不能简单地说不好。我们想要多少熵，取决于具体情况。在制定税法时，我们可能需要一种均衡行为模型，并不希望有随机性。在规划城市时，我们可能会希望看到复杂性，均衡或者周期性都会显得过于平淡。我们希望一个城市充满生机活力，为偶然的相遇和互动提供无限机会。在这种情况下，更多的熵会更好，但是又不能太多。我们不喜欢随机性，随机性会使计划变得非常困难，并可能导致我们的认知能力崩溃。最理想的情况是，世界会产生适度的复杂性，以保证我们生活在一个有趣的时代。

建筑师克里斯托弗·亚历山大（Christopher Alexander）证明，诸如强中心、厚边界和非独立这类的几何属性，能够生成复杂的生活建筑、社区和城市。[6] 亚历山大渴望城市和生活空间中的复杂性。中央银行的规划者可能不太喜欢复杂性，在金融市场中，他们可能更喜欢可预测的均衡结果。不过幸运的是，使用模型，我们既可以探索复杂性，也可以讨论均衡的可能性。

13 随机游走

醉鬼能找到回家的路，但是一只醉酒的小鸟可能永远回不了家。

—————————————————— 角谷静夫（Shizuo Kakutani）

在本章中，我们讨论两个来自概率论和统计学的经典模型：伯努利瓮模型（Bernoulli urn model）和随机游走模型。[1] 这两个模型都描述了随机过程，即使看上去它们似乎在生成某种复杂的结构。如果不收集数据，随机性是很难辨别的。我们经常想当然地以为能够在选举结果、股票价格和体育赛事得分中总结出一定的模式，但这只是一厢情愿。借用学者、风险分析师纳西姆·塔勒布（Nassim Taleb）的一句俏皮话来说，我们都被随机性所惑，不过是一些"随机漫步的傻瓜"！[2]

伯努利瓮模型描述了产生离散结果的随机过程，例如抛硬币或掷骰子。这个模型在几个世纪以前出现时，是为了解释赢得赌注的概率，现在已经在概率论中占据中心位置。随机游走模型就是建立在伯努利瓮模型的基础上的，保持了正面和反面的总数。这个模型可以刻画液体和气体中粒子的运动，动物在物理空间中的活动，以及从出生到童年人体身高的增长，等等。[3]

本章首先简要介绍伯努利瓮模型，并对条纹长度（length of streaks）进行了分析。然后描述随机游走模型，我们将会了解到，一维和二维随机游走会无限次地回到起点，而三维随机游走则可能完全不需要回到起点。我们还会了解到，对于一维随机游走，回到零点之间的时间间隔分布遵循幂律分布。对于这个发现，有人可能认为它除了满足人们的好奇心之外没有什么用，但事实上，它可以解释物种和企业的生命周期。我们还将使用随机游走模型评估有效市场假设，并用它来确定网络规模。

伯努利瓮模型

伯努利瓮模型由一个装了灰球和白球的瓮组成。从瓮中抽取的球代表随机事件的结果。每次抽取都与之前和之后的抽取无关，因此我们可以应用大数定律：从长远来看，抽出每种颜色的球的比例将会收敛到这个球在瓮中的比例。当然，这并不意味着从一个装了 7 个白球和 3 个灰球的瓮中抽取 1 000 次，将会恰好抽出 700 个白球，它的意思是抽取出来的白球比例会收敛到 70%。[4]

伯努利瓮模型　　　　　　每一次，从一个装了 G 个灰球和 W 个白球的瓮中随机抽取一个球，结果等于抽取出来的球的颜色。在下一次抽取之前，球要先放回瓮中。令 $P = \frac{G}{(G+W)}$ 表示灰球的比例。在抽取 N 次的情况下，可以计算出抽取出来的灰球的期望数量 N_G，及其标准差 σ_{N_G}：

$$N_G = N \times P, \text{ 以及, } \sigma_{N_G} = \sqrt{N \times P \times (1-P)}$$

伯努利瓮模型的结果产生了可预测长度的条纹。在灰球和白球数量相等的瓮中，抽取出白球的概率等于 1/2，连续抽取出两个白球的概率等于 1/2 乘以 1/2，以此类推。一般情况下，如果瓮中白球的比例为 P，那么连续抽取 N 个白球的概率等于 P^N。通过计算概率，我们可以评估某种条纹是不是有可能出现（尽管很令人吃惊），或是几乎完全不可能（因而基本上可以肯定"有诈"）。当一名篮球运动员连续 9 次投中了三分球时，只是有热手效应吗？或者，我们是否应该期待有一个这种长度的随机序列？数学计算表明，一个很优秀的三分投手在长达 10 年的职业生涯中，也几乎完全不可能连续 9 次投中三分球。[5]

我们可以进行类似的计算以确定投资者是幸运、能力出众还是在欺诈。自 1965 年至 2014 年，由沃伦·巴菲特（Warren Buffett）经营的集团伯克希尔哈撒韦公司（Berkshire Hathaway），在 50 年中有 42 年的表现优于市场。1964 年伯克希尔哈撒韦公司的 1 美元在 2016 年的价值已经超过了 1 万美元，而投资标准普尔 500 指数的 1 美元价值大约为 23 美元。如果伯克希尔哈撒韦公司有 50% 的机会击败市场，那么它在 50 年来的表现应该超过市场的 25 倍，标准差为 3.5 年（$3.5 \approx \sqrt{50 \times \frac{1}{2} \times \frac{1}{2}}$）。而事实上，伯克希尔哈撒韦公司击败市场的实际年数大约高于均值四个标准偏差，这是一个概率仅有百万分之一的事件，因此，我们可以排除这完全是运气的可能。由于伯克希尔哈撒韦公司定期公布它的投资，所以也可以排除欺诈的可能。与此相反，前纳斯达克主席、美国历史上最大的诈骗案制造者伯纳德·麦道夫（Bernard Madoff）从来不透露他的投资情况，如果客户要求投资透明度的话，麦道夫是不可能连续几十年取得"成功"，连续几十年得到正回报的。[6]

随机游走模型

接下来讨论简单随机游走模型，它建立在伯努利瓮模型的基础上，并将过去结果的和保持下来。我们将初始值，也就是模型的初始状态设置为零。如果我们抽取出一个白球，就在总数上加 1；如果抽取出一个灰球，就从总数中减 1。模型在任何时候的状态都等于先前结果的总和，也就是抽取出来的白球总数减去抽取出来的灰球总数的值。

**简单随机
游走模型**

$$V_{t+1}=V_t+R\ (-1,\ 1)$$

其中，V_t 表示时间 t 上的随机游走值，$V_0=0$，$R(-1,$
$1)$ 是一个可能等于 -1 或 1 的随机变量。在任何时间段
内，这个随机游走的期望值都等于零，且标准差为 $\sqrt{t}$，
其中的 t 等于周期数。[7]

图 13-1 给出了一个简单随机游走。这幅图看上去似乎有一个模式：先
是一个长期下降的趋势，然后是一个上升趋势；在上升过程越过零线时出现
了一个适度的崩溃。但这个模式只是偶然发生的。

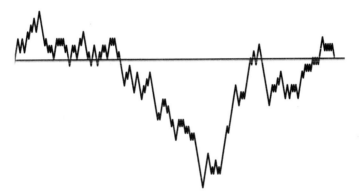

图 13-1　一个 300 周期的简单随机游走

简单随机游走既是周期性的（会无限次地返回零点），又是无界性的（会
超过任何正的或负的阈值）。如果等待足够长的时间，随机游走会高于正的
1 万、低于负的 100 万，也会无限次地穿过零线。此外，返回零点所需的
步数分布满足幂律。[8] 在大多数时候，返回零只需几步。所有游走中，有一
半是两步返回的，然而有些游走需要很长时间才能返回。鉴于随机游走的无
界性，这必定是真的。一个超过 100 万步阈值的游走，需要超过 200 万步
才能到达那里并返回零点。

幂律分布结果还有一个意想不到的应用领域。如果我们将企业的销售水平或员工规模建模为随机游走，那么企业的生命周期就会成为一个幂律分布。更准确地说，当销售强劲时，企业会新招聘一名员工；当销售不佳时，会解雇一名员工；当不再拥有任何员工时，企业也就"寿终正寝"了。这样一来，返回次数的分布就等于企业生命周期的分布，而且是一个幂律分布。再者，就其第一近似而言，企业的生命周期是一个幂律。[9] 我们可以应用相同的逻辑来预测生物分类单元（界，门，经，纲，目，科，属和种）的寿命。如果某个分类单元的成员数量遵循随机游走，例如，如果某个属中的物种数量随机地上下变化，那么，这个分类单元的大小就应该满足幂律。这方面的数据支持了这个模型的预测。[10]

对于随机游走模型，还可以做这样一个类比：将随机游走视为冰川沿着地面的移动。根据模型的预测，冰川湖泊的大小分布将满足幂律。每一次，当冰川落到了陆地表面以下又返回顶部时，就会形成一个直径等于返回时间的湖泊。在这里，相关数据再一次与模型基本对应。[11]

这个基本随机游走模型可以通过多种方式加以修正。我们可以创建一个正态随机游走（normal random walk）。在正态随机游走中，每一周期的值的变化都服从正态分布。正态随机游走不会完全回到零点，但它会无限次地穿过零点。

我们还可以令某一种结果比另一种结果更有可能发生，从而创建一个有偏差的随机游走。我们可以利用这种有偏差的随机游走模型来预测在博彩中获胜的概率。轮盘赌中，在红色结果上下注时赢的概率等于 9/12。[12] 我们可以将赌轮盘赌的总收益或总损失建模为这样一个随机游走：增加 1 的概率为 9/19（大约 47.4%），而减少 1 概率则为 10/19。那么在下注 100 次之后，预期损失为 5 美元，标准差为 10 美元。这也就是说，我们可以在 95％ 的置信水平上，认为损失不超过 25 美元、收益不超过 15 美元。在下注 1 万次之后，预期损失等于 526 美元，标准差为 100 美元。因此，在 95％ 的置信水平上，我们的损失介于 325 美元与 725 美元之间。[13] 同样，在下注 1 万次之后，我们还能赢是一个相当于超过均值 5 个标准偏差的事件，也就是说我们赢的可能性不到百万分之一。因此，要想在轮盘赌中赢，应该做的事情是下一个大赌注而不是下很多个小赌注。

一些体育比赛，例如篮球比赛，可以建模为两个有偏差的随机游走。在球场上，每支球队在每次攻守中都有可能得分。这个概率可以根据一支球队的进攻能力和对方球队的防守能力来估计。我们将球队在球场上的“行程”模拟为一个随机事件。每支球队的得分对应一个随机游走值，得分较高的球队更有可能获胜。来自 NBA 的数据分析表明，实际比赛结果与这个模型匹配得相当好。只有当一支球队获得了巨大的领先优势时，得分才会偏离随机性，在那种情况下领先优势继续扩大的可能性低于领先优势缩小的可能性。这种现象可以解释为领先的球队失去了继续得分的动力，同时落后的球队则必须至少让分数看上去不那么“丢脸”。[14]

我们似乎会认为篮球比赛的结果肯定不是随机的。聪明、健壮且灵活的篮球运动员，拥有很多巧妙的进攻手段，并能在关键时刻实现扭转乾坤的得分。这当然也是事实，但是球员们的努力效果可能会被抵消。额外的进攻得分可能会因为额外的防守努力而被抵消。一个重要的抢断后的快速上篮，可能会被冲刺了大半个球场的对方球员破坏。这个模型还提出了一个策略：更强的那支球队应该加快比赛节奏，以创造更多的进攻回合。占有优势的球队应该更频繁地玩“轮盘赌”，因为随机“漂移”对他们有利。

简单随机游走模型只在一个维度上进行。我们还可以对高维随机游走建模。二维随机游走从平面中的原点（0，0）开始，然后在每个周期中随机走向东、南、西、北。二维随机游走类似于在一张纸上绘制出来的一条弯弯曲曲的线，同时也满足递归性（recurrence）和无界性，有点儿类似于在你的起居室中随机搜索一只丢失的耳环时的路线。这种递归性使随机觅食成了蚂蚁的一个觅食策略。[15] 如果二维随机游走不是递归性的，那么蚂蚁就需要更复杂的内部地图或更强的信息踪迹才能找到它们的巢穴。

但是在有三个维度的情况下，随机游走将不再满足递归性。在一个房间里到处飞的苍蝇和在空气中弹跳的分子都只会有限次地返回到它们的起点。[16]（正因为如此，才会在本章开头引用角谷静夫的那段话。）

随机游走的无递归性为模型如何阐明我们的思考提供了一个很好的例子。直觉告诉我们，当添加维度时，返回起点的次数应该会减少，而逻辑则表明，这里会出现一个突然的变化。在一维和二维的情况下，随机游走会无限次地返回起点。而在三维的情况下，它将"永恒在外游荡"。要得到这种结果必须利用数学，只靠直觉是不够的。

使用随机游走估计网络规模

我们可以利用低维随机游走的递规性来估计某个网络的规模。方法很简单，随机选择一个节点，然后沿着网络的边开始随机游走，并跟踪它回到初始节点的频率。返回到初始节点所需的平均时间与网络的规模相关。例如，为了估计一个社交网络的大小，可以要求某人指定一个朋友，然后让那个朋友再说出一个朋友的名字，一直继续这个过程，看需要多久才会返回到同一个人。

图 13-2 显示了两个网络。左边的网络有 3 个节点，它们组成了一个三

角形。右边的网络有 6 个节点，组成了两个三角形。在左边的网络上，我们不妨从 A 开始随机游走。假设它先移动到 B，然后再移动到 C，最后再返回到 A。这也就是说，随机游走只需 3 步就可以返回它的起点。而在右边的网络上，从 D 开始的随机游走可能需要 7 步（F—G—H—F—E—F—D）才能回到起点。如果将这样的实验重复多次，那么左边网络的平均返回时间显然会比右边网络要短。虽然对这些小型网络来说，要衡量它们的规模并不一定需要这种方法，但对于大型网络（如万维网或大型电子邮件网络）来说确实非常有用。

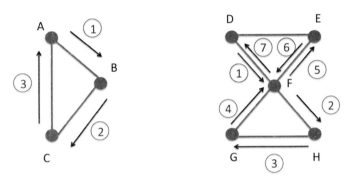

图 13-2　网络上的随机游走

随机游走与有效市场

事实已经证明，股票价格接近正态随机游走，带有正漂移，以获得市场收益。许多个股的价格也接近随机。图 13-3 显示了 Facebook 在 2012 年 5 月 18 日首次公开发行后一年中的每日股票价格数据。Facebook 公开发行时的价格为每股 42 美元。截至 2012 年 6 月 1 日，股票价格已经下跌到了 28.89 美元。一年后，价格进一步下降至 24.63 美元。图 13-3 还显示了另一个已经校准为具有类似变差的随机游走。

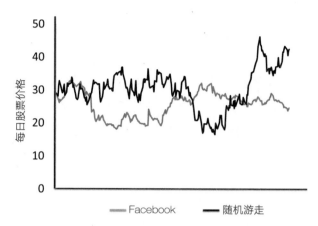

图 13-3　2012 年 6 月—2013 年 6 月，Facebook 每日股票价格 vs. 一个随机游走

我们可以对 Facebook 的股价序列进行统计检验，以确定它是不是真的满足正态随机游走的假设。首先，价格应该以相同的概率上下波动，在这个序列所涵盖的 249 个交易日内，Facebook 的股票价格在 127 天内是下跌的，占总交易日数的 51％。其次，在随机游走中，增加的概率应该与前一周期的增加无关，Facebook 的股票价格连续两天在同一方向上发生变化的时间只占总时间的 54％。最后，持续出现在同一方向上的最长波动应该是 8 天，在这一年时间里，Facebook 的股票价格曾连续 10 天上涨。因此，总的来说，我们不能否认 Facebook 的股票价格与正态随机游走一致的假设。

同样的分析也适用于所有股票的日交易价格。为了做到这一点，我们必须先去除股票价格中所包含的平均上涨趋势。研究表明，从 20 世纪 50 年代到 80 年代，每日股票价格略有正相关关系。在进行了去趋势处理之后，一天上涨之后再出现上涨的概率略超过 50％。20 世纪 80 年代之后，由于投资者开始变得更加精明，一天上涨之后再出现上涨的概率下降到了 50％，从而与随机游走完全一致。

股票价格可能遵循随机游走的原因是，聪明的投资者能够识别出并消除这种模式。例如，在 20 世纪 90 年代，分析师注意到，股票价格往往会在每年年初出现上涨，这种现象被称为"一月效应"（January effect）。聪明的投资者可以在 12 月以低价购买股票，并在来年 1 月卖出以获取利润。这个策略看起来好得让人难以置信，而事实是，如果投资者在 12 月购买股票，他们就会抬高价格，从而抵消"一月效应"。事实上，我们不应该对"一月效应"的消失感到惊奇。

经济学家将市场价格的可识别持久模式类比为人行道上的百元钞票。如果有人看到人行道上有张一百元的钞票，就会把它捡起来，然而只要这样做了，钞票就会消失。同样的逻辑适用于股票价格模式：如果它们存在，它们就会消失。因此，充满了聪明的投资者的市场几乎必定不会包含什么可预测的价格模式。既然价格不会呈现出任何模式，那也就只能是随机游走了（需要注意的是，必须先去除一般的上行趋势）。

经济学家保罗·萨缪尔森（Paul Samuelson）构建了一个能够生成随机游走的模型。他的模型并不要求投资者知晓未来所有期间的股票价值，而只要求他们知晓股票价值的分布。正如萨缪尔森所说："人们不能过于迷信现有的定理，它不能说明实际的竞争性市场运作良好。"[17] 但不是每个经济学家都能认同他的观点。

一些经济学家将这种随机游走思想进行了扩展，提出了有效市场假说（efficient market hypothesis）。这个假说指出，在任何时候，股票的价格都反映了所有的相关信息，未来的价格必定遵循随机游走。有效市场假说依赖于一个自相矛盾的逻辑。[18] 因为要确定准确的价格需要付出时间和精力，财务分析师必须收集数据并构建模型。如果价格真的是随机游走的，所有这类活动都将无法得到预期的回报。然而，如果真的没有任何人花费时间和精力去估计价格，那么价格就会变得不准确，也就意味着人行道上会铺满百元钞票。

简而言之，正如格罗斯曼和斯蒂格利茨悖论（Grossman and Stiglitz paradox）所强调的，如果投资者相信有效市场假说，他们就会停止分析，从而导致市场效率低下；而如果投资者认为市场效率低下，他们就会应用模型进行分析，从而提高市场效率。

事实上，股票市场上的价格变动与随机游走确实相当接近，尽管利用复杂的统计技术确实能够揭示某些短期模式。[19] 这也就是说，虽然人行道上可能没有铺满百元钞票，但是在草地上确实能够找到一些四叶草，只要足够努力。

有些批评有效市场假说的人还指出，许多投资者持续战胜市场的时间明显不能用偶然性来解释。[20] 此外，股票价格之所以随机波动，也可能是由于一些其他原因，例如复杂的交易规则的总体影响。日常价格的波动性超过了流入市场的信息量，而且，在现实世界中似乎并没有发生什么重要的事情时，股票市场也会出现大幅飙升或跳水，这就表明市场上存在泡沫。给某个人带来很大不利的某个事件，对另一个人来说也许不过是"尽管有这些问题，但是……"。是的，波动性确实很高，但是很少的信息就可能会产生很大的影响。即便市场真的出现了大幅飙升或跳水，市场仍然可能是遵循长尾随机游走的。在长尾随机游走中，股票的日常波动源于长尾分布。

虽然，股票价格始终准确的说法似乎令人难以置信，但从长远来看，价格确实不会与真实价值相差太远。我们可以应用 72 法则来证明这一点。如果经济每年增长 3%，那么在半个世纪中，经济总量将增长 4 倍。如果回到1967 年，当时美国的国内生产总值相当于今天的 4.2 万亿美元（按 2009年美元计算），而到了 2017 年，美国的国内生产总值增长到了将近 17 万亿美元（按 2009 年美元计算），增长了 4 倍，这正是我们所预期的：每年增长 3%，半个世纪就可以增长 4 倍。在同一时期，标准普尔 500 指数股票的实际价值也增加了大约 4 倍。如果股票市场每年上涨 12%（以实际美元价值计算），那么股票价格就会增加 256 倍，这应该是不可能的。[21]

从长远来看，有效市场假说或类似的假说是合理的。但是从短期来看，押注价格修正却可能存在不小的风险。在这方面，长期资本管理公司（LTCM）的成败经历很有启发性。这是一家对冲基金，其董事会成员中包括了两位诺贝尔经济学奖得主。在 1996 年和 1997 年，长期资本管理公司公布的年回报率都超过了 40%，原因是它发现了市场上的效率低下问题，并预测市场会做出修正。1998 年，他们（正确地）注意到了俄罗斯债券价格与美国国债价格之间的不一致性，于是他们下了一个很大的赌注。然而，俄罗斯的违约（自 1917 年以来的首次违约）在短期内进一步增大了这种不一致性。长期资本管理公司一下子亏损了 46 亿美元，几乎导致整个金融市场崩溃。在长期资本管理公司得到救助后不久，债券价格确实恢复了一致性，但是这个修正来得太慢了。长期资本管理公司给我们的教训是深刻的，也是显而易见的，那就是不要过分相信一个模型。

小结

在本章中，我们讨论了伯努利瓮模型和随机游走模型，然后将这些模型应用到了很多领域。我们看到，这些模型能够从连续得分现象中解析出随机性，还可以用来制订博彩策略、评估股票价格变化的时间序列，以及理解篮球比赛的结果。我们还懂得了如何应用随机游走返回时间的幂律分布来增进对企业生命周期和生物分类单元的理解。

从这些应用中，我们看到随机游走模型为评估时间序列提供了一个很有用的框架。我们不能被一两年的成功所愚弄，因为那并不意味着持续的卓越。在《从优秀到卓越》（Good to Great）这本有史以来最畅销的商业书籍之一中，吉姆·柯林斯（Jim Collins）描述了那些能够持续取得成功的公司的特点，例如拥有谦逊的领导者、选择合适的人进入团队、保持严格的纪律。柯林斯以 6 次铁人三项世界冠军戴夫·斯科特（Dave Scott）的习惯为例，将之称为"冲洗你的奶酪"。戴维·斯科特会清洗奶酪以减少身体的脂肪含量。柯林斯在这本书中特意列出了 11 家坚持了他所说的那些原则的"伟大公司"。但是，在他的书出版后的 10 年中，只有一家公司实现了强劲增长。另外 10 家公司中，一家被其他企业收购了，一家由政府接管了，另外 8 家则只带来了零回报。

伟大的企业确实会拥有一些共同特征，但这个事实并不意味着这些特征就必定有助于成功。也许，很多表现糟糕的公司也拥有这些特征。挑选一些看上去很好的公司出来，列出它们的特征，这并不是模型思维。模型思维的要求是，推导出能够导致成功的那些特征，例如才华横溢的工人，然后再根据数据来检验相关结论。如果可能的话，最好寻找一些自然实验，也就是相关特征随机变化的实例。

其他模型，例如我们在第 28 章中将会介绍的舞动景观模型和崎岖景观模型，更是对吉姆·柯林斯的全部理论提出了根本性的质疑。如果经济是复杂的，那么今天证明成功的特征在未来并不一定同样有效。按"大石头优先"原则，当前的"伟大"在 10 年后甚至有可能连"不错"都算不上。在得出一般性的结论之前，必须应用多个模型，以避免"犯大错"的风险。也应该注意避免被某些"模式"所惑，看上去似乎是一个趋势，其实可能是随机。

14 路径依赖模型

人不能两次踏进同一条河流，因为无论是这个人，还是这条河，都已经不同了。

—————————————————— 赫拉克利特（Heraclitus）

本章将讨论路径依赖模型。在任何领域，人们的行为都建立在他人行为的基础上，无论是国际事务、艺术、音乐、体育、商业、宗教、技术还是政治，我们都应该会看到某种程度上的路径依赖。大学生选修的课程，导致他未来会倾向于选择某些职业而不会选择其他职业；对某个候选人的认可，可能会使他开启政治生涯；友谊可能会导致其他社会关系；我们穿的衣服、读的书、看的电影，以及任何需要我们付出时间的活动，都会表现出一定程度的路径依赖性。

路径依赖也存在于更大的尺度上。普通法裁决会确立并强化先例，从而影响未来的裁决。[1] 早期的制度形式会影响后来的制度选择。美国政府制定的由私营公司提供健康保险的政策，导致了一个宏大的私营医疗保险行业以及一系列保健机构，还导致了公立医院和私立医院并存的结果。[2] 特定的制度还会引发特定的行为模式，如自私或合作的倾向；而这种倾向反过来又会影响未来制度的效力。[3]

在本章中，我们构建了一系列动态瓮模型（dynamic urn model），该模型将生成表现出路径依赖性的结果序列。这种模型扩展了伯努利瓮模型，允许瓮内球的分布随过去的结果而变化。利用这些模型构建我们的思维，给出路径依赖的正式定义，并将路径依赖的结果与均衡区分开来。这些正式的定义还可以将路径依赖与临界点区分开来，而临界点是结果中更加突然的变化。

本章由四个部分组成。前两个部分分别讨论了波利亚过程（Polya process）和均衡过程（balancing process）。波利亚过程假设正反馈并产生路径依赖的结果和均衡。关于路径依赖的许多典型例子，包括"QWERTY"打字机的发展，都是基于正反馈的，这种情况也被称为收益递增。均衡过程则假设负反馈并产生路径依赖的结果，但不会产生路径依赖的均衡。第三部分定义了一个基于熵的路径依赖度量，最后一个部分则讨论了模型的进一步应用。

波利亚过程

波利亚过程利用伯努利瓮模型的扩展来刻画正反馈效应。在波利亚过程中，我们会往瓮中加入与抽取出来的球相匹配的球，这个过程会产生结果路径依赖（outcome path dependence）。结果路径依赖是指每一周期的结果都取决于先前的结果。说结果的长期分布，也就是均衡路径依赖（equilibrium path dependence）也取决于结果，也是对的。[4] 这两种类型的路径依赖之间的区别，是本章要讨论的一个核心内容。一个均衡路径依赖的过程，必定是结果路径依赖的。如果长期的结果取决于路径，那么这个路径"沿途"的结果也必定如此。不过，一个过程是结果路径依赖的，并不意味着它一定是均衡路径依赖的。现在发生的事情可能取决于过去，但是长期均衡却可能在一开始就确定下来了。

波利亚过程　　　　一只瓮里面装着一个白球和一个灰球。每一周期，都随机抽取出一个球并将这个球与和它颜色相同的另一个球一起放回到瓮中。抽取出来的球的颜色表示结果。

波利亚过程可以用来刻画多种多样的社会和经济现象。一个人选择学习打网球，还是打壁球，可能取决于其他人的选择。如果更多的朋友选择学习打网球，那么这个人就更有可能也选择学习打网球，因为这会增加他找到伙伴打比赛的机会。与此类似，一个人决定购买什么类型的软件、学习哪种语言或购买哪款智能手机，也可能取决于他的朋友以前做出的选择。类似的逻辑同样适用于企业对技术标准的选择，它们可能会根据其他企业的选择来做出选择。

这个模型通过改变球的分布来刻画这些社会影响。如果灰球代表选择学习打网球的人，白球代表选择学习打壁球的人，那么，当更多的人选择学习打网球时，瓮里面就包含了更多的灰球，从而导致后来的人更加有可能选择学习打网球。对更多人所选择的结果的这种不断增长的牵引力创造了路径依赖。

我们可以从波利亚过程中推导出两个令人意想不到的性质。首先，具有相同数量的白色结果的任何序列都会以相同的概率发生。其次，白球和灰球的每个分布都以相同的概率发生。第二个性质意味着极端的路径依赖。任何事情都可能发生，一切皆有可能。在 1 000 个周期之后，瓮中包含了 40% 的白球的概率等于包含了 2% 的白球的概率。

要理解为什么会这样，不妨考虑前三个周期内所有可能的结果序列。第一个周期的结果是灰色的概率为 1/2。如果这个结果发生了，那就要加入一个灰球，从而使第二个周期的结果为灰色的概率增加到 2/3。如果第二个周期的结果也是灰色，那就要加入第三个灰球，从而使第三个周期的结果为灰色的概率增加到 3/4。由此可以得出，三个灰球（或三个白球）的总概率等于 1/2 乘以 2/3 乘以 3/4，其乘积等于 1/4。

前三个结果由两个白球和一个灰球组成的结果序列如图 14-1 所示。在最上面一行中，结果的顺序是先灰色、再白色、然后又是白色。这个序列的概率是 1/12，其他两个序列的概率也是一样。因此，获得这三个序列之一的概率等于 1/4。根据对称性，选择两个灰球和一个白球的概率也必定等于 1/4。因此，每个可能的结果集——三个白色、三个灰色、两个白色以及一个灰色、两个灰色、一个白色，出现的概率都是 1/4。而且，产生两个白色和一个灰色的每一个序列都以相同的概率出现。对任意周期数，都可以得到类似的结果。[5]

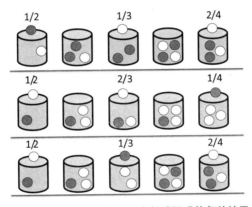

图 14-1　由两个白球和一个灰球组成的各种结果

如果我们将波利亚过程加以扩展，也就是进一步加入其他颜色的球，这两个性质仍然成立。各种颜色的任何比例都会出现而且概率相同。这些结果为消费品生产商带来了一个难题：消费者对产品某些性质的长期偏好可能是随机的。无法预测结果的知识仍然可以用来指导行动。例如，福特公司不会希望出现这样的情况：生产出了 4 万辆黄色皮卡车，后来却发现在一个路径依赖的过程中，红色成了消费者最喜欢的颜色。不受欢迎的颜色的产品会大量积压在库存中，这种可能性指向两种可能的行动。生产企业可以考虑建立这样的供应链：把颜色的决定放在最后一个环节。例如，服装公司可以先不给毛衣染色，直到看清楚流行的颜色是什么为止。或者，生产企业也可以不给消费者选择的机会。亨利·福特只提供一种颜色的 T 型车，即黑色 T 型车。苹果公司在推出第一款 iPhone 时也做了同样的事情：你可以买一部黑色的 iPone，或者以同样的价格买另一部黑色的 iPone。

均衡过程

第二个模型是均衡过程，它的假设与波利亚过程恰恰相反。在抽取出某种颜色的球后，要加入一个相反颜色的球。如果在前两个周期都抽取出了白球，那么瓮中将包含三个灰球和一个白球，从而导致下一周期抽取出灰球的概率增大为 3/4。这个过程也会产生路径依赖的结果，因为任何一个周期结果的可能性取决于过去的结果的历史。但是，它不会产生依赖于路径的均衡。从长远来看，瓮收敛为每种颜色的球的比例都相同。[6]

均衡过程 一个瓮包含一个白球和一个灰球。每一周期都随机抽取出一个球，并将与抽取出来的球颜色相反的球与抽取出来的那个球一起放回到瓮中。球的颜色表示结果。

均衡过程可以用来刻画有趋向平等分配压力的决策或行动序列。有两个孩子的父母可能会尝试给每个孩子分配相同的时间。与一个孩子共度了一个下午之后，父母会产生与另一个孩子共度更多时光的愿望。

平衡过程甚至可以用来对努力实现公平的组织行为建模。国际奥委会希望世界各地都能举办奥运会。2013 年，国际奥委会宣布东京成为 2020 年夏季奥运会和残奥会的主办城市，与东京竞争的两个欧洲城市伊斯坦布尔和马德里败北。四年后，国际奥委会决定把 2024 年和 2028 年奥运会主办权分别授予欧洲城市巴黎和北美城市洛杉矶。东京之所以能够赢得 2020 年奥运会的主办权，部分原因当然是因为它很有竞争力，但是还有一部分原因则是因为自 1964 年以来夏季奥运会从未在日本举行过，在地域上保证公平这种考量似乎发挥了作用。欧洲、亚洲和大洋洲以及美洲在第二次世界大战后举办奥运会的次数大体上相同：欧洲 8 次、美洲 6 次、亚洲和大洋洲 7 次。

路径依赖还是临界点

路径依赖是对结果的逐渐影响，临界点则意味着结果的突然变化。微软公司的发展为路径依赖提供了一个很好的例子。微软公司于 1975 年成立后，为 BASIC 计算机语言开发了解释器。1979 年，微软与国际商用机器公司（IBM）达成协议，为 IBM 的个人电脑提供操作系统。这笔交易使微软走上了将一个只拥有 40 名员工的公司转变为世界上最有价值公司之一的道路。

IBM 的合同促进了微软的发展，但是并不能保证微软长期的成功。当时，个人电脑的市场还很小，互联网并不存在，也没有复杂的文字处理程序、商业软件或视频游戏。此外，个人计算机的成功还部分取决于微软开发的 DOS 操作系统。在个人计算机市场发展起来后，其他公司也开发出了很多与 DOS 兼容的软件，从而提供了更多的正反馈。DOS 的成功、个人计算机市场的发展以及与 DOS 兼容的软件的开发，都可以被视为从瓮中抽取出来的始终是同一种颜色的球。每个结果都使下一个结果更有可能。计算机时代的到来也许是不可避免的，但是微软的核心作用和个人计算机的发展则只代表了许多种可能的发展路径之一。

我们可以将微软公司成长的路径依赖与 1914 年 6 月 28 日弗朗茨·斐迪南大公（Archduke Franz Ferdinand）遇刺事件对比一下，许多人都认为，这个暗杀事件是导致第一次世界大战爆发的临界点。在暗杀发生 6 年前，奥匈帝国吞并了波斯尼亚和黑塞哥维那。很多塞尔维亚人都对这种情况心怀不满，于是加夫里洛·普林斯（Gavrilo Princip）枪杀了弗朗茨·斐迪南大公夫妇。奥匈帝国将这个事件归咎于塞尔维亚政府，这是一个几乎不可避免的反应。奥匈帝国准备向塞尔维亚宣战时，决定向德国靠拢，寻求德国皇帝威廉二世的支持。紧张局势迅速升级。塞尔维亚随后与俄罗斯结盟，而俄罗斯又与法国和英国结盟。到了1914年8月2日，德国就向法国宣战了。8月3日，比利时拒绝让德国借道进入法国，世界大战全面爆发。这个过于简化的事件版本表明，考虑到世界各国的结盟状况，斐迪南大公的遇刺是世界开始向战争倾斜的临界点。

我们可以利用可能结果的概率变化来度量路径依赖和临界点。[7] 对于波利亚过程，初始概率在瓮中的所有分布上都是均匀的，这是一个最大熵分布。随着事件的展开，分布逐渐变窄，标志着路径依赖的形成：当结果出现后，可能发生的事情也会变化。这种熵的减少是渐进的。而对于临界点，概率分布是突然改变的，熵可能会迅速下降。图14-2显示了这两个过程的差异，每个过程都有两个可能的结果。事件发生后，也就是微软获得了IBM的合同或斐迪南大公遇刺后，每次的概率就变了，后续事件也会改变概率。具有临界点的过程出现大幅度的转折，而路径依赖的过程则变化缓慢。

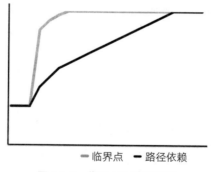

——临界点 ——路径依赖

图14-2　临界点与路径依赖

路径依赖模型的应用

在现实世界中，路径依赖可能不会像波利亚过程那样极端。然而，我们还是可以从模型中推断出当行为具有很大的社会性成分时，几乎任何事情都有可能发生。在一个大学里，大多数学生在冬季都可能穿黑色大衣，而在另一个大学里，学生们则可能穿孔雀蓝大衣。模型思维告诉我们，行为差异既可能是社会影响的结果，也可能是不同的内在偏好所致。在任何时候，只要人们在一组固定的备选项中进行选择，而且他们的选择依赖于其他人先前做出的选择时，就会出现这种情况。这样的例子包括在选举中投谁的票、要看哪一部电影，以及购买哪一种技术等。

模型还可以扩展到允许社会影响因所选方案的不同而变化。香草冰激凌可能会有一定程度的反馈。而具有异国情调的绿茶冰激凌则可能得到更具多样性的反馈：一个朋友可能不喜欢它并且劝你不要尝试，另一个朋友可能很喜欢它并鼓励你一定要试一试。这可以证明，反馈的变化越少，选择这种结果的可能性就越大。[8] 模型也可以改变，使人们对社会影响的敏感性不同，也就是说，人们对加入瓮中的球赋予不同的权度。

在模型的任何变体中，我们都可以测量（或估计）路径依赖的程度并将之与其他模型的变体进行比较。如果我们在构建一个关于新产品的引入模型时所做的假设表明结果取决于路径的早期部分，那么尽早进入、进行干预或补贴可能是一个不错的策略。这个模型为企业尽早将产品推向市场或提供大幅度的折扣以便尽可能多地吸引早期用户提供了逻辑支持。当然，其他假设则可能表明，拥有更好的产品可能比更早进入市场还重要，也就是说，更好的策略是关注质量。利用各种模型，我们可以识别出与特定情况相关的不同特征，比如个人偏好与社会影响的相对重要性及反馈的变化以及质量的相对差异，并利用这方面的知识去制订策略和指导数据收集。

最后，波利亚过程表明，正反馈是怎样生成结果路径依赖和均衡路径依赖的。路径依赖现象会出现在各种各样的情况下。只要一个行动会与未来行动"相遇"或与未来行动相互作用，就会出现某种程度的路径依赖（如果不是均衡路径依赖，也会是结果路径依赖）。在做出关于大型公共项目的决策时也是如此。[9] 建造公园或高速公路的决定会对未来的规划决策构成约束。路径依赖程度通常取决于项目的规模。例如，纽约中央公园对纽约市的发展就产生了深远的影响。虽然波利亚过程揭示了交互导致路径依赖的这个核心思想，但是要利用这个洞见来指导行动，还需要更加真实的模型。

风险价值与波动性

我们可以将时间序列数据中的标准差解释为波动性。对股票、房地产和私人股权的投资都会表现出波动性。风险价值（value at risk，VaR）衡量的是在某个特定时间段内损失特定金额的概率。一项风险价值为一年 5% 的总额为 1 万美元的投资，在一年结束时损失超过 1 万美元的可能性为 5%。[10] 银行使用风险价值法来确定为了避免破产手头必须持有的资产数量。例如，为了保证一项风险价值为两周 40% 的 1 万美元投资的安全，投资者可能被要求必须持有 10 万美元的现金。

如果投资遵循简单随机游走，且每一周期投资规模的增大量或减少量为 M，那么它的风险价值为 N 期 2.5% 的 $2M\sqrt{N}$。[11] 因此，每天随机上涨或下跌 1 000 美元投资的风险价值为 9 天 2.5% 的 6 000 美元，或者，一年 2.5% 的 38 000 美元。考虑到风险价值在步骤大小上是线性增长的，但它会像周期数的平方根一样增长，我们可以使用风险价值来解释为什么美国联邦存款保险公司（Federal Deposit Insurance Corporation）只要求银行保留相当于资产总额的

2%隔夜现金，而银行则要求消费者支付房子总价的 20%。这种差异是由于贷款期限不同所致。隔夜贷款的期限是一天，住房贷款可能持续数十年。3 065 天的平方根约为 60。

这里，我们假设了一个正态随机游走，计算风险价值的分析师通常考虑过去的经验收益分布。如果经验分布有一个较长的尾部，也就是说，如果它包含更多的大事件，那么风险价值会随着大事件的发生而增加。

虽然风险价值起源于金融领域，但是它所包含的思想却是可以广泛应用的。一个由非营利组织运营并由志愿者提供服务的施粥处通常需要 25 名志愿者，该组织可能想了解缺乏足够志愿者的可能性。如果志愿者的数量是一个每个星期增加或减少一个人的简单随机游走，那么就可以利用上面的风险价值公式，并且将参数设定为 $M=1$ 和 $N=52$，从而可以确定，风险价值为一年 2.5％ 的 15（在一年、2.5％ 的概率下，风险价值为 15），这意味着该非营利组织有 2.5％ 的概率会缺少一名志愿者。

15 局部互动模型

每一代人都嘲笑旧时尚，同时又虔诚地追随新时尚。

—————————— 亨利·戴维·梭罗（Henry David Thoreau）

在本章中，我们要研究两个局部互动模型（local interaction model），即局部多数模型（local majority model）和生命游戏。这两个模型都是建立在一个由单元格组成的棋盘上，棋盘由处于两种状态之一的元胞组成。表面上看，这两个模型似乎没有太大的不同，其实不然。在局部多数模型中，元胞通过与它的大多数邻居的状态相匹配来更新。而在生命游戏中，元胞的更新规则要更加复杂，它依赖于多个阈值。这两个模型的结果也不同。局部多数模型总是收敛到均衡，生命游戏则取决于其初始条件，可能会产生任何类型的结果：均衡、周期性、复杂性或随机性。

局部多数模型可以用于解释和预测社会系统和物理系统中的实际结果。它可以通过符合个体或者刻画像自旋玻璃这样的磁性粒子与自己的"邻居"对齐的物理系统来表示离散选择。相比之下，生命游戏则完全是探索性的。开发生命游戏的目的就在于探索简单的规则如何集结并产生各种复杂的现象。在生命游戏中，周期性模式、复杂序列和随机性都可能从相互作用中涌现出来。生命游戏突显了整体与部分的不同。这里，我们可以给出一个粗略的类比：在人类的大脑中，诸如情绪、认知和意识等涌现现象也会从更简单的部分涌现出来。

首先分析局部多数模型。我们将阐明，一个标准的协调博弈如何为模型所假设的行为规则提供微观基础。因此，我们既可以将模型中的参与者解释为遵循规则的行为者，也可以解释为应用某个最优反应策略的理性行为者。然后，我们分析了生命游戏，并说明它如何从简单的规则中产生复杂性。本章末尾的讨论强调了利用多个局部互动模型探索的价值。

局部多数模型

局部多数模型假设元胞是排列在棋盘上的。[1] 每个元胞处于两种状态中的一种：开或关。初始时，我们随机地给元胞分配状态，此后，元胞的状态取决于它"邻居"的状态。邻居可以通过多种方式加以定义。我们将元胞 C 的邻居定义为位于它东、南、西、北的 4 个元胞以及 4 个对角上的相邻元胞，因此它的领域大小为 8。

局部多数模型　　二维方格上的每个单元都处于两种状态之一：开或关。每个单元有 8 个邻居。[2] 在每个周期中，随机选择一个元胞。[3] 当且仅当其中它的 5 个或更多邻居处于另一个状态时，这个元胞才会改变自己的状态。

1	2	3
4	C	5
6	7	8

局部多数模型中的局部互动包括正反馈：元胞要与其他元胞的状态相匹配。图 15-1 显示了局部多数模型的典型均衡配置。

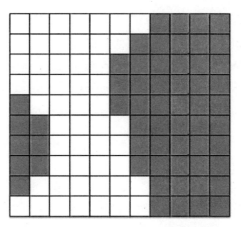

图 15-1 局部多数模型中的典型均衡配置

在均衡状态下，每个元胞的状态都与它的大多数邻居的状态相匹配。均衡配置类似于荷尔斯坦奶牛身上的黑白斑块。虽然均衡配置取决于各元胞的初始配置，但是该模型对初始条件没有表现出极高的敏感性。改变一个元胞的状态最多只会导致最终配置出现很小的变化。最终的模式还取决于元胞被激活的顺序。因此，这个模型也表现出了路径依赖。它的均衡数量非常巨大。模型产生的两个均衡之间的相似度，不会比同一块地里的两头荷尔斯坦奶牛身上的黑白斑块更高。

局部多数模型最初是为了用来刻画一类物理系统而开发的。在这类物理系统中，每个元胞的状态代表一个原子的自旋态，我们不妨将每个元胞想象为一个具有负电荷或正电荷的磁体。每个磁体都位于一个局部磁场中，物理力量会驱使这个磁体与它的邻居的自旋相匹配。同样的模型也可以用来表征玻璃体和水晶体。

在这里，我们利用这个模型来刻画人与人之间的局部协调或一致性。假设每一个元胞都代表一个人的行动。这里的行动可以是任何行为惯例，例如握手或鞠躬，打断或举手。任何一个人都想选择一个与邻居相匹配的行动。棋盘代表社交网络，在很多情况下，棋盘确实是代表社交网络的适当模型。例如，当房主决定维护自家的院子、植树造林或创建生态景观的时候，又或者礼堂内的人决定是否为表演者起立鼓掌时。[4] 虽然棋盘最多只能作为一个粗略的近似，但是我们利用它可以得出核心直觉结论。

如果在计算机上对这个模型进行模拟，就会发现它总是能实现斑块状的均衡配置。在第16章中，我们将给出这种均衡出现的原因。在局部多数模型的物理解释中，斑块状均衡模式对应于受挫状态（frustrated state）。许多元胞在开的状态下有一些邻居，在关的状态下也有一些邻居。

如果我们通过社会视角解释模型，就可以把这种受挫状态理解为次优均衡（suboptimal equilibrium）。如果开对应于以握手的方式表示欢迎、关对应于以鞠躬的方式表示欢迎，那么位于"斑块"边界上的人在与他们的邻居互动时可能会碰到一些尴尬的情况：当其他人准备握手时他们却准备鞠躬，或者当其他人准备鞠躬时他们却准备握手。如果每个人都选择了相同的动作，也就是说，如果他们解决了协调博弈问题，那么从整体上看，所有人都会更加开心。

由于这种互动只作用于局部，因此出现了次优均衡，即受挫状态。相反，如果元胞是根据全局多数原则来匹配的，那么很快所有元胞都会处于相同的状态。这种观点意味着，创建共同行为可能需要影响更加广泛的网络。如果人们只在局部与自己的邻居协调，他们就会创造出各种各样的行为。因此矛盾的是，恰恰是协调导致了多样性。

纯粹协调博弈　　在纯粹协调博弈（pure coordination games）中，每个博弈参与者都要在两个行动 A 或 B 中选择一个。如果两个博弈参与者都选择了相同的行动，那么每个博弈参与者的收益为 1。如果两个人各自选择了不同的行动，那么每个人的收益都为零。

行动	A	B
A	1, 1	0, 0
B	0, 0	1, 1

　　一个纯粹协调博弈有两个有效的均衡：两个博弈参与者选择 A 或者两个博弈参与者选择 B。它还有一个无效的均衡，也就是每个博弈参与者都在 A 和 B 之间进行随机选择。我们可以从纯粹协调博弈的角度重新解释局部多数模型：在这个博弈中，每个元胞都是一个博弈参与者，它必须选择一个共同行动来对抗它的 8 个邻居。如果博弈参与者只有在随机激活时才能改变行动，那么某个博弈参与者就可以通过选择与它的大多数邻居所选择的行动相匹配的行动来增加自己的收益。这种策略被称为短视最优响应（myopic best response），因为它没有考虑到邻居可能的未来行为。

　　一个博弈参与者有 5 个邻居选择了 B，那么这个博弈参与者可以通过从 A 切换到 B 来在短期内增加自己的收益，但是，如果这个博弈参与者和邻居是被其他选择 A 的博弈参与者的"海洋"所包围的一个孤岛，那么这个博弈参与者保持 A 不变反而可能获得更高的期望收益。最关键的一点是，局部多数模型中的行为规则虽然只是一个假设的规则，但却可以植根于博弈论模型中。

协调的悖论（paradox of coordination）将不同群体之间的差异解释为一种特异性的分歧。对于某些行为，比如你是将酱油或番茄酱存放在橱柜中还是冷藏在冰箱里，或者当别人走进你家里的时候，是会脱鞋进门还是直接穿着鞋进来，而与其他人协调一致是明智的选择。由此而产生的地区多样性使我们的生活更加丰富多彩。以咖啡为例，意大利的小杯力士烈特（ristretto）、法国的中杯浓缩，以及华沙的大杯咖啡加奶油（kawa ze smietanka）极大地增加了人们在欧洲旅行的乐趣。

但是，其他很多差异却可能是低效的。各种各样的电插头可能会令人抓狂——这里是两个插脚的，到那里却是三个插脚的。随着全球一体化程度的提高，技术协调失败的代价可能是非常高昂的。例如，瑞典政府决定将靠左行驶改为靠右行驶，以便与欧洲大陆其他地区保持一致。这件事非同小可，转为靠右行驶的那一天在瑞典被称为"H 日"（Dagen H）。1967 年 9 月 3 日凌晨 4 点 45 分，瑞典行驶在路上的所有车辆以及许多特意在凌晨时分上路参加这个活动的瑞典人都突然停下来，然后，在接下来的 15 分钟内，所有的汽车都从左侧行驶到右侧。凌晨 5 点，所有汽车开始在道路的另一侧再次启动，开始靠右行驶。尽管达成协调的动机相当强烈，但是许多时候人们却无法做到。例如，虽然英国已经通过隧道连接到了欧洲大陆，但是英国的车辆至今仍然靠道路的"错误"一侧行驶，而且英国的某些（尽管不是全部）前殖民地也是如此。

协调的悖论　　如果人们是在局部进行协调的，那么从全局的角度来看，整体配置将会是斑块状的、多样性的。

应用这个模型时，必须记住，许多帮助我们实现协调的文化习俗，例如人们如何哀悼死者的逝去、如何庆祝孩子的出生，并不是简单的"奇风异俗"，而是文化的重要组成部分，是一系列内在一致的行为规则、惯例的组合；它们定义了一个人到底是谁，给了人们生活的意义和归属感。[5]

与任何模型一样，对于局部互动模型，我们也可以对各种参数进行模拟实验，看看改变它们会如何影响结果。在局部互动模型中，均衡时形成的斑块大小增加得比邻域的大小更快。如果我们使邻域，也就是影响网格上一个格子的格子数量增加到原来的两倍，那么斑块会变得比原来的两倍还大。因此，这个模型表明，当技术和城市化使人与人之间的联系更加紧密之后，协调的力量可以产生更大的同质性行为和信念。

模拟实验还表明，如果我们将整个配置变成一个狭长的矩形，那么模型一般来说会产生水平和垂直的条纹，如图 15-2 所示。[6] 斑马状的条纹是一个均衡，因为每个处于开（关）状态的元胞，都有 5 个处于开（关）状态的邻居。在正方形上，这种类型的模式也是一个均衡，但是很少会真的出现。尽管这种令人困惑的发现有可能导致我们误入歧途，陷入没有什么实证意义或理论价值的问题，但是它们也有可能引导我们得出一些深刻的洞见，从而带来更深层次的意外发现。

在这个例子中，正方形网格会产生荷尔斯坦奶牛式斑块状模式，而狭长的矩形网格则会产生斑马状的模式这个结果，几乎就是在直接要求我们回答：是不是可以用这里的模型去解释不同动物皮毛上斑点和条纹的特有模式？大量科学研究文献告诉我们，确实可以。[7]

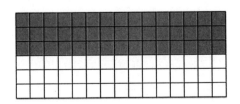

图 15-2　局部多数模型中稳定的线条

生命游戏

接下来我们讨论下一个模型：生命游戏。这个模型也假设位于棋盘上的元胞处于两种状态中的某一种。生命游戏与局部多数模型的关键区别在于，在这里，元胞的更新规则有两个阈值，并且所有的元胞都同步更新自己的状态。因此，在生命游戏中，我们可以说初始配置如何如何，时间 1 的配置如何如何，时间 2 的配置如何如何，等等。还可以把同步更新视为一个"进行曲"动态机制（更新！更新！更新！）。[8]

生命游戏　　方格上的每个元胞都或者是活的（开的）或者是死的（关的）。每个元胞的邻居由网格上的 8 个相邻元胞组成。元胞根据如下两个规则同步更新自己的状态：

活的规则：对于一个死元胞，当恰好有三个活的邻居时，这个死元胞就会变活。

死的规则：对一个活元胞，当活的邻居小于两个时或当有三个以上的活邻居死去时，这个活元胞就会死去。

我们从排在同一条水平线上的三个活的元胞开始讨论，如图 15-3 所示。在下一个时期，对每个元胞应用上述死活规则之后，我们会得到排在同一条垂直线上的三个元胞。中间的活元胞有两个活着的邻居，所以它还活着。两端的两个活元胞分别只有一个活的邻居，所以它们都死了。最后，中间的活元胞的上方和下方的元胞都变活了，因为这两个元胞分别各有三个活着的邻居。根据对称性，等再下一个时期更新后，又会回到三个元胞组成水平线的情形。如果继续迭代运用上述规则，模型就会在水平线与垂直线之间不断交替，这也就是说，它将会不断"闪烁"。

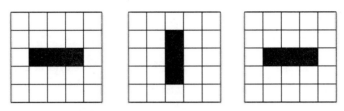

图 15-3　生命游戏中的"闪光灯"

　　闪光灯是由元胞之间的互动产生的，而不能直接从假设中推导出来。复杂系统学者将这种宏观现象称为涌现。闪光灯是生命游戏产生的涌现结构中最常见的、最不能给人留下深刻印象的一种。图 15-4 显示了其他三种简单涌现结构：方块、滑翔机和右五连（R-pentomino）。这是一个均衡配置；每个活元胞都有三个活的邻居，每个死元胞最多有两个活的邻居，因此，既没有活元胞死亡，也没有死元胞复活。

　　图 15-4 中间的配置会产生一个大小为 4 的循环，该循环沿着对角线向下和向右滑动，成了滑翔机。与之相关的另一个更精致的配置被称为"滑翔机枪"，它能产生无穷无尽的滑翔机。第三种配置右五连能产生一系列复杂的模式。如果我们在大型网格上重复运行模型超过 1 000 次，这个右五连会生成许多滑翔机、闪光灯以及其他一些较小的稳定配置。生命游戏也可以产生随机性。[9] 因此，生命游戏可以根据初始状态产生任何类别的结果。

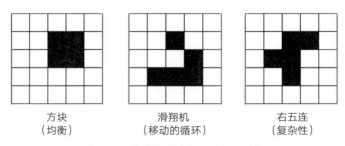

方块　　　　　　　　滑翔机　　　　　　　右五连
（均衡）　　　　（移动的循环）　　　　（复杂性）

图 15-4　生命游戏中的三种涌现结构

这种能力甚至引发了一些哲学问题。生命游戏由排列在网格上的、只有两种状态的元胞组成，并运用简单的规则进行更新。它可以生成精美的图案，通过适当的编码，还可以变成一台通用计算机。我们可以把初始模式视为输入，根据规则产生的结果则可以解释为计算。因此，我们可以在这个模型和人类的大脑之间进行一个粗略的类比，因为人类的大脑也是由依赖于基于阈值规则的、在空间上相互连通的简单组成部分构成的，尽管那些规则要复杂得多。

当然，这并不是说我们在生命游戏中观察到模式就可以解释意识了。现在还没有任何一本书名为《生命游戏：意识的解释》，尽管丹尼尔·丹尼特（Daniel C. Dennett）① 确实写过一本以《意识的解释》（*Consciousness Explained*）为名的书，而且他也认为像生命游戏这样的简单模型可以提供关于意识如何演化的洞见。丹尼特这个思想得到了不少人的共鸣，物理学家斯蒂芬·霍金（Stephen Hawking）就这样写道："我们完全可以想象，像生命游戏这样的东西，只有少数几个基本定律，就可以产生高度复杂的特征，甚至可能产生智能。" [10]

小结

在本章中，我们研究了两个关于排列在网格上的元胞之间的互动模型。第一个模型是局部多数模型，它总是可以达到某个均衡（尽管可能的均衡有许多种），我们可以将这个模型与多种物理过程和社会过程进行类比。第二个模型是生命游戏，它能够产生从均衡到随机的任何一种类型的结果。这个模型与现实世界之间不存在任何明确的联系。生命游戏给出了一个很好的例

---

① 丹尼尔·丹尼特是著名的哲学家，他的另一本著作《直觉泵和其他思考工具》中文简体字版已由湛庐文化策划，浙江教育出版社出版。——编者注

子，它说明，构建替代现实的模型是怎样帮助我们产生洞察力的，也就是从微观的规则中涌现出动态的宏观层面结构，这可以极大地加深我们对世界的理解。正如生命游戏所呈现的那样，整体可以执行远远超出其各个组成部分的功能。例如，如果我们把两个 3×3 的方格的角连接起来，画出一个斜 8 字图形，那么生命游戏就会产生一个长度为 8 的循环模式。它循环通过一系列模式，然后在恰好 8 个步骤内回到那个 8 字图形上。这个模式，从图形上看像 8 字，它的行为也"好像"知道它要数到 8。这确实是非常惊人的。

为什么生命游戏会产生复杂性，而局部多数模型则不可避免地走向均衡？为了理解个中原因，我们还需要更多的分析工具和框架。在第 16 章中，我们介绍了李雅普诺夫函数（Lyapunov function），它运用差分方程对世界状态进行分类。细致地构建出一个李雅普诺夫函数之后，我们就可以解释为什么局部多数模型必定会达到平衡，而生命游戏则不一定。

最后要强调的是，正是在我们对模型进行探索的过程中，才使模型（以及现实世界）是否会产生均衡、周期性、复杂性或随机性这个问题突显了出来。确实，模型既能够回答问题，也能够提出问题。它们关上了一些门，同时又打开了更多的门。

李雅普诺夫函数与均衡

数学之美，只会呈现给那些更有耐心的追求者。

———————— 玛丽安·米尔札哈尼（Maryam Mirzakhani）

在本章中，我们学习李雅普诺夫函数，它给出了模型能够实现均衡的条件。李雅普诺夫函数是在按时间索引的配置系统上定义的实值函数。在每个时间步骤中，李雅普诺夫函数都要给配置分配一个值。如果配置发生了变化，也就是说，如果模型不处于均衡状态，那么李雅普诺夫函数的值就会减小一个固定量。李雅普诺夫函数也具有最小值，这意味着到了某个时间点上，它的值最终必定会停止递减。当发生这种情况时，模型就达到均衡了。例如，我们可以使用李雅普诺夫函数来证明，为什么局部多数模型一定会收敛。

本章的核心结论是，如果能够为模型构建一个李雅普诺夫函数，那么模型必定会达到均衡。在这种情况下，我们不可能得出周期性、随机性或复杂性。更重要的是我们甚至可以确定模型收敛到均衡所需的时间，这一点在为局部多数模型构造李雅普诺夫函数中可以看得很清楚。

本章的内容分为 6 个部分。我们首先定义了李雅普诺夫函数，然后将李普雅诺夫函数应用于对逐底竞争博弈（Race to the Bottom Game）的分析。然后，我们分别为局部多数模型和自组织活动模型构建了李雅普诺夫函数。接着，我们证明了为什么可以为某些交易市场构建李雅普诺夫函数，却不能为另外一些交易市场构建李普雅诺夫函数，同时也分析了为什么生命游戏没有对应的李雅普诺夫函数。接着，我们讨论了一个看似令人烦恼的数学问题：在不能找到李雅普诺夫函数的情况下达到均衡。本章最后讨论了均衡是否可取的问题。

李雅普诺夫函数

一个离散动态系统（discrete dynamical system）由可能的配置空间，以及一个转移规则（transition rule）组成。我们可以把配置空间视为世界的多维状态，例如生命游戏中的活元胞和死元胞的初始集合，而转移规则则是将时间 t 时的配置映射到时间 $t+1$ 时的配置上。

一个李雅普诺夫函数是从配置到实数的一个映射，它满足两个假设：第一，如果转移函数不处于均衡状态，则李雅普诺夫函数的值就会减少某个固定的数量（对此，稍后会给出更多的解释）；第二，李雅普诺夫函数具有最小值。如果这两个假设成立，那么该动态系统必定达到均衡。

李雅普诺夫函数　　　给定一个离散时间动态系统，它的转移规则由 $x_{t+1}=G(x_t)$ 组成。对于实值函数 $F(x_t)$，如果对于所有的 x_t，都有 $F(x_t) \geqslant M$，而且存在一个 $A > 0$，那么下式成立，这个实值函数 $F(x_t)$ 是李雅普诺夫函数：

$$F(x_{t+1}) \leqslant F(x_t) -A，如果 G(x_t) \neq x_t$$

如果对于 G，F 是一个李雅普诺夫函数，那么从任何 x_0 开始，必定存在一个 t^*，使 $G(x_{t^*})=x_{t^*}$，即该系统会在有限时间内达到均衡。

首先为逐底竞争博弈构建一个李雅普诺夫函数。这个函数刻画了该博弈的博弈参与者的策略环境，以便每一个博弈者都更愿意提供恰好低于平均水平的水平。

逐底竞争博弈 有 N 个博弈参与者，每个博弈参与者在每个时期都要提出一个支持水平，其取值范围为 {0，1，…，100}。提出了最接近平均支持水平 2/3 的博弈参与者可以获得那个期间的奖励。

这个博弈可以用来解释美国各州政府削减社会项目支出的行为，例如减少对贫困人口的援助。没有任何一个州的州长或州立法机关希望公众认为自己冷酷无情，但是，又没有人愿意提供慷慨的援助贫困人口的计划，因为那会把邻州的穷人吸引过来。于是每个州都会提供一些资金，但只愿意提供低于平均水平的资金。在通过环境保护法规或制定税率时，相互竞争的国家也会有类似的动机。各国宁愿采取只对环境施加较少限制的政策，并且为了吸引企业投资，税率低于平均水平。

逐底竞争博弈是否能达到均衡，取决于博弈参与者的行为规则。如果博弈参与者随机选择支持水平，那么结果就将会是随机的。然而，考虑到这个博弈的收益结构，随机选择支持水平并没有意义。在这里，我们假设如下行为规则，这种规则与实验研究的结果一致。[1] 在第一个时期，我们假设每个博弈参与者会随机选择一个低于 50 的支持水平。在以后各期中，每个博弈参与者选择的水平至少等于 1 且低于上一期平均水平的 2/3。如果上一期的平均水平已经小于零，那么每个博弈参与者都会选择零。

很容易证明，来自任何博弈参与者的最大支持水平满足李雅普诺夫函数的条件，即最大支持水平的最小值为零。而且，在每个时期内，如果支持水平采用整数值，那么最大支持水平至少会下降 1。因此，到了某个时间点上，每个博弈参与者都会提议零支持水平。也就是说，博弈参与者在逐底竞争中都碰到了"底"。在这个例子中，模型产生了一个不好的结果。为了防止出现这种逐底竞争，必须改变博弈结构。例如，为了增加对贫困人口的扶持，法律可以规定由联邦政府来提供资金，或者对各州规定一个最低"扶贫"支出水平。[2]

另外，假设我们允许博弈参与者在 0 至 100 的区间内选择任何实数值，而不是整数值。再假设在每一轮中，博弈参与者选择的支持水平等于上一轮平均水平的 2/3，那么平均支持水平将会随着时间的推移而逐渐降低，但是永远不会达到零的均衡。正如色诺悖论（Xeno's paradox）一样，这个过程会越来越接近于零，但是却永远不会达到零。因此，为了确保均衡的实现，还必须假设一个最小减量（A）。

局部多数模型

现在，用李普雅诺夫函数分析一下局部多数模型。我们将局部多数模型中的李雅普诺夫函数定义为总体中的总不一致性（total disagreement），即与相反状态的元胞相邻的所有元胞数量的总和。为了证明这个模型必定会达到均衡，我们必须先证明，如果一个元胞改变了自己的状态，那么总不一致性至少会下降一个固定的数量。

这个证明的数学过程并不太复杂。首先，如果一个元胞改变了自己的状态，那么相对于它的邻居而言它必定是少数。由此我们知道，那时它至少有 5 个邻居处于相反状态，最多有 3 个邻居处于相同状态。因此，当这个元胞切换状态后，与这个元胞不一致的元胞数量至少减少了两个（图 16-1）。为了计算总不一致性的变化，还必须将与这个元胞相邻的元胞对总不一致性变化的贡献考虑进去。由此，那 5 个或更多的现在状态一致的元胞的不一致性减少了（每个元胞减少 1），同时之前状态一致的那 3 个或更少的元胞现在则具有更高的不一致性了（每个元胞增加 1）。因此，所有相邻元胞的总不一致性至少下降了 4。

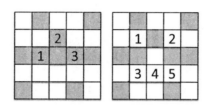

图 16-1　局部多数模型中总不一致性的减少

这样一来，我们就证明了，即使某些元胞可能带来更多的不一致性，总不一致性也满足李雅普诺夫函数的条件。因此，局部多数模型必定会收敛到均衡，不仅仅是有些时候或大部分时候，而是所有时间都是如此。我们还可以确定收敛的速度：无论什么时候一个元胞改变自身的状态，总不一致性至少会下降 4。由此可知，一个总一致性为 100 的配置，必定会在 25 个时期内达到均衡。换句话说，一个总一致性为 D 的配置，必定会在 D/4 个时期内达到均衡。正如我们在第 15 章中已经指出过的，实现的均衡几乎总是一个低效率的斑块状模式，它包括了不少受挫的元胞。

自组织活动模型

接下来，讨论李雅普诺夫函数的下一个应用。这一次，我们要证明自组织活动模型中也存在均衡。这个模型中由一群人和每个人可以选择去做的活动的集合组成。这个模型的关键假设是，每个人都更偏好不那么拥挤的活动，例如，更少人参加同一项活动意味着在健身房不用等待、在面包店和咖啡店不用排队。

这个模型的灵感来自著名经济学家托马斯·谢林（Thomas Schelling）的著作《微观动机与宏观行为》（*Micromotives and Macrobehavior*）。谢林在这本书中描述了城市中出现的各种令人叹为观止的自组织现象：在几乎完全不存在中央计划者的情况下，交通模式、行人流量、停留在公园和餐馆的人数，以及商店库存，到底是怎样自动达到各自的适当水平的？街头那家小店，是怎么每天都能进到 4 瓶来自密歇根州锡达维尔原产的纯枫糖浆的？巷尾那家面包房，又是怎么做到每天都在关门前大约 20 分钟卖完当天制作的黑麦面包的？尽管城市内有如此多样性的行动者——游客、店主、居民和送货人等，而且他们对整个城市的信息所知有限，但这种秩序也会涌现出来。

自组织活动模型　　　　　　　一个城市里，有 A 种活动可以参加，每一天都由 L 个时间段组成。在人口规模为 M 的城市中，每个人都要选定一个日程安排。在这里，日程安排是指这个人在 L 个时间段内分配 L 种活动（从一个更大的 K 种可能性的集合中）。一个人要面对的拥挤水平则设定为等于同时选择同一种活动的其他人的数量。

为了证明这个模型是收敛的，我们要证明总拥挤度（total congestion），也就是整个人群拥挤水平的总和满足李雅普诺夫函数的条件。当一个人降低了他的拥挤水平时，就会降低自己对总拥挤度的贡献，并且会使他不再遇到的每个人的拥挤水平减少 1，同时使他新遇到的每一个人的拥挤水平增加 1。既然他降低了自己的拥挤水平，第一组人的数量会比第二组人更多。例如，假设一个人原本在早上 8 点去一个拥挤的健身房，在下午 4 点去一个拥挤的咖啡馆，如果她改为在上午 8 点去咖啡馆，并在下午 4 点去健身房，结果发现在上午 8 点那个时段咖啡馆几乎是全空的，健身房在下午 4 点时只是有一点点拥挤，那么她降低了自己以及之前遇到的所有人的拥挤水平。她确实使她现在遇到的少数人提高了拥挤水平，但是总拥挤度却下降了（而且至少减少了 1）。既然总拥挤度不可能低于零，系统必定会达到均衡。

虽然，一般来说，我们无法保证系统能够找到一个有效率的均衡，但是这种自组织活动模型几乎总能收敛到总拥挤度近乎最小的配置。而在效率低下的配置中，更多人选择在同一个时间段参加某一项活动（比如去健身房），而不是去参加另一项活动（比如去咖啡馆）。如果在这两项活动中拥挤程度的差异很大，那么一个人就可以通过切换自己去健身房和咖啡馆的时间来降低拥挤水平。如果咖啡馆和健身房在另一个时间段有相同数量的人前往，这种切换就可以减少总拥挤度。[3]

这个模型可以解释当今世界的很多秩序，它可以让我们更加深刻地理解城市如何在没有中央计划者的情况下通过自组织实现近乎完全有效的配置。它还告诉我们，为什么许多游乐园，比如迪斯尼，却做不到这一点。迪斯尼每天都有新的入园参观者，他们没有时间去尝试新的路线。如果没有"中央计划者"的帮助，迪斯尼将会出现某些景点大排长龙，同时其他景点门可罗雀的情况。因此，为了减少这种低效率状况的出现，迪斯尼对于某些特定的景点，只允许游人提前预约在特定时间内进入，同时让员工引导人们参观不那么拥挤的其他景点。

纯交换经济

我们也可以使用李雅普诺夫函数来探索纯交换经济什么时候可以达到均衡、什么情况下可能无法实现均衡。纯交换经济由一个消费者集合组成，每个消费者都有自己的商品禀赋和偏好。对此，我们可以设想，一群人在市场或集市上与他人交易一些东西，比如茄子、奶酪或地毯。每笔交易都需要双方付出一定的时间和精力。为了让双方有动力完成交易，每一方都必须有所获益，得到超过此交易成本的某个金额。

　　不过在这里，我们要做的不是直接构建一个总是按固定数量减少并具有最小值的李雅普诺夫函数。恰恰相反，我们要先证明，总幸福感（total happiness）总是按固定数量增加并具有最大值。根据假设，任何时候，只要双方完成交易，他们的幸福水平至少会提升与交易成本相当的数量。此外，由于每个人都拥有固定的商品禀赋，因此总幸福感有一个最大值。李雅普诺夫函数的假设得到了满足，系统可以达到均衡。但是，在这种均衡下，配置不一定是有效的。当然，既然不是有效的，那么市场上的一些人应该能够识别出一些让他们自己更幸福的交易。

　　在构建这一论点时，我们假设只有参与交易的人才有可能获得幸福（或不幸福）。但是在其他交易形式中，情况可能并非如此。试想一下，假设伊拉克与巴基斯坦达成协议，用自己的石油去交换巴基斯坦的核武器，那么这两个国家的领导人可能会因此而觉得更加幸福，但是从全球的角度来衡量，总幸福感肯定会下降，世界上其他国家可能会对伊拉克建立核武器库深感不安。

　　其他国家的人所感受到的这种影响被称为负外部性（negative externality）。当市场上的交易包含了负外部性时，交易就不一定能提高总幸福感了。在前面给出的那个纯交换经济的例子中，当人们交易水果、蔬菜、地毯和工具时，几乎完全不存在外部性。外部性的存在意味着我们不能直接说系统是不是会达到均衡。上面说的那种石油换核武器的交易可能会引发其他交易。例如伊拉克不断增加核武器储备，很可能导致沙特阿拉伯要求自己的盟国提供更多的军事支持，而这反过来又可能导致该地区的其他国家采取行动。在这类交易过程中，全球总幸福感或全球总安全性可能会随着每一个行动而波动不休，甚至不能确定这类交易会不会在某一点上停止。

李雅普诺夫函数在交易环境中是否存在，取决于负外部性的大小。我以前教过的一个本科生告诉我的一个例子，可以很好地说明这一点。她所服务的公司要搬进新的办公场所，其中有一个很大的房间，配有开放式办公桌，供分析师使用。她的经理提议给所有分析师随机分配办公桌，随后让他们自由进行"办公桌交易"。经理认为这可以导致一个很好的结果，因为他认为自由交易能够带来效率的提高。

这个学生却意识到，即便任何两个相互交易的人都变得更幸福了，他们的前邻居和新邻居也不一定会有同样的感受。如果一个人决定搬到房间的另一侧，那么他当前的邻居，特别是当这个邻居是特意选择在他旁边的时候，可能会感觉受到了伤害。而且，这位前邻居也许不喜欢新邻居，因为新邻居可能会在讲电话时大喊大叫。因此，这位前邻居也可能会选择搬工位。这种搬来搬去可能会持续很长时间，每个人的士气都可能因此而受到打击。这个计划看起来相当危险。组织需要自己的员工彼此信任并相互尊重，但是在通过办公桌交易远离对方的两个人身上，是很难维持这种关系的。当经理理解了这个模型后，就放弃了他的计划。[4]

然而，故事并没有就此结束。这位经理还购买了各种风格和颜色的办公椅，计划随机分配椅子，让人们进行交易。在这种情况下，我的学生再一次使用模型思维告诉他，进行椅子交易不会产生负外部性，而且可以给员工带来不少乐趣。椅子交易是一个纯交换市场。这两种情况，对我们如何运用模型指导行动很有启发。纯交换市场适用于椅子，但是却不适用于办公桌。

没有李雅普诺夫函数的模型

有的时候，我们尝试为模型构造李雅普诺夫函数，但却无法取得成功，尽管如此，我们仍然可以积累知识。通常，我们至少能够了解模型为什么不会产生均衡。在生命游戏中，某些配置会产生均衡，而其他配置则不能产生均衡。当某个配置确实产生了均衡时，就可以写出一个特定于该配置的李雅普诺夫函数。例如，在生命游戏中，采用对角线形式的任何初始配置，每个周期长度都会减少2，因为位于对角线两端的那两个活元胞会死去，并且没有任何新的元胞会变活。这个配置以所有元胞都死光而结束。对于这样的配置，活元胞的数量就是一个李雅普诺夫函数。如果从另一个配置开始，例如，能够产生复杂配置序列的"右五连"，就无法构造出李雅普诺夫函数来，因为系统不会达到平衡。

我们无法构建李雅普诺夫函数，并不意味着模型或系统肯定不能达到均衡。一些系统在所有已知情况下都能够达到均衡，但是没有人能够构造出李雅普诺夫函数。一个著名的例子是所谓的"取一半或乘三加一法则"（HOTPO），它也被称为考拉兹猜想（Collatz conjecture），看似简单，其实不然。"取一半或乘三加一法则"以整数开始，如果是奇数，就乘以3并加上1；如果是偶数，就除以2；当得到的结果等于1时，这个过程就停止。假设从数字5开始，由于这是一个奇数，所以将它乘以3并加1，得到16，然后，将16除以2得到8，8再除以2得到4，然后4再除以2得到2，最后得到1，达到了均衡。对于任何一个不到2^{64}的数字，"取一半或乘三加一法则"都会止步于均衡。

然而，没有人能够证明"取一半或乘三加一法则"是不是最后总能达到均衡。坊间传闻，匈牙利数学家保罗·厄多斯（Paul Erdos）曾说："对于这样的问题，数学还不够发达。"[5] 数学家们无法确定"取一半或乘三加一法则"是否总能达到均衡，这说明了一个更普遍的真理：模型所能提供的，只是证明结果的可能性。我们无法保证肯定可以推导出它们，很多时候，我们提出了一个模型之后，最终却发现要证明结果非常困难（如果不是不可能的话）。

小结

在本章中，我们已经看到，李雅普诺夫函数不仅可以帮助我们证明一个系统或模型能不能达到均衡，还可以告诉我们达到均衡的速度有多快。即便构建李雅普诺夫函数的努力遭到了失败，这种尝试也是有意义的。它们可以提供一些关于复杂性成因的线索。具有外部性的纯交换经济以及所举的交易办公桌的例子都属于这种情况。在这种情况下，我们不能构建一个总是减少或总是增加的全局变量，因此，无法保证这些过程能够达到均衡。

回顾一下模型的 7 大用途——推理、解释、设计、沟通、行动、预测和探索，我们就会发现李雅普诺夫函数在每个用途上都有所帮助。如上所述，利用李雅普诺夫函数，我们可以推断出系统走向均衡的原因，还可以解释系统收敛到均衡的速度、设计信息系统（例如迪斯尼世界所采取的分时段游览的预约系统）、采取行动（例如对办公桌进行交易是不可取的）、沟通系统如何达到均衡的途径、预测系统达到平衡的时间以及进行探索。我们可以尝试提出假设和构建模型来解释一些令人惊讶的现象，例如自组织的城市。

17

马尔可夫模型

历史是一部循环诗，由时间写在人的记忆上。

——————————珀西·比希·雪莱（Percy Bysshe Shelley）

马尔可夫模型用来刻画以一定概率在一组有限的状态之间不断转换的系统。政治体系可能在民主制度与独裁制度之间转变，市场可能在不稳定与稳定之间变化，一个人也可能在快乐、沉思、焦虑和悲伤之间转换。在马尔可夫模型中，状态之间转移发生的概率是固定的。一个国家在某一年从专制转向民主的概率可能是 5%，一个人在一小时内从焦虑过渡到倦怠的概率可能是 20%。此外，如果系统可以通过一系列过渡从任何一个状态转换为任何其他状态，并且不存在简单的循环，那么马尔可夫模型就可以达到唯一的统计均衡（statistical equilibrium）。

　　在统计均衡中，单个实体可以继续在各种状态之间移动，但是各种状态之间的概率分布仍然是固定的。例如，一个关于意识形态的马尔可夫模型，统计均衡允许人们在持自由主义立场、保守主义立场和中立立场之间转换，但是秉持每种意识形态的人口比例将保持不变。在应用于单个实体时，统计均衡意味着实体处于每种状态的长期概率不会改变。例如，当一个人处于统计均衡状态时，他在 60% 的时间内感到高兴，而在 40% 的时间里感到悲伤。这个人的精神状态可能每小时都会发生变化，但是他在这些精神状态之间的长期分布却不会发生变化。

这种独特的统计均衡还意味着，结果的长期分布不可能取决于初始状态或事件的路径。换句话说，初始条件是无关紧要的，历史也是无关紧要的，会改变状态的干预措施也不重要。随着时间的推移，满足这些假设的过程就会"不可抗拒地"走向那一个独特的统计均衡，然后保持不变。在这里，模型再一次揭示了条件逻辑：如果世界符合马尔可夫模型的假设，那么从长远来看历史并不重要。当然，马尔可夫模型并没有说历史永远是不重要的。首先，马尔可夫模型允许结果是路径依赖的，接下来会发生的事情将取决于当前的状态。其次，马尔可夫模型还允许对历史记录进行长期建模，但对于这种情况，模型的某个假设必定会被违背。

马尔可夫模型可以应用于很多领域。我们可以用马尔可夫模型来解释动态现象，例如民主转型、战争升级和药物干预，还可以用于对网页、学术期刊和体育运动队进行排名，甚至可以用来辨别书籍和文章的作者身份。本章将介绍其中一些应用。我们将从两个简要的例子开始讨论，接着描述证明统计均衡存在性的一般定理。然后，我们转而讨论马尔可夫模型的应用。在本章末尾，会根据我们所掌握的关于马尔可夫模型的知识，重新阐述历史是如何及何时重要的问题。

马尔可夫模型的两个应用

马尔可夫模型由一组状态与这些状态之间的转移概率构成。在第一个例子中，我们将某个人在某一天的精神状态描述为"充实"或"无聊"。这两种精神状态就是模型的两种状态。转移概率表征在状态之间变动的概率。我们可以假设，当精神上"充实"时，一个人有90％的机会继续停留在该状态上，同时有10％的机会变得"无聊"；而当"无聊"时，这个人有70％的机会继续觉得"无聊"，同时有30％的概率变成一个精神上的"充实"的人。

假设上面这些转移概率适用于 100 名修读生物学课程的学生。在这些学生中，第一天有一半学生觉得这门课程令他们很"充实"，另一半学生则觉得很"无聊"，如图 17-1 所示。应用上述转移概率，可以预计第二天，会有 5 名原本觉得"充实"的学生（10%）会变得"无聊"，同时会有 15 名原本觉得"无聊"的学生（30%）会变得"充实"。这样就会有 60 名觉得"充实"的学生和 40 名觉得"无聊"的学生。到第三天，这 60 名原本觉得"充实"的学生中应该会有 6 名感到"无聊"，同时应该会有 12 名原本觉得"无聊"的学生变成觉得"充实"，从而导致 66 名学生觉得"充实"、34 名学生觉得"无聊"。继续运用这个转移规则，这个马尔可夫过程会收敛到 75 名学生觉得"充实"、25 名学生觉得"无聊"的统计均衡。在这个统计均衡中，学生们会继续在这两种状态之间转移，但是处于每一种状态的学生的总数将保持不变。

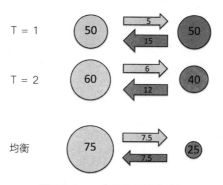

图 17-1　一个马尔可夫过程

与此不同，假设这个过程开始时，初始状态是所有 100 名学生都觉得"充实"，那么到了第二天，将只有 90 名学生仍然觉得"充实"。到第三天，觉得充实的学生会下降到 84 名。继续迭代这个过程可以发现，从长远来看，最终仍然会收敛到 75 名学生觉得"充实"、25 名学生觉得"无聊"的统计均衡。这个模型得出了同样的统计均衡。

接下来讨论第二个例子。在这个例子中，我们将不同国家分为三个类别：自由的、部分自由的，以及不自由的。图 17-2 显示了当今世界上每个类别的国家的百分比，这个分类结果是根据美国自由之家（Freedom House）截止于 2010 年的数据（样本期间为 35 年）得出的。这幅图表示，民主化呈现出了明显的加速趋势。在过去的 35 年间，自由国家的比例上升了 20%。如果这种线性趋势一直持续下去，那么到 2040 年，所有国家中将会有 2/3 以上是自由的，而到 2080 年，将会有 8/9 的国家是自由的。

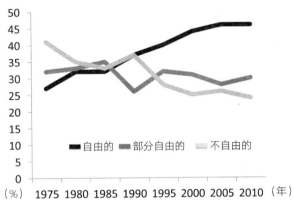

图 17-2 对全世界国家的分类：自由的、部分自由的和不自由的国家的百分比

马尔可夫模型会导致不同的预测。为了进行预测，我们将每一个周期的长度设定为 5 年，并根据过去的数据粗略地校准了转移概率（表 17-1）。[1]

表 17-1　　　　　　　　　　民主化的马尔可夫模型转移概率

		下一周期的状态		
		自由的	部分自由的	不自由的
	自由的	95%	5%	0%
当前状态	部分自由的	10%	80%	10%
	不自由的	5%	15%	80%

如果使用 1975 年时属于每个类别的国家的百分比来初始化模型，那么如我们所料，校准后的模型几乎完美地匹配了 2010 年的实际分布：48%的国家是自由的，31% 的国家是部分自由的，21% 的国家是不自由的（在 2010 年，这三个类别的国家的实际百分比分别为 46%、30% 和 24%）。如果继续运行这个模型，那么它预测 2080 年时的情况将会是这样：62.5%的国家是自由的，25% 的国家是部分自由的，12.5% 的国家是不自由的。

这个马尔可夫模型的预测似乎并不乐观，原因在于这样一个事实：线性投影假设没有考虑到自由国家既可以转变为部分自由的国家，也可以转变为不自由的国家。随着越来越多的国家变成了自由的国家，从自由的国家转变为不自由的国家的数量也在增加。在现实世界中，出现这种情况的原因是多方面的。首先，实现民主要求国家财政权力机构和行政机构有很高的执行能力。借用政治学家托马斯·弗洛雷斯（Thomas Flores）和伊尔凡·努尔丁（Irfan Nooruddin）的话来说，在某些国家或地区，民主可能不容易扎下根来。[2] 在那些地方，我们有理由预期，会出现从自由国家转变为部分自由的国家的情况，马尔可夫模型也刻画了这种情况。

佩龙 - 弗罗宾尼斯定理

上面的这两个例子都会收敛到一个唯一的统计均衡，这并非偶然。任何一个马尔可夫模型，只要状态集是有限的、不同状态之间的转移概率是固定的、在一系列转移后能够从任何一个状态变换为任何其他状态，而且状态之间不存在固定的循环，就必定会收敛到唯一的统计均衡。

这个定理意味着，如果满足这四个假设，那么改变初始状态、历史和干预措施，都不能改变长期中的均衡。如果各个国家根据某个固定的概率在独裁统治和民主制度之间变换，那么对其中的某些国家强加民主制度，或对它们进行干预、鼓励民主化，从长期的角度来看不会产生什么影响。如果主流的政治意识形态的变动满足上述四个假设，那么历史也不能影响意识形态的长期分布。如果一个人的精神状态可以用马尔可夫模型来表征，那么鼓励和支持的话语都不会产生长期影响。

佩龙－弗罗宾尼斯定理（Perron-Frobenius Theorem）

一个马尔可夫模型必定收敛于一个唯一的统计均衡，只要它满足如下四个条件：

状态集有限：$S=\{1, 2, \cdots, K\}$。

固定转换规则：状态之间的转移概率是固定的，即在每个周期中，从状态 A 转换为状态 B 的概率总是等于 P（A，B）。

遍历性（状态可达性）：系统可以通过一系列转换从任何状态到达任何其他状态。

非循环性：系统不会通过一系列状态产生确定的循环。

　　需要强调的是，从佩龙－弗罗宾尼斯定理中得出的结论不应该说明历史是不重要的，而应该是：如果历史确实是重要的，那么必定会违背模型的其中一个假设。有两个假设，即状态集有限和非循环性，几乎总是成立的。遍历性似乎有可能会被违背，就像当盟国发动战争并且不能转变为联盟时，会出现非遍历性。尽管确实有一些这样的例子，但是遍历性通常也能成立。

　　状态之间的转移概率是固定的这个限制是最有可能被违背的假设。因此，这个模型表明，如果历史确实是重要的，那么必定存在某种潜在的结构因素改变了转移概率（或者改变了状态集）。考虑一下帮助贫困家庭摆脱困境的扶贫政策。事实证明，导致社会不平等的那些因素通常不会受到政策干预的影响。[3] 同时，马尔可夫模型又表明，改变家庭状态的政策干预措施，例如旨在帮助成绩落后的学生的特殊帮扶计划，或者食物募捐活动，只能在短期内带来改善，不会改变长期均衡。相比之下，提供资源和培训，以提高人们保住工作的能力，进而减少从就业变为失业概率的干预政策则有可能会改变长期结果。无论如何，马尔可夫模型至少为我们提供了一些术语，使我们能够理解状态与转移概率之间的区别。它也告诉我们一个基本道理——与其改变当前状态，还不如改变结构因素，而后者更有价值。

销量–耐久性悖论

销量–耐久性悖论（sales-durability paradox）说的是，产品或创意的流行程度与其说取决于它们的相对销量，不如说取决于它们的耐久性。只需要将拥有某种类型商品的人的比例设定为状态，就可以用马尔可夫模型来解释这个悖论。在这里我们考虑两种不同的地板，一种是瓷砖（耐用品），另一种是油毡（销量更大的商品）。当销量更大的商品（在这里这个例子中是油毡）不那么占主流时，就会产生这种悖论。

在我们的模型中，假设油毡的销量是瓷砖的 3 倍。为了刻画耐久性差异，假设每年有 1/10 的人必须更换他们的油毡地板，而需要更换瓷砖的人则只有 1/60。在由此而得到的马尔可夫模型的均衡中，有 2/3 的地板都是用瓷砖铺就的。[4]

销量–耐久性悖论背后的逻辑，也可以用来解释市场份额与品牌忠诚度（某人改用其他品牌的产品的可能性）之间的正相关关系。在马尔可夫模型中，更低的品牌忠诚度在均衡状态时必然意味着更低的市场份额，因为忠诚度所起的作用就像耐久性一样。这种经验规律有时也被称为"祸不单行法则"（double jeopardy law）。如果一个企业的产品的品牌忠诚度较低，那么其销售量往往也较低。[5]

一对多的马尔可夫模型

马尔可夫模型可以应用于各种各样的环境。我们可以用马尔可夫模型来对四种核酸之间的遗传漂变进行建模分析：腺嘌呤（A）、胞嘧啶（C）、胸腺嘧啶（T）和鸟嘌呤（G）。如果每种核酸都有很小且相等的概率成为其他三种类型之一的核酸，就可以写出一个刻画遗传漂变的转移矩阵。

我们也可以用马尔可夫模型对身体健康演变的轨迹进行建模，方法是将不同的健康类别（如优秀、中等和糟糕等）设定为不同状态。这样的模型可以用来评估药物治疗、行为改变和手术等健康干预措施如何转移概率和均衡分布。那些能够产生更好均衡的健康干预措施是值得追求的。[6]

马尔可夫模型还可以用于识别国际危机的不同模式，并能够用于区分会导致战争的过渡与会带来和平的过渡。[7]不过，在这个领域的应用要求我们估计两种不同的模型：一种模型中，危机导致了战争，另一种模型中，战争爆发前实现了和解。如果这两个模型中的转移概率有显著差异，那就可以对现有的各种模式进行比较，例如轰炸、劫持人质、不交换囚犯以及逐步升级的强硬姿态等，然后看哪个过程对数据的拟合更优。

这种通过马尔可夫模型将不同模式区分出来的方法，还可以用来辨别书籍或文章的作者。只要事先已经确定了某个作者的某些已知著作，就可以估计出一个词之后出现另一个词的概率。例如，在本书中，单词 the 跟在 for 后面的次数，相当于单词 example 跟在 for 后面次数的四倍。我们可以将这类信息表示为一个大转移概率矩阵。本书的矩阵看上去肯定与其他人的书的矩阵有所不同。如果为 Melville（梅尔维尔）和 Morrison（莫里森）分别构建单词转移矩阵，那么我们肯定会看到它们在单词对之间的转换是不同的。[8]

运用这种方法，我们可以通过构建模型来确定《联邦党人文集》（*Federalist Papers*）所收录各篇文章的作者。《联邦党人文集》共收录了 85 篇文章，分别由亚历山大·汉密尔顿（Alexander Hamilton）、约翰·杰伊（John Jay）和詹姆斯·麦迪逊（James Madison）在 1787 年和 1788 年写成，目的是说服当时的纽约州民众支持美国宪法。每篇文章的署名，都用了统一的笔名"Publius"。尽管大多数文章的真正作者都已经确定了，但仍有少数几篇文章一直存在争议。

一项利用马尔可夫模型来辨别作者的研究认为，所有有争议的文章都是詹姆斯·麦迪逊写的。[9] 即使汉密尔顿或杰伊写了这些文章，他们也是在模仿麦迪逊的风格。对哲学家阿琳·萨克森豪斯（Arlene Saxonhouse）发表的 4 篇论文和未发表的 12 篇短篇论文的分析结果表明，其中至少有 3 篇论文都有很高的概率可以归入霍布斯名下。[10] 当然，在这两个例子中，模型都不一定能给出准确的答案。但是，这些模型确实生成了知识。我们要依靠自己的智慧做出判断：对这个模型与其他模型或直觉结论，该如何进行权衡。

我们要讨论的最后一个应用，是谷歌公司如何运用马尔可夫模型构造谷歌最初的网页排名（PageRank）算法。网页排名是万维网的搜索方式。[11] 万维网由链接连接起来的网站组成，为了估计出每个站点的相对重要性，可以计算一个站点连入和接出的链接数量。在图 17-3 所示的站点网络中，站点 B、C 和 E 各有两个链接，A 有一个链接，D 没有链接。这种方法提供了对重要性的粗略估计，但是它有很大的缺陷。站点 B、C 和 E 都有两个链接，但是站点 E 看上去似乎比站点 B 更加重要，这是由它在网络中的位置决定的。

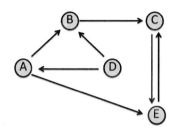

图 17-3　万维网上站点之间的链接

　　网页排名算法将每个站点都视为马尔可夫模型中的一个状态。如果两个站点共享一个链接，那么就在这两个站点之间分配一个正的转移概率。我们暂且为任何链接分配相等的概率，也就是说，假设在 A 上的搜索者有同样的可能性移动到 B 或 E 上。如果搜索者来到了 E 上，那么将永远交替出现在 C 和 E 之间。或者，如果搜索者选择了 B，那么他还是会去 C，然后再一次开始在 C 和 E 之间交替出现。实际上，从任何站点开始都会导致交替出现在 C 和 E 之间这个结果。我们发现 C 和 E 似乎是更加重要的站点。然而不幸的是，这个模型不满足佩龙 - 弗罗宾尼斯定理的两个假设。该系统无法从任何站点到达任何其他站点：无法从 C 到达 D，转移概率在 C 和 E 之间创建了一个循环。

　　为了解决这两个问题，谷歌公司的算法加入了一点：从任何站点都能够以一个很小的随机概率移动到任何其他站点，如图 17-4 所示。现在，这个模型就满足佩龙 - 弗罗宾尼斯定理的所有假设了，而且存在唯一的均衡。于是，所有站点都可以根据它们在那个均衡中的概率进行排序。一个从 A 开始的搜索者，最有可能在几次搜索后以到达 C 或 E 结束。一旦到达 C 或 E

之后，他将会在这两个站点之间反复来回，直到尝试前往一个随机站点为止。如果他到了A或者D，那么回到C的路径很可能会经过B或者E。因此，B的排名应该高于A或D。图 17-5 所示的唯一统计均衡表明，这个结论是正确的。A、B和D都很少被访问，其中，B的访问量最大。

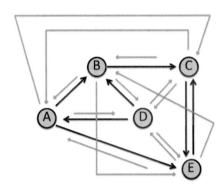

图 17-4　在站点之间添加随机移动

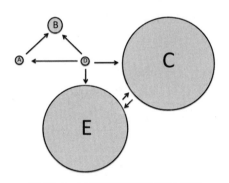

图 17-5　网页排名模型的统计均衡

网页排名可以看作随机游走与马尔可夫模型的组合。如果将网页排名视为一种算法，就会发现可以用它来生成任何网络的排名。我们可以让节点代表棒球队或足球队，再用转移概率表示一支球队击败另一支球队的时间百分比。[12] 如果球队之间只打一场比赛，那么可以根据胜率来分配转移概率。由此而得出的排名虽然不是最终的，但却是对专家主观评估意见的有益补充。我们还可以利用食物链数据，通过网页排名算法来计算物种之间的相对重要性。[13]

小结

马尔可夫模型描述了以固定的转移概率在不同状态之间转换的动态系统。如果再假设这个过程能够在任何两个状态之间转移，并且这个过程不会产生循环，那么马尔可夫模型就可以得到唯一的统计均衡。在均衡中，人或实体在各个状态之间移动，但是各个状态的概率分布不会发生改变。由此可见，当一个过程接近均衡时，概率的变化就会减弱。用曲线图表示，就表现为曲线的斜率走平。回想一下，我们在讨论线性模型时对美国加利福尼亚州人口增长的讨论。加利福尼亚州的人口增长已经放缓，因为随着人口的增长，离开加利福尼亚的人数也在增加。即便离开的人数所占的比例没有发生变化，这个结论也是成立的。

在应用马尔可夫模型解释现象或预测趋势时，建模者对状态的选择至关重要。状态的选择决定了这些状态之间的转移概率。一个简单的关于药物成瘾行为的马尔可夫模型，可能只需要呈现两种状态：或者是药物成瘾者，或者是正常的人。而更精细的模型则可以根据使用频率来区分药物成瘾者。无论对状态的选择如何，如果上面的四个假设都成立（并且在这种情况下，关键检验将变为转移概率是不是能够保持固定不变），那么系统将会存在一个唯一的统计均衡。系统状态的任何一次性变化都最多只能产生一些暂时性的影响，减少均衡中的药物依赖必须改变其转变概率。

按照同样的逻辑，我们可以推断，那些试图通过为期只有一两天的活动来激发学生学习兴趣的做法，可能不会产生什么有意义的影响。与此类似，进入社区"送温暖"、来到公园"捡垃圾"的志愿者也可能无法带来什么长期收益。任何一次性的资金涌入,无论其规模大小,影响都会消失,除非它改变了转移概率。2010 年,马克·扎克伯格(Mark Zuckerberg)向新泽西州纽瓦克市的公立学校捐赠了 1 亿美元,并吸引了不少跟风捐赠者。这种一次性捐赠,尽管摊到每个学生头上达到了大约每人 6 000 美元,但对考试成绩却几乎没有产生任何可衡量的影响。[14]

马尔可夫模型是通过区分以下两类政策来指导行动的:一类政策能够改变转移概率,而改变转移概率可以产生长期影响;另一类政策只能改变状态,并且只能产生短期影响。如果转移概率无法改变,那么我们必须定期重置状态才能改变结果。沉溺于辛劳工作可能会产生导致好强、自私和压抑的心理状态转移概率,而每天锻炼、冥想或参加宗教活动则可能帮助人们以一个感恩的、富有同情心的、放松的心理状态迎接每一天。周末休息也有类似的功能,已婚夫妇不时过一过约会之夜也有很好的效果。这两者的共同作用是,能够暂时使一个人的状态远离均衡。

当然,并不是每个动态系统都满足马尔可夫模型的假设。在不满足马尔可夫模型假设的情况下,历史、干预政策和事件都可能会产生长期影响。例如,在波利亚过程中,结果改变了长期均衡。对系统的重大干预或冲击可能会改变转移概率甚至是整个状态集。蒸汽机、电力、电报或互联网等重大技术变革,改变了经济的可能状态集。重新界定权力架构或制定新政策的政治和社会运动,也会改变状态集。因此,我们也许更应该将历史视为一个马尔可夫模型序列,而不是视为一个向不可避免的均衡方向发展的过程。

马尔可夫决策模型

马尔可夫决策模型（Markov decision model）是对马尔可夫模型的一种修正，方法是将行动包括进来，行动会带来回报，而回报则以状态为条件，还会影响状态之间的转移概率。考虑到行动对转移概率的影响，最优行动并不一定是能够最大化即时回报的那个行动。

例如，要在上网与学习这两个行动之间做出选择。上网总能带来相同的回报。而当学生选择学习时，则有两种可能，既可能觉得充实，也可能觉得无聊。如果觉得充实，学习就可以获得高回报，如果觉得无聊，学习就只能获得低回报。

为了加入行动对转移概率的影响，假设一个觉得学习无聊的学生转为在上网时，仍然会处于无聊状态；而一个觉得学习充实的学生转为在上网时，有一半的时间会变得无聊。假设一个学习的学生有 75% 的机会在下一个时期处于觉得充实的精神状态，而无论他当前的状态如何。于是：

行动：上网（U），学习（S）
状态：觉得无聊（B），觉得充实（E）

奖励结构

	无聊（B）	充实（E）
上网（U）	6	6
学习（S）	4	8

转移映射

	无聊（B）	充实（E）
上网，无聊（U, B）	1	0
上网，充实（U, E）	1/2	1/2
学习，无聊（S, B）	1/4	3/4
学习，充实（S, E）	1/4	3/4

马尔可夫决策模型的解决方案由每个状态下采取的行动构成。之前讨论过的短视最优反应行为，在每个状态下都选择能够最大化奖励的行为。在现在这个例子中，这种选择对应于无聊时上网、精神充实时学习。

但是，这种短视的解决方案会导致学生陷入无聊状态。一旦发生了这种情况，他们就会选择上网，并在所有剩余时间内一直保持无聊状态。因此，他们的长期平均回报等于6。而总是选择学习的解决方案则会在他们75%的时间里处于充实状态，只在25%的时间里处于无聊状态，从而得到的长期平均回报为7。这个解决方案产生了更高的平均回报，因为他们更多地处于充实的精神状态。

正如这个例子所表明的，将一个决策问题表达为一个马尔可夫决策模型，可以告诉我们更好的行动是什么。通过考虑行动对状态的影响，我们会做出更明智的选择。晚睡与早起和锻炼相比，会产生一个更高的直接回报，购买昂贵的咖啡比自己动手制作咖啡产生更高的回报。然而，从长远来看，我们可能会更乐于坚持锻炼和节省咖啡钱。那么，我们需要一个模型吗？不一定。相反，我们也许只需要时时记起《圣经·箴言》21:17就可以了："爱宴乐的，必致穷乏；好酒爱膏油的，必不富足。"这可能是对的；但是我们同时可能记得《圣经·传道书》8:15 所说的："我颂赞喜乐，因为世人在天日之下再好不过的，就是吃喝欢乐。"是的，我们总能找到一对相反的谚语。通过将我们的选择嵌入马尔可夫决策模型中，可以使用逻辑来确定在给定的情境下，哪些常识性的建议真的有用。

18 系统动力学模型

我们尚未充分理解支配系统行为的原理。

—————— 杰伊·赖特·福雷斯特（Jay Wright Forrester）

在本章中，我们将介绍一系列系统动力学模型。[1]这些模型可以分析那些有反馈和相互依赖性的系统，可以用于对生态和经济、供应链和生产过程建模。系统动力学模型提高了我们通过包含正反馈和负反馈的逻辑链进行思考的能力。系统动力学模型通常要包括源（source）、汇（sink）、存量（stock）、流量、速率和常数等组成部分。源产生对系统的输入，汇吸收输出，存量跟踪变量的水平，流量刻画各存量水平之间的反馈，速率和常数用于流量，流量可以是随时间变化的，也可以是固定不变的。

系统动力学模型可以同时包括正反馈和负反馈。当变量或属性的增加导致同一变量或属性的更大增加时，就会出现正反馈，第 6 章中讨论的马太效应就是如此，成功会带来更大的成功，畅销会带来更大的畅销。就学术论文和专利而言，引用会导致更多的引用。

负反馈会抑制趋势。我们必须小心，不要从"负"这个词的字面含义推出任何规范性的含义。负反馈往往能够带来理想的属性，防止泡沫和崩盘。当我们吃东西吃到饱时，大脑会收到停止进食的信号；当企业的利润超过了正常的经济回报时，竞争者就会进入，使在位者的利润减少并防止他们剥削消费者；当一个物种过度繁殖时，它的成员会为食物展开竞争，从而使增长率下降。在这些情况下，负反馈都有助于系统层面的鲁棒性。

使用系统动力学模型，我们通常可以确定复杂性的原因。当系统既包括正反馈又包括负反馈时，就会产生复杂性。在生命游戏中，活元胞会导致新元胞变活，但是过度拥挤又会导致元胞死亡。

这些模型可以将流量和存量水平表示为数学函数。我们可以校准这些定量模型，以便解释过去的存量值、预测未来值，同时估计干预措施的影响。然后，我们就可以利用这些模型解释、预测和指导行动。这些模型也可以是定性的，可以用加号或减号标记每个箭头以表明内在逻辑。[2]

本章内容由五部分组成。在第一部分中，为了引入系统动力学的术语体系，我们先构建了一个定性的面包店模型。在第二部分中，我们构建了一个基于洛特卡 - 沃尔泰拉方程（Lotka-Volterra equation）的捕食者 - 猎物模型。我们这个版本假设了存在狐狸和野兔两个相互作用的种群，并同时嵌入了负反馈和正反馈。在第三部分中，我们阐述了如何利用系统动力学模型来预测恶性循环。在第四部分中，我们描述了 WORLD3 模型，它是一个关于全球经济的巨型模型。最后，在本章的结论部分，我们讨论了系统动力学模型为什么经常会产生违反直觉的结果，这些结果证明了人类直觉推理的局限性和模型作为逻辑辅助工具的价值。

系统动力学模型的各个组成部分

任何一个系统动力学模型都由源、汇、存量和流量组成。源产生存量；存量是某个变量的数量或水平；流量描述了存量水平的变化；汇能够捕获来自存量的流量输出；汇和源是不包含在模型中的过程的"占位符"；存量水平会根据源和流量随时间推移而变化。例如，在一个关于游乐园的系统动力学模型中，公园中的人（一个存量）的人数会随着人们的到来（一个源）而增加，而增加的速度可能又取决于其他参数，例如天气状况、广告投入和门票价格等。

系统动力学模型使用如图18-1所示的表征系统。源和汇用云表示，存量用方框表示，流量用箭头表示并附以加号或减号标识，可变流量用倒三角形表示，而不变流量则用被流量箭头对穿的圆圈表示。正箭头表示正反馈（更多会带来更多），负箭头表示从一个变量到另一个变量的负反馈。

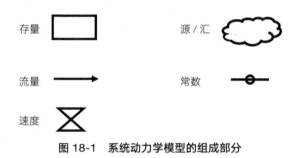

图18-1 系统动力学模型的组成部分

为了让读者尽快熟悉这套符号，在这里先给出一个由面包师、面包和顾客组成的简单的面包店系统动力学模型：面包师制作面包，顾客购买面包。如果面包师生产面包的速度超过了顾客购买面包的速度，面包的库存量就会增加，面包店将会堆满面包。或者，如果卖出面包的速度超过了面包师生产面包的速度，面包店将永远处于卖光的状态。为了使模型更加真实，我们可以假设让面包师根据面包的存量来调整面包生产的速度，如图18-2所示。在这幅图中，包括了一个从面包库存量到面包师生产面包的速度的流量（一个箭头）。我们在这个箭头上放了一个负号，以表示随着面包库存量的增加，生产面包的速度会下降。如果适当地调整速度，模型将产生一个均衡，使面包生产速度收敛于顾客购买面包的速度。

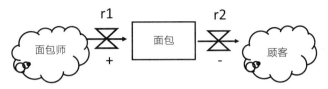

图 18-2　一个关于面包店的系统动力学模型

为了使模型更加真实，还可以加入第二个存量排队长度，它等于在面包店外等待的人数。然后再加入第二个源，即潜在顾客，它会增加排队的人数。排队长度较短或适当，可能会吸引更多顾客，而过长的排队长度则会让客户流失，导致他们调头而去。为了刻画排队长度对来自源到达速度的影响的这种可变性，我们在这个箭头上方标记了（+/-）的符号，还在从排除存量线条到顾客购买面包速度的箭头上方加了一个加号，表示排队的人越多，客户购买面包时做决策的速度越快，如图 18-3 所示。

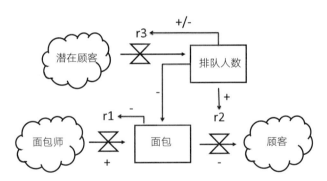

图 18-3　一个更加精细的关于面包店的系统动力学模型

这个模型可以根据数据进行校准。我们可以估计出人们根据排队长度加入排队队伍的速度。然后，面包师可以根据面包存量和排队长度确定烘焙的最佳速度。这个速率将提供一个起点，从中可以获得更好的速率。即使没有校准，编写模型的行为本身也增加了价值。面包师很清楚排队的长度对整体销售量的重要性。

捕食者－猎物模型

我们现在介绍捕食者－猎物模型，这是一个用来刻画野兔数量（猎物）与狐狸数量（捕食者）之间关系的生态模型。这个模型包括两个正反馈：野兔生下野兔、狐狸生下狐狸。它还包括一个负反馈：狐狸吃野兔。该模型假设野兔的存量水平很高，狐狸会产生更多的后代。图 18-4 定性地表示了这些假设，但没有量化关系。从图中可以看出，随着狐狸数量的增加，野兔数量的减少，从而又导致狐狸数量减少。而随着狐狸数量的下降，野兔数量应该增加，进而导致更多的狐狸。逻辑表明了循环的可能性，也可能是均衡，但我们无法确定。

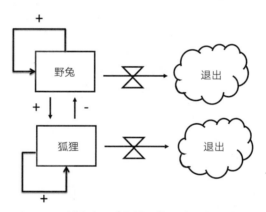

图 18-4　捕食者－猎物模型的系统动力与模型

为了更加深入地了解到底发生了什么，我们需要构建出这个模型的定量版本。假设流量是线性的，取决于存量水平。再假设在没有狐狸的情况下，野兔的数量以固定的速度增长，而在没有野兔的情况下，由于缺乏食物，狐狸的数量以固定的速度减少。再假设，在这个模型中，野兔和狐狸相遇的概率与狐狸数量乘以野兔数量的积成正比。为了捕捉发生这种相互作用时吃野兔的狐狸的行为，假设狐狸的数量以某个恒定的速度乘以上述乘积的速度生长，同时野兔的数量则以某个恒定的速度乘以上述乘积的速度减少。由此而得到的方程就是通常所称的洛特卡－沃尔泰拉方程。

洛特卡－沃尔泰拉方程　　假设一个生态系统由 H 只野兔和 F 只狐狸构成。野兔的数量以 g 的速度增长，狐狸的数量则以 d 的速度减少。当野兔和狐狸相遇时，野兔以 a 的速度死亡，狐狸以 b 的速度增长。根据这些假设，可以给出如下微分方程组：[3]

$$\dot{H} = gH - aFH \qquad \dot{F} = bFH - dF$$

从这个微分方程组可以推导出两个均衡，一个是灭绝均衡，即 $F=H=0$；一个是内点均衡，即 $F = \frac{g}{a}$ 和 $H = \frac{d}{b}$ 给出。

这两个微分方程分别描述了野兔和狐狸的数量随时间而发生的变化。当方程等于零时，野兔和狐狸的数量不再改变，系统处于均衡状态。第一个均衡，即灭绝均衡（extinction equilibrium），是说野兔和狐狸都不复存在。因此，这个模型预测，在一定条件下，捕食者－猎物这种关系会导致两个物种同时灭绝。当然，不是所有情况下都会发生这种事情，不然的话，地球上也就不会有任何物种存活了。

第二个均衡是内点均衡（interior equilibrium）。在内点均衡中，狐狸和野兔的数量均为正。在这种均衡状态下，狐狸的数量随野兔的增长速度而增加，但是如果狐狸和野兔之间的每次相遇都会导致野兔种群规模以更快的速度减少的话，狐狸的数量就会减少。这两个结果都很直观：如果野兔繁殖更快，那么这个生态系统可以养活更多的狐狸；如果每只狐狸都需要更多的野兔才能活下去，那么这个生态系统就只能养活更少的狐狸。两个结果都符合我们的直觉，我们想要的也正是这样的结果：模型应该能产生符合直觉的结论。

但模型也应该能够产生不那么直观的结论。幸运的是，这个模型也正是如此。它表明，狐狸的均衡数量完全不依赖于狐狸的死亡率。如果狐狸以更快的速度死亡，野兔的均衡数量就会增加，剩下的狐狸的食物就会更加丰富，而这就意味着狐狸的增长速度更快。狐狸的快速增长速度恰好抵消了狐狸更高的死亡率。

类似的逻辑同样适用于野兔种群。野兔的均衡数量不依赖于野兔的增长速度，也不依赖于野兔被狐狸吃掉的速度，相反，野兔的数量取决于狐狸的死亡速度和狐狸将野兔吃掉"转化为"更多狐狸的速度。对于这些结果，直觉"失败"了，因为我们无法直观地想清楚这里面的反馈机制。野兔增长速度提高的直接影响是会有更多的野兔，间接影响是会有更多的狐狸，而这又意味着更少的野兔，这两种效应会相互抵消。能够得出像这样的非直观结论，正是系统动力学模型的标志特征。直觉在这里"失败"了，因为我们只锁定了直接影响而未能思考整个逻辑链。即便增加（或减少）速度或流量的直接影响是增加（或减少）存量，系统以正反馈和负反馈的形式产生的影响也意味着，其他存量的值也会发生改变，因此速度或流量变化的净效应可能会减少、会被抵消，甚至可能会被逆转。

通过数学演算，我们可以证明洛特卡-沃尔泰拉方程存在这两个均衡，但是并不知道这两个均衡当中哪一个会实现。确实，如果模型在一开始就处于某个均衡状态，那么它将保持在那个均衡状态。但在运行模型之前，我们并不知道这个方程组是否将会产生均衡、周期性、随机性，抑或复杂性。我们所知道的只是，均衡的确存在。

对方程的模拟会产生滞后循环（lagged cycles）。首先，其中一个物种变得"人口众多"，然后，它的数量开始减少，另一个物种的数量开始增加。实证研究表明，这种循环确实很常见。图 18-5 显示了位于苏必利尔湖中的一个纵长 72 千米的名为罗亚尔岛（Isle Royale）的岛屿上，狼（捕食者）的数量与驼鹿（猎物）的数量 50 年来一直处在此消彼长的过程中。不难注意到，捕食者和猎物物种规模的波动，都呈现出了滞后循环的特征。由于模型省略了地理因素、其他物种的影响、天气的变化、物种内部的异质性等，因此其模式并不像我们预期的那么规则。

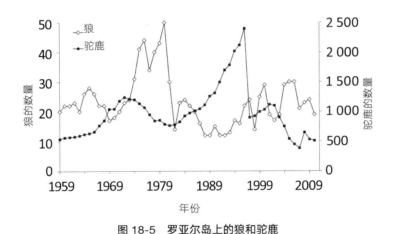

图 18-5　罗亚尔岛上的狼和驼鹿

对洛特卡－沃尔泰拉方程的上述分析进一步支持了我们早先的观察结论，也就是不应该将均衡的存在与均衡的实现混为一谈。在图中所示的这种情况下，系统产生的是循环而不是均衡。不过，动态循环是围绕着均衡发生的。因此，均衡可以告诉我们，狐狸和野兔的数量平均来说是多少。由此可见，我们早先得到的违反直觉的结果，也就是提高狐狸（或野兔）的增长速度对狐狸（或野兔）的均衡规模没有影响，在总体层面上仍然是成立的。

系统动力学模型的应用

系统动力学模型既可以包括正反馈回路，也可以包括负反馈回路。正反馈回路会导致良性循环，例如，当两个国家之间的信任度提高，会导致贸易上升、军事对抗减少，从而进一步增进信任。但是，正反馈回路也可能导致恶性循环，例如，某个地区就业机会的减少，可能会削弱人们学习掌握技能的动力，而这反过来又可能导致企业由于缺乏合格的劳动力而迁离这个地区，进而进一步减少工人去努力获得技能的动力。

系统动力学模型可以帮助我们预测恶性循环。2008 年，许多国家的经济都面临着严重的金融压力。当资产价格下跌时，过度杠杆化的银行离破产只有一步之遥，投资者和储户开始担心他们投资的安全。有些国家，如美国，只在一定限度内对银行存款进行保险；而在其他一些国家，例如在澳大利亚，则根本不存在存款保险。

为了防止恐慌，澳大利亚决定引入存款保险制度。逻辑上看似乎是合理的：对存款保险可以防止银行挤兑。但是，这种想法其实只考虑到了系统的一部分。在引入存款保险制度的过程中，这种制度本身的一个缺陷会导致悲剧性的后果。如果把相关的系统动力学模型写出来，这一缺陷就会变得很明显。在关于金融系统的系统动力学模型中，每个银行（都是一个存量）都有一定的资产规模。储户将钱存入银行并获得一定回报，银行的借款人用这笔钱进行投资。存款保险制度保证存款人放在银行的资金的安全。

此外，人们还会将资金投入股票市场和货币市场基金。每种类型的投资都是存量。一旦我们开始在各种存量之间绘制箭头，即存量之间的流量，存款保险这种制度的缺陷就会变得很明显。存款保险制度的直接影响能够提高银行的安全性，从而使银行更具吸引力（图 18-6 中的箭头 1）。但是，它同时还会使其他类型的投资变得不那么有吸引力。想象一下，假设在那个动荡的金融危机时期，你自己是一个投资者，在银行和货币市场上都投入了一定资金。现在，你的银行存款已经投保了，但是你的货币市场基金则没有。因此，谨慎的行动是增加银行存款（箭头2）并退出货币市场（箭头3）。

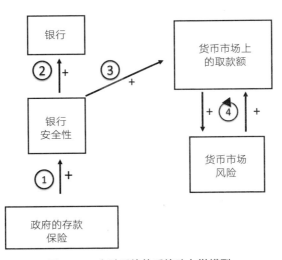

图 18-6　金融系统的系统动力学模型

　　随之而来的是一个恶性循环：货币市场投资的减少使它的风险增加，而风险增加又导致更多的资金从货币市场撤出，从而形成了一个正反馈回路（图18-6中的循环路径4）。撤出资金提高了风险，而风险的上升又会导致更多的提款，从而导致更大的风险。这个政策似乎肯定会造成货币市场的崩溃，现实也确实如此。在决定为银行存款提供保险的短短四天之后，政府就不得不冻结了货币市场上的所有账户，不然整个行业都会彻底崩溃。显然，这个决定带来了灾难性的后果。数以百万计的退休人员，都需要从这些账户中提取资金去购买食品、交纳房租，支付其他基本必需品。[4]

　　虽然从"事后诸葛亮"的角度来看，这种恶性循环似乎是显而易见的，但是我们其实无法保证，即使澳大利亚的决策者当时已经构建了一个系统动力学模型，他们明白采取这项政策会带来的恶劣后果。重要的是，写出这样一个模型，至少有可能会帮助他们看到，银行存在保险制度会在金融体系内产生更加广泛的影响。如果是这样，他们应该是有可能会注意到这个恶性循环的。这个例子还说明了数据的局限性。来自其他国家的数据表明，保险存款制度有助于稳定金融体系。但是，在这些国家，存款保险制度并不是在金融危机期间创立的，因此这种经验数据对澳大利亚当时的政策选择没有意义。

WORLD3 模型

接下来，考虑一个更复杂的涵盖了全球经济的系统动力学模型，这个模型通常被称为 WORLD3 模型。WORLD3 模型最早出现于 20 世纪 70 年代，当时这个模型预测世界经济行将崩溃，除非各国政府改变自己的经济增长政策和环境政策。[5]WORLD3 模型包括了在一个共同的框架内以不同速度增长的多个彼此互动的过程，因而利用它，决策者能够看到各种各样的相互依赖关系。[6]但是，主流经济学家往往不看重 WORLD3 模型，因为在他们看来，这个模型一方面过于复杂，另一方面又没有考虑到经济行为主体的理性反应。

这个模型假设，人口和经济产出每年以某个不变的百分比增长，但是经济产出会造成污染。随着时间的推移，土地的生产力下降，人口规模将超过经济提供商品的能力限度，那时世界经济就会崩溃。这个预测不禁让我们联想到托马斯·马尔萨斯在差不多两个世纪前提出的那个可怕的警告。

这个模型包含了大约 150 个变量、300 个方程和 500 个参数，生育率、经济增长率和土地使用率等无不包括在内。要校准这个模型，必须根据数据估算出这些参数的增长率。WORLD3 模型还包括了变量之间的相互作用，这意味着多个参数的变化通常会产生非线性效应。因此，检验模型的鲁棒性需要不断尝试同时更改两个变量、三个变量的多种组合。500 个参数可以产生超过 12 000 个参数对和超过 2 000 万个参数三元组。对任何人来说，这无疑都太多了。

这个模型的预测是，到 2100 年，全世界人口将会减少到 40 亿。不过，约翰·米勒（John Miller）发现，只要调整两个参数——分配给消费的工业产出比例和女性的生育周期长度，就能够使模型预测的世界人口几乎增加一倍，即达到 74 亿。正反馈带来了巨大的增长。更长的生育周期意味着更多的孩子，他们又需要更多的食物。增大食物在产出中的份额可以让更多儿童生存，生存下来的女性有更长的生育周期，于是生下来的孩子更多。最终结果将是人口大规模增长。[7]

参数的小小变化，就会导致人口增加一倍，这个结果会带来很多麻烦。不过，结果依赖于参数这个事实本身并不是一个弱点。相反，构建这个模型的目的就是为了指导行动、帮助识别有效的政策。例如，这个模型证明，降低生育率能够降低人口增长速度（事实证明确实如此）。再者，由于这个模型已经经过了校准，因此它还可以给出人口增长速度到底可以减少多少的估计值。因此，我们可以将这个模型包括在一个模型集合中，以便得到更加准确的预测。

随着时间的推移，这个模型最初的预测变得不那么准确了，部分原因是随着人口的增长，人口增长率已经放缓，它们不再符合模型的假设，这正是经济学家早就预料到的一种适应性反应。[8] 虽然 WORLD3 模型的倡导者接受了这种批评，但是他们也指出，这个模型的许多预测，包括与经济增长和世界总人口有关的预测都是非常准确的。至于生育率的降低，这个模型的倡导者认为，如果 WORLD3 模型的失效是它自己的原因所导致的——因为这个模型使人们认识到了人口过剩问题的严重性和环境的重要性，他们对这种错误的态度是乐见其成的。

小结

在构建系统动力学模型时，我们选择了关键的组成部分（存量），描述了这些部分之间的关系（流量）；然后我们用系统动力学模型进行模拟实验，以发现它的含义。这些模型与马尔可夫模型的不同之处在于，在这里速度是可以调整适应的（它起到了转移概率的作用）。因此，这种模型不一定会达到均衡。我们必须运行模型才能看清楚会发生什么。此外，因为不必求解结果，所以也不用担心假设的易处理性。

系统动力学模型可以包含许多变量，而且可以包括这些变量之间任何类型的反馈。我们当然也可以构建不存在这些东西的模型，但是一旦绘制出了定义存量的方框，建模者就几乎无法在它们之间绘制出一些箭头来。建模者觉得自己有义务追问："还有哪些其他变量也可能会受到影响？这些变量的变化又如何反馈回当前的模型中？"这些问题会带来更加精细的模型。

当然，这种灵活性也可能是需要付出代价的：创建的存量和流量越多，模型就会变得越难以理解。构建一个有用的系统动力学模型的"艺术"体现在，既要包括足够多的细节来揭示我们的直觉哪里行不通，但是也不能包括过多的细节，以至于会创造一个像现实世界一样混乱的泥淖。最有用的系统动力学模型都位于那个边界上。这些模型可以揭示出意想不到的效应，并有助于更好地采取政策行动。正如在本章前面的内容中看到的，即使是意图极好的政策，例如澳大利亚政府推出的存款保险制度，也可能会产生不良后果。

系统动力学模型还阐明了负反馈回路会怎样限制干预政策的效果。强制要求汽车增加安全功能的法律，例如安装防抱死制动系统或安全气囊，可能会导致人们更加鲁莽地开车，进而导致更多人受到伤害。道路加宽可能会导致更多人搬到郊区，从而进一步加剧拥堵。减少香烟中的尼古丁含量则可能会导致吸烟者消费更多的香烟。为性传播疾病开发更好的治疗方法可能会使人们更容易做出不安全的性行为。这样的例子不胜枚举。[9] 从事后回顾的角度来看，这些负反馈中有许多似乎都是显而易见的，但是要想提前做出预测，可能就不是一件容易的事情了。写出一个定性的系统动力学模型能够使这些反馈回路变得清晰，从而帮助我们成为更好的思考者。

系统动力学模型会鼓励我们把反馈包含进模型中，这个事实恰恰是这种方法的优势所在。1696 年，英国国王威廉三世推出了一项宅基地税，规定每栋房子的基本税率为两先令，另外还根据窗户的数量收取额外的税收：窗户数量在 10 扇至 20 扇的房子要额外缴纳 4 先令的税，窗户数量超过了 20 扇的房子则要额外缴纳 8 先令的税。国王之所以要对窗户征税，是因为它们是可观察的（可以客观地加以测量），并与住房价值相关。如果国王依赖对房子不动产价值的评估，就会出现很多偏袒和贿赂现象。这种对窗口征税的方法是一个好主意。因此在接下来的一个世纪里，这个方法传播到了法国、西班牙和苏格兰。直到 1926 年，法国才最终废除了窗口税。

作为模型思考者，我们有理由预期有目的会适应的人们会对税收政策做出反应。当然，他们确实以各种各样的方法做出了反应。有些人把房屋上原有的窗户用砖头砌上了。聪明的建筑师很快就提出新的住房结构设计。在这种税收期间建造的许多中产阶级住宅，二楼卧室都没有窗户。在爱丁堡，有一大排房子的卧室完全没有窗户。[10] 于是税收收入随之下降了。在这里，坎贝尔定律再一次发挥了作用：政客们制定了一个制度，但是人们找到了"绕过它"的方法。更精细的系统动力学模型应该还会考虑到窗口减少带来的影响。它将包括从被称为"窗口"这种存量到其他性质的箭头，例如民众的健康——民众的健康会因缺乏新鲜空气和日照而受到损害。

系统动力学模型的巨大价值部分在于，它们能够帮助我们深入思考自己行动的影响。我们通常都能够考虑到政策的直接影响：对窗口征税能够增加收入；安装防抱死制动器能够挽救生命。但是我们并不一定随时都会考虑到间接影响，也就是各种正反馈和负反馈。这些模型恰恰能帮助我们更清晰、更深入地进行思考。

基于阈值的模型

种族、民族以及其他阶层的融合标志着显著的社会不平
等，这是民主社会的至关重要的理想。

—————————— 伊丽莎白·安德森（Elizabeth Anderson）

在本章中，我们将介绍基于阈值的模型。当外部变量超过或低于特定的阈值时，人们的行为所发生的变化，就是基于阈值的行为（变化）。例如，当一个人决定在价格低于 100 美元时购买一件外套，或者当某项社交活动的参与者人数达到 1 000 人就加入进去时，就会出现基于阈值的行为。基于阈值的行为很直观，也不难分析，但往往会产生违反直觉的结果，例如当宽容行为反而导致隔离时。基于阈值的模型也可以产生临界点。例如，当一个人加入社交活动的决定取决于已经参与了该项活动的人数时，随着越来越多的人参与该活动，参与者的总人数也超过了其他人的阈值，从而导致了更多的人加入。

本章中讨论的模型也可以归类为基于主体的模型。在计算机领域，基于主体的模型指可以单独为每个主体建模的计算机程序。基于主体的模型比系统动力学模型具有更细的粒度。系统动力学模型用单个存量变量表示整个群体，而基于主体的模型则做到了在空间中定位主体，并且可以包括行为多样性。由此增加的自由度当然可以带来一些优势，但是我们必须记住，过多的细节会与要建模的原因相冲突。例如，在构建一个用来讨论人们如何选择参加某项社交活动的模型时，就不应该对人们大脑中的每个神经元进行建模。最优粒度水平取决于模型的目的。

本章从格兰诺维特（Granovetter）的骚乱模型（riot model）开始讨论，接着引入这个模型的双重骚乱版本，用来对初创企业的成长过程进行建模。然后介绍两个隔离模型：第一个讨论参加聚会的一群人如何在不同房间之间移动，第二个讨论城市规模上的隔离。接下来，讨论乒乓球模型（ping pong model），它包括了负反馈，可以产生循环或均衡。在本章末尾部分的讨论中，我们将重新回到生命游戏，分析双重阈值规则如何导致了正反馈和负反馈的结合。正反馈会产生相关行为，而那正是负反馈所要抑制的。本章还会进一步讨论模型粒度问题。

格兰诺维特的骚乱模型

在基于阈值的模型中，个体根据某个总量变量是否超过阈值而决定采取两种行动中的哪一种。如果变量的值超过阈值，个体就采取一个行动，否则，就会采取另一个行动。我们要讨论的第一个阈值模型刻画的是骚乱和社会活动。在这个模型中，每个人都可以选择参加骚乱或者不参加，如何选择取决于参与骚乱的人数。模型没有预设任何规范立场，这里所说的骚乱或社会运动，既可以指对暴君的正义反抗，也可以指足球流氓毁坏财物的非法行为，模型对这两类情况都适用。

骚乱模型为每个人分配一个阈值。当参加骚乱的人数超过那个阈值时，这个人就会参加骚乱。[1]一开始，只有那些阈值为零的人才会参加骚乱。考虑到本书的研究目的，这里所说的"骚乱"是一般的社会活动而不是暴乱，因此在这种情况下，参加骚乱也无非是指参与聚会。假设第一天，有 200 个阈值为零的人发动了一场社会活动。第二天，这 200 人继续参加，于是参与阈值低于 200 的人也加入了他们的行列。假设第二天新加入的人有 500 人，那么第三天，阈值低于 700 的人也会加入。而这可能会涉及好几千人。

骚乱模型　　　　假设有 N 个人（用 i 来索引），每一个人都有一个"骚乱阈值"（riot threshold），不妨记为 $T(i) \in \{0, 1, \cdots, N\}$。在一开始，骚乱总产值为零，即 $T(i) = 0$ 的那些人都会参加骚乱。令 $R(t)$ 等于在时间 t 参加骚乱的人的数量。在时间 t 上，如果 $T(i) < R(t-1)$，那么第 i 个人就会参加骚乱。

骚乱模型的三种情况

对骚乱模型的分析表明，阈值的多样性至少与平均阈值一样重要。原因可以通过比较如下三种情况来说明（它们都涉及 1 000 人）。在第一种情况下，每个人的阈值都为 10，因此不会发生社会运动。在第二种情况下，有 5 个人的阈值为零，10 个人的阈值为 1，其他人的阈值均为 20。那么在这种情况下，一开始会有 5 个人发起社会活动，第二天会有 10 个人加入，但此后就再没有其他人加入了。

在第三种情况下，这 1 000 人中每个人都有一个独特的阈值，范围为从 0 到 999。为了方便起见，我们可以根据这些人的阈值将他们编号为 0 至 999 号，第 i 个人的阈值为 i。第一天，第 0 号人发起一场社会活动，第二天第 1 号加入，第三天第 2 号加入……如此类推，每天都有一个"新"人加入，直到所有 1 000 人都参加这场社会活动为止。

不难看出，第一种情况的平均阈值最低，但是不会发生社会活动，因为没有人的阈值为零。在第二种情况下，虽然有一些人的阈值为零，但是仍然不足以发动一场广泛参与的社会活动。只有在最后一种情况下，社会活动才会成功。

这个模型表明，阈值的总体分布是非常重要的，而不仅仅只有阈值的均值才重要。因此它也说明，要预测哪些社会活动将会成功有很大的困难。这个模型还可以指导行动，它可以告诉那些希望发动社会活动的人们：要取得成功，除了组织一个核心革命团体之外，还需要"发动群众"，也就是"创建"一个愿意加入他们的群体。

骚乱模型有各种各样的变体，可以用来分析人们什么时候会起立鼓掌、人们的观点会怎样变化（例如，会不会接受同性婚姻）、时尚潮流的改变（例如，愿不愿意佩戴蝶形领结），以及市场动态演变（例如，是否投身于股市泡沫或房地产泡沫）。在所有这些情况下，人们的行为都可以通过基于阈值的规则来近似，而且该阈值因人而异。在所有这些情况下，发生大事件的可能性——无论是大规模社会活动，还是厚边框眼镜的大范围流行，都可能在很大程度上取决于阈值的分布而不是阈值的均值。

市场创造和双重骚乱

骚乱模型还可以扩展到用来分析互联网初创企业。这些初创企业能够创造出新的买家和卖家市场。要想创造一个新的市场，初创企业必须创造一群买家和一群卖家。例如，致力于将狗主人与狗保姆匹配起来的网站，就需要让狗保姆和狗主人到网站上注册，对于提供包裹配送、运输或清洁服务的网站来说也是这样。这些网站要想取得成功，必须先"创建"出这样两个群体，而且必须保证这两个群体以大致相同的速度增长，否则，卖家或买家将无法找到匹配的另一方。换句话说，初创企业必须同时制出两场"骚乱"。

成功的初创公司爱彼迎（Airbnb）提供了一个关于双重骚乱的例子。爱彼迎很好地将试图出租房子的人与寻找短期住处的人匹配了起来。为此，爱彼迎需要创建两个人群：求租房子的人和出租房子的人。只有当爱彼迎的网站有足够多的可供出租的房子时，想租房子的人才会访问他们的网站。因此，需要让愿意出租房子的人到爱彼迎的网站上注册，并将他们的房子挂牌出租。爱彼迎的前两次发布都失败了，因为将房子在网站上挂牌出租需要房东付出不少时间，需要上传不少图片并填写其他一些信息。在爱彼迎拥有大量租房者之前，没有房东愿意将自己的房源放到他们的网站上挂牌出租。

因此，一方面，爱彼迎需要有足够多的挂牌房源在租房者当中造成一场"骚乱"，也就是让足够多的租房者来到他们的网站求租房子；另一方面，他们也需要足够的租房者，以便在那些想要出租房子的人当中制造一场"骚乱"。爱彼迎能否成功，取决于这两个人群的阈值。相比之下，难度更大的是怎样让房东将房源放到他们的网站上挂牌出租，因为这需要房东付出更多的努力。爱彼迎克服这个难题的方法是：挨家挨户地上门，帮助房东将他们拥有的房子在爱彼迎的网站挂牌出租。一旦完成了这个任务，租房"骚乱"就开始了，随后又出现了挂牌"骚乱"。[2] 爱彼迎之所以能够成功地创造出这个市场，是因为它的创始人能够培育出足够数量的初始租户，并以此触发双重骚乱。他们先创造出了一条狗尾巴，然后用狗尾巴拉出了一只狗。

谢林派对模型与谢林隔离模型

接下来要讨论的两个模型都是经济学家托马斯·谢林提出的，谢林用它们来分析种族隔离问题。人们在很多个尺度上按种族和民族隔离，先按不同的国家隔离，在国家内部又按地区隔离。在美国，城市内部还会出现社区层面的种族隔离。对于这些，有人说这是种族不宽容的证据。但是，这个结论与越来越多的跨种族、跨民族通婚的证据相矛盾。同一群人，既然决定不与不同种族的人住在同一个社会，甚至不愿意与不同种族的人在一张桌子上吃午餐，但是他们却选择与不同种族的人结婚，怎么会这样呢？

如果跨种族婚姻中的那些人，和不与不同种族的人共坐一张桌子上的那些人，分别属于不同的社会阶层，那么我们或许可以解释这些事实，但是事实并非如此。跨种族婚姻在所有收入水平上都有发生，同时在美国最顶尖的大学和学院里也可以发现"种族隔离"的午餐桌。幸运的是，谢林的模型可以同时解释这两组事实，它们说明了宽容的行为也会导致种族隔离。

谢林派对模型

第一个是谢林派对模型（Schelling's party model）。在一定意义上，可以认为这个模型是随机游走和骚乱模型的"混搭"。谢林派对模型描述了一个在一幢有两个房间的房子里举行的派对。这个派对邀请的客人可以分为两个类型，这里的类型可以是男性和女性、黑人和白人、西班牙人和澳大利亚人、哥特人和印第安人……但这都不会影响结果。关键的假设是，每个人都能够区分其他人所属的类型。

谢林派对模型　　　　N 个人参加一个派对，每个人都有一个可观察的类型 A 或 B。每个人随机选择两个房间中的一个。在每个时刻，每个人都有 p 的概率走到另一个房间去。第 i 个人的宽容阈值为 T_i。对于这个人，如果他所属的类型的人在当前房间内所有人当中所占的比例低于这个阈值，他就离开这个房间。

为了理解隔离是如何在这种存在"宽容"的情况下产生的，假设前来参加派对的是 20 名澳大利亚人（A）和 20 名巴西人（B）。每个人都是宽容的，只要同一个房间里有 25% 的人与自己属于相同的种族，他们就会留在这个房间里。再假设一开始，有一个房间里待了 12 名澳大利亚人和 9 名巴西人，另一个房间则有 8 名澳大利亚人和 11 名巴西人。这样没有人觉得自己必须走到另一个房间去，但是两个房间之间会有随机移动，这种随机移动会改变每个房间内的"种族结构"。在图 19-1 中，一个房间里待了 11 名澳大利亚人和 4 名巴西人。这个配置处于一个临界点上：只要任何一名巴西人离开，巴西人所占的"人口比例"就会降低到 25% 以下，从而导致其余 3 名巴西人也选择离开。如果发生了这种情况，就永远也不会有巴西人再进入那个房间。

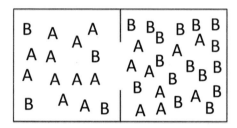

图 19-1　一个很容易导致隔离的配置

回忆一下随机游走，我们说过随机游走能够越过任何阈值。一个房间里的澳大利亚人的数量是一维随机游走。因此，如果派对持续时间足够长，那么隔离就是不可避免的。当然，即便是最好的聚会也不一定能持续得"足够久"，所以并不是所有派对都会以隔离而告终。我们也知道，派对规模越大，隔离结果越不可能出现，因为当参加派对的人更多时，随机游走就必须超过一个更高的阈值。例如，在一个有 1 000 人参加的派对中，不太可能出现某个房间里某个特定类型的人所占比例低于 25% 的情况。因此，我们预测，在小型派对中出现隔离的可能性更大。

而且，当参加派对的人有不同的宽容阈值时，我们也应该会观察到更多的隔离现象。要理解个中缘由，不妨假设参加派对的是 10 名巴西人和 10 名澳大利亚人，并为每个人分配 5% 至 45% 的宽容阈值，使每种类型的人的平均宽容阈值为 25%，如图 19-2 所示。

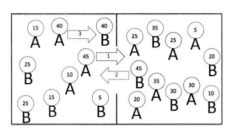

图 19-2　异质性阈值导致的"重新安置"

在图 19-2 中，左边的房间里有 5 名巴西人和 4 名澳大利亚人，因此澳大利亚人的比例低于 45%，这导致最不宽容的那名澳大利亚人离开这个房间，进入右边的房间（用箭头 1 表示）。这名澳大利亚人进入了右边那个房间后，就降低了巴西人在那个房间里的比例，导致最不宽容的巴西人换房间（用箭头 2 表示）。这两次移动使左边房间里澳大利亚人所占的百分比降低到了低于 40% 的水平，从而导致第二名最不宽容的澳大利亚人也离开左边的房间，进入右边的房间（用箭头 3 表示）。就这样，一个级联式反应出现了。然而，如图 19-3 所示，结果不一定是完全隔离，因为最宽容的那些人在任何一个房间里都会觉得舒服自在。在这个模型中，多样化阈值产生了两种不同的影响：它们使隔离更容易发生，同时又使完全隔离的可能性降低，因为非常宽容的人在任何一个房间都不会觉得有问题。

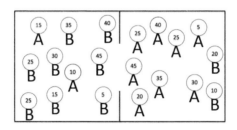

图 19-3　异质性阈值导致的"隔离"

这个模型可以用来解释不同职业之间的性别比例差异，例如为什么会有更多的女性担任护士，更多的男性担任推销员。这种差异也许是由于偏好不同所致，但是只要对这个谢林派对模型稍稍加以扩展，就会发现，如果人们更愿意与相同性别的人一起工作，那么这种不同职业之间的性别比例差异就可能会出现。对于这一点，我们还可以用旋转门模型（revolving-door model）来给出更加正式的解释。旋转门模型有两个基于经验基础的假设：退出某个职业的女性会选择女性更多的新职业；女性退出某个职业的速度略高于男性。[3] 例如在生命科学领域中，女性退出生物医学研究的速度比男性更快一些，并且会在雇用了更多女性的医疗保健等职业中谋职，这种行动就会提高这两个职业的性别隔离程度。

谢林隔离模型

谢林隔离模型（Shelling's Segregation Model）将行为主体放在地理空间的不同位置上，就像是放在棋盘的不同格子上（图 19-4）。其他方面则都与谢林派对模型相同。这个模型同样假设有两种类型的人，对他们的行为假设也与谢林派对模型相同。

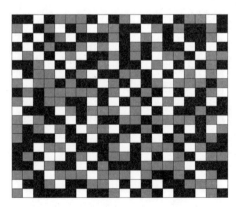

图 19-4　谢林隔离模型的初始配置

谢林隔离模型　　　　有 N 个人，每个人都属于类型 A 或类型 B，随机排列在一个 $M×M$ 的棋盘上。棋盘上还有部分空间未被占用。第 i 个人的宽容阈值为 T_i。对于这个人，如果他所在方格的 8 个相邻方格中同一类型的人所占的百分比低于他的阈值，就会重新定位到一个随机的新方格上。

如果个体的平均阈值接近 50%，这个模型会产生地域性的隔离，如图 19-5 所示。出现这种隔离是因为个体只考虑自己所在的"社区"，这种社区最多只能有 8 个居住者。几乎任何随机的初始配置都包括了被相反类型的其他人包围的一些人。如果个体进入了具有更多相同类型的个体区域，就可能引起另一种类型的人的重新安置。随着重新安置的不断积累，最终发生了隔离。毫无疑问，阈值多样性会加剧这些影响，原因如前所述，这里不再重复。

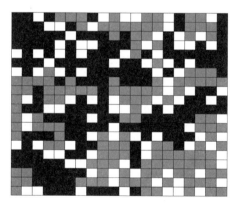

图 19-5　谢林隔离模型中"重新安置"后的配置

即使是宽容的人，也会产生隔离的居住模式，这就是托马斯·谢林的开创性名著《微观动机与宏观行为》一书最根本的洞见。

乒乓球模型

现在讨论乒乓球模型，它假设基于阈值的行为会产生负反馈。负反馈可以起到稳定系统的作用，还可以产生循环。乒乓球模型假设了有限数量的实体，它们可以是人，也可以是机械的、生物的或化学的装置。在每个时期，每个实体采取一个正（+1）的行动或一个负（-1）的行动。在第一个时期，每个主体随机选择一种行动，初始状态等于行动的总和。系统所有的后续状态，都等于前一个时期的状态加上所有动作的平均值和一个随机项。每个实体都有一个阈值（从特定的分布中抽取），如果状态绝对值超过了阈值，就选择能够减少状态绝对值的操作。简而言之，如果状态超过了实体的阈值（无论是负的，还是正的），这个实体就尽其所能减少状态的大小。

乒乓球模型　　　　规模为 N 的种群中的每一个实体随机采取一个初始行动，或者为正（+1），或者为负（-1）。系统的初始状态 S_0 设置为零。系统的所有未来状态 S_t 则等于平均行动再加上一个随机变量，即：

$$S_t = \frac{\sum_{i=1}^{N} A_i(t)}{N} + S_{t-1} + \varepsilon_t$$

每个实体 i 都有一个响应阈值（response threshold）$T_i > 0$，它从 [0，RANGE] 中均匀抽取出来。如果状态的绝对值大小 | S_t | 小于它的阈值，该实体就采取与以前相同的行动，否则，就采取减少状态绝对值大小的行动。即：

如果 | S_t |≤ T_i，那么 $A_i(t+1) = A_i(t)$，否则 $A_i(t+1) = -\mathrm{sign}S_i(t)$

其中，ε_t 是从 {-1，+1} 中随机抽取出来的。

乒乓球模型有多种应用。人们可能会将时间和资源分配给多个慈善项目。如果某个慈善项目得到了太多的关注或金钱，人们就会开始向其他项目捐钱以保证平衡。例如，一个国家需要维护两个联合国教科文组织世界遗产，人们会在两个遗产上都投入一些时间和资源，但是如果某个遗产受到的破坏更严重，人们就可能会重新分配资源。

正如"乒乓"这个名称所预示的那样，乒乓球模型可以生成围绕着均衡的循环行为。在一个时期内，太多的人选择了这个行为，而在接下来的那个时期，却有太多的人选择了另一个行为。当所有实体的阈值都为零时，在这一个时期内所有实体都会选择这个行为（+1），而在下一个时期内所有实体都会选择另一个行为（–1）。

为了探索阈值多样性如何影响人们的乒乓球式行为模式，还是会找到一个均衡，我们考虑如下三种情况（每一种情况都有 100 个人参与）。在第一种情况下，假设阈值均匀分布在 0 到 10 之间。如果第一个时期中的状态等于 6，那么它将超过大约 60 个人的阈值。这 60 人中大约有 30 人将采取行动 1，并将改变行动。这些行动总和现在将超过 50，因此系统的新状态（前两个时期的平均值）将超过 20。这个值超过了所有阈值，因而产生了图 19-6 所示的乒乓球效应。

在第二种情况下，如果我们增大阈值的多样性，使它们在 0 到 100 之间均匀分布，那么乒乓球效应几乎消失。如果再次假设状态在第一个时期等于 6，那么平均来说只有 6 个人的阈值将得到满足。如果这 6 个人中有 3 个改变行动，那么状态将趋向于零。这种对偏差的抑制可以从图 19-6 中看得很清楚（它对应于 0 到 100 之间的阈值）。

在第三种情况下，考虑一个适中的范围，让阈值均匀分布在 0 到 60 之间，我们将会观察到更温和的周期，如图 19-6 所示。因此，在具有负反馈的系统中，阈值多样性会导致稳定性，但是在具有正反馈的模型中则具有恰好相反的效果。

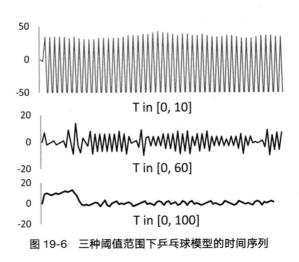

图 19-6　三种阈值范围下乒乓球模型的时间序列

模型粒度

反馈的基本逻辑很简单：正反馈强化行动，负反馈抑制行动。只有正反馈的系统会爆炸或崩溃，只有负反馈的系统将稳定或循环，同时具有正反馈和负反馈的系统则可能会产生复杂性。

在系统动力学模型中，反馈作用于存量变量（例如，野兔的数量）和速度（例如，增加面包店的购买率）。基于主体的模型（例如本章中介绍的阈值模型）会产生作为个体行动的结果反馈。这类更精细的模型可能包含多个阈值，阈值多样性会加剧正反馈的影响并缓和负反馈的影响。分布尾部的多样性使骚扰更加容易发生，宽容阈值的多样性则促进了隔离。具有负反馈系统中响应的多样性阻止了同质性反馈可能导致的大幅波动。在企业之间的经济竞争模型中，生产成本的异质性也可以起到类似的作用。随着价格的上涨或下跌，由于各自成本的差异，企业做出的反应会各不相同。[4]

这两种模型之间的差异引发了模型粒度的问题。是创建一个以"野兔"为名的变量（或方框）并描述野兔的数量如何随着其他变量而增加或减少？还是对每一只野兔单独建模？细分变量可以提高描述的准确性，但是模型不是以描述准确性为标准来评分的。请一定要记住统计学大师乔治·博克斯的格言：所有模型都是错的。至于博尔赫斯的地图，虽然与现实世界一样大，却全无用处。许多建模者，包括爱因斯坦，都认为，我们应该寻求适当的粒度水平。例如，如果要构建一个模型来解释人类的手臂能够施加的力，就不需要考虑 DNA。

而在研究社会系统的时候，则可能并不存在理想粒度水平。我们可能需要在多个粒度水平上分别进行探索。通过构建多个模型，每个模型都有不同的粒度水平，然后进行跨模型对话。假设我们试图了解瑞典与芬兰之间的贸易模式，可以这样入手：把两个国家的贸易总量作为变量，并确定宽泛的宏观模式。然后，将每个国家的进出口总额按行业分解，并进一步分解为各个行业内的企业。行业级数据将使我们能够更好地解释过去的模式，并对未来的模式做出更加精确的预测。对各个行业内的企业做进一步深入了解，包括成本结构和增长轨迹等信息，可以得到更好的结果，但是我们需要大量的信息才有可能构建出一个包含这么不断变动着的组成部分的、真正有用的模型。我们甚至还可以对这些企业的领导力进行建模。最后一个层次的拆解式研究，很可能不会带来多少有用的结果，但可能会使一些致力于扩张海外的企业领袖名扬四海。

总而言之，更精细的粒度不一定更好，有的模型可能过于注重细节。我们能够理解更细粒度的模型，也可以从相对粗糙的模型中获益。通过比较不同模型的预测、解释之间的差异，我们可以看清楚假设如何影响结果，也可以看清楚假设的条件性。许多模型不仅在各自包含的变量方面存在差异，而且在何种粒度上分解变量也理所当然地有所不同。

算法骚乱

骚乱模型和乒乓球模型都可以用来解释股市崩盘及随后的价格反弹。我们在此考虑两个案例，它们很能说明一些问题。

第一个案例发生在 1987 年 10 月 19 日星期一，那一天，道琼斯工业平均指数下跌了超过 22%。第二天，这场股价崩溃在全球范围引发了连锁反应。这次崩溃的原因直到今天仍然是许多研究的主题。当时，美国经济扩张已经进入了第四个年头。那一年的前 8 个月，道琼斯工业平均指数的涨幅超过了 40%。也许就是因为股票市值的这种上涨，使许多人认为股票价格被高估了。在崩溃前的那个星期天，美国时任财政部部长詹姆斯·贝克（James Baker）威胁说，如果德国再不降低关税，美国就要采取削弱美元政策。这种说法在当天似乎没有引起什么反响。但是第二天，股票市场就崩盘了。14 个月后，股票市场又恢复到了崩盘之前的价位。

为了应用本章给出的这些模型，我们可以用一种金融资产来代表整个市场。假设，持有该资产的每个人都有一个"崩溃阈值"（crash threshold）。如果资产价格在某一天的下跌幅度超过了崩溃阈值，投资者就会出售资产，将资金从市场中撤走。这个规则可以捕获趋势交易者或噪声交易者的行为。在此基础上，我们可以构建一个骚乱模型。如果某些投资者在 10 月 19 日一早醒来就决定出售大量资产，他们的行为就会导致股票价格下跌。如果股票价格的下跌幅度超出了其他投资者的崩溃阈值，那么其他投资者也会出售，从而导致股票价格呈螺旋式下降。于是在这里就有了一个经典的正反馈循环：抛售导致价格下降，价格下降导致更多抛售。

现在加入乒乓球模型。如果价格下跌得太多，人们会应用第二条规则，换句话说，人们还有一个"便宜货阈值"（bargain threshold），如果价格低于这个阈值，人们就会买入这种金融资产。在这里，投资者是基于价值而非趋势行事。当价格急剧下跌时，便宜货阈值会产生负反馈。买家急于以便宜的价格买入，导致价格停止下跌。

当然，现实世界中的市场要比这个模型（卖家跌破阈值就卖，买家等着机会入货）复杂得多。股票市场包含了许多类型的交易者，包括大型机构、养老基金、各国政府、投机者、投资组合保险公司，以及散户投资者。[5] 正因为存在这种多样性，在价格下跌时几乎永远有人愿意买进，从而产生了稳定市场所需的负反馈。

对崩溃的早期分析强调了（计算机）程序交易盛行的影响，这些其实是用计算机程序编码并实施的基于阈值的规则。如果股票市场指数低于某个预先设定的值，就卖出所有股票。诸如此类的规则都是在无人监督的情况下自动执行的。大多数分析师现在认为，程序交易是促成 1987 年股市崩盘的一个原因，但并不是主要原因。

对 1987 年股市崩盘更细致的分析表明，大量投资组合保险公司作为必须保证投资者投资组合回报率的交易者，产生了强烈的正反馈，而且这些正反馈并未受到负反馈的抵消。在股票市场大幅下跌的情况下，这些投资组合保险公司会通过抛售股票来止损。随着股票的进一步下跌，这些投资组合保险公司抛售的股票越来越多。实际上，这些投资组合保险公司的行为就好像他们是具有不同阈值的个人组成的群体。有一家投资组合保险公司抛售了超过10亿美元的股票，而10月19日当天全天的成交量只有200亿美元。

第二次案例是一个发生在2010年5月6日下午的闪电崩盘。在三分钟内，道琼斯工业平均指数就下跌了5%。这个闪电崩盘是算法交易的结果。由于现代金融市场的高度复杂性和交易的极高速度，没有人确切知道在闪电崩盘期间究竟发生了什么。但是我们确实知道，有一个庞大的共同基金发出了一个超级大卖单，将超过40亿美元的股票期货倾销到了市场上，而市场上则充斥着各种各样试图利用有利交易的高频交易算法。这种高频算法能够感知价格趋势并开始以极快的速度执行交易，对此，我们可以想象一个有极高速度的骚乱模型。

这就产生了一个"有毒"的市场，交易者担心大型机构投资者知道他们不知道的东西，因此他们退出了市场。[6]鉴于市场行为异常，许多算法停止了交易；但是其他算法则继续销售，然后就发生了闪电崩盘，所有这一切都在几分钟内完成。20分钟后，便宜货阈值规则开始发挥作用，正如乒乓球模型所预测的那样，价格回升到了（接近于）原先的水平上。

20

空间竞争模型与享受竞争模型

我们的理论是，如果你需要用户来告诉你，你正在销售的是什么，那么你其实不知道你正在销售的是什么，而且这不可能给客户留下好的体验。

———————————————— 玛丽莎·梅耶尔（Marissa Mayer）

在本章中，我们将介绍关于个人选择的模型，人们选择时所针对的备选项由其属性来代表。开发这些模型主要是为了刻画消费者的选择行为。买房子的人要考虑它的面积、卧室和浴室的数量以及建筑质量。这些模型也适用于招生的考官、选聘董事长的董事会，以及参加投票的选民，他们都要在申请人或候选人之间做出选择。招生考官要考虑申请人的 SAT 成绩、平均成绩和课外活动。选民要根据候选人在教育、基础设施、犯罪和税收方面的立场进行评估。除了帮助我们理解个人选择之外，这些模型还可以解释为什么会这样做出选择，例如，为什么我们有这么多种早餐谷物可供选择。

讨论这些模型时，我们会将某些属性描述为空间属性，而将其他属性描述为享受属性。空间属性，例如夹克的颜色或一片面包的厚度，没有最优值。每个人都喜欢特定"数量"的这类属性：一个购买猪排的消费者有自己喜欢的辣度，一个业余滑雪运动员在滑下斜坡时有自己喜欢的下降角度。产品的属性越接近理想水平，消费者对产品的评价就越高，而且理想水平因人而异：一个人可能比另一个人更喜欢辣一些的猪排。

与此不同，在享受属性上，更多（或者在某些情况下更少）总是意味着更好。人们喜欢智能手机的待机时间更长一些，房间的面积更大一些，皮鞋的鞋底更耐磨一些，自己的汽车更省油一些。不过，在现实世界中，大多数选择都是"混合型"的：人们既会考虑空间属性，也会考虑享受属性。

在本章中，我们假设人们总是会选择他们估价最高的备选项（备选方案）。之所以要这样做是出于第 4 章中已经提到过的一些原因：在对人类行为进行建模的时候，理性行为提供了一个基准，基于理性假设构建的模型不仅容易处理，能够给出符合唯一性要求的预测，并且这种预测在事情重复发生且利害关系很大时与经验相符。

空间（属性）竞争模型（spatial competition model）和享受（属性）竞争模型（hedonic competition model）在经济学和政治学中早就得到了广泛应用，部分原因在于它们便于用数据检验。[1] 在本章中，我们可以体会到这种适用性。我们先从空间竞争模型入手分析。接着将这些模型应用于政治领域，并阐明如何使用这种模型来分析现状效应、议程权力和拥有否决权的人的影响力。然后，我们介绍享受竞争模型及其混合模型，以揭示对价格竞争的若干结论。在这个过程中，我们还将说明，如何在模型中应用数据，根据候选人和法官在相关法案和法律案件上的投票历史来推断出他们的立场。我们还介绍了如何推断出清洁空气或更少的通勤时间等没有明确价格属性的隐含价格。[2]

空间竞争模型

空间竞争模型假设备选项可以用一组属性来定义，消费者则可以用一系列理想点来定义。最简单的空间竞争模型考虑的是只有单一属性的产品。在由数学家、统计学者哈罗德·霍特林（Harold Hotelling）提出的最早的空间竞争模型中，这个属性就是地理位置。[3]

霍特林的模型假设一些消费者分散地分布在海滩上（如图 20-1 中的圆圈所示），海滩上有两个卖冰激凌的小贩（分别用 A 和 B 表示）。每个消费者都会从离自己更近的那个小贩手中购买一个冰激凌。图中的分割点位于这两个小贩之间的中点位置，它决定了哪些消费者会从哪个小贩手中购买冰激凌。分割点左侧的那 6 个消费者会从 A 小贩那里购买，而分割点右侧的那 7 个消费者则会从 B 小贩手中购买。

考虑到消费者更喜欢离自己更近的商品，我们可以对距离给出一种更加抽象的解释。例如，我们可以想象这两个冰激凌小贩位于同一个地点，但是分别出售乳脂含量不同的冰激凌。因此，同样的数字可以表示 B 小贩出售冰激凌的乳脂比 A 小贩出售的冰激凌更加浓稠。根据这种解释，消费者的位置就不再是他们在海滩上的物理位置了，而是他们所喜欢的乳脂含量。

我们还可以继续应用一对多的模型思维，用这个模型去分析政治竞争。唐斯模型（Downsian model）将霍特林模型中的地理空间重新定义为从左到右的意识形态连续系统。于是，我们可以对图 20-1 重新解释如下：A 小贩代表自由派的政治候选人，B 小贩代表保守派的政治候选人，圆圈则代表选民的意识形态理想点。然后进一步假设，选民更喜欢政治立场与自己更接近的候选人。

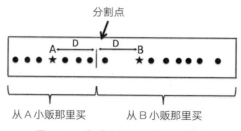

图 20-1　海滩卖冰激凌的地理模型

从企业的地理位置和产品属性，转换为政治意识形态，意味着从诸如位置和乳脂含量等物理属性，转换为更抽象的思想观念。虽然我们对于物理属性已经有了明确的测量方法，但是要分配意识形态立场，则需要找到一种新的方法将候选人的行为转化为数字。如果候选人有投票记录，我们只要收集到候选人以往的选票数据，就可以对他们分配意识形态立场。

在这个过程中，我们应该忽视所有缺乏意识形态成分的选票，例如，当所有有权投票的人都一致同意设立全国牛奶日时，这样的投票数据就无须考虑。而对于所有其他投票，则可以依靠专家意见来确定自由派立场和保守派立场。候选人在意识形态区间上的空间位置可以设定为投票给保守派的时间百分比。[4] 永远采取保守派立场的候选人将被放置在最右边，一半时间投保守派的票、一半时间投自由派的票的候选人则位于最中间的位置上。

构建了这样一个模型之后，我们就可以通过实证检验来判定美国各政党的意识形态立场的差异是不是变得更大了。如图 20-2 所示，有一项研究表明，美国民主、共和两党的平均理想点出现了显著且不断加剧的极化趋势。虽然我们不能就此得出美国政党极化程度增加的结论，但是它确实提供了支持这种结论的证据。分析还表明，这种极化主要应归因于共和党的向右倾斜——变得更加保守。

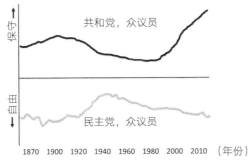

图 20-2　美国国会众议院意识形态极化的加剧

增加属性的数量

一般的空间竞争模型可以包括任意数量的属性。比如，沙发可以通过多个物理维度来描述：长度、宽度和深度，结构类型，以及室内装饰类型。消费者从产品中获得的价值（或效用）取决于产品在各个维度上与理想点的距离。我们可以将这种价值函数写为常数项减去备选项与消费者理想点之间的距离。[5]

空间竞争模型　　备选项包括 N 个空间属性：$\vec{a} = (a_1, a_2, \ldots, a_N)$。

做出选择的个体的理想点：$\vec{x} = (x_1, x_2, \ldots, x_N)$。

个体选择了备选项后得到的收益（效用）等于：$\pi(\vec{x}, \vec{a}) = C - (x_1 - a_1)^2 - (x_2 - a_2)^2 - \cdots - (x_N - a_N)^2$，其中，$C > 0$ 是一个常数。

示例：$\vec{x} = (3, 4, 6)$，$\vec{a} = (2, 1, 8)$，$C = 20$

$$\pi(\vec{x}, \vec{a}) = 20 - (3-2)^2 - (4-1)^2 - (6-8)^2 = 6$$

在这种一般的空间竞争模型中，对于两种巧克力棒，可以用可可含量的百分比以及含糖量来表示，如图 20-3 所示。分割线是连接这两个产品的直线的垂直平分线。理想点位于分割线左侧的消费者更喜欢 A，而理想点位于分割线右侧的消费者则更喜欢 B。[6]

这个模型还可以容纳任意数量的产品。要加入第三种巧克力棒，我们只需在属性空间中增加另一个点即可。为了确定消费者会选择购买哪种巧克力棒，可以再绘制一条分割线，如图 20-4 所示。这两条分割线可以将理想点的空间划分为三个区域，它们被称为沃罗诺伊邻域（Voronoi neighborhood），领域根据它们与产品的距离划分理想点空间。

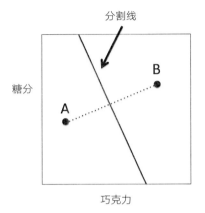

图 20-3　两种巧克力棒的产品属性与分割线

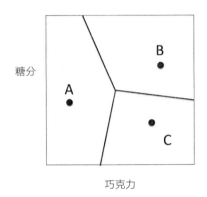

图 20-4　有三种产品的空间模型（沃罗诺伊邻域）

唐斯空间竞争模型

接下来，我们应用空间竞争模型来分析政治候选人的意识形态立场"定位"。为了便于讨论，假设候选人都是追求投票最大化，也就是说，他们的首要目标是赢得选举。我们可以从一个简单的例子开始考虑，思考候选人的动机。图 20-5 显示有 13 名选民和两名候选人的两种不同情况。回想一下，前面我们讲过，选民更喜欢立场与自己更接近的候选人。在图 20-5 的上图中，L 表示的自由派候选人获得了 5 票，R 表示的保守派候选人获得了 8 票。在图 20-5 的下图中，自由派候选人向中间位置移动后，获得了 7 票，并赢得了选举。

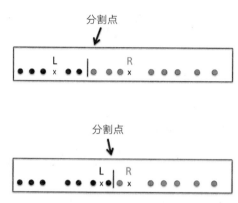

图 20-5　向中间位置移动的自由派候选人赢得了选举

自由派候选人有动机向中间位置移动。同样的逻辑，保守派候选人也有这样的动机。也就是说，保守派候选人可以向左侧移动，同时保持在比自由派候选人更靠右的位置上，从而赢得选举。继续按这个逻辑推理下去，自由派候选人也可以选择更接近中间选民理想点的立场。如果继续应用这个逻辑，我们会看到两个候选人应该会趋同到同一点上。这个结果就是通常所称的中位投票者定理（median voter theorem），或称"中间选民定理"。

中间选民定理又可以分别解释强的形势和弱的形势。在强的形势下，中间选民定理意味着各候选人都来到了中间选民的理想点上，采取了相同的立场，但是这显然不符合经验事实。在弱的形势下，中间选民定理意味着候选人有动机采取较温和的立场，经验证据表明这种情况确实会发生。在选举过程中，候选人会趋向中间立场。当然，这种变化不会演变为一场"夺命狂奔"。意识形态信念坚定或受益于位于意识形态光谱极端位置的核心支持者的候选人，对重新定位会非常谨慎。

这个模型将每个候选人和每个选民都归结为意识形态光谱上的一个简单的点，这是一个强有力的假设。捷克作家和政治家瓦茨拉夫·哈维尔（Václav Havel）对这种基于单维意识形态的模型预测非常不以为然，他认为：

> 对于永恒徘徊的人类来说，它（意识形态）提供了一个立即可以安身的家园，所有人必须做的就是马上接受它。突然之间，一切都变得清晰了，生活呈现出了新的意义。所有的奥秘，所有悬而未解的问题，所有的焦虑和孤独感，全都消失了。当然，人们必定要为这个"廉租房"付出沉重的代价。这代价就是放弃自己的理性、良心和责任，因为这种意识形态最重要的一个方面就是向更高权威拱手献出自己的理性和良心。[7]

哈维尔没有说错。我们不应该为了意识形态而放弃理性。模型为我们提供了更好的推理工具，这种特殊的模型有助于我们理解为什么政治家会做出那种行为。利用数据，我们可以确定每个政治家在意识形态的左右区间上的位置的可信度。一个总是采取温和立场的政治家，可以充满信心地站在这个区间中间。

顺便说一句。哈维尔否认人可以简化为一点，即可以用数据进行检验的程度。但是，即便他的批评成立，即便不能根据投票记录来确定一个候选人的意识形态立场，我们也并不一定要放弃这个模型。我们可以通过赋予他一个区间（而不是一个点）来代表哈维尔所说的意识形态的不确定性。或者，可以为候选人构建一个意识形态时间序列，看他是否保持前后一致。一项对最高法院大法官意识形态立场的研究表明，对有些法官来说，担任法官的时间长了，立场会变得更加自由。[8]

我们还可以增加模型的维度。一个二维模型可以区分社会政策和财政政策。我们可以用这样的模型刻画在社会政策上采取自由主义立场，同时在财政政策上采取保守主义立场的政客。对于美国国会来说，一个维度的模型可以解释大约 83% 的选票变化，加入第二个维度后，解释力只能增加 4%。[9]

除了能够更准确地预测行为之外，增加维度也可能会改变我们的理论结论。我们可以从一个二维模型入手来探讨这个问题。根据对一维模型的分析，我们知道如果第一个候选人在两个议题的立场都不位于中位数上，那么另一个候选人可以通过在第一个议题上采取与第一个候选人完全一样的立场（从而使该议题变得无关紧要），并在第二个议题上采取中位数立场来赢得选举。同样，如果第一个候选人在第一个问题上取中位数立场但是在第二个问题上却没有，那么另一个候选人可以在两个议题上都取中位数立场来赢得选举。由此可以得出这样一个结论，唯一无法被打败的位置是二维中位数。但是，图 20-6 却表明，图中用圆圈表示的二维中位数立场是可以被击败的。如果用方形表示的另一个候选人在第一个问题上取偏左的立场，在第二个问题上取偏右的立场，那么就会产生一条分割线，在这条分割线上，他以三票的优势胜出。

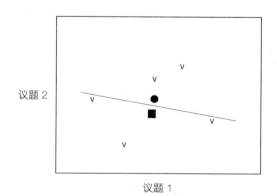

图 20-6　二维情况下，中位数候选人会输给挑战者

从这个例子中，我们还可以直观地看出，当且仅当选民理想点的排列，在从中位数出发的每个方向上都不到一半时，二维中位数才可能是不可击败的，这种情况称为径向对称（radial symmetry）。如果选民的理想点在圆形或正方形上均匀分布时，就满足径向对称，这无疑是一个非常强大的假设。任何位置都是有可能被击败的这个结果，被称为普洛特无赢家结果（Plott's no-winner result），它在两维或多维的情况下都成立。[10]

结果的差异非常明显。一维模型意味着候选人要位于中位数立场，高维模型则意味着他们不应该这么做。我们应该相信哪种模型呢？正确的做法是不应该完全相信任何一种模型，而是从这两种模型中都汲取一些洞见。一维模型揭示了追求选票最大的候选人有趋向温和政策的强大动机，高维模型则证明了这些动机的局限性。没有哪个位置可以保证获胜，所以不应该预期会出现均衡。我们应该期待的是复杂性，观察到各路政客时而联盟，时而拆台，纵横捭阖，翻手为云，无休止地为选票竞争。[11]

我们也可以应用唐斯模型解释美国国会及其各委员会等立法机关和总统制度通过的各种法案的意识形态维度。这里关键是将各个法案映射到与委员会成员相同的单一意识形态维度上。在这里，我们主要考虑三个策略性因素：当前政策的影响（现状效应）、控制议程的权力，以及加入拥有否决权的立法成员的影响。

我们通过一个例子来说明问题。一个由三个人组成的委员会，三位委员的理想点分别为 40、60 和 80，政策提案由理想点为 40 的委员提出，必须得到多数人同意才能通过。图 20-7 表明了现状对最终政策的影响。如果现状是 80，那么这个提案人就需要中间投票人，也就是理想点为 60 的那个委员认为该项提案不比现状差。在这种情况下，中间投票人将接受提案人提出的理想点为 40 的提案，因为它与现状一样好。[12] 如果我们将现状移至

70，那么这个中间投票人将会拒绝理想点为 40 的提案，提案者必须提供理想点为 50 的政策。最后，如果现状位于中间选民的理想点 60 上，提案者就没有任何权力。因此，我们可以得出以下推论：当现状具有极端值时，提案者拥有最大的权力。

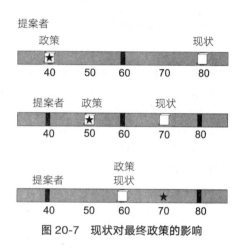

图 20-7　现状对最终政策的影响

这个结果适用于需要人们投票做出决策且意见可以映射到一个维度的任何情况下。假设，一个非营利组织的负责人向董事会提出了一个增加用于资助穷人租用经济适用住房的支出建议，如果当前的支出水平与董事会里面的中位数成员的意愿相符，这个负责人的议程权力就非常有限。如果现行政策与董事会成员的理想点不一致，那么他就可以拥有相当可观的权力。

为了说明提出方案的人所拥有的权力，考虑现状为 70 的情况（如图 20-8 所示）。在图 20-8 中，最上面的图显示的是前面说的那种情况，其中提议者的理想点为 40，并提出了一个理想点为 50 的政策。中间的图显示了中位数投票者能够提议自己的理想点 60，并且能够获得理想点位于 40 的委员会成员的支持票的情况。最下面的图则显示了提议者理想点为 80 的情况。此时，他不能提出他自己和中间选民都更喜欢（甚于现状）的政策，因此只能接受现状。

　　这个假想的例子说明了提案者权力的限度。法案可能会朝着拥有权力的人的理想点的方向靠拢，但是正如在上面已经看到的，对于这种权力会不会过大的担忧，只要考虑一下现状的代表性就可以得到缓解。[13]

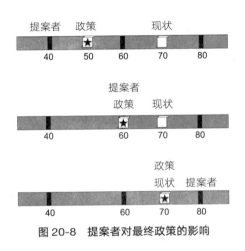

图 20-8　提案者对最终政策的影响

　　最后，我们还可以使用这个模型来讨论多层级政府和更多人拥有否决权的情况。在这里，我们将委员会成员解释为众议院、参议院和总统，并假设要想通过一项法案，必须得到全部这三个投票者的批准。在这种情况下，每一个投票者都拥有否决权。再次参见图 20-8 中现状为 70 的情形。如果所有这三个投票者都必须批准才能做出任何改变，那么任何提案都无法击败现状。任何位于 70 左侧的政策都会被位于 80 处的投票者否决。另一方面，任何位于 80 右侧的政策都会被其他两个投票者否决。[14] 如果所有这三个投票者都可以否决立法，那么没有任何立法能够通过，除非现状处于 40 到 80 之间，也就是说，如果当前现状位于任何人的理想点的左侧或右侧。这个模型揭示了拥有否决权的投票者的数量和意识形态多样性与出现政治僵局的可能性之间的紧密联系。这是一个具有普遍意义的深刻洞见。拥有多样性否决权的组织很可能无法采取任何行动。

享受竞争模型

在享受竞争模型中，各备选项（通常是各种产品）也是用属性来表示的。但是，在这种模型中，属性包括了质量、效率或价格，而且更多或者更少总是更受欢迎的。为了刻画异质性，享受竞争模型允许个体给不同维度赋予不同的权重。

利用线性回归方法，我们可以运用享受竞争模型推断商品属性的隐含价值。具体程序很简单。这种模型假设收益是商品属性和个人赋予权重的线性函数。如果我们获得了数千幢房子的售价以及关于这些房子属性的数据（面积、卧室和浴室的数量，当地学校的质量，院子的大小和建筑质量等），就可以通过产生回归估计出购买房屋的人赋予每个属性的平均权重（以美元计）。这种回归方法通常称为享受回归。

> **享受竞争模型**　　　　备选项包括 N 个效价属性（valence attribute）：$\vec{a} = (v_1, v_2, \ldots, v_N)$。
>
> 个体用各个属性上的权重来表示：$\vec{x} = (w_1, w_2, \ldots, w_N)$。
>
> 该个体得自该备选项的收益（效用）为：
>
> $$\pi(\vec{x}, \vec{a}) = w_1 \times v_1 + w_2 \times v_2 + \cdots + w_N \times v_N$$
>
> 示例：$\vec{v} = (3, 1, 2), \vec{w} = (4, 2, 5)$
>
> $$\pi(\vec{v}, \vec{w}) = 4 \times 3 + 2 \times 1 + 5 \times 2 = 24$$

其中有些属性，如一个游泳池或新厨房，则是有市场价格的。作为对模型的一种检验方法，我们可以将估计出来的价格与市场成本比较一下。如果回归结果表明，游泳池使房子的价格增加了 15 万美元，同时建造游泳池的成本却只有 15 000 美元，我们就知道这个模型遗漏了某些属性。如果回归结果表明增加的价值仅为 8 000 美元，那么这可能意味着无法收回加建游泳池的全部成本。

其他属性，例如从房屋到市中心的通勤时间，是没有市场价格的。在这种情况下，回归所能得到的是该属性的隐含价格。需要注意的是，隐含价格也可能包括大量信息。表 20-1 显示了六栋假想房屋的假想价格数据。

表 20-1　　　　　　　　　六栋假想房屋的假想价格

房子坐落地	房子面积（平方英尺）	卧室数量（个）	通勤时间（分钟）	价格（美元）
松树街 204 号	2 000	3	30	$200 000
枫树街 312 号	3 000	5	60	$380 000
格迪斯道 211 号	2 500	4	10	$310 000
马丁路 342 号	1 500	2	20	$150 000
克拉克巷 125 号	2 000	4	30	$220 000
布朗苑 918 号	4 000	6	50	$360 000

如果假设房子的所有其他属性都完全相同，那么可以运行享受回归。假设得到的回归方程如下：

$$价格（美元）=100（平方英尺数）+20\,000（卧室个数）-2\,000（通勤时间）$$

这就是说，这个回归方程估计，每增加 1 平方英尺的价值为 100 美元，每间卧室的价格为 20 000 美元；另外，通勤时间每增加 1 分钟影响房子价值 2 000 美元。假设一个人买下房子后，要住上 20 年，在 20 年间，上班的总天数为 4 000 天至 5 000 天。如果取较低的那个数字，那么假设用于通勤的时间每天都能省 1 分钟，就能省下 4 000 分钟（或 60 多个小时）的通勤时间。因此，2 000 美元这个估计值相当于每小时 30 美元左右。换句话说，人们为了住在更接近上班地点的房子里而付出的代价，就"好像"是他们为了免受 1 小时交通堵塞之苦而付出了 30 美元一样。[15]

产品竞争的混合模型

空间竞争模型和享受竞争模型在如何表示对各种属性的偏好这一点上有所不同。在空间竞争模型中，每个人对每种属性都有一个更偏好的水平，而且某个备选项在哪些维度上与他的理想点接近，对他来说价值就越大。而在享受竞争模型中，每个属性越多（或越少），人们就越喜欢。

消费品和服务、理想的生活伴侣、公共政策、宗教，以及求职者，全都既包括空间属性，也包括享受属性。每个人也许都有各自喜欢的薯条脆度，但是所有人都希望每份食品的价格更低。脆度是空间属性，价格则是享受属性。不同的雇主在寻找潜在的雇员时，喜欢的人格特征一般会有所不同。有些企业更喜欢外向的人，也有一些企业可能更喜欢内向的人，但是所有企业都更喜欢诚实和正直的人。个性类型是空间属性，而诚实正直则是享受属性。

因此，我们可以创建一个混合模型，让备选项同时包含空间属性和享受属性。这种混合模型可以用来分析市场进入、产品差异化竞争，以及价格竞争的激烈程度。在此，不妨再分析一下前面讨论过的巧克力棒的例子。在确定新产品的属性之前，打算进入巧克力棒市场的企业可能会先将这三种现有产品放在属性空间中分析，然后给消费者发放问卷，以了解他们理想点的分布状况。这个拟进入者可以估计出自己想推出的产品的沃罗诺伊邻域，如果那个邻域的消费者数量很少，就不应期待产品会热销。

任何考虑进入某个市场的企业家都可以采用这种方法。一个靴子设计师可以绘制出现在所有绝缘靴的设计图（那很可能有数十种），然后他可能会发现没有一种设计是用闪亮漆皮的。设计一个用于制作待办事项列表的智能手机应用程序的开发者，可以列出现有类似应用程序的功能，估计市场总需求并预测可能的销售额。

我们可以将空间竞争模型中的降价行为视为分割线的移动。回顾一下前面的图 20-3，图中显示了两种巧克力棒的情形。分割线对应于那些在 A 巧克力棒与 B 巧克力棒之间无差异的消费者的理想点。如果生产 B 巧克力棒的企业进行了降价促销，并且如果消费者更愿意付出更少的钱来得到同样多的糖果，那么这种降价会把分割线推向 A 并使 B 的市场份额增大。我们不需要模型就知道 B 的降价会增大其市场份额，但是我们确实需要这个模型来估计这种影响的大小。关键在于要将拥挤的市场（crowed market）与稀疏的市场（sparse market）区分开来。前者指在一个低维的属性空间挤进了大量的产品，后者则指市场中只有很少的竞争对手。在拥挤的市场中，每种产品都只有一个小小的沃罗诺伊邻域，而在稀疏的市场中，沃罗诺伊邻域是很大的。

价格变化在这两种不同类型的市场中会产生不同的影响。图 20-9 显示了 B 巧克力降低 10%（假设价格从每根 2 美元下降为 1.8 美元）的影响。左图显示的是一个稀疏的市场中的情形。降低 B 巧克力棒的价格会改变 A 与 B 之间的分割线，并将 B 的市场份额从 50% 提高到 54%（B 的市场份额增加了 8%）。价格下降了 10%，但是销量只增长了 8%，综合起来使销售收入减少了 3%。因此，在这种情形下，降低价格不是一个好主意。右图显示的是一个拥挤的市场中的情形，市场中有 7 种不同的巧克力棒。在这里，价格下降对 B 的绝对市场份额影响也不算太大，只是从 15% 增加到了 20%，但这 5% 的增幅却代表着 B 的市场份额有相当大的增长比例（达到了 33%）。总体影响是使销售收入增加了 20%。[16]

因此，这个模型的预测是，拥挤的市场中的价格竞争比稀疏的市场中的价格竞争影响更大；同时，大宗商品① 市场上的价格竞争则可以称得上是"极端的竞争"，其影响最大。这个模型还预测，高端时尚商品的价格竞争将很少出现，因为产品的高维性能够创造出一个稀疏的市场，设计师可以维持大幅度的价格加成。

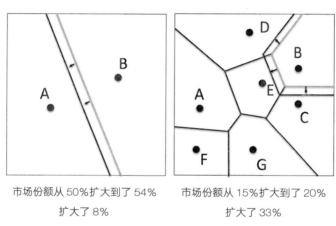

市场份额从 50% 扩大到了 54%　　市场份额从 15% 扩大到了 20%

扩大了 8%　　　　　　　　　　　　扩大了 33%

图 20-9　稀疏的市场与拥挤的市场中的价格竞争

属性数量与价格竞争激烈程度之间的这种关系表明，增加新属性不失为一个好策略。这将使市场更加稀疏，从而降低价格竞争烈度，并带来更高的利润。然而，即便这种推断本身是正确的，要实现这个策略也并不容易。无

---

① 大宗商品指无法区分的产品，如原油、猪肚和 2 号红小麦等。——编者注

论如何，人们必定会给新的属性较高的估值。事实上，每一个成功的新属性的出现（例如无绳立体声扬声器），背后都隐藏着多次失败尝试的历史（例如比克公司命运多舛的一次性产品）。

小结

空间竞争模型、享受竞争模型，以及两者的混合模型提供了一个很好的框架，在这个框架内，我们可以表征不同的产品、政治候选人、甚至是求职者。这些模型可以测量意识形态"位置"、隐含价格属性，并评估潜在的市场进入者。它们提供了很多深刻的洞见，有助于我们理解市场竞争如何产生差异化的激励、政治竞争如何产生建立联盟的激励，以及只具有较少属性的产品的价格竞争为什么会更加激烈。

这些模型都做出了相当强的、从经验上看相当可疑的假设。例如，在前面讨论的模型中，我们假设人们的偏好是不会改变的，他们不会屈服于社会压力。如果真的是这样的话，为什么企业和政客会花费大量金钱和资源去改变消费者和选民的偏好呢？对于这种批评，我们可以再次援引博克斯的格言来辩解：所有的模型都是错的。

还有一种更精细的回应方法可以对基本偏好与工具偏好加以区分。前者指人们的欲望（想得到什么），后者指人们对能够产生根本性结果的属性的偏好。学生的基本偏好可能会在成为一个受欢迎的人、身体健康和取得学术成就之间维持平衡。为此，一个学生可能会通过提早起床、喝果汁、尽快完成自己的家庭作业（以保证晚上有时间参加社交活动），来实现这些根本性的目标。而这个学生对水果奶昔的选择则是工具性的，水果奶昔有助于实现他对健康的基本偏好。如果哪一天，他看到一篇科学论文说水果奶昔的糖分很高，不利于身体健康，他就可能会改喝饮用水。如果是这样，他的工具偏好就会发生改变，但是他的基本偏好并没有变化。在这里，我们再一次看到，模型本身并不是目的，只是提供了一个框架来构建我们的思维。

多个价值模型

在市场经济中，我们可以通过一个愿意支付的价格来衡量一件商品对这个人的价值。一个人可能会认为一个五香熏牛肉三明治值7美元、戈雅（Goya）[①] 的一幅画值300万美元、佛罗里达州奥卡拉市的一块土地值75 000美元。但是，许多经济模型都忽略了这些估值的来源。美国经济学家乔治·施蒂格勒（George Stigler）引用了大文豪陀思妥耶夫斯基（Dostoyevsky）的《卡拉马佐夫兄弟》（*The Brothers Karamazov*）一书中那个著名的情感主义者米蒂亚（Mitya）说的一句话。他说："De gustibus non est disputandum。"（口味各异，难言好坏）我们这里所讨论的模型确实比较少讨论口味本身，而更多讨论口味如何转化为人们赋予商品的货币价值。

享受模型：这个模型根据商品的内在属性解释商品的价值。估值的差异取决于对商品属性的不同潜在偏好。这些属性可能是商品的物理组成部分。例如，一个五香熏牛肉三明治中包括了黑麦面包、五香熏牛肉、瑞士奶酪、芥末、泡菜和洋葱。然后，我们可以将它的价值写成这些组成部分的价值的加权线性组合。更精细的享受模型还可以包括交互项。例如，如果与烤黑麦面包一起售卖，那么五香熏牛肉可能会更有价值。

[①] 戈雅，全名弗朗西斯科·何塞·德·戈雅·卢西恩特斯（Francisco José de Goya Lucientes），西班牙浪漫主义画派画家，代表作《裸体的马哈》。——编者注

协调模型：这种模型将价格解释为社会建构的。戈雅画作的价值取决于其他人相信它真的有那么高的价值。在最初，人们对戈雅画作的价值有自己的看法。然后，他们与社会网络中的其他人互动并更新自己的看法。两个人都可以将他们的价值设定为等于两人估价的平均值，一个人可以改变他的估价以匹配另一个人给出的价值，或者每个人都可以根据其他人的估价来调整自己的估价。给定这三种假设中的任何一种，估价都可以实现局部收敛。这样，相互之间有联系的人将会具有类似的估值。分配给商品的最终价值将取决于价值的初始分布、社会网络以及配对发生的顺序。

预测模型：这类模型将价格解释为对未来价值的预测。根据这种模型，佛罗里达州奥卡拉市的土地价值、比特币或股票价值，都取决于人们将来愿意为它们付出多少钱。这些估值取决于预测模型，而预测模型又取决于属性和类别。我们可能会将奥卡拉市归类为气候温暖的、税率很低的非沿海城市。人们的估值的变化源于不同的预测模型。投资者会使用多种预测模型。这些模型可能依赖于属性，或者，就像对比特币进行估价一样，也会对协调做出假设。

这三种模型为商品的价值提供了三种不同的解释。没有任何一个模型在所有情况下都是最好的。在特定情况下，每个模型都可能成为最好的那个。模型就像箭袋中的箭。五香熏牛肉三明治的价值很可能来自其内在性质，戈雅画作的价值则可能在很大程度上是社会建构的——只要人们认为他的画作有价值，那么它们就有价值。对佛罗里达州土地价格的估计则可能取决于对未来房地产价值的预测。

博弈论模型

演绎推理是从最抽象到最不抽象的推理。它从一套公理开始，运用逻辑定律和数学规律来操纵，形成对世界的预测。

———————————— 雷切尔·克罗松（Rachel Croson）

本章以及随后各章中讨论的许多模型，包括合作模型、信号模型、与机制设计有关的模型和与集体行动有关的模型都要涉及博弈。我们不会在这里非常深入地探讨博弈本身，因为实际上整本书都是讨论这个主题的。本章的目标是提供一个适当的入门介绍，为此，我们给出了三种主要类型的博弈的一些例子：标准式博弈，博弈参与者在一组离散的行动（通常为两种）中做出选择；序贯博弈（sequentail game），博弈参与者按顺序选择行动；连续行动博弈，博弈参与者可以选择任意尺度或效果的行动。我们通过这些例子介绍了博弈的主要概念，有助于理解后面章节中给出的模型。当然，它们本身也有讨论的价值。

在本章的其余部分，我们首先讨论 2×2 标准式零和博弈。在零和博弈中，两个博弈参与者中的每一个都要在两个行动中做出选择，无论某个博弈参与者选择什么行动，一个博弈参与者得到的收益，都会被另一个博弈参与者遭受的损失所抵消。我们利用零和博弈的例子来定义博弈论的基本术语，区分策略和行动，并引入迭代消除被占优策略的概念。然后，研究市场进入博弈（market entry game），市场进入博弈是序贯博弈的一种。我们将在重复市场进入博弈的框架下讨论所谓的连锁店悖论（chain store paradox）。接着，考虑一个"努力博弈"，这是一种连续行动博弈。在这个博弈中，个体选择努力水平以赢得固定金额的奖励，付出努力越大，博弈参与者赢得奖励的机会越高。本章最后简要讨论了博弈论模型的一般价值。

标准式零和博弈

在本节中，我们分析两个双人标准式零和博弈（two-player normal-form zero-sum games）。在这种博弈中，每个博弈参与者选择一个行动，并根据博弈参与者自己的行动和另一个博弈参与者的行动获得一定收益。此外，博弈参与者双方的收益总和为零。

在图 21-1 所示的第一个硬币配对博弈中，每个博弈参与者都要在两个行动中做出选择：猜硬币正面朝上还是背面朝上。行博弈参与者希望自己的选择与另一个博弈参与者的选择匹配，而列博弈参与者则不希望匹配。收益如矩阵所示：

	正面朝上	背面朝上
正面朝上	1, -1	-1, 1
背面朝上	-1, 1	1, -1

图 21-1　硬币配对博弈

博弈的策略是如何进行博弈的规则，它可以是对单个动作的选择、在不同行动之间的随机化，或者，正如在下一节中将会看到的，也可以是一个行动序列。博弈的纳什均衡（Nash equilibrium）是指这样一种策略，它们能够使每个博弈参与者的策略在给定其他博弈参与者策略的情况下是最优的。

在硬币配对博弈中，存在一个唯一的均衡策略，那就是，两个博弈参与者都以相同的概率在两个行动之间进行随机化。为了证明随机化是一种均衡，只需要证明，如果某个博弈参与者随机化，那么另一个博弈参与者选择任何行动都不可能比随机化更好。

要证明这一点很简单。如果行博弈参与者（在图 21-1 中，行博弈参与者的行动以黑体显示）以 1/2 的概率选择正面朝上、1/2 的概率选择背面朝上，无论他的选择到底是什么，列博弈参与者的收益都为零。正因为如此，随机化是列博弈参与者的最优策略。根据对称性，随机化也是行博弈参与者的最佳选择。

随机化策略的最优性，对策略互动环境中的行为有很大的意义。体育运动也是零和博弈：一方获胜，另一方就要落败。在点球大战中，一名前锋希望在瞄准球门左侧与球门右侧之间进行随机选择；在网球比赛中，发球方要随机将球发到内角或外角；在足球比赛中，进攻方希望在跑动与传球之间随机选择。而且，在所有这些比赛中，另一方也会随机化他们的反应。任何非随机性都可能会被对手利用，扑克等纸牌游戏也是如此。一个优秀的扑克玩家会随机地虚张声势。如果他一直虚张声势，对手就会了解这种策略，他就会落败。当然，对手的最优策略也是随机地虚张声势，这样就同样有可能赢或输。

现在讨论最小化风险博弈（minimize risk game）。在图 21-2 所示的这个博弈中，每一个博弈参与者都可以选择采取冒险的行动或安全的行动，这是一个非对称的零和博弈。博弈参与者的收益不仅取决于自己的行动，还取决于哪一个博弈参与者采取了哪一个行动。在这个博弈中，行博弈参与者有一个占优策略，即采取安全的行动。无论列博弈参与者选择哪一个种动作，对于行博弈参与者来说，选择安全的行动总是更好的。但是对于列博弈参与者来说，情况却并非如此。如果行博弈参与者选择冒风险，那么列博弈参与者也应该选择冒风险；如果行博弈参与者选择了安全的行动，那么列博弈参与者也应该选择安全的行动。

图 21-2　最小化风险博弈

通过考虑对行博弈参与者激励的情况下，列博弈参与者可以推断出行博弈参与者总是会选择安全的行动，那么他也会选择安全的行动。这种一方为另一方排除最优策略被称为迭代消除被占优策略。因此，两个博弈参与者都选择安全的行为是这个博弈的纳什均衡。

序贯博弈

在序贯博弈中，博弈参与者按照某个特定的顺序采取行动。由此，可以用一棵博弈树（game tree）来表示一个序贯博弈。博弈树由节点和边组成，每个节点对应于博弈参与者必须采取行动的时刻，该节点的每条边分别表示可以采取的某个行动。在博弈树最末尾的分支上，我们写下相应行动路径的收益。图 21-3 所示的博弈树显示了市场进入博弈。

在市场进入博弈中，有两个博弈参与者：拟进入者和现有企业。如果拟进入者选择不进入市场（博弈树的左侧分支），那么它的收益为零，现有企业的收益为5。如果拟进入者决定进入市场,那么现有企业必须做出选择:是接受新进入者,同时自己的收益从5下降为2,还是发动与新进入者的商战,但这会导致自己的收益变为零,同时令新进入者的收益为负。之所以假设这种情况下新进入者的收益为负,因为它必须为进入市场付出一定的成本。

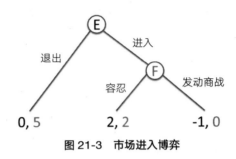

图 21-3　市场进入博弈

在序贯博弈中,策略对应于每个节点处的行动选择。假设现有企业在发现有新企业进入时决定发动商战。那么,如果拟进入者知道这一点,就不会选择进入,因为这种情况下进入会产生负收益。这个行动序列——拟进入者选择不进入、现有企业在拟进入者进入时就会发动商战,是一个纳什均衡。然而,这并不是唯一的纳什均衡,也不是最有可能出现的结果。拟进入者选择进入市场,现有企业决定接受(不发动商战),这是第二个均衡。

那么,应该如何在这两个均衡之间做出选择呢?我们可以利用细化准则。在序贯博弈中,一种常见的细化准则是选择子博弈完美均衡(subgame perfect equilibrium)。可以运用逆向归纳法(backward induction)来求解子博弈均衡:从最末端的节点开始,并在每个节点处选择最优行动。然后沿着博弈树逆向倒推,假设每个博弈参与者会在给定另一个博弈参与者在后续节点上的行动时选择最优行动。例如,在市场进入博弈中,我们从现有企业的末端节点开始推导。它有一个最优行动,即接受对方进入。然后移动到博弈树上面的节点,不难发现拟进入者的最优策略是进入。

这个博弈在重复进行时会变得更加有趣。试想一下，现有企业也可能存在于许多个市场中。也许它是一家连锁企业，在几十个城市都有门店。再假设存在一系列的拟进入者。那么，这个企业将陆续地进行一系列市场进入博弈。

如果现有企业从最后一个市场开始使用逆向归纳法进行推理，那么它将接受最后一个市场中的进入者。根据同样的逻辑继续推导，现有企业将接受倒数第二个市场中的进入者，以此类推，它将接受所有市场中的进入者。在序贯博弈唯一的子博弈完美均衡中，所有潜在的进入者都选择进入，现有公司接受所有。

虽然每个市场的进入和接受都是唯一的子博弈完美均衡，但实际上，这可能不会发生。假设我们是现有公司董事会的成员，我们面对的是第一个进入者曾经学过博弈论并已经进入市场。我们可能想要竞争，试图阻止其进入其他市场。如果竞争是可信的，那这将是一个明智的策略，也就是说，如果能够建立一个愿意竞争的声誉。我们希望创造的结果不同于子博弈完全均衡。

博弈理论家将这种情况称为连锁店悖论。这是一个例子，博弈论认为的最优行为可能不是一个老练的行为者在利害关系很大时所选择的行为。这个例子并没有反驳博弈论或破坏理性选择假设，而是揭示了为什么我们总是必须挑战假设。

连续行动博弈

我们现在研究另一种博弈。在这种博弈中，博弈参与者可以在连续的可能行动集中进行选择。在连续行动博弈中，行动对应于努力水平。通过选择更大的努力，博弈参与者能够增大自己赢得奖励的概率。这个博弈还允许考虑任意大数量的博弈参与者。

努力博弈　　　　N 个博弈参与者中的每一个人都要选择以货币形式表达努力水平，以赢得价值为 M 的奖励。一个博弈参与者赢得奖励的概率等于他的努力水平除以所有博弈参与者的总努力水平。如果令 E_i 表示博弈参与者 i 的努力水平，那么他的获胜概率由以下方程式表示：[1]

$$P(i \text{ wins}) = \frac{E_i}{(E_1 + E_2 + \ldots + E_N)}$$

均衡努力水平为：$E_i = \frac{M}{N} - \frac{M}{N^2}$

均衡努力水平的表达式揭示了很多重要的含义，正如我们所预料的那样，个人的努力水平会随着奖金的增多而增大。同样，在均衡状态下，总努力水平将会小于奖金的价值。在假设博弈参与者会进行最优化的情况下也会得到这些结果。博弈参与者应该付出一定努力以赢得奖励，但是不应该付出不合理的努力水平。

通过增加博弈参与者的数量，可以看到其对个人和总体努力的影响。根据模型，即便每个人的努力水平都下降了，总努力水平也会增加。这个结果说明，那种吸引了大量"参赛者"的研究课题竞标、建筑设计竞赛和征文比赛，反而可能会产生水平不那么优异的赢家（与"参赛者"较小的竞赛相比），因为在这种"参赛者"众多的竞赛中，个体参与者付出的努力水平会较低。

小结

本章一开始，我们先讨论了零和博弈，这类博弈不包括互利的行动组合。任何对一个博弈参与者有益的行动都必定会损害另一个博弈参与者。在零和博弈中，任何行为对一方的"益"，在数量上都等于对另一方的"损"。从一个人那里拿钱给另一个人，就是一种零和行动。许多个人行动和政策选择至少在一个方面是零和的，我们每天只有这么多的时间可用，这么多钱可花，这么多资源可分配。也就是说，在这个维度上的零和行动，在另一个维度上可能不是零和的。例如，重新安排预算，在货币的数量这个维度上是零和的，但是就人的幸福感或满足程度这个维度而言，却可能是正和的或负和的。

我们应该始终探究提议的政策变化是否会导致零和博弈。许多人都对家长的择校行为颇有微词（这里所说的择校问题，主要是父母将孩子送进什么样的学校学习的能力），因为它加剧了竞争。但是迫于竞争的压力，学校的教学质量将会得到提高，至少从逻辑上看是这样。

然而，只有在产能过剩的情况下，学校才有动力提高质量，否则，择校会在学生中造成零和博弈。假设一个城市有 1 万名学生和 10 所学校，每个学校可以接受 1 000 名学生。如果所有学生都以相同的方式对学校进行排名，那么最好的学校的名额将只能通过抽签来分配，中签的学生将去更好的学校，未中的学生将去更差的学校。学生们玩的是一场零和博弈。如果新的学校开放或现有学校改善，就将不再是零和博弈，每个人都可以赢。

市场进入博弈与零和博弈都提供了有益的洞见。市场模型揭示了学校改进质量的动力。零和博弈则表明有些学生将受益、有些学生将受损。每个人所承受损害或获得的收益的大小，则取决于具体情况：学生和家长对学校的质量的了解程度如何，学校还有存在多少剩余名额，学校是否真的知道如何提高教学质量，会创办新的学校吗？

这两个博弈都没有给我们一个正确的答案，但是都产生了有用的见解。择校会带来竞争。它还产生了一个具有零和博弈特征的大规模排序问题。竞争的积极方面是否会超过消极的排序成本取决于环境。我们必须把模型排列在一系列事实的基础上，才能做出正确的政策选择。

识别问题

关于人们行为的数据经常揭示出人类行为的"聚类倾向"。优秀的学生更有可能与其他优秀的学生成为朋友，而不怎么可能与学习困难的学生成为朋友。有过犯罪前科的人比从未犯过罪的人更有可能与犯罪的人交往。在社交网络中，各种各样的"社会善"和"社会恶"——吸烟嗜好、健美的人、肥胖者，甚至幸福也都会"聚类"。人们还会根据信仰或意识形态聚在一起。

有两个模型可以解释这种聚类：同伴效应模型（peer effect model）和分类模型（sorting model）。同伴效应模型用博弈论来解释聚类现象，即一个人与他的朋友一起进行协调博弈。而在分类模型中，人们会"迁移"到与他们相似的其他人附近。一群优秀的学生之所以聚在一起，可能是因他们要协调完成某个共同行动（同伴效应），或者也可能是因为优秀的学生就喜欢找优秀的学生一起玩（分类效应）。如果只有数据快照（snapshot of data），那么这两者是无法区分的。

数据：学生既有可能获得高分 H，也有可能获得中等分数 M，两者是等可能的（概率相同）。假设每一个学生都会加入某个人数为 4 的"小团体"，则有如下分布：$p(\{H, H, H, H\}) = P(\{M, M, M, M\}) = 5/16$，$p(\{H, H, H, M\}) = P(\{M, M, M, H\}) = 3/16$，$p(\{H, H, M, M\}) = 0$。

同伴效应模型：学生最初先会形成一些人数为 4 的随机小组：$p(\{H, H, H, H\}) = P(\{M, M, M, M\}) = 1/16$，$p(\{H, H, H, M\}) = P(\{M, M, M, H\}) = 1/4$，并且 $p(\{H, H, M,$

M}）=6/16。属于仅包含一种类型的小组的人数保持不变。与小组内所有其他人类型都相反的人会切换类型，因此，{H, H, H, M} 这样的小组会变为 {H, H, H, H}。在每种类型的人数相同数量的小组中，会有一个成员切换类型，也就是说，{H, H, M, M} 这样的小组有同样的概率会成为 {H, H, H, M} 或 {M, M, M, H}。

分类模型：学生最初先会形成一些人数为 4 的随机小组。在具有两种类型的任何一个小组中，与至少两个其他人的类型相反的人，会与相反类型的某个人交换小组。也就是说，{H, H, H, M} 会变为 {H, H, H, H}，而且 {M, M, M, H} 会变为 {M, M, M, M}；并且，任何 {H, H, M, M} 这种形式的小组有同样的概率成为 {H, H, H, M} 或 {M, M, M, H}。

两个模型都与数据一致，从而导致了识别问题。只有数据快照，我们无法确定吸烟、看漫画书或喜欢滑板到底因为同伴效应导致的，还是因为分类效应导致的。在某些情况下，我们可以推断出使用哪种模型更好。例如，美国中西部地区的人们喜欢说"pop"（泡泡）、沿海地区的人们喜欢说"soda"（苏打），对于这种倾向，我们可以有把握地认为这是由同伴效应驱动的，因为很少从外地移居波士顿的人，会将可口可乐称为"苏打水"。但是，对于某些利害关系更大的行为，例如学业成绩、滥用药物、肥胖和幸福，就需要用更多的时间序列数据来识别哪种模型才适用了。利用时间序列数据，我们就可以分辨出人们到底是在改变自己的行为（同伴效应），还是在更换他们的朋友（分类效应）。在许多情况下，这两个因素都有。[2]

22 合作模型

从来没有人因施舍而变得贫穷。

———————————————— 安妮·弗兰克（Anne Frank）

经常会有人要求科学家列出他们心目中最重要的问题，各个领域的专家给出的最重要的问题往往各不相同，例如，宇宙是如何形成的？意识是怎样出现的？我们能否找到根治癌症的方法？等等。在这些问题当中，有一个是社会科学家和生物科学家都认为是重要的问题，那就是，合作是怎么产生的？[1] 合作要求合作者采取不符合自身利益的行动，而这就意味着我们不会经常观察到合作现象。但是在现实世界中，我们却看到合作出现在无数领域中，而且达到了非常大的规模。合作在细胞层面上就存在：细胞通过黏附作用实现了合作，一个细胞会产生细胞外物质，供其他细胞黏附之用。我们观察到，蚂蚁、蜜蜂、人类、人类组织之间，甚至国家之间都存在着广泛合作，不同国家会在制定条约和国际法方面进行合作。

在本章中，我们运用模型来讨论合作如何产生、如何维持以及怎样做才能创造更多的合作。当然，本章给出的这些模型无法完美地解释世界上广泛存在的各种合作，比如，为什么乌鸦会告诉其他乌鸦所发现的腐肉地点，为什么裸鼹鼠会共同防御以它们为猎物的天敌，为什么攀爬藤蔓种植在"亲属"旁边时根系较不发达，为什么白蚁和蜜蜂会建造出精致复杂的巢穴，为什么蚂蚁能用身体和附肢搭起运送食物的桥梁，等等。但是，这些模型确实能够告诉我们很多重要的结论。[2]

尽管我们看到，物种内部和物种之间广泛存在着合作的例子，但是我们同时还应该看到合作失败的情况。合作的程度取决于具体环境。联盟既能吸引人们加入，也会失去原有成员；英国是欧盟的创始成员国之一，但是后来却要退出欧盟。一个积极为学校筹款活动服务的人，却可能在超市排队时插队或者偷税漏税。一头狮子，既可能加入围猎水牛的团体，也可能自己偷偷地去猎杀野猪。并不是每个物种都合作。黑胡桃树的根须将一种名为胡桃醌（juglone）的物质释放到土壤中，以抑制附近植物的生长。

　　细胞、树根、乌鸦、人、企业和国家等合作型实体行为特征的多样性，要求采取多模型方法。也许，我们最好将细胞和植物建模为遵循固定规则的，将乌鸦、蚂蚁和狮子建模为运用更多依赖于环境或过去结果规则的，将人、企业和国家建模为有前瞻能力并会进行成本收益计算的。

　　本章的第一个要点是：合作可以通过多种机制、在多种环境下涌现出来并维持下去。我们讨论了四种促进合作的机制：重复、声誉、局部聚类和群体选择。这些机制都能在没有外部干预或管理的情况下进行合作。它们可以适用于合作的鼹鼠、蜜蜂和人类，人类还有更正式的促进和保持合作的方式。在本章最后的讨论中，我们描述了其他制度性的解决方案，包括付钱让人们进行合作，如果不这样做就惩罚，或者制定法律强制人们的合作行为。

　　本章的第二个要点是，这些机制中任何一个的"效力"都取决于那些正在合作的实体所拥有的"行为曲目"（behavioral repertoires）。一些机制，特别是通过重复实现合作这个机制，几乎适用于任何行为。声誉和规范这两个机制则需要前瞻性行为和信息共享，对于那些更"老练"的行为者来说更加有效。

　　局部聚类对合作的效果取决于具体模型。由演化力量选择支持或反对的行为者之间的合作，最常出现在稀疏的网络上，而通过规范进行合作则需要密集的网络。群体选择的有效性则取决于行动者的前瞻能力和适应速度的细微差别。行为者所拥有的更强的前瞻能力，能够增强群体选择的力量，而允许行为者更快地适应则可能会阻碍群体选择发挥作用。为了探索这些问题并分析清楚行为假设与合作结果之间的相互关系，要利用我们熟悉的囚徒困境博弈模型和合作行动模型。合作行为模型允许我们刻画有利于多个参与者的行动，并对网络上的合作行为进行建模。

本章安排如下。我们首先描述了囚徒困境博弈，同时说明理性行为者之间的合作是怎样得以维持的。接着，我们阐述了重复行动是如何促进基于规则的行动者之间的合作的，以及为什么不断发展合作比单纯维持合作更加困难。然后，我们考虑不太复杂的生物学意义上的行为者之间的合作，并阐明了亲缘选择和局部聚类如何促进了合作。最后两部分讨论了群体选择以及我们如何综合这些模型实现更高程度上的合作的问题。

囚徒困境博弈

囚徒困境博弈的名称源于如下故事。有两个人，被控共同犯下了某种罪行。有关当局只掌握了间接证据，因此给他们每个人都提供了认罪减刑的机会。两人因此面临着两难选择：如果两人都不认罪，那么每个人都会（根据现有证据）受到轻微的惩罚；如果只有一人认罪，那么认罪的这个人不会受到惩罚，而另一个人则会受到很严厉的惩罚；如果两人都认罪，那么两人都会受到较严厉的惩罚，但是不会像只有一个人认罪时那么严厉。

图 22-1 将这个故事表述为一个双人博弈。每个博弈参与者可以选择合作或背叛。图中的灰色数字表示列博弈参与者的收益，黑色数字表示行博弈参与者的收益。对每个博弈参与者来说，背叛都是占优策略，无论其他博弈

参与者采取什么行动，背叛都能带来更高的收益。但是，如果两个博弈参与者都背叛，每个博弈参与者的收益都会低于双方合作时的收益。因此，追求自身利益的行为导致了集体利益的恶化。

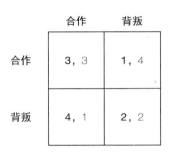

图 22-1　囚徒困境博弈的例子

囚徒困境博弈紧紧抓住了现实世界中许多情况下的核心激励，它可以用来建模一些国家之间的军备竞赛：背叛对应于将资源用于开发武器，合作对应于发展经济。还可以用来建模竞选活动中的广告战：背叛对应于投放负面广告，合作对应于投放正面广告。它甚至可以用来解释为什么雄孔雀会有如此之长的尾巴，每只孔雀都有很强的动力使自己看上去比其他孔雀更强壮、更健美。

很多囚徒困境博弈都是在事后才认识到的。许多新技术的最早一批采用者，例如，最早使用 ATM 机的银行，发现自己的利润因此大为增加。但是，当其他银行也跟进时，利润就因竞争加剧而下降了。事后证明，可以把选择使用 ATM 机类视为一种"背叛"。[3]

如图 22-2 所示，一般形式的囚徒困境博弈假设如果两个参与者都选择背叛，那么基线收益为零。这样一来，我们就可以用三个变量来表示这个博弈：来自合作行为的奖励 R，背叛的诱惑 T，以及被损害的一方的收益 S（参见图 22-2 中的收益矩阵）。收益矩阵下面的不等式确保了选择背叛是一个占优策略，而选择合作则能够产生有效率的结果。

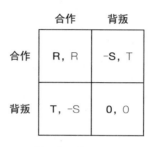

$$T > R > 0 > -S$$
$$2R > T - S$$

图 22-2 一般形式的囚徒困境博弈

通过重复和声誉机制实现合作

我们首先阐明，博弈的重复进行和声誉的建立为什么能够维持理性行为者之间的合作。能够维持合作这个事实，并不能保证合作真的能够实现，它只是说明，如果合作"不知怎么"出现时，理性的博弈参与者能够维持它。为了证明重复行动能够维持合作，我们构建了一个重复博弈模型。在这个重复博弈中，每次博弈结束之后，都以概率 P 再一次进行。从理论上说，这种博弈可以永远持续下去。

博弈参与者在重复博弈中，要根据以往的博弈历史选择行动。在这里，我们考虑一个被称为冷酷触发（grim Trigger）的重复博弈策略。具体来说，这个策略是，在第一次博弈中选择合作，并且，只要另一个博弈参与者不背叛，那么就在未来的所有博弈中一直选择合作；但是，一旦另一个博弈参与者背叛了，那么就永远选择背叛。冷酷触发策略是"永不饶恕"的。如果两个博弈参与者都采用冷酷触发策略，那么双方将会永远合作。

要想证明冷酷触发策略能够在重复博弈中维持合作，我们只需要证明，如果一个博弈参与者选择了冷酷触发策略，那么另一个博弈参与者也可以通过采用冷酷触发策略获得最高的收益。由于第二个博弈参与者的任何一个偏离合作的行为都会导致第一个博弈参与者无休止的背叛，所以第二个博弈参与者只需要对一直合作的预期收益，与一次背叛再加上两个博弈参与者此后都一直背叛的预期收益加以比较就行了。[4] 而冷酷触发策略能否带来更高的收益，则取决于诱惑的大小、合作回报的多少以及重复博弈的概率。

重复博弈维持合作　　　在重复囚徒困境博弈中，如果继续进行下一次博弈的概率 P 超过了诱惑收益 T 减去奖励收益 R 的差与诱惑支付的比，那么采用冷酷触发策略就能维持合作，即：[5]

$$P > \frac{(T-R)}{T}$$

这个结果告诉我们，如果诱惑收益超过了奖励收益的三倍，即 $T > 3R$，那么博弈必须以超过 2/3 的概率重复。这个不等式还告诉我们，如果合作的奖励增大了、博弈重复进行的可能性增加了，或者背叛的诱惑减少了，合作就会变得更加容易维持。这些含义中的每一个，都意味着一条直观的促进合作的途径：增加合作奖励，让重复进行博弈的可能性更大，以及减少背叛的诱惑。虽然这些都只是非常简单的推论，但是在写出这个模型之前，它们可能并不是一目了然的。

通过思考合作的必要条件，我们还可以推断出一些不那么直接的结论。上面这个不等式还意味着，如果博弈参与者认为博弈重复进行的概率在未来会下降到低于阈值，那么理性的博弈参与者将会在这种概率变化发生之前就停止合作，而不会等到变化发生时再停止合作。[6]

而且，重复博弈能不能维持理性的博弈参与者之间的合作，还取决于这个模型的一个特别假设：博弈会以一定概率不断重复进行下去。相反，如果转而假设博弈只会重复一定次数，比如只会重复进行 3 次，那么理性的博弈参与者将不会选择合作。

　　我们可以利用逆向归纳法来证明这一点。假设博弈只重复进行 3 次并且第一个博弈参与者将采用冷酷触发策略。再假设 $T=3$、$R=2$、$S=1$。给定这样的收益矩阵，如果第二个博弈参与者在所有三轮博弈中都选择合作，那么他的总收益为 6。接下来需要确定是不是所有其他策略都不能带来更高的收益。如果第二个博弈参与者在第一轮博弈中就背叛，那么他所能得到的收益仅为 3，因为在他背叛之后，第一个博弈参与者将在后面两轮博弈中都选择背叛。如果第二个博弈参与者在第二轮博弈时再背叛，那么他可以得到的收益为 5。但是这两个策略都是不理性的。如果在第三轮博弈中才背叛，那么他可以得到的收益为 7（前两轮博弈中各得到 2，最后一轮博弈中得到 3）。因此，理性的博弈参与者会在最后一轮博弈背叛。

　　但是，第一个博弈参与者（他宣布自己会采取冷酷触发策略）应该会意识到第二个博弈参与者会在第三轮博弈中背叛，因而他也会在第三轮背叛。第二个博弈参与者也会意识到两个博弈参与者都会在第三轮博弈中背叛，因此他在第二轮博弈中就会背叛。根据同样的逻辑，第一个博弈参与者也会在第二轮博弈中就背叛，这种推理也适用于第一轮博弈。事实上，只要博弈只重复有限次数（无论多少次），上述结果就都适用。在最后一轮博弈中，理性的博弈参与者会背叛。结果，两个博弈参与者都有动力在倒数第二轮博弈中背叛，以此类推，他们会在所有轮次的博弈中都背叛。从而，唯一符合理性的策略就是永远背叛。

目前为止，我们一直是在一个孤立的环境中考虑两人博弈的，并没有考虑一个人的背叛行为可能会影响其他人对待背叛者的态度。这样做，其实是将这种两人博弈圈进了一个封闭世界中。我们可以扩展这个模型，让博弈在一个社区的成员之间进行，并让这些人有机会监督其他参与博弈的人的行为。

现在假设，每一天，先让这些人随机两两配对，然后进行囚徒困境博弈。在这种情况下，我们假设这个社区的所有成员相信博弈将会永远重复进行下去，因此未来继续博弈的概率等于 1。在这些假设条件下，每一个人都不太可能在第二天仍然与前一天博弈过的那个人博弈，所以他们背叛的动机会更加强大。但是，由于我们假设同一社区的人可能会认出谁是背叛者，所以那些背叛过的人很可能会留下不好的名声，根据假设，这个社区中的任何人将来都不会与声誉不好的人合作。

如果我们用 P_D 表示一个人背叛且被发现、从而留下了一个背叛者的坏名声并在未来的所有博弈中受到惩罚的概率，那么，通过声誉机制维持合作的条件，也就与重复博弈条件下维持合作的条件一样了。这个条件可以写为 $P > \frac{(T-R)}{T}$，用一个背叛被发现的概率取代博弈重复进行下去的概率 P。

在声誉模型中，合作是通过社区来实施的。背叛并被发现的人，在未来将会遭到所有博弈参与者的背叛。在这里，个体还是会计算背叛的收益和成本。他们还必须相信其他人会坚持惩罚到底，而这也就意味着其他所有人都会背叛那些背叛的人。要做到这一点，所有个体必须要么彼此认识，要么有某种方法来识别或标记过去的背叛者。因此，在其他条件相同的情况下，规模较小的社区的成员应该能够更好地通过这种机制来实施合作。在美国北方的小城镇，人们在冬季会将车停在商店停车场里。他们不用担心汽车会不会被人偷走（"背叛"），因为他们认识城里的每个人。任何偷车的人，即便是恶作剧，都会导致自己的声誉下降。

实物标签可以使声誉变成一个公共信息，从而有利于能够维持合作。在纳撒尼尔·霍桑（Nathaniel Hawthorne）的小说《红字》（The Scarlet Letter）中，海丝特·白兰（Hester Prynne）被迫穿着一件上面有一个猩红色的"A"的衣服，以表示她犯下了通奸的过错。在有些社会中，小偷被定罪后，手会被砍掉，这无疑是一个代价极其高昂的标签。

背叛者会被打上标记，这种情况甚至也发生在了人类之外的其他物种中。在大海中，医生鱼——裂唇鱼（labroides dimidiatus），既可以选择清除作为它的"邻居"的其他鱼类身上的寄生虫（合作），也可以吃某种更美味的其他食物（背叛）。如果裂唇鱼合作，那么它的"邻居"就可以少受寄生虫的困扰。其他鱼也可观察到寄生虫有没有减少。于是，裂唇鱼"邻居"的清洁程度就成了一个标签，一个代表声誉的具体形象。[7]

连通性与声誉

通过声誉机制维持合作有一个条件：个体必须能够知悉自己邻居的行为偏离合作的可能性。为了评估关于这种行为偏差的信息传播出去的可能性，我们可以应用在向传染病模型中加入网络时学到的三个结果。首先，网络的度越大，关于偏离合作行为的信息传播出去的可能性就越大。其次，度分布的变化，特别是超级传播者的存在，也会增加信息传播出去的可能性。再次，如果一个人所背叛的那个受害者，与这个人的其他邻居没有任何联系，那么这个人的邻居就不会知道这个人背叛了他人。因此，要保证声誉扩散，网络必须具有很高的聚类系数，而聚类系数又是社会资本的一个衡量指标。

规则行为者之间的合作

现在，我们放松关于理性的假设，转而假设博弈参与者只会遵循诸如冷酷触发策略之类的规则行事。我们将利用这个更一般的模型探析合作是否可能出现以及如何出现。在这个模型中，假设一群人重复进行囚徒困境博弈，并假设博弈将以如上所述的概率进行下去。我们将证明，如果博弈继续重复进行下去的概率足够高，那么理性的博弈参与者会在这种情况下合作。

与前面那个模型不同，在这里我们假设博弈参与者直接应用特定的行为规则。有些博弈参与者可能会采用冷酷触发策略，有些博弈参与者可能始终合作，而另一些博弈参与者则可能始终背叛。这些策略的某些变体甚至可以在人类之外的其他物种身上看到。雄鸣鸟（Warbler）可能会采取"爱自己的敌人"策略，它们不会大声唱歌，也不会以牺牲邻居为代价来扩大领地。我们可以将这种行为视为一种合作行为。[8]

为了便于解释，我们假设每个个体都与其他人一起博弈。在完成了自己所有的博弈之后，每个人都要公布自己的"成绩"，也就是在博弈中的平均收益。之所以要使用每一场博弈的平均收益而不是所有博弈的总收益来考量，是因为给定博弈以一定概率继续进行，有些博弈参与者（出于偶然）参加的博弈可能会比其他博弈参与者多一些。在这个模型设定中，策略的效能取决于策略的分布。因此，胜出的策略也可能取决于初始分布。如果合作策略在一开始的时候表现是最好的，那么种群中的合作者数量就可能会增加。

在这个例子中，我们随机地向每个博弈参与者分配如下五种遵循行为规则的策略中的一种：始终合作（C）、始终背叛（D）、冷酷触发（GRIM）、针锋相对（TFT）、欺负好人（TROLL）。冷酷触发策略是一开始选择合作，后面也一直继续合作，直到另一个博弈参与者背叛为止，然后就一直背叛。始终合作和始终背叛这两种策略与名字的含义一样：盲目地选择合作或背叛，无论其他博弈参与者的行为如何。针锋相对（或一报还一报）是指在第一次合作，然后每一次都复制另一个博弈参与者在前一次中的行为，两个人都使用针锋相对策略的博弈参与者将永远合作。欺负好人策略则剥削始终合作的博弈参与者，更具体地说，这种策略是，在前两次选择背叛，如果另一个博弈参与者在这两次都没有背叛过，那么就选择永远背叛；而如果另一个博弈参与者在前两次已经背叛过了，那么就先转而在接下来的两次选择合作，然后一直采用冷酷触发策略。

我们首先根据如图 22-1 所示的囚徒困境博弈的收益矩阵，将每种行为规则策略面对其他每一种策略时的收益计算出来。我们先计算始终背叛这个策略在面对各种策略时的收益。如果面对的是始终合作这个策略，那么它在每一轮博弈中都可以得到的收益为 4。与此对应，在这些博弈中，始终合作所能得到的平均收益则为 1。如果始终背叛策略"对阵"的是针锋相对策略或冷酷触发策略，那么它在第一轮博弈中获得的收益为 4，之后每一轮博弈中都获得 2 的收益。

如果我们假设博弈会重复多次，那么所有轮次博弈的平均收益将只能略超过 2，我们将它记为 2^+。而如果始终背叛策略与欺负好人策略相遇，前两轮博弈双方都背叛，然后欺负好人策略在第三轮和第四轮博弈中合作，但是此后一直背叛。因而始终背叛策略还是可以获得 2^+ 的平均收益；同时欺负好人策略的平均收益则略低于 2，我们将它记为 2^-。

与此类似，我们可以计算出每一对策略的预期收益。[9] 表 22-1 显示了每一个策略对所有其他策略的收益。

表 22-1		行策略对列策略的平均收益			
博弈参与 者的策略	对方的策略				
	始终合作	始终背叛	针锋相对	冷酷触发	欺负好人
始终合作	3	1	3	3	1
始终背叛	4	2	2$^+$	2$^+$	2$^+$
针锋相对	3	2	3	3	3$^-$
冷酷触发	3	2	3	3	2$^+$
欺负好人	4	2	3$^-$	2	3$^-$

表 22-1 显示了相互合作、相互背叛和利用其他策略中的缺陷策略的各种情况。仔细研究这张表可以发现，这五种策略中其实有四种是在与自己合作的，因此我们可以将这些策略视为潜在的合作策略。只有针锋相对这一种策略是所有这四种潜在的合作策略都能合作的策略。因此，如果这四种策略的任何一个组合在人口中占了大部分，那么针锋相对策略就能够表现得非常好，尽管不一定总是最好的。[10]

研究者以人为被试，进行了数千次实验，结果充分揭示了人们所选择的策略的巨大异质性。我们将使用表 22-1 中的收益来考虑给定不同分布时的结果。基于这些策略的不同组合的收益多样性，最优策略将取决于人口的构成。在主要由总是选择合作策略的人组成的人群中，始终背叛这个策略的表现最佳。如果个人选择采用这个最优策略，或者自然选择的作用发挥得非常快，那么人们可能永远无法合作。如果学习或选择以适中的速度发生，那么博弈参与者也会逐渐远离始终合作策略。然而，一旦人口中只包含了很少的采用始终合作策略的人，那么始终背叛策略的表现将不如冷酷触发策略、欺负好人策略和针锋相对策略。这时，这三种策略中的某一种策略将会在人群中扎下根来。无论是在以人类为被试的实验中，还是在计算机仿真实验中，都会发现这种模式的广泛存在：一开始背叛策略的表现很好，但是不久之后，合作也能扎下根来。我们可以把这些情况下发生的这种事情，称为合作的涌现和合作的演化。

我们不难想象出这五种策略或任何其他策略集上的某种分布，再计算出该分布的平均收益，然后思考通过学习或自然选择接下来可能会发生什么事情。在本书后面的章节中，我们构建了一些关于学习和（自然）选择的正式模型。在这里，我们只是非正式地提出这样的观点，因为我们的目的只是指出合作是否能够出现、取决于种群中的初始战略分布以及人们如何学习或发展新策略。

合作出现或发展的一个必要条件是，合作带来的收益超过了背叛者能够获得的收益。否则，选择和学习都会导致整个种群趋向背叛。为了简化分析，不妨想象如下这个由采取冷酷触发策略、始终合作策略和针锋相对等合作策略的人，以及采取始终背叛策略的人所组成的种群。然后，我们可以计算出，要想让合作策略平均来说表现得更好，必须具备什么条件。这个计算表明，不断发展的合作比简单地维持合作更加困难，而且合作是无法自我引导的，少数合作者无法促成合作的出现。[11]

合作的维持、合作的出现和合作的不断发展，以及合作的自我引导之间的区别值得再三审视。如果当所有参与者都合作时，合作的表现是最好的，那么合作是自我维持的。合作的维持所对应的情况是，通过冷酷触发策略实现的合作是重复博弈的纳什均衡。如果在种群中配对时，合作策略的平均表现优于那些不合作的策略，合作就能够出现或发展起来。

正如刚才已经指出过的，合作出现的条件要比维持合作的条件更难满足。事实上，数学推理告诉我们，以自我引导的方式让合作出现几乎不可能。如果合作者的比例接近于零，合作者的收益就会低于背叛者。这样说并不意味着合作的自我引导永远不会发生，而只是在这个模型中不会发生。为了实现合作，我们需要一部分人从一开始就是合作的。这种情况有可能发生在那些会反思博弈结构的人身上，但是似乎不太可能发生在蜜蜂和树根"身上"。要想理解这种自我引导怎样才能发生，我们需要一些更加精细的模型，以允许局部学习、进化和群体选择。下面就来讨论这些模型。

合作行动模型

为了研究合作怎样才能实现自我引导，在这里引入一个合作行动模型（cooperative action model）。在这个模型中，人们可以采取合作行动，也可以不采取合作行动。[12] 合作行动要求个人承担一定成本，会给他人带来收益。在这个模型中，聚类和群体选择都可以产生合作。

合作行动模型与重复囚徒困境博弈之间存在着一些差异。首先，在合作行动模型中，个人并不是两两配对重复进行博弈并在博弈中使用策略、获得收益的，相反，个人要么是合作者，要么不是合作者。其次，合作行动模型不假设理性行为者，也不假设个体会采用更复杂的规则。再次，这个模型中的个体属于一个交互网络。他们的合作行动只会影响与他们有联系的人，也就是他们的邻居。最后，因为个体有固定的类型，所以他们会对所有邻居都采取相同的行动。例如，一个有五个邻居的合作类型的个体，要付出五次合作的成本，并且为另外五个人带来收益。

合作行动模型　　　　一个种群由 N 个人组成，他们或者是合作者，或者是背叛者，连接于一个网络中。在每一次互动中，合作者都要承担合作成本 C，而其他人则可以获得合作收益 B。背叛则不会产生任何成本和收益。合作优势比率 B/C 刻画了合作的潜在收益。

在这个模型中，网络发挥了关键的作用。网络的存在，使合作得以出现，甚至可以实现合作的自我引导。一个主要在内部成员之间进行互动的合作者团体或合作者群组会有很好的表现，能够使合作在种群中扩展开来。在生态系统中，后代通常位于父母附近。如果合作者的后代更有可能成为合作者，那么合作的自我引导将会变得更加容易。

为了证明聚类可以导致合作的自我引导，我们从一个只有一部分已经被"充满"的网络开始。这个网络上的每个节点都是一个人可以"居住的住处"。在生物学背景下，这种"住处"就是生物的可行栖息地。然后，我们让合作者或背叛者"住进"网络的一部分。例如，可以先绘制出一个平均度数为 10 的随机网络，然后在每个节点上掷骰子，如果掷骰子掷出了"6"，就在那个节点上放一个人进去。如果没有掷出"6"，就将这个节点留空。如果我们已经决定要在一个节点上放一个人，那就再掷一次骰子。如果掷出了"5"，就在那个节点上放一个合作者，否则，就放一个背叛者。这个过程结束后，网络中 1/6 的节点将会被人占有，而且在这些被占有的节点中，只有 1/6 是被合作者占有的。

鉴于这个网络结构，每个人的邻居数量将会有所不同，有些人没有邻居，有些人会有四五个邻居。为了在这个网络上实现合作的增长或消亡，我们通过迭代地填充与被占用节点相邻节点的方法来填充网络的其余部分。假设填充空节点的人的类型将与这个节点的邻居中表现最好的那种类型相同（合作者或叛逃者）。图 22-3 给出了一个线性网络的两个片段，合作者用黑色线条表示，背叛者用灰色线条表示，黑色虚线则表示空节点。每个片段都在中心处包含了一个空节点，它有两个邻居、一个背叛者和一个合作者。在这图 22-3 中，合作创造的收益为 2，而发生的成本则为 1。

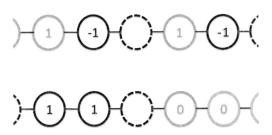

图 22-3　两个线性网络中的一个空节点的邻居的收益

在图 22-3 的上图中，空节点右边的背叛者有一个合作者的邻居，因此可以获得 1 的收益。空节点左边的合作者有一个背叛者的邻居，因此可以获得 –1 的收益。根据规则，由于空节点的邻居中，背叛者获得的收益更高，所以这个空节点将由一个背叛者占据。在图 22-3 的下图中，空节点的背叛者的邻居的邻居也是背叛者，同时，空节点的合作者的邻居则连接到了另一个合作者。在这种情况下，空节点的邻居中以合作者的表现更好，因此空节点将成为合作者。

这个例子表明，一个单独的合作者不能产生一个额外的合作者，但是两个相邻的合作者可以。这就是说，一个小小的合作聚类就可以将合作扩展到空单元上。因此，合作区域可以从少数几个合作者中产生。

我们可以根据相邻的合作者和背叛者的比例以及合作优势比例，写出决定空单元是会成为合作者还是会成为背叛者的更一般的条件。因此，在度数更低的网络中，合作的自我引导更加容易实现。这个发现与我们在分析声誉机制如何维持合作时所得到的结果相反，在那种情况下，更多的连接网络会增加背叛行为破坏某人声誉的可能性，因此更多的连接有助于合作的维持。这也是多模型思维能够产生依赖于特定条件的知识的又一个很好的例子。连通性高的网络能够产生更大的合作还是更少的合作，这个问题没有单一的答案。如果合作有赖于运用声誉机制的老练的行为者维持，那么连接更多的网络将更有利于合作。如果合作是在不成熟的行为者（如树木或蚂蚁）中自我引导或演化的，那么连接较少的网络应该更能促进合作。

聚类自我引导合作　　如果一个空节点的邻居包括了一个合作者（其度数为 D 且有 K 个作为合作者的邻居），同时这个空节点的所有非合作者邻居都没有合作者的邻居，那么这个空节点会成为一个合作者，当且仅当合作优势比例高于与合作者数量之间的比例时，即：[13]

$$\frac{B}{C} \geq \frac{D}{K}$$

群体选择

我们要讨论的最后一个自我引导、发展和维持合作的机制是群体选择。这个机制依赖于群体之间的竞争或选择。[14] 为了构建群体选择模型，我们将种群进一步划分为若干个群体。在每个群体内，个人的行动满足某种形式的合作行动模型——每个人或者选择合作或者背叛。与以前一样，我们可以认为每个人都有各自的表现。我们还为每个群体分配一个表现，它等于该群体成员的平均表现。群体选择模型假设选择是在群体与群体之间进行的，表现最佳的群体的复制体（副本）将替换表现较低的群体。这种选择有利于合作者组成的群体，它们的表现将会更好。

然而，合作者组成的群体在群体选择时会占优势，这个直觉结论无法回避这样一问题：在任何一个群体内部，背叛者都比合作者有优势。作为例子，不妨考虑两个规模均为 10 人的群体：第一个群体包含了两名合作者和 8 名背叛者，第二个群体包含了两名背叛者和 8 名合作者。如上所述，假设收益等于 2 且成本等于 1。在第一个群体中，每个背叛者的绩效等于 4，因为他可以从每名合作者那里获得 2 的好处；每名合作者的成本为 9，并且只获得 2 的收益，因此其绩效等于 -7。第一个群体所有成员的平均绩效等于 1.8。在第二个群体中，每个背叛者从 8 名合作者中的每一个中获得 2 名，因此其绩效等于 16，每名合作者的绩效等于 5，因为他从其他 7 名合作者那里得到 14，但是支付 9 的成本。第二个群体的平均绩效等于 7.2。

这些计算结果揭示了一个矛盾：在每个群体内部，背叛者对合作者有优势，但是表现更好的群体却必须包含更多的合作者。这里的张力是非常明显的：个体选择有利于背叛，但是群体选择却有利于合作。这种张力在各种各样的生态、社会、政治和经济环境下都会出现。例如，让自己的根系与其他树木合作的树木，个体生存条件可能会变得更加糟糕，但是这种合作有助于形成一个更加强大的生态系统，并使之更快速、更有效地扩散到更大的土地上。在一个社区内，合作的个人可以获得的收益少于背叛者，但是合作的社区规模将会扩大。支持自己所属政党的政治家可能比那些只专注于个人支持率的政客更加不容易再次当选，但是凝聚力更强的政党将更有可能发展壮大。在某家企业就职的人如果只专注于学习掌握与本企业有关的知识和技能，对自己可能不利，但是他所属的企业则可能胜过其他企业。

合作行动模型能够帮助我们识别和量化这种张力。为了确定群体选择能否引导、发展或维持合作，还需要往模型中加入更多的细节。为此，特劳森（Traulson）和诺瓦克（Nowak）构建了一个精致的模型。在他们的模型中，种群的人口会增长，而且新出现的成员会复制表现最好的成员的类型。这个模型内置了个体选择和群体选择。选择发生在个体层面，同时表现更好的人更有可能来自合作的群体。当一个群体变得足够大时，它会一分为二，创建出一个新的群体。为了防止种群人口过多，新群体的形成会随机地导致现有的某个群体消失。这最后一个特征引入了一种较弱形式的群体选择。[15]

这些模型证明，群体选择能够增进合作，条件是合作行动的利益相对较大，同时最大群体的规模相对于群体的数量来说比较小。群体选择的效力部分取决于最大群体的规模与群体数量之间的比，这个结果揭示了竞争的必要性。有更多的群体，意味着全部由合作者组成的群体更有可能出现，它也隐含地假设了更多的竞争。最意想不到的一个结果是，最大群体的规模越小，导致的合作更多。较小的最大群体规模可以防止合作者组成的群体被背叛者所支配，也就是说，这限制了个人选择的影响。回想一下在前面举的有 8 名合作者和两名背叛者的群体的例子中，背叛者的表现更好。如果允许群体的规模扩大为 80，那么在群体"分裂"出新的群体之前，它就会包含更大比例的背叛者。如果这个群体在有 12 名成员时就拆分为两个群体，那么在最坏的情况下，这个群体在拆分时也会包括 2/3 的合作者。

群体选择拥有增进合作的潜力，这个结论还可以应用到组织内部。大多数组织主要根据个人绩效来分配薪酬。将员工分成若干相互竞争的团队，并根据团队绩效分配奖金和机会，能够诱导合作行为的出现。如果资源流向团队，个人就有动力在这些团队中努力工作，即相互合作。[16] 如果合作带来的好处很大，并且团队规模相对于团队数量来说很小，那么这种激励措施应该能够增进团队内部的合作。

但在评估群体选择的潜力时，我们必须仔细考虑个体行动者的复杂情况。树木的适应速度非常缓慢，因此不必要求群体选择很快发挥作用。但是，人类的适应是非常迅速的，因此如果个人背叛的动机很高，那么相应地，群体选择就必须以很高的速度进行。而且，人们也可能会认识到群体选择效果，他们可能会考虑群体之间的竞争，并理解创建一个强大的群体需要符合个体的自身利益。这种认识会使合作更有可能实现。所有这些都表明，我们应该很小心，不要对特定模型中证明的能够促进合作的特定条件过于自信。恰恰相反，我们应该坚持多模型思维，善用判断力，追问定性结论是否仍然成立。

小结

合作如何出现、发展和维持，是来自众多学科领域成千上万的学者一直致力研究的一个难题。模型对这种研究很有帮助，其中最突出的模型是囚徒困境博弈模型。如果我们采用重复博弈框架，并假设行为者是理性的，这个合作难题会暂时消失。模型表明，可以利用进行惩罚的威胁来维持合作。惩罚可以通过重复博弈机制直接实施，也可以通过声誉机制间接实施。这些机制或许可以解释，在利害关系很大且博弈参与者是成熟老练的个体时，合作是怎样产生的；但是它们无法解释为什么蚂蚁、蜜蜂、树木和裸鼹鼠也会合作，而且合作程度是如此之高。当我们考虑了遵循规则的博弈参与者之间的合作时，我们发现要让合作不断发展并不那么容易。理性行为者可以在遵循规则的行为者无法发展合作的环境中维持合作。

我们还发现，像针锋相对这样的简单规则虽然不是最优的，但是可以实现相互合作而且不会被"剥削"。后续研究还表明，如果博弈中会出现随机误差，那么针锋相对策略的表现就不是很好。如果允许出现误差，那么每个使用针锋相对策略的博弈参与者都会在另一个博弈参与者出现误差之后产生一个背叛行动和合作行动组成的循环。如果两名博弈参与者都因误差意外采取了背叛行动，那么针锋相对策略将导致双方一直背叛，直到另一个误差出现为止。

在现实世界的囚徒困境博弈中，这种误差确实会发生。1983 年 9 月 1 日，韩国航空公司 007 航班从阿拉斯加安克雷奇起飞，前往韩国首尔，途中偏离航线进入了苏联领空。一架苏联 SU-15 战斗机击落了这架民航客机，机上 269 人全部不幸遇难。美国人认为这是苏联人的"背叛"行径，而苏联人则认为这架飞机在执行间谍任务，认为这是美国人的"背叛"行径。

其他的策略，例如"赢则坚持，输则改之"（Win Stay，Lose Shift）策略，在这样的情况下可以做得更好。在"赢则坚持，输则改之"策略下，相互合作时的收益和诱惑收益都编码为"赢"，另外两种收益则编码"失"。"赢则坚持，输则改之"策略从合作开始，此后，如果赢了，就坚持上一轮所做的一切；如果输了，就转变为另一种行动。只要考察一些例子，你就可以观察到"赢则坚持，输则改之"策略会回归到合作行为上。[17]

我们还描述了另外两种机制。聚类使合作能够实现自我引导。这种机制依赖于合作者之间的互动并通过选择来发展合作。群体选择发挥作用的原理也类似。合作者组成的群体表现得更好并取代了背叛者组成的群体。在正式的模型中，我们发现通过聚类和群体选择实现合作的条件要比通过重复博弈或声誉机制维持的合作更加严格。

我们还了解到，这些机制的成功与否，取决于我们如何对个人进行建模。我们不应期望这些机制对人类、蚂蚁和树木发挥作用的方式完全相同。更精明老练的行为者可能因为他们拥有前瞻能力而能够更好地维持合作，但是，当周围都是合作者时，他们也更有可能发现背叛的好处。

我们的大多数讨论都假设合作是有益的。但是，有些组织也可能通过合作来剥削他人。企业组成卡特尔（cartel）[①]，人为地压低价格；各产油国结成联盟，限制石油产量，以扩张自己的利益，而不管人类的利益是否受到了损害。癌细胞会合作抵抗我们的免疫系统。[18]因此，当我们研究合作的时候，还应该记住，合作不一定是为了共同利益，例如野生水牛并不会受益于狮子之间的合作。

---

① 卡特尔，由一系列生产类似产品的独立企业所构成的组织，目的是提高该类产品价格并控制其产量。——编者注

23

与集体行动有关的问题

自从大约 5 万年前智人发展出了现代创造力、高效和狩猎技能以来，如何可持续地管理环境资源一直是一个非常困难的问题。

——贾雷德·戴蒙德（Jared Diamond）

在本章中，我们讨论集体行动问题，也就是那些自身利益与集体利益出现了不一致的情况。集体行动问题在各种情况下都会出现。在机场，乘客可能通过尽可能地挤到行李传送带旁边而获益，因为可以更快地拿到自己的行李，但是如果所有乘客都站到离行李传送带几步以外的地方，那么每一个人都会感觉更好。在美国，人们几乎没有任何动力去成为一个了解有关信息的选民，因为仅凭自己的一票改变选举结果的可能性非常低，尽管如果选民了解有关议题的话，国家的整体绩效将会更好。我们可以把集体行动问题视为一个多人囚徒困境博弈：每个人都有动机去背叛，但是从集体的角度来说，每个人都能够通过合作使自己的境遇得到改善。

学者们经常在历史案例的背景下研究集体行动，例如苏格兰公地的管理或纽芬兰和缅因州沿海龙虾栖息地的演变。[1] 其中最著名的案例是贾雷德·戴蒙德讲述的复活节岛上的波利尼西亚人的衰落。[2] 复活节岛位于智利以西3 000多千米的南太平洋，方圆1 000多千米内没有其他可以供人居住的岛屿。这个特殊的地理位置决定了，复活节岛上的居民必须自己管理自己。据估计，到17世纪初，复活节岛上的人口已经超过了1.5万人。从16世纪开始，复活节岛上的居民积累了足够多的资源，调集了富余劳动力去建造一种名为莫埃（maoi）的巨型石头人像，它们往往重达80吨以上。

但是，复活节岛上的居民在忙于建造莫埃的同时，却没能共同合作管理好他们的森林。到了 1722 年，当欧洲探险家第一次登上复活节岛时，岛上的食物已经相当匮乏了，人口也减少到了 2 000 人左右。岛上已经基本看不到超过 3 米高的树木了，许多鸟类和动物都已经灭绝。用戴蒙德的话来说，岛上的文明已经崩溃了。当欧洲人带来的病毒害死了岛上几乎所有剩余的原住民时，这个崩溃过程就最终完结了。

根据戴蒙德的解释，复活节岛上文明的崩溃，以及中美洲的玛雅人、美国西南部的阿纳萨齐人（Anasazi）和格陵兰岛的温兰人（Vinlander）的没落和崩溃，都是由于自然资源的过度开发和气候变化共同造成的，而资源的耗竭，又是因为制度和文化的失败所致。温兰人不但在极地边缘地带放养动物，而且还从原本就非常脆弱的草地上揭起草皮来建造房屋。结果在很短的时期内，他们的土地就因过度使用而变得极度贫瘠了，于是温兰人开始挨饿。与复活节岛上的居民一样，温兰人也未能管理好公共资源。他们砍掉了太多的树木、毁坏了太多的草皮，文明崩溃了。

虽然这些例子都很引人注目，也促人深思，但是由于它们都发生在"遥远"的历史时期，所以许多人可能据此认为，集体行动问题只是在久远的过去才是重要的问题。这是一种相当不幸的框架效应。事实上，由于世界已经变得更加复杂，各个部分之间的相互联系也更加紧密了，集体行动问题其实比以往更加重要。在人类社会的所有方面几乎都面临着集体行动问题。公共教育、身体和精神的健康保障、基础设施、公共安全、司法系统和国防支出，核心都是集体行动问题；管理全球渔业、应对气候变化，特别是减少对大气层的碳排放量，与集体行动问题就更加息息相关了。

此外，由于几乎所有工作都变得更加依赖于团队合作，也必然会产生集体行动问题。员工有很强的动机去"搭便车"——自己偷懒卸责，让别人去努力工作，他们也会对共享工作空间提出过度需求，以确保自己的团队有足够的工作空间。

本章的结构如下。首先定义一个一般的集体行动问题，然后具体分析三类重要的集体行动问题。我们的讨论是从公共物品的供应问题入手的，在这类问题中，个体要为道路、学校和社会服务提供资金，或者为清理公园或水源而付出时间和精力。然后，我们研究了拥挤问题，即个人对诸如道路系统、海滩或公园之类的公共资源的使用必须受到限制。最后，我们分析了可再生资源的开采利用问题——个人需要消费这些可以再生的资源，例如鱼，龙虾和树木。拥挤问题每天都会发生。如果太多的汽车塞满了城市的街道，那么该市或许可以通过向进入城市的汽车征收拥堵费来解决这个问题，因此以往的过度使用不会产生长期影响。然而，森林被过度采伐了、渔场被过度捕捞了，却至少需要数十年时间才能恢复元气。这就是说，我们不得不承担过去合作失败的恶果。

个体激励与集体目标之间不一致的性质各不相同，因此问题的解决方案也不同。我们可以通过征税来解决公共产品供应问题，在某些情况下，也可以通过分类来解决这个问题。拥挤问题则可以通过收费或实施使用限制来解决，解决可再生资源问题则需要监督、制裁，还需要建立健全解决冲突的机制。

说到底，我们在这里给出的解决方案只是一些最基本的见解，它们必须因地制宜地应用于各种具体情况。任何真实情况都包括了模型无法完全覆盖的复杂层面。巴厘岛的水神庙能够解决水资源分配问题。水资源的分配是一个序列拥挤问题：上游的人可以先利用水资源，然后是中游的人，最后才是下游的人。国际捕鱼权制度通过限制进入的方法解决了可再生资源的公地悲剧问题，不然的话，挪威限制本国渔民近海捕捞的努力，可能因瑞典、俄罗斯和丹麦等国渔民在近海的过度捕捞而无效。[3] 在现实世界中，任何一个解决方案的有效性，都部分依赖于我们在第 22 章中讨论过的关于如何在囚徒困境博弈中实现合作的机制：重复行动、声誉、网络结构和群体选择等。群体选择是间接发挥作用的：成功解决了这些问题的社区和国家将繁荣发展，它们的成功会被其他人所复制。

集体行动问题

在集体行动问题中，每个人都可以在做贡献与免费搭便车之间进行选择。搭便车符合个人利益最大化动机，因为这能为个人带来更高的收益。然而，当每个人都做出贡献时，整个群体能够获得更大的收益。

集体行动问题　　　　在集体行动问题中，N 个人中的每个人都要选择是搭便车（f）还是为集体行动做贡献（c）。个人的收益取决于自己的行动和合作者的总数。个人可以通过搭便车获得更高的收益，即，收益（f, C）> 收益（c, C+1），但是当每个人都做出贡献时，所有人的收益总和实现最大化。

我们可以把集体行动问题视为一个多人囚徒困境博弈。因此，我们可以参考第 22 章中提出的解决方案，来解决如何形成合作和维持合作的问题。然而，那些方法是不完整的，原因如下：第一，集体行动问题涉及群体和社区，而不仅仅涉及配对博弈的个体；第二，许多集体行动问题都有特定的形式，因此其解决方案必须量身定制。

集体行动问题一：公共物品供应问题

我们要讨论的第一个具体的集体行动问题与公共物品的供应有关。公共物品满足非竞争性（non-rivalry），也就是一个人对公共物品的使用不会影响任何其他人的使用，以及非排他性（non-excludability），也就是无法禁止个人使用公共物品。公共物品包括清洁的空气、国防、龙卷风到来之前的警报信号和知识。美国宪法列举了政府有建立司法体系、确保国内安全、防御外国侵略的责任，这些也属于公共产品。

私人物品，比如自行车、燕麦饼干和量角器，既不是非竞争性的，也不是非排他性的。但知识既是非竞争性的，也是非排他性的。比较一下燕麦饼干和三角函数知识，就可以将这种差异突显出来。老师可能会说："梅丽莎，我很抱歉，卡拉已经把最后一块燕麦饼干吃掉啦。"但他永远不可能说："梅丽莎，我很抱歉，卡拉已经用过了毕达哥拉斯定理，现在它永远消失啦。"

公共物品的非排他性和非竞争性导致了集体行动问题。这个问题的出现，不是因为人们不想做出贡献，而是在于人们低估了贡献的价值。每个人贡献出来的每一美元，都可以增加每个人的效用。我们在这里将给出一个正式的模型：每个人都要将自己的收入在一种公共物品和一种代表性的私人物品之间进行分配，可以把私人物品想象成可以花在任何其他东西上的钱。我们可以将这个模型扩展到为包括多种公共物品和多种私人物品的情形，但那只会使分析复杂化，并没有特别大的意义。

公共物品供应问题　　　　有 N 个人，每人要将自己的收入 I $(I > N)$ 配置到一种公共物品（PUBLIC）和一种私人物品（PRIVATE）上，每个单位的成本为 1 美元。每个人都有以下形式的效用函数：

$$\text{效用（PUBLIC，PRIVATE）} = 2\sqrt{\text{PUBLIC}} + \text{PRIVATE}$$

社会最优配置：PUBLIC=N（如果 N=100，那么每个人捐献 100 美元）。

均衡配置：PUBLIC=$1/N$（如果 N=100，每个人捐献 0.01 美元）。[4]

在这里，我们把效用模型描述为公共物品的凹函数和私人物品的线性函数。对于这样的假设，我们必须说明其理由。凹性对应于收益递减：一个人对某种东西估价随着对它消费的增多而减少。效用对公共物品数量的凹性，意味着公共物品的边际收益递减。这是一个标准假设。人们因高速公路新增的第三条车道而获得的好处，大于因新增第四条车道而获得的好处。污染严重的空气变得清洁对人们的好处要比将清洁的空气中最后一点微尘彻底清理干净更大。

之所以假设私人物品的效用是线性的，是因为它其实代表着所有私人物品的组合。虽然实用函数对任何一种私人物品可能都是凹性的，无论是巧克力、电视机还是牛仔夹克，但是它对于所有商品来说则更可能接近于线性。这个假设还有一个额外的优势，那就是，会使模型更加容易分析。

先求解社会最优配置问题。我们把社会最优配置定义为能够最大化整个种群效用总和的配制，也就是大多数人的最大幸福。[5]社会最优配置要求，每个人都得为种群中的每个人捐献一美元用于提供公共物品。这里需要注意的是，每个人对公共物品的贡献随着种群规模的增大而增加。这个结果不依赖于我们选择的效用函数的形式，因为种群规模越大，能够因非竞争性的公共物品而受益的人越多。这也就是说，享受清洁空气或国防安全的人越多，应该提供的公共物品就越多。

均衡贡献等于 1 除以种群总人数。随着人口的增多，人们有更大的动机去搭其他人贡献的便车。为了说明个中缘由，我们可以看看让人口规模增大 1（加入一个人）时会发生什么。这个"新"人从公共物品中获得的效用，与之前的其他人一样。如果其他人的贡献保持不变，那么这个"新"人为公共物品捐献的动力就会比其他人在以往贡献时更弱。因此，他的贡献会比他们更少。另一方面，当他真的有所贡献时，他将使公共物品的数量有所增加，从而又增强了其他人贡献更少的动机。

因此，这个模型表明，随着人口规模的扩大，公共物品供给（不足）问题也会加剧。公共物品的最优水平提高了，但是人们贡献的动力却下降了。从模型中推导出来的最优贡献水平和均衡贡献水平确实依赖于对效用函数形式的假设，但是公共物品供给不足的现象确实是非常普遍的。

这种分析假设是人都是自私自利的，这也是经济模型中的常见假设。不过，来自问卷调查、实验，以及日常观察的证据表明，人们还有涉他偏好（other-regarding preferences），会考虑他人的利益。人们希望他人也能够与自己一样，上好的学校、利用完善的道路网络。我们可以在模型中加入一个利他主义参数来模拟这种行为，该参数取零值时就对应于经济学家所假设的自利理性行为者，取值 1 则对应于每个人为他人考虑的程度与为自己考虑的程度完全一样。纯粹的利他主义者，也就是对每个人都一样关心的人，做出的贡献达到了社会最优水平。只要达不到纯粹的利他主义，就会导致供应不足。

计算表明，在规模很大的种群中，人们的贡献水平与最优配置水平之间的比例，近似地等于利他主义参数的平方。虽然公共物品供给不足的程度取决于效用函数的形式，但是这个例子说明了利他主义的局限性。关心他人的程度相当于关心自己的程度一半的那些人，贡献水平只相当于最优水平的

1/4。关心他人的程度相当于关心自己的程度一半的那些人，贡献水平则只占最优水平的 1/9。

利他主义者提供的
公共物品

N 人有利他主义偏好，其对总效用的权重为 α：

$$(1 - \alpha) \times \text{Utility}_j(\text{PUBLIC, PRIVATE}) +$$

$$\alpha \times \sum_{i=1}^{N} \text{Utility}_i(\text{PUBLIC, PRIVATE})$$

均衡纯粹的利他主义者（$\alpha=1$）：PUBLIC=N

均衡一般解： [6] PUBLIC= $\frac{[(1-\alpha)+ \alpha N]^2}{N}$

实例： $\alpha=1/2$：PUBLIC≈$N/4$

考虑到我们并不生活在一个由纯粹的利他主义者组成的世界中，我们必须寻找其他机制来解决公共物品供给不足的问题，例如税收。政府征税以支付国防、公共道路、教育和刑事司法体系的支出，并提供其他公共物品。不过，确定税额需要包括个人收入和偏好异质性的更精细的模型。人们可以就税额和税率进行投票。空间投票模型预测税率等于中间选民所偏好的公共物品的水平。但是，如果人们有异质性的收入和偏好，这个水平就可能不是社会最优的。

许多公共物品，如学校、道路网络和资源回收系统，可以认为是属于"本地"的。本地社区可以将本社区之外的人排除在这些公共物品的使用者之外；但是在社区内部，这些公共物品仍然是非竞争性的和非排他性的。对于这种本地公共产品，人们可以根据自己的偏好将它们归入不同的社区。这就是所谓的蒂布特模型（Tiebout model），它为公共物品的供应问题提供了一个可能的解决方案。想要更好的学校、公园、游泳池和公共安全的人，可以投票支持征收更高的税收，以支付提供这些公共物品的费用。而那些不想要这些本地公共产品的人，则可以住进一个社区，并只需要支付较低的税。

当然，蒂布特模型也不是万能的，它也不可避免地带来了一些成本，其中之一就是社会凝聚力会因此下降。此外，如果高收入人群以这种方式将自己与社会其他群体隔离开来，就会导致较贫困社区的公共物品供应进一步下降，并减少可以传递信息和知识的网络互动。[7]

集体行动问题二：拥塞模型

第二个集体行动问题是拥塞模型，它刻画了道路、海滩、供排水系统等公共物品对个人的价值随着用户数量的增加而减少的现象。任何一个受过交通堵塞之苦的人，都明白这里所说的含义。道路通畅比严重堵塞能够带给我们更多的乐趣和效用。有人估计，美国每年的交通延误成本已经达到了1 000亿美元以上，尤其是洛杉矶和华盛顿特区，人们每年堵在路上的时间超过了60小时。

拥塞模型假设，资源的总量是固定不变的。每一天，每个人都可以选择使用这种资源或不使用。使用资源的个人收益随着其他用户数量的增加而线性地减少。[8]模型中的斜率，即拥塞参数，描述了这种拥塞效应的严重程度。

拥塞模型　　在 N 人中，M 人选择使用一种资源。其效用可以写成如下形式：

$$效用（M）=B-\theta \times M$$

B 表示最大收益，θ 是拥塞参数。其余（$N-M$）人不使用这种资源，并且效用为零。[9]

社会最优解：$M=\frac{B}{2\theta}$，且效用$\left(\frac{B}{2\theta}\right)=\frac{B}{2\theta}$

纳什均衡解：$M=\frac{B}{\theta}$，且效用$\left(\frac{B}{\theta}\right)=0$

在社会最优解中，使用这种资源的人的数量等于最大可能收益除以拥塞参数的两倍。这些发现与我们的直觉相符，使用一种资源的人的数量应该随着最大可能收益的提高而增加、随着拥塞效应的加剧而减少。在纳什均衡解中，使用这种资源的人的数量恰好是社会最优解下使用这种资源的人的数量的两倍。这时，拥塞变得如此严重，以至于没有人能够获得任何收益。这个结果依赖于不使用这种资源的效用为零的假设。这个发现有一个违反直觉的含义：建一个美丽的公园可能并不能为社区居民带来太大的效用。在均衡状态下，公园将会变得非常拥挤，以至于在公园休憩并不会比待在家里更好。

当一个模型产生的结果与常识相反时，就需要对结果细加思量。人们肯定更希望拥有一个公园，因此这个模型必定是错的。首先，它之所以出错，是因为我们假设所有人都有相同的偏好。如果不同的人对公园的"享受"程度各不相同，那么在有些人无法因公园而获益的情况下，另一些人仍然可能会获得正效用。其次，这个模型假设公园总是会拥挤不堪，但那不可能是事实。再次，人们的替代选择可能是去海滩，而不是待在家里。因此，新公园的出现，可能会使海滩变得不那么拥挤。最后，人们能够从各种体验中获得效用。如果一个城市里有滑板公园、宠物公园和水上公园，那么人们可以在一定时间内从多种不同的体验中获益。

尽管存在这样一些问题，但是这个简单的拥塞模型的主要结果仍然具有一定的说服力。在繁忙时期，拥塞确实会上升到公园所产生的好处不会比任何其他活动更多的程度。拥塞是不可避免的，尽管不会像只有一个公园时那么严重。更何况，即便建成多个公园也不能保证人们能够在多个公园之间实现最优配置。在下面的例子中，有太多的人都挤到了一个更大的那个公园中。

除了创建更多的公园，社区还可以尝试其他解决方案，例如采取配给制或轮换进入制、进行抽签、收取入场费和扩大容量等。配给制的核心是给每个人或每个家庭分配一定数量的资源。这种解决方案适用于像水这样可分割的资源，但不太适用于公共道路。轮换是按时间分割资源的使用权。例如，为了减少空气污染，城市可以限定在某些日子里只允许车牌号为偶数或奇数的汽车上路行驶。但是很多资源，如受欢迎的公立学校，是不能配给或轮换的，在这种情况下，则可以通过抽签来配置资源。

存在多个拥塞性公共物品的情况　　M 个人去公园 1，$(N-M)$ 个人去公园 2。相对而言，公园 2 更大更好，为了体现这一点，假设如下形式的效用函数：[10]

公园 1：效用（M）$=N-M$

公园 2：效用（$N-M$）$=3N-3\times(N-M)$

社会最优解：$M=N/2$，创造出的总效用为 N^2；

纳什均衡解：$M=N/4$，创造出的总效为 $\frac{9}{16}N^2$

　　对于道路系统，收取通行费是一种普遍的解决方案。伦敦市会收取车辆进入中心城区的费用，世界各地的收费公路也是如此。收费其实是将资源配置给那些愿意为使用资源付出更多钱的那些人，但是这些人也许不是能够从资源中得到最高效用的人。新加坡同时使用了收费和限制进入的方法。每一年，新加坡都会拍卖固定数量的机动车许可证，许可证的有效期为 10 年，一份许可证的售价往往超过了一辆普通汽车的价格。为了减少高峰期的交通堵塞，新加坡和伦敦一样，还向进入中央商务区的车辆收费。在同等规模的城市中，新加坡的交通状况算得上相当不错，而且新加坡政府还通过上述方法筹集了大量资金，可以用它们进一步发展公共交通。

扩大道路通行能力，能不能结束拥堵？并不一定。当一个城市通过增加高速公路的车道来缓解交通问题时，会使高速公路附近的房子升值，从而形成一种正反馈回路：房子的数量会随之增加，从而使交通量进一步上升，进而需要更宽的道路。这种正反馈回路，与第 18 章所描述的系统动力学模型中的正反馈回路类似。

集体行动问题三：可再生资源开采模型

第三个集体行动问题是可再生资源开采模型。在这种模型中，个人所利用的资源是能够再生的。这种模型适用于森林、河流、草原和渔业资源。在这些情况下，未来可用资源的数量取决于现在使用的数量。如果使用得太多，资源就可能无法足够快地再生。资源可能无法快速再生这个事实使可再生资源利用问题比公共物品问题或拥塞问题更加脆弱。如果一个城市在某一年内资金不足，无法提供足够的公共照明，那么它还可以在下一年想办法加以改进，并且不会因为这种错误产生长期不良影响。但是，如果人们过度捕捞或过度砍伐森林，就会付出持久的代价，因为要生产鱼就必须先有鱼，但并不需要用路灯来制作路灯。此外，可再生资源可能是必需品：食物、饮用水和保暖用的燃料。人们需要开采可再生资源才能生存下去。

可再生资源开采模型　　令 $R(t)$ 表示第 t 期开始时的可再生资源数量，再令 $C(t)$ 表示第 t 期内耗用的资源的总量，g 表示资源的增长率。那么，第 $t+1$ 期的资源数量量由以下差分方程给出：[11]

$$R(t) = (1+g)\,[R(t) - C(t)]$$

均衡消费水平：$C^* = \frac{g}{(1+g)}R$

可再生资源开采模型表明，资源的耗用水平有一个临界点。任何高于均衡开采率的资源开采率都会导致崩溃，这一点在上面的正式模型中可以看得很清楚。我们可以将资源总量视为一个"饼"，开采资源相当于从这个饼中咬掉了一口。由于资源是可再生的，它会产生与剩余资源数量成比例的一定资源。如果资源开采水平较低，资源将会增加；如果开采水平过高，就无法通过再生来弥补了。在这两者之间，存在着一个均衡：开采的资源与再生的资源恰恰相等。

如果开采水平超过了均衡水平，那么模型预测，资源总量将加速下降，最终导致非常突然的崩溃。缓慢的下降之后是急剧的下降，这是对那些管理难以准确测量的资源（例如鱼类资源）的人发出的一个严重警告。年度渔获量提供了关于鱼类资源总量的一丝线索，但是它们并不准确。因此，我们不应该感到惊讶：正如贾雷德·戴蒙德在他的关于社会崩溃的书中所描述的那样，北大西洋的鳕鱼捕捞业在现代也出现了崩溃，就像温兰人在历史上所遭遇过的一样。鳕鱼捕捞业在北大西洋已经有 500 多年的历史了。最早来到加拿大海岸的英国探险家们讲述了一些关于鳕鱼的"神话"：把一个篮子抛进海，就可以提上一篮子鳕鱼上来；浅滩上聚集了大量鳕鱼，连小船都划不过去！然而到了 1992 年，加拿大政府不得不严令暂停鳕鱼捕捞。[12]

可再生资源开采模型假设，它们会以不变的速度增加。有了这种假设，我们就可以求出均衡开采水平。但是在现实世界中，可再生资源的增长率每年都在变化。对于牧场来说，增长率取决于温度和降水量；对于鱼类种群来说，增长率取决于可用食物的数量，而食物的数量又取决于气温变化或气候变化。

在另外两个模型中，这种变化不会产生长期后果。在有些年份，我们可能有比较充裕的公共物品，拥塞情况不会太严重；而在有些年份，公共物品供给不足，拥塞情况就会非常严重。这些变化确实会影响效用，但是影响不会比天气等不可避免的变化更长。但是在可再生资源开采的问题上，情况就完全不同了。如果行为不变，细微的变化就可能导致崩溃与丰裕之间的天壤之别。在图 23-1 中，我们假设平均再生率为 25%、资源的数量为 100 个单位。给定这些假设，均衡开采水平等于每年 20 个单位。这幅图给出了介于 20% 至 30% 之间的随机抽取的多个增长率下的长期结果。这个模型还假定，资源的最高水平为 150 个单位。

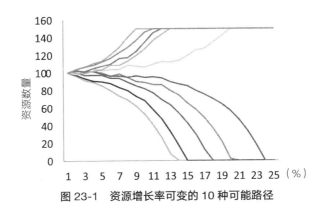

图 23-1　资源增长率可变的 10 种可能路径

　　在大约一半的路径中，资源水平崩溃了。在另一半路径中，资源的水平增大到最大可能水平。这些变化是不能相互抵消的，恰恰相反，增长率下降或提高的影响会随着时间的推移而累积。[13] 从这个模拟实验的结果中，我们可以看出，最优开采政策要求，当某一年出现了资源增长乏力的情况后，下一年必须减少开采，以防止崩溃。

　　由于可再生资源增长率的变化要求开采率跟随资源增长情况而变化，我们知道管理可再生资源必须做到随时调整开采水平。用来实现这种调整的方法或机制取决于资源的特征。俗话说得好，"世上没有灵丹妙药"。[14] 不存在适用于任何情况下的解决方案。到底怎么解决这类问题，取决于资源和管理当地本身的特征。

例如，鱼与牛就不同。管理着一块共享公共草地的多个牛群的社群，可以监督每个牛群的放牧者的行为和资源的水平，即草的数量。过度放牧问题可以通过分配给每个牛群一定时间或一小块草地，或通过轮换放牧等方法来解决。而且，配给或轮换的具体形式，都可以根据牧草的情况随时加以调整。但是，对于一个捕鱼的社群来说，管理资源就需要更精细的机制来精确地监控个人的行为，因为海中鱼的数量是不可能准确计算的，只能根据捕获量来估算。因此渔业资源开采问题比养牛的不确定性程度更高。管理共同的水生资源，需要更严格的保护和更严密的监测。

集体行动问题的发生

在集体行动问题中，自利行为导致的结果与个人的目标是不一致的。如上所述，这类问题在各种各样的情况下都会发生：在为使用非竞争性和非排他性的公共物品付费时，在决定什么时候将车子开上高速公路时，等等。甚至在我们决定如何在高速公路上驾驶汽车时，也会出现这类问题。在繁忙的高速公路上，如果发生了事故，有些驾驶员会自顾自地打电话、设路障，而全然不考虑他们这种行为对后面所有车辆造成的困扰。

这类问题也会发生在各个层面上。它们会出现在家庭内部：打扫房屋、做晚餐、购物，以及为外出度假存钱，所有这些都可能使个人动机与集体福利不一致。它们还会发生在社区、地区和国家等层面上，只要涉及公共产品的供给以及有限资源的使用和管理就会发生。它们还会发生在全球层面上，例如碳排放问题。大多数国家都希望全球排放水平更低，但是自己又想生产更多能源，也就是排放更多的碳，这时个体的理性行动与共同利益不一致。

集体行动问题在自然界也会发生。在森林里，树木会争夺光线和水分。如果某种树木演化出更高的树冠或更深的根系，那么它将增大自身的生存机会，但是会对其他的树种造成伤害。树木不可能"通过立法"去防止树冠长得过高或根系伸展太深，它们无法实现"社会"最优解决方案。[15]

当涉及的个人或参与者所属的群体越小、越同质化、信息越透明（采取行动更容易、系统状态可容易监测）时，集体行动问题往往更容易解决。家庭通常能顺利解决集体行动问题，但是国际组织却发现全球合作极其困难。要减少碳排放，需要大量不同的行动者之间的能力合作，而且它们所使用的监测机制是不精确的。解决这样的问题需要协调和执行机制。

历史告诉我们，过度捕捞或过度放牧，会导致可再生资源的崩溃。我们可以将同样的逻辑应用于今天面临的集体行动问题。美国著名政治经济学家埃莉诺·奥斯特罗姆（Elinor Ostrom）花了数十年时间研究现实世界中解决集体行动问题的各种机制。她发现，除了严密监督各种偏离行为之外，能够有效解决集体行动问题的那些社群有如下共同特点：能够就某些明确的界限达成一致、同意明确界定的规则、授权实施渐进式制裁、拥有解决纠纷的机制。[16]

24

与机制设计有关的模型

制度的目的在于改变人类行为。为了保证制度不会随着时间流逝而归于无效，制度必须适应制度所要规范的环境或社会的变化。

———————————————— 珍娜·贝德纳

在本章中，我们讨论如何运用模型去设计政治制度和经济制度。任何一个制度都要包括两个因素：一是人们用来交流信息的渠道，二是人们用来根据所揭示的信息做出决策、重新配置资源或安排生产的程序。在市场中，个人和企业通过价格进行沟通以执行交易并做出生产决策。在层级机构中，人们通过书面语言进行交流以组织工作并推进计划。在民主国家，人们通过投票进行沟通。投票规则决定政策。良好的制度可以促进沟通和行动，从而产生理想的结果，效率低下的制度则相反。

在本章中，我们给出了一个通常称为机制设计（mechanism design）的对制度进行建模的框架。这个框架强调了真实制度的如下四个方面：信息，指参与者知道些什么及应该向他们揭示什么；激励，即采取特定行动的利益和成本；集结，个人行为如何转化为集体结果；计算量，这是对参与者认知能力的要求。

机制设计思想起源于分析资源配置的一般问题，即中央计划体制和市场机制究竟哪一个才能实现资源的最优配置。在早期的模型中，建模者会先给出若干行为规则，例如在市场中充当价格接受者，或者如实投票；然后再研究这些行为的含义，也就是看这些微观行为是怎样集结为集体结果的。后来，这种方法被放弃了，取而代之的是假设人们采取最优化行为的方法。这种假设使这些问题很适合运用博弈论的工具来分析。这就是机制设计的思路。在构建了博弈模型后，机制设计专家求解出纳什均衡，然后在共同的行为假设的基础上进行制度比较。

事实证明，这个分析框架是很有用的。它可以用于搜索现有规则和程序中的缺陷、解释制度成功或失败的原因，可以用来预测结果，还可以用来设计各种各样的制度，包括第 2 章中描述的频谱拍卖，以及在线交易体系、政府投票系统，甚至还可以用来设计为航天飞机上的研究项目分配空间的程序。[1]

本章讨论的内容包括六个部分。在第一部分中，我们首先使用芒特－赖特尔图（Mount-Reiter diagram）描述了机制设计的框架。在第二部分中，我们研究了三个人在两个备选项之间进行选择的问题。在第三部分中，我们分析了三种拍卖机制，发现所有这些机制都产生相同的结果。在第四部分中，我们证明上述结果不是一个巧合，并描述了一个基本结果，即收入等价定理（revenue equivalence theorem）。收入等价定理的含义是，只要满足某些假设条件，任何拍卖机制都会产生相同的结果。在第五部分中，我们对多数投票平均分担机制（majority-vote equal sharing mechanism）与枢轴机制（pivot mechanism）进行了比较，它们都是决定是否进行某个公共项目建设的方法。最后，我们沿着在对纳什均衡进行批评时引入的思路，进一步扩展了对机制设计问题的分析。

芒特－赖特尔图

一种机制由六个部分组成：一个环境（世界的相关特征）、一个结果集、一个行动集（也称为消息空间），一个行为规则（人们根据这个规则来做出行动）、将行动映射到结果的结果函数，以及将环境映射到一组希望得到的结果的社会选择对应（social choice correspondence）。社会选择对应通常包括能够最大化参与者效用的结果或帕累托有效（pareto efficiency）配置的集合，当且仅当不存在每个人都喜欢的其他结果，某个结果是帕累托有效的。帕累托效率是下限标准。

帕累托有效　　在一个结果集中，对于某个结果，如果存在每个人都喜欢的另一个备选方案，就说这个结果是帕累托占优的。相对应，所有其他结果都是帕累托有效的。[2]

芒特－赖特尔图以图形方式描述了一个机制的上述基本组成部分（见图 24-1）。需要注意的是，芒特－赖特尔图将我们想要的东西和已有的东西并列在一起。图的顶部是社会选择对应，它描述了我们希望得到的规范的结果。在图的底部，则列出了我们在现实世界中能做的事情——人们应用他们的行为规则来发送消息或采取行动。结果函数将这些行动映射到结果中去。在理想情况下，下部这个更加复杂的路径会产生与上部路径相同的结果，即人们期望得到的结果。

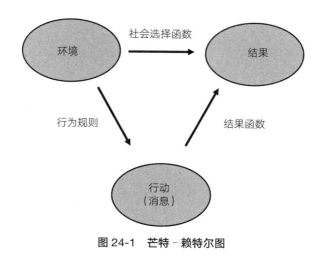

图 24-1　芒特－赖特尔图

当然，并不是所有机制都能取得成功。例如，如果环境是由对某种公共物品有偏好的人组成的，那么社会选择对应会将他们的偏好映射到这种公共物品的最优水平上。然而，正如我们在第 23 章中已经看到的那样，自愿捐献机制，也就是人们按照自己的意愿支付公共物品费用的机制会导致每个人只提供 1/N 单位公共物品而不是最优的 N 单位公共物品。当一种机制产生的结果与目标不一致时，就说这种机制未能实现社会选择对应。

我们希望机制满足哪些性质？答案必须"因地制宜"。我们在这里只描述其中五个性质。第一，我们会希望这种机制的均衡结果与社会选择对应一致（帕累托有效）。第二，在理想情况下，参与者将会采用占优策略，即他们的最优行动不依赖于他人的行动。如果是这样，就说有效的结果是占优策略可实施的。第三，我们不想强迫人们参与这种机制（自愿参与）。第四，如果这种机制涉及资源的转移或支付，我们不希望增加额外成本或破坏资源（预算平衡）。在本章的后面，当我们分析决定某个公共项目的机制时，会发现这个性质往往很难满足。第五，在许多情况下，我们希望参与者讲真话。我们希望人们发送的消息能够揭示他们的真实信息或真实类型。博弈理论家把这个性质称为激励相容（incentive compatibility）。在大多数有趣的情况下，通常没有任何一个机制可以满足所有这些要求。因此，机制设计理论的一个重要贡献就在于证明什么是可能的、什么是不可能的。

多数规则和拥王者机制

我们要考虑的第一种情况是，人们如何通过投票决定是否采取联合行动或通过某项法案。假设，乌玛、维拉和威尔三个人想要一起去看电影，在出门前必须决定到底是看动作片、剧情片，还是喜剧片。类似的问题也会出现在军事决策中，比如三位高级军官，要决定到底是主动出击敌军、守卫阵地，还是割让土地。在这两个决策问题中，环境都由三个人组成，其偏好定义在三个备选项上。我们使用排序来表示他们偏好。排序动作片 > 喜剧片 > 剧情片，对应于最喜欢的是动作片，其次是喜剧片，然后是剧情片。我们假设以下的偏好排序：

乌玛：动作片 > 喜剧片 > 剧情片
维拉：喜剧片 > 剧情片 > 动作片
威尔：喜剧片 > 剧情片 > 动作片

在这个例子中，我们将社会选择对应设定为帕累托有效的选择集合。按照上面给出的偏好，喜剧片和动作片是帕累托有效的，而剧情片则被喜剧片占优。

我们首先评估作为一种机制的多数规则。在出现平局的情况下，我们假设选择是随机的。如果人们如实投票，那么喜剧片将会获得两票。然而，假设维拉和威尔都认为另外两个人将会在剧情片与动作片之间出现分歧，而且每个人都会投票给剧情片。再假设投票是连续的，维拉率先投票并选择了剧情片。威尔第二个投票，并同样选择了剧情片。这里，乌玛投什么票其实已经无关紧要了，但是为了避免冲突，她也选择了剧情片。这三张选票构成了一个纳什均衡，也就是说任何一个人都没有动力改变自己的投票。在这种情况下，多数规则并不总是能实现帕累托有效结果。

接下来考虑一下拥王者机制（kingmaker mechanism）。[3] 在这个机制中，先在群体中随机地选择一个人当"拥王者"。然后，由"国王"选择一个"国王"来决定这个群体的选择。如果威尔成了"拥王者"，那么他必须在乌玛和维拉之间选出一个"国王"来。他选择的任何人都将成为"国王"并决定大家一起去看什么电影。

如果是一个理性行为者，那个被选为"拥王者"的人会选择自己最喜欢的电影，由此得到的结果将是帕累托有效的。因此，拥王者机制能够实现帕累托有效的结果。这个机制还有一个额外的优点，那就是，如果任何两个人最喜欢的电影是相同的，那么这个机制肯定会选择这个结果。逻辑如下。假设威尔是"拥王者"。如果乌玛和维拉最喜欢的电影类型相同，那么无论威尔选择谁当"国王"，都会选出这种电影来。另一方面，如果是威尔和乌玛最喜欢的电影类型相同，那么威尔应该选择乌玛当"国王"。

三种拍卖机制

现在我们已经对机制有了最基本的印象了。接下来，我们转向对拍卖的研究。由于像 eBay 这样的在线拍卖市场的普遍存在，大多数人对拍卖已经有一定的了解。当然，拍卖也广泛用于其他环境，包括政府采购、二手车市场和大多数网络广告。我们在这里将注意力限定在卖家只有一个而竞买人有很多个的情形。拍卖标的可以是房屋、汽车、足球比赛门票或艺术品。再假设每个竞买人赋予拍卖的价值都是唯一的，目的是排除出现平局的可能性。帕累托有效结果是指拍卖标的转移到了对它（们）估价最高的竞买人手中这种结果。任何其他结果，都是帕雷托占优的结果。接下来，我们比较三种类型的拍卖：出价递增拍卖（ascending-bid）、第一价格拍卖和第二价格拍卖。

在出价递增拍卖中，拍卖师喊出一个价格，任何愿意支付这个价格的竞买人都会举手。然后拍卖师不断提高价格，直到只剩下一个竞买人为止。拍卖成交后，最后这个竞买人要支付的是出价第二高的竞买人的价格。在出价递增拍卖中，理性的竞买人会一直参与拍卖，直到价格达到他心目中的价值为止，而他会在那一点上退出拍卖。一方面，在价格达到竞买人的价值之前退出，就有可能无法以该价值的价格买下拍卖标的；另一方面，在价格超过竞买人的价值之后，仍然继续参与拍卖则会带来风险，这意味着竞买人或许可以买下该标的，但是支付的价格却超过了价值，从而导致净损失。

如果所有竞买人都理性行事，那么具有最高价值的竞买人赢得拍卖标的并支付相当于价值第二高的竞买人的价格。这一点可以通过下面的例子来说明。假设有三个竞买人，拍卖标的对他们的价值分别为 30 美元、60 美元和 80 美元。当拍卖师喊出的价格超过了 30 美元时，第一个竞买人就会退出。当价格达到了 60 美元时，第二个竞买人没有理由继续提高出价。因此，第三个竞买人在这个拍卖中胜出，并付出 60 美元，或者也可能再多一点点。为了简化分析，我们假设第三个竞买人要付出 60 美元。[4]

在第二价格拍卖中，每个竞买人都以密封的方式提交出价，其他所有竞买人都不知道这个竞买人的出价金额。拍卖标的由出价最高的竞买人获得，但是竞买人只需支付相当于第二高出价的金额。第二价格拍卖这种机制设计能够保证说实话是最优行动。想象如下这个拍卖的例子。一个对拍卖标的估价 80 美元的竞买人要决定在第二价格拍卖中如何出价。不妨假设其他竞买人已经提交了出价，那么这个竞买人必须考虑三种可能的情况：其他竞买人的最高出价可能低于 80 美元、可能等于 80 美元，也可能超过 80 美元。不管在哪一种情况下，竞买人如实出价都是最优行动。

通过一个数值实例，上述逻辑会变得更加清晰。我们先假设拍卖标的对这个竞买人的价值为 80 美元，再考虑其他竞买人提交的如下四种最高出价：70 美元（明显低于其价值）、80 美元（等于其价值）、85 美元（略高于其价值），或 90 美元（明显高于其价值）。然后进一步假设这个竞买人考虑了四种出价方案，从 65 美元到 95 美元不等，如表 24-1 所示。

表 24-1 当标的对竞买人的价格为 80 美元时，作为出价函数的净收益

其他竞买人的 最高出价	对拍卖标的估价为 80 美元的竞买人的出价			
	65 美元	80 美元	85 美元	95 美元
70 美元（明显低于）	○	+10	−10	+10
80 美元（等于）	○	○	○	○
82 美元（略高于）	○	○	−2	−2
90 美元（明显高于）	○	○	○	−10

从表 24-1 中可以看出，出价 80 美元总能带来与任何其他出价一样高的收益。这就是说，按拍卖标的对自己的真正价值如实出价，始终是最优行动（占优策略）。同样的逻辑也适用于所有竞买人，因此所有人都应该按他们的真实价值出价，所以这种机制是激励相容的。因此，在第二价格拍卖中，具有最高价值的竞买人会在拍卖中胜出，并且支付的金额等于价值第二高的竞买人的价值。

在第一价格拍卖中，每个参与拍卖的竞买人都提交一个出价，最高出价者胜出，并且付出的金额就等于该出价。与第二价格拍卖一样，所有参与拍卖的竞买人都同时提交出价，因此没有人知道其他人的出价。参与拍卖的某个竞买人在第一价格拍卖中的最优出价策略，则取决于该竞买人对于其他竞买人的价值以及可能的出价的信念。我们一般假设，竞买人无法知悉其他竞买人的准确价值，但是他们确实拥有关于这些价值分布的正确信念。我们假设竞买人的价值均匀分布在 0 美元至 100 美元之间，并且所有竞买人都知道这种分布。竞买人也知道拍卖标的对他们自己的价值。

通过简单的微积分计算，我们可以证明，如果竞买人的出价是均匀分布的，并且如果所有竞买人都以最优方式出价，那么在只有两个竞买人的情况

下，每人的出价都应该是自己真实价值的一半；在有 N 个竞买人的情况下，每个竞买人的出价应该是自己价值的 $N-1/N$。这也就是说，与其他 19 个人一起参加拍卖的竞买人应该按自己真实价值的 95％ 出价。根据这个出价规则，具有最高价值的竞买人肯定能够买下拍卖标的。我们还可以证明，这个竞买人付出的金额等于价值第二高的竞买人的预期价值。因此，第一价格拍卖也能够产生帕累托有效的结果，且拍卖成交价格与对拍卖标估值第二高的竞买人的预期价值相对应。[5]

在写下这个模型之前，我们许多人就已经知道，参与拍卖的竞买人越多，任何一个竞买人的出价就应该越高。但是，不利用模型进行推导，我们就不能得出均衡出价规则。这里第一价格拍卖模型为我们提供了一个精确的公式。这个公式告诉我们，出价会随拍卖标的对竞买人价值的增加而提高，而这就意味着具有最高价值的竞买人将赢得拍卖，就像在其他两种拍卖中一样。

收入等价定理

在三种拍卖机制的任何一种中，都是具有最高价值的竞买人在拍卖中获胜。因此，所有这三种拍卖机制都产生了有效的结果。此外，中标的竞买人付出的预期金额等于第二高出价者的价值。换句话说，所有这三种拍卖都导致相同的预期收入并将拍卖标的分配给了同一个竞买人。这一点非常引人注目。而且，更加值得注意的是，我们还可以证明，在竞买人采取最优行动、且最高出价者在拍卖中胜出，同时价值为零的竞买人不会得到任何收益的任何拍卖中，胜出者和预期收入都是相同的。换句话说，所有拍卖机制都会产生相同的预期结果，这个结论就是通常所称的收入等价定理。[6]

收入等价定理　　　　　　在任何拍卖中，如果竞买人从已知的共同分布中抽取独立私人价值，那么只要满足如下条件，拍卖就必定会给卖方带来同样的收入、给买方产生同样的预期收益：每个竞买人的出价都是为了最大化自己的预期收益、最高出价的竞买人总能赢得拍卖标的，同时价值为零的竞买人的预期收益为零。

收入等价定理还意味着全支付拍卖（all-pay auction），在这种拍卖中，每一个竞买人，即便是未成功的竞买人，都要按自己的出价付款，这也会产生与第二价格拍卖相同的结果。[7] 即便像第三价格拍卖这样"几近疯狂"的拍卖设计（最高出价者胜出并支付相当于第三高出价的金额），也会产生相同的胜出者和相同的收入。

当然，收入等价定理并不意味着拍卖规则是无关紧要的。在拍卖中，竞买人可能不一定使用最优策略。或者，在第一次价格拍卖中，他们可能会对其他竞买人的价值分布有不同的信念。只要出现了任何一种情况——竞买人不进行最优化或存在不同的信念，那么各种拍卖的收入就可能会有所不同。经验证据和实验确实表明，理论与现实之间存在着一些差异。

但是，正如我们前面在讨论什么情况下可以预期行为者理性行事时所指出的，利害关系越大，竞买人越精明老练，他们理性行事的可能性就越高。在消费品的在线拍卖中，我们会预期一些人可能会遵循经验法则或者受认知偏差影响做出不理智的行动（例如每次以 10 美元增价竞拍）。但是，在价值千百万美元的石油租赁拍卖中，竞买人肯定会事先做好准备，了解全部可以掌握的信息，并学会必要的技能。

此外，拍卖形式本身也可能会影响竞买人的数量。在木材拍卖中，第一价格拍卖所能吸引的竞买人数量要比出价递增拍卖更多，因为如果大竞买人（大公司）提交的出价较低，小竞买人也有机会胜出。但是，在出价递增拍卖中，小竞买人是没有机会胜出的，因为大竞买人可以观察到小竞买人的出价并给出更高的出价。[8]

不同的拍卖形式对参与者认知能力的要求也不同。在某些拍卖形式中，最优行为是很容易学习的。例如，在出价递增拍卖中，竞买人应该一直参与拍卖，直到价格达到自己的价值为止。其他未遵循最优策略的竞买人可能会导致采取最优策略的竞买人获得更高或更低的预期收益，但是他们还是不会改变最优策略：只要价格低于自己的价值，竞买人就应该继续参与拍卖。与此类似，在第二价格拍卖中，竞买人应该始终遵循同样的策略，按自己的真实价值出价。但是，要真正理解按自己的真实价值出价是最优策略，需要多个逻辑步骤。

请回想一下占优策略的定义：无论其他人采取什么策略，占优策略都是最优的。出价递增拍卖和第二价格拍卖中都存在占优策略。但是，第一价格拍卖则不存在占优策略。在第一价格拍卖中，一个竞买人出价策略的变化可以改变另一个竞买人的最优策略。如果一个竞买人的出价总是为 0 或 50，那么另一个竞买人就应该总是出价 1 或 51，后者没有理由出价 60 或 70。考虑到那个竞买人的出价行为，出价 60 肯定能够赢得拍卖标的，但是 51 的出价也已经足够了。

而且，即便某个拍卖中存在占优策略，也并不是所有的占优策略都同样容易推断。在出价递增拍卖中，只要价格低于竞买人的价值就一直继续参加拍卖，这个最优策略并不是一目了然的，而是至少需要通过一步推理才能得知的：如果价格低于你的价值，请以这个价格买下。在第二价格拍卖中，竞买人必须考虑过多种可能发生的情况才能看清楚按自己的真实价值出价是最优策略。当然，如果一个人参加过好几次第二价格拍卖，那么他应该能够学会在未来的拍卖中采取这种策略。

关于各种形式的拍卖，要考虑的最后一个问题是，拍卖是不是会鼓励非最优行为。在第一价格拍卖和第二价格拍卖中，竞买人要在不知道其他竞买人出价的情况下提交自己的出价。而在出价递增拍卖中，竞买人可以直接观察到价格一路上行并知道哪些对手仍然在参与拍卖。这可能会导致竞买人赋予"在拍卖中胜出"这个结果某些附加价值，或者甚至赋予"出价压过别人一头"这种行为某些附加价值。主持慈善拍卖的拍卖师试图通过诉诸情感来调动竞买人提高出价，例如展示儿童在用拍卖所得购买的新游乐设备上快乐嬉戏的视频。

不同的策略能否成功，还取决于竞买人的精明程度。我们无法想象，在木材拍卖会中，竞买人会被人引诱报出严重高于自己预测估值的出价。但是，在慈善拍卖会上出价过高却不算非常罕见。有人说，也许竞买人在投标过程中会改变自己对拍卖标的的估值，但这只是一个猜想，我们只需要承认它确实可能会发生。在第一价格拍卖和第二价格拍卖中，竞买人只有一个出价机会，因而无法在拍卖期间通过感情因素来影响他们的决定。

最后，在第一价格拍卖和出价递增拍卖中，价格等于最高的出价。而第二价格拍卖中，价格等于第二高的出价。这就给人留下了这样的一个印象：在第二价格拍卖中，卖方本来应该可以获得更高的价格，并在一定程度上解释了为什么政府不愿意使用第二价格拍卖。想象这样一个例子，在美国政府组织的油田开采权的拍卖中，政府收到了三个投标，第一个是 600 万美元，第二个是 800 万美元，第三个是 1 200 万美元，如果采用第二价格拍卖，那么第二天报纸上的新闻标题就可能是："政府得到 1 200 万美元的出价，但是却以 800 万美元的价格售出了油田。"那无疑是一场公关灾难。事实上，任何了解拍卖理论的人都知道，如果政府进行的是第一价格拍卖或出价递增拍卖，那么最高出价是不可能达到 1 200 万美元的，而只能达到 800 万美元。

正如我们在本书中一直反复强调的，正式的模型可以揭示特定结果成立所需的条件。等价定理并不意味着所有拍卖机制都会产生相同的结果。它只说明，在满足如下条件时，所有拍卖都是等价的：竞买人采取最优出价策略、最高出价者赢得拍卖标的，同时对拍卖标的估价为零的竞买人的预期收益为零。卖方可以通过放宽这三个假设中的任何一个来筹集更多资金。卖方很难让人们违背自身利益行事，而且也可能无法从认为拍卖标的完全没有价值的人那里榨取到钱财。

因此唯一剩下的可能性是，不将拍卖标的出售给出价最高者。而要做到这一点，最直接的一个方法根本不出售拍卖标的。如果卖方知道竞买人的价值分布，那么就可以设定一个保留价格或底价，即最低出价。在某些情况下，这可以增加卖方的预期收入。例如，假设卖方确定，某个拍卖标的对三个竞买人的价值分别为 5 美元、10 美元和 60 美元。在上述三种拍卖形式中的任何一种中，胜出者的出价都是 60 美元，而且都只需支付 10 美元。在这种情况下，卖方可以规定，保留价格为 60 美元，然后再进行一个第一价格拍卖，从而获得更高的收入。

公共项目决策问题

接下来，我们比较一下用来决定启动建设一个公共项目的两种机制，如新学校、新高速公路或新体育场。我们假设，新项目会给每个人带来一定价值，同时也要每个人付出一定成本。

| 公共项目决策问题 | V_1，V_2，$\cdots$，V_N 表示 N 个人赋予一个公共项目的货币价值，并假设该公共项目的成本为 C。那么当且仅当 $C < V_1 + V_2 + \cdots + V_N$ 时，这个项目才会启动。 |

我们首先考虑多数投票平均分担机制（majority-vote equal sharing mechanism）。在这个机制中，个人投票决定是否启动某个公共项目。如果多数人投了赞成票，那么项目启动，而且成本由所有人平均分摊。

| 多数投票平均分担
机制 | 个人投票表示赞成或反对启动某个公共项目。如果多数人投票支持该项目，那么该项目启动，并且每个人都承担 C/N 的成本。如下面的例子所表明的，这种机制可能会违背效率条件和自愿参与原则。 |

从空间投票模型中可以看出，项目是否启动取决于中间选民的偏好。在我们现在讨论的这种情况下，中间选民就是指公共项目对他的价值位于中位数的人。根据定义，这个机制满足预算平衡条件和激励相容要求。但是，这个机制不一定能够满足效率条件和自愿参与原则。

假设有三个人的价值分别是 0 美元、120 美元和 150 美元，而公共项目的成本是 300 美元。有效的结果是不应启动该项目，因为 300 美元的费用超过了个人价值的总和。然而，考虑到成本将平分，每个人将投票决定是否以每人 100 美元的成本进行该项目。因此，这三个人中有两个将投票支持这个项目，而且这个项目将会启动，这是一个低效的结果。此外，价值为 0 美元的个人获得 -100 美元的回报，因此这个例子也违反了自愿参与原则。

接下来讨论公共项目决定的第二种机制，枢轴机制。在这种机制下，每个人都提交自己对公共项目的估值，如果估值总和超过了项目成本，就启动该公共项目，否则就不启动。同时，对某个人征税的金额等于项目成本减去所有其他个人估值的总和。如果其他个人的估值已经超过项目成本，这个人就不用支付任何费用。

枢轴机制　　　　　个人 i 对一个成本为 C 的项目提交自己的估值 $\hat{V}_i$。如果所有个人的值的总和超过了成本，那么就启动这个公共项目，即：

$$\hat{V}_\Sigma = \hat{V}_1 + \hat{V}_2 + \cdots + \hat{V}_N \geqslant C$$

如果 $C - (\hat{V}_\Sigma - \hat{V}_i) < 0$，那么个人 i 不用交税；如若不然，个人 i 就要缴纳数额为 $C - (\hat{V}_\Sigma - \hat{V}_i)$ 的税收。这个机制是激励相容的（$\hat{V}_i = V_i$）、有效率的，而且个人行为也是符合理性。它还实现了占优策略的有效结果。但是，正如下面的例子所表明的，这个机制可能会违背预算平衡条件。

实例：$(V_1, V_2, V_3) = (60, 120, 150)$，$C=300$。

这个公共项目本应启动，因为 $300 < 60 + 120 + 150$。个体 1 要缴纳的税收为 30，即总成本减去其他人估值之和的结果（300-270）；个体 2 要缴纳的税款为 90；个体 3 要缴纳的税款为 120。由此得到的总税收为 240，低于项目的成本。

这个机制满足激励兼容条件，原理与第二价格拍卖类似。现再举例说明。假设一个公共项目的成本为 300 美元，而且某个人对这个公共项目的价值估计为 80 美元。有三种情况需要考虑。如果其他人的估值的总和低于 220 美元，那么这个人没有动机提交超过 80 美元的估价，因为到时必须由他来支付该金额。如果在另一个极端上，其他人的估值总和超过了 300 美元，那么这个人什么都不用付出，他可以给出任何估价。但是，如果其他人的估值总和介于220美元到300美元之间，且这个人提交了80美元的估价，那么他要承担的成本将等于300美元减去那个总和的差，并且这个项目将启动（这是一个有效率的结果）。他将不会提交70美元的估值，因为其他人的估值总和可能是225美元，那么他提交的这个低估值将使这个公共项目无法启动。而如果他提交的估值为80美元，那么他所要承担的成本仅为75美元。

由于枢轴机制满足激励兼容性，因此它也满足有效性。只有在估值总和超过了成本的情况下，才能实施公共项目。需要注意的是，因为报告一个人的真实价值是一个占优策略，所以有效结果也是占优策略可实施的结果。此外，由于每个人最多支付项目对自己的价值，这个机制也满足自愿参与原则。但是，这个机制不一定会得到预算平衡的结果，事实上，这个机制只是在极少数情况下才能做到这一点。

对于决定公共项目的决策问题，任何机制都无法满足我们可能想要达到的所有标准。事实上，当用模型证明了这一点之后，就可以省下很多时间，不会再无谓地去尝试一些不可能实现的事情。正如工程师不会浪费时间去建造永动机一样，机制设计专家也不会去尝试为公共项目决策问题寻找一个满足激励相容、个体理性、有效率且预算平衡的机制。事实上根本不存在这样的机制。

枢轴机制已经相当不错了，但是它不能满足预算平衡条件。而且，这个缺陷无法通过提高人们为项目缴纳的税额来解决，因为那样做会使这个机制不再是激励兼容的或个体理性的。那样的话，个体会有动机去撒谎，有些人可能会被要求为项目贡献出超过其价值的东西。一种可能的解决方法是通过其他途径来增加税收，以便为项目提供资金池。当然，那种途径本身也会产生激励问题，但那不是直接的。

更好的解决方法是同时拥有其他更多的资金来源。例如，一所大学，如果有规模很大的校级基金，同时组成大学的各个学院又各自都有独立的基金，就可以用这种机制来决定是否建立一个新的学生会。大学每个学院的院长都有动机真实地揭示学生会对自己学院的价值，同时大学校长则可以用校级基金来弥补可能资金的不足。由拥有预算权限的分支机构组成的企业也可以考虑这样做。例如，当这样的企业在决定要不要切换到一个基于云的系统时，就可以采用枢轴机制来决策，而且更高的管理层可以解决任何可能出现的缺陷。

小结

作为一个框架，机制设计理论使我们能够依据各种标准对不同的机制进行比较。机制设计能不能产生有效率的结果？人们会说实话吗？人们会自愿参加吗？某个机制是会产生盈余、还是会导致损失？利用机制设计框架，我们还可以推导出可能的结果。当然，一般来说，我们无法在同一个机制下满足所有想要达到的标准。在进行机制设计的时候，建模者摇身一变，成了工程师。我们使用模型来尝试构建可行的解决方案。

随着技术的进步和变化，机制也会发生变化。以谷歌等互联网搜索网站所使用的广告拍卖算法为例。最初，谷歌是按固定价格收费的，每千次点击收取多少费用。随着信息技术的发展，谷歌能够同时进行数百万次拍卖，在这种情况下，固定收费就不再是一种最优机制了。通过引入拍卖方法，谷歌不仅增加了收入，并且更有效地分配了广告空间。谷歌现在使用的是一种广义的第二价格拍卖。每个竞买人都会提交自己对每次点击的出价，目的是通过特定的关键词进行推广，例如，治疗一种因接触石棉而导致的癌症的药物，最高出价者得到第一个广告位，第二高出价者得到第二个广告位，第三高出价者得到第三个广告位……以此类推。这些竞买人付出的价格则通过第二价格拍卖来确定。

假设前四个最高出价分别是每次点击 10 美元、7 美元、6 美元和 3 美元。那么，第三高出价者获得第三个广告位，同时支付的价格等于第四高出价者的出价，即 3 美元；第二高出价者支付的价格则等于第三高出价者的出价，即 6 美元；最高出价者则要付出 7 美元的价格。[9] 在了解到了广告商的估值后，谷歌还可以设定保留价格（底价）并收取更高的费用。但是，如果竞买人也知悉了谷歌的这些计划，这个结果就不一定是有效的。认为自己有可能成为高出价者的竞买人不希望谷歌知道他的估值。同时设定底价也会损害谷歌的声誉，而且，底价也会被视为一种非合作行为，因为谷歌无法证明自己有权对网页上的位置拥有保留价值。除非卖出去了，否则关键字搜索上的顶级广告位对谷歌本身来说几乎没有任何价值。而对于销售古董家具或二手车的人来说，情况却并非如此。这些物品对卖家是有价值的，因此设定一个底价是合理的。而且，谷歌是一个重视声誉的企业，设定底价可能会激怒广告客户。

总而言之，机制设计框架可以帮助我们设计制度，也能够指导我们在不同的制度之间进行选择。有了这个框架，就可以推断出什么是可行的、什么是不可能实现的。也许，我们很难设计出这样一种机制：既能够产生有效率的结果，又能够引导人说真话，同时还满足预算平衡条件。如果确实是这样，我们就不应该浪费时间和精力去设计这样的机制，而应该将更大的时间精力投入到如何实现（例如）效率和平衡预算之间的权衡上。

我们还可以利用机制设计框架来探索一些更宏大的问题，例如，我们在什么情况下应该利用市场、在什么条件下应该投票、在什么时候应该依靠等级体系，在什么环境中应该转而采用自愿的集体行动来分配资源或采取行动。[10] 市场、民主、等级制度和集体行动这四个机制中的每一个，都只在某些环境下运行良好，而在另外一些环境下则表现不佳。例如，我们不会用投票来决定人们购买什么商品，也不想让市场去决定谁来当美国总统。

在社会和组织内部，我们都观察到了这些制度形式。以大学为例。大学要面对一个教职市场，同时又要通过民主程序来雇用教师；要通过等级体系分配课程作业，并运用集体原则制定战略、计划。非营利机构、以获取利润为目标的企业，以及政府机构，也都需要混合运用各种不同的制度形式。利用机制设计工具箱，我们可以比较每种制度的运行方式，然后再把各种任务更好地适配各种制度。

25

信号模型

诚实的人不会隐瞒自己的所作所为。

———————————————— 艾米莉·勃朗特（Emily Brontë）

在本章中，我们研究信号模型（signaling model）。这类模型确定了人们发送"昂贵"的信号以揭示信息或类型的条件。一个人可以通过购买昂贵的艺术品表明自己的财力，通过攀登很高的山峰来展现自己的体力，或者通过在社交媒体上发声支持受难者来表达自己的同情心。利用发送信号来揭示自己的身份一直都是人性的一个部分。

早在 19 世纪，经济学家托尔斯坦·凡勃仑（Thorstein Veblen）就提出了"炫耀性消费"的概念，大大增进了我们对信号的理解。凡勃仑观察到，人们经常选择通过炫耀性消费来表明他们的社会地位，而不仅仅会购买那些能够带来直接享受或效用的商品。如果活到今天，当凡勃仑看到现代人的炫耀性消费行为，他肯定将会心一笑：例如迈巴赫敞篷车，每辆售价将近 150 万美元；10 年陈酿的克丽丝特尔酒（Cristal），每瓶售价超过 1 500 美元；徕卡相机，每台售价数万美元……

炫耀性消费由来已久，部分原因在于人类很在意别人对自己的看法。这种消费行为之所以经久不衰，还因为消费可以起到信号的作用。[1] 我们不能完全看清某个人，所以我们依赖于他们穿的衣服、开的汽车、喝的酒来推断他们的"隐藏属性"。如果我们看到一个人开着昂贵的汽车，那么大体上可以推断出他拥有一定财富。一个人向慈善组织大笔捐款，表明他是一个慷慨大方的人，因为没有自私的人会做出这样的行为。一个人在社交媒体上宣布自己获得了理论生物学博士学位，那是传达关于他的智力水平和所从事职业的信号。几乎所有行动都在一定程度上传递了某种信号。当政客们投票决定是对某个国家宣战、还是实施制裁时，他们就发出了关于自己意识形态立场的信号。某些有长期目标的政客（例如打算日后竞选总统）可能会试图通过投票发出最有利于自己未来政治前途的信号，因而不一定会给最有利的政策投赞成票。

在本章中，我们首先研究离散信号模型。在这种模型中，个体可以选择发送信号或不发送信号；同时，不同的个体发送信号的成本也不相同。要让信号发挥作用，它们就必须是昂贵的（有成本的）或可验证的。这将是本章的一个重点内容。例如，一个雇主打算从新入职员工中选一些人夏天到西班牙巴塞罗那出一趟"美差"。所有申请的员工都在简历中声称自己会西班牙语。但是，简单地说自己会说西班牙语只是一个没有成本的信号。为此，雇主可以启动一个"西班牙语争章活动"，要获得一枚徽章，需要用西班牙语完成一个小时的演示。对于真的熟练掌握了西班牙语的员工，发出这个信号，也就是用西班牙语完成演示的成本较低。但是对于那些不懂西班牙语的员工来说，准备长达一个小时的西班牙语演示的成本却高得令人望而却步。用信号模型的术语来说，这个徽章就将熟练西班牙语的人与不懂西班牙语的人区分开来了。

接下来，我们简单地介绍一个连续的信号模型。在这个模型中，信号的大小是可变的。一个夏令营的皮划艇队一般只能有一个领划的皮划艇运动员，人们希望在这个位置上的是一个耐力非常好的人，那么，怎样才能挑选出这样一个人来呢？营地主管可能会要求两个提出申请的选手连续划皮划艇10个小时，以便将皮划艇划到尽可能远的距离上。那两个皮划艇运动员中耐力更强的那个选手可以划到另一个实力较弱的选手无法企及的距离上，从而让自己脱颖而出。

离散信号模型和连续信号模型都能为我们提供信号什么时候分离、什么时候不能分离的条件。因此，它们给我们提供了比文字描述更加准确深入的见解。文字描述能够告诉我们，人、动物、政客和政府发出了什么信号和为什么要发出信号，但是却不能向我们明确表征信号发出的时间和信号的强弱。这些模型还可以非常清晰地解释，为什么学生会如此努力地试图证明自己对学院的价值。在本章的结论中，我们讨论了信号模型的理论贡献及其政策含义，还将讨论生态学、人类学下的信号模型，以及商业活动中的信号模型应用。

离散信号模型

我们从离散信号模型开始讨论。在这种模型中，人们要决定是否采取某种行动。你可以买一块昂贵的手表来证明你拥有大量财富，可以通过主修物理学来证明你智力超群，可以通过横渡英吉利海峡来证明自己身体健康。但是你不能半途而废：要么发送信号，要么不发送。这个模型假设，存在两种类型的人，强者和弱者。这两种类型在现实世界中，可以对应于身体健康有资格进入海军陆战队的年轻人和身体孱弱的人，也可以对应于会两种以上外语的员工和只会本国语言的员工，等等。

发送信号的成本取决于个体的类型。这里所说的信号，可能是为有可能成为海军陆战队员的申请人提供的为期一个月的魔鬼训练计划，也可能是求职者用西班牙语完成的长达一个小时的演示。强健的准海军陆战队员会发现完成训练计划的成本更低。在模型中，我们假设发送信号的每个人可以平等地分享总收益。对于这个假设，可以从两个角度加以解释。在某些情况下，某种资源可能会在发送信号的所有人之间分配。例如，向学校捐赠了 1 000 美元的每个人（捐赠是慷慨的信号）的名字都会被刻在一面墙上。在另外一些情况下，例如对于准海军陆战队员和求职者，则可以从发送信号的人的集合中随机挑选一些出来作为"中奖者"。

这个模型支持三种不同的结果：混同（pooling），所有人都发送相同的信号；分离（separating），每种类型的人各自发送一个独特的信号；部分混同，其中一些类型区分开来了，其他类型则没有区分开来。

离散信号模型　　　　　一个规模为 N 的种群由 S 个强者类型的个体和 W 个弱者类型的个体组成；这两种类型的个体发送信号的成本分别为 c 和 C，且 $c < C$。种群中所有发送信号的成员平均分配 B 的收益（$B > 0$）。这个模型有三种可能的结果：

混同（$C < \frac{B}{N}$）：两种类型的个体都发送信号。

分离（$c < \frac{B}{S}$，且 $\frac{B}{S+1} < C$）：只有"强者"类型的个体发送信号。

部分混同（$c < \frac{B}{N} < C < \frac{B}{S+1}$）："强者"类型的所有个体和"弱者"类型的部分个体发送信号。

在这个模型中，我们假设个体在给定其他个体行动的情况下做出最优选择。也就是说，我们将它视为一个博弈，并求解它的均衡。在混同均衡中，每个人都发出信号，如果收益很高并且弱者类型的人发送信号的成本较低，就会存在这种均衡，确切的条件是收益除以人数的商必须超过弱者类型的人的成本。例如，假设一位捐助者捐赠了 100 万美元设立了一个奖学金，用于奖励某所高中所有 100 名毕业生。假设有 50 名学生属于强者类型，只需每周学习两小时就能够从高中毕业，而另外 50 名学生则属于弱者类型，每周必须花费 10 小时学习才能完成高中学业。对于强者类型的学生，我们可以将学习成本估计为 2 000 美元，而对于弱者类型的学生，学习成本则为 5 000 美元。如果所有 100 名学生都顺利毕业，那么每人都可以获得 10 000 美元的奖学金。因此这两种类型的学生都有很强的动机去学习。

但是，如果假设我们将奖学金总额减少到了 20 万美元。现在，如果所有 100 名学生都顺利毕业，那么每人都只能获得 2 000 美元的奖学金。这样，学习就不再符合弱者类型学生的自身利益了。而对于强者类型的学生来说，现在每人可以得到 4 000 美元奖学金了，因此学习仍然是有意义的。但是，这个数额仍然不足以诱导弱者类型的学生毕业，哪怕只有一个都不可能。在这种情况下，奖学金的设置导致了分离均衡。

最后，假设奖学金的总额为 40 万美元。再一次，如果所有 100 名学生都毕业，那么弱者类型的每个学生的所能得到的奖学金为 4 000 美元，低于 5 000 美元。因此，他们不会全都选择学习。但是，如果弱者类型的学生都不学习，那么强者类型的学生每人将会获得 8 000 美元的奖学金，这个数额对弱者类型的学生来说也很有吸引力。因此在均衡中，最终将会有 30 名弱者类型的学生与所有 50 名强者类型的优秀学生一起毕业。结果是总共有 80 名学生毕业，每人得到 5 000 美元的奖学金，这也正是弱者类型的学生的学习成本。我们将这种结果称为部分混同，因为有部分弱者类型的学生与强者类型的学生混同在了一起。

部分混同均衡比其他两个均衡更加复杂，因为它需要弱者类型的学生实现彼此之间的某种协调。我们可以假设存在某个过程，弱者类型的学生会与其他人沟通，告诉别人自己计划采取能够确保毕业的行动。或者也可以假设弱者类型的学生的努力恰恰达到了这样一个水平：他们能不能毕业完全是随机的，并且该努力水平会导致 30 名弱者类型的学生毕业的期望。第二种情况似乎不那么合理。一般而言，我们应该将部分混同均衡解释为一个基准，即如果人们试图最优化，会发生什么。是否能达到部分汇集均衡，可能取决于具体情况，尤其取决于人们是否可以交流各自预期中的行动。

连续信号模型

在离散信号模型的部分混同均衡中，强者类型的人在有些时候可能会觉得沮丧。如果他们能够发出足够强烈的信号，就可以完全与弱者类型的人区分开来，并且获得更高的收益。为了在模型中包含这种可能性，我们可以改变假设并允许强者类型的人自行选择它们要发送的信号大小。这只需要对模型稍做修改即可。为此，我们将离散信号的发送成本重新解释为连续信号的每单位发送成本。此外，我们假设，对于任何固定数量的信号，强者类型的人每单位成本更低一些。

为了在这个新模型中实现分离均衡，强者类型的人必须愿意选择一个对于弱者类型的人来说成本极高的信号，当然条件是在考虑了收益和成本之后，这个信号仍然是值得发送出去的。通过模型推导，我们发现至少有一些强者类型是可以分离的，但不一定是全部。

令人惊讶的是，随着强者类型的群体规模的增大，信号的量级反而会变小。这种情况之所以会发生，是因为强者类型的人发送信号的好处减少了。成为规模更大的群体的一部分，能够得到的好处反而会更少。完全分离这个条件意味着，当强者类型的人数很少，或者强者类型的人发送信号成本要比弱者类型的人低很多时，分离均衡更有可能实现。

连续信号模型 一个规模为 N 的种群由 S 个强者类型的个体和 W 个弱者类型的个体组成，两种类型的个体发送信号的单位成本分别为 c 和 C（$C > c$）。发送最大信号的所有个体分享利益 B。任何大小为 $M \geq \frac{B}{SC}$ 的信号都能够将强者类型分离开来。如果 $CW \geq cN$，那么所有强者类型都会分离开来。如若不然，就存在部分混同均衡，其中一部分弱者类型的个体也会发送信号。[2]

这个模型可以解释，为什么昂贵的手表和珠宝能够作为财富的信号。一个人的房子或汽车也标志着其拥有的财富，但是人们无法随时随身携带房屋和汽车。衣服也可以发出财富信号，但是却可能无法创造分离。只要花上几百美元，任何一个人可以穿得像一个拥有大量财富的人。但由于成本很高，手表和珠宝作为财富信号会更加有效。一个穷人或中产阶级人士买不起售价一万美元的手表。戴这样的手表，足以证明自己拥有可观的财富。通过发送这样的信号能够获得的好处可能是，人们会更尊重他，假设人们认为财富在某种程度上与一个人的重要性相关的话（尽管有人可能会质疑这种推断）。

信号的用途和价值

信号能够把隐藏的属性突显出来。我们的行动标志着我们的健康、财富、智慧和慷慨。我们的一些行动产生了作为副产品的信号。一个纯粹是因为对长跑有兴趣而参加马拉松比赛的人，可能会传递出身体健康和做事专注投入的信号，尽管这可能这不是他的本意。信号模型为解释几乎任何行动提供了另一种视角。但是，一个人选择参加某种活动、学习掌握某种技能、购买某个商品，到底是完全出于个人兴趣，还是在发出某种信号呢？我们也许无法分辨。

例如，信号模型为大学文凭的价值提供了另一种解释。关于收入的大量数据表明，大学毕业生的工资显著高于没有接受过大学教育的人。我们可以推断，较高的工资源于大学期间获得的技能和知识。同时，相关数据还表明，数学和科学专业的大学毕业生工资更高。由此可以推断，在这些专业中学到的技能具有更大的经济价值。然而，如果认真观察一下人们所实际从事的工作，我们可能会发现很少有人在工作中需要使用微积分。而且，求职者在接受面试时，几乎从来没有人被问到过余弦函数的导数怎么求、玻意耳定律怎么解释。有鉴于此，我们可以推断大学学位，特别是科学和数学学位，代表了一个人获取知识能力的信号。毕业生获得的较高薪酬完全取决于学位的信号价值，而不是毕业生在大学期间所学到的知识。[3]

可以考虑一下成为一名医生所必须发送出去的信号。医学专业的学生必须通过物理、有机化学和微积分等课程的考试。但是，医生看病是否使用微积分？医生在为你诊疗耳朵和鼻子的时候，会先在他的记事本上写出一个微积分方程吗？当然不是这样。在很大程度上，微积分知识与医生执业可能完全无关，但是它可能是医生掌握知识体系能力的良好信号。如果真的是这样，那么即便与从事的职业几乎没有任何直接相关性，通过微积分考试也会成为医生的一个有用的信号。

只要有可能，任何人在构建信号的时候，都更愿意在生成信号的同时也能掌握有用的技能。例如，事实证明，要成为一名成功的医生，记忆能力是很重要的。为了传递能够证明记忆能力的信号，面试者可能会要求申请人背出每个国家的首都和货币。成功地通过这项考核，能够证明申请人确实有很强的记忆能力，但是所记忆的这些内容对成为一名好医生并无意义。当你觉得自己的肠胃非常不舒服，匆忙赶到急诊室时，你并不会在乎给你看病的医生是否知道布拉迪斯拉发是斯洛伐克的首都，你只是希望那个医生对消化系统的各个部分都了如指掌。出于这个原因，医疗委员会要求医生通过解剖学考试。通过解剖学考试能够证明一个人的记忆能力，而且记住身体的各个部位也确实是有用的。因此，通过解剖学考试是一个功能性信号（functional signal）。

小结

信号模型的应用范围非常广泛。如前所述，雄孔雀的美丽尾羽是它"身体健康"的信号。众所周知，雄孔雀装饰性极强的扇形尾羽几乎没有任何功能性价值，事实上，这种夸张的尾羽不但无用，而且可能还会给它们带来糟糕的结果。雄孔雀如果选择发展更强壮的爪子，有用性要高得多。但是，强壮的爪子很难让雌孔雀在很远的地方就注意到，这一点比尾羽差得太多了，因此尾羽在演化过程中胜出了。[4] 雄性果蝇的彩色尾部也具有与雄孔雀的尾羽类似的功能，蚱蜢和鸟类的鸣叫声也是如此。啁啾需要付出可观的能量，只有吃饱了的蚱蜢才可以花时间啁啾而不用去忙着寻找食物。因此，啁啾声可以起到信号的作用。

在人类社会中，不同的文化会通过不同的行动来表明健康状况。人类学家区分出了三种形式的昂贵信号：无条件的慷慨（unconditional generosity），浪费性的维生方式（wasteful subsistence behavior）、精美的传统手工艺制品。[5] "夸富宴"是居住在太平洋西北地区的印第安土著居民举行的一种仪式，这可能是发送这种慷慨信号的最为突出的一个例子。为了庆祝一个事件，比如一个成员出生或去世时，酋长会送出大量的财富，甚至直接毁坏财富，并对其他酋长提出挑战，要求他们也做出同样的行为。其他酋长如果做不到，就会失去声望。将自己的财物赠予他人，还可以说是有利于社会，但是将它们毁坏无疑是极大的浪费。

事实上，当人们（通常是男性）在预期收益比采集种子或浆果更低时，仍然坚持远行狩猎时，就已经采取了浪费性的维生方式了。男人这样做是因为他们能够希望获得额外的尊重。狩猎成功，猎人就发出了说明他力量和勇气的信号，这在其他环境中也可能很有用。作为一名成功的浆果采集者，能够发送自己拥有良好的视力和耐心的信号，这些当然也是有用的个人特点，这一点毫无疑问，但是在很多方面的预测性能不如狩猎技能好。对生活在澳大利亚北部一个群岛上的梅里亚姆人（Meriam）的一项研究表明，平均来说，作为海龟猎手的男性居民，在 50 岁时存活的后代人数是其他同龄男性居民的两倍多。[6]

复杂精美的传统工艺品制作需要付出非常多的时间和资源。当然，这种活动也可能生产出有用的物品，如地毯。但是，大多数传统工艺品都是没有太大实用价值的礼仪性物品。一些人类学家将这类传统工艺品的制作解释为信号的发送。创作生产这些物品的意义，不依赖于它们能够实现的功能，因这它们具有重要的文化意义。

很多广告也可以解释为昂贵的信号。例如，购买昂贵的超级碗总决赛的商业广告位，可以说是在发送关于自己产品的"合法性"信号。因为这意味着企业相信消费者会非常喜欢自己的产品，从而可以赚回足以覆盖广告成本的利润。想象一下，假设现在有两家企业分别推出了一款新咖啡机。第一家企业知道自己开发了一个"伟大"的产品。而第二家企业则知道，尽管自己的工程师付出了最大的努力，但是这个产品仍然可能会故障频出导致消费者大量投诉。第二家企业预计将会出现 20% 的退货率。

每一年，都会有数百万人购买咖啡机。如果不做广告，那么这两家企业可能会平分市场。假设生产出了更好产品的企业决定投入 200 万美元来宣传自己产品的质量。这家企业预计，在广告攻势下，早期购买者都会购买自己的产品，并且从长远来看，这又会导致更大的销量。这家企业的决策者的脑袋中，可能有一个波利亚瓮模型。相比之下，生产质量较差产品的另一家企业则不会花钱做这样的广告，因为它预计自己的产品应该不会非常畅销。花大钱来表明产品的质量，这种行为有时被称为"烧钱"（burning money）。就像雄孔雀用尾羽吸引到了潜在的配偶一样，企业通过"烧钱"吸引了消费者。

在所有这些情况下，发送信号都要付出成本。那些发出信号的人会发现，信号的成本，会导致他们更大的财富、能力以及慷慨个性被他人识别所能带来的好处而有所减少。此外，发送信号所耗费的时间和精力也可以被认为是一种机会成本：如果把这些资源用在其他用途上，可能会产生更大的社会盈余。例如，一个年轻人可能会花费数小时去决定穿什么衣服，以便表明自己的"社会意识"；或者，一个高中生可能会将大量时间和精力投入到某种"非生产性的"活动中去，因为他相信这样能够提高他被精英大学录取的机会。

为了减少发送信号的社会成本，我们应努力使信号尽可能有效地发挥作用。例如，最好是让年轻人通过参加团体性的运动来证明自己身体健康和勇敢，通过这种运动，他们能够学会体育精神和尊重集体利益，而不要让他们冒着生命危险从飞驰的摩托车上跳下以证明自己的勇敢。最好是要求医生记住人体解剖图谱，而不是考他们记得多少句《魔戒》的精灵语。

尽可能地多尝试吧。浪费性的信号肯定会继续存在。我们的挑战是利用模型，特别是机制设计工具，来构建制度和协议，以保证发送出去的信号确实携带了充分的信息。

26 学习模型

一个人可以养成的最重要的习惯就是对继续学习的渴望。

———————————————— 约翰·杜威（John Dewey）

本章研究个体学习模型和社会学习模型，我们会在两种情况下应用它们。第一种情况，如何学会在一个备选方案集合上做出最优选择。在这种情况下，个体学习和社会学习将会汇聚到最优选择上，而学习规则的不同只能影响收敛速度。第二种情况，如何在博弈中应用学习规则来采取适当的行动。在博弈中，某个行动的收益取决于本人和其他博弈参与者的行动。在这两种情况下，学习规则都更有利于规避风险的均衡结果而非有效率的均衡结果。我们还发现，个体学习并不一定会产生与社会学习相同的结果，而且任何一种学习都不可能在所有环境下都比另一种学习表现得更好。

　　这些发现为我们的主张——采用多模型方法来表征行为，提供了有力的支持。学习模型介于理性选择模型与基于规则的模型之间。理性选择模型假设人们会审慎考虑所处的环境和要完成的博弈，然后采取最优行动；基于规则的模型则直接根据规则来指定行动。学习模型假设人们会遵循规则，但是，正是这些规则使行为能够发生改变。在某些情况下，行为会趋向最优行为。在这些情况下，学习模型可以用来证明假设人们会采取最优行动的合理性。但是，学习模型也不一定会收敛到均衡，它们也可能生成循环或复杂的动态。而且，如果学习模型确实收敛了，它们可能会有比其他模型更多的均衡可以选择。

本章的内容安排如下。我们首先描述强化学习模型，并将这种模型应用于如何选择最优备选方案的问题。强化学习模型通过更高的奖励来强化行动。随着时间的推移，学习者会学会只采取最优行动。这是一个基准模型，非常适合研究学习模型。它与实验数据也拟合得相当好，而且不仅仅适用于人类。海蛞蝓、鸽子和老鼠，都会强化成功的行动。相比之下，强化学习模型也许更适用于海蛞蝓，它只有不到 2 万个神经元，而不那么适用于拥有超过 850 亿个神经元的人类。如此巨大的脑容量使人类能够在学习时考虑反事实，而这种现象是强化学习模型无法考虑的。

然后，我们介绍社会学习模型。在社会学习模型中，个体能够从自己的选择和他人的选择中学习。个体会复制最流行的或表现高于平均水平的行动或策略。社会学习假设行为者能够观察或沟通。有些物种是通过所谓的共识主动性（stigmergy）来实现社会学习的：成功的行动会留下其他个体可以追随的痕迹或残留物。例如，当山羊在群山间走动时，会留下被踩踏的草，从而强化了通往水或食物的路径。

接着，我们将这两种类型的学习模型应用于博弈分析。如前所述，博弈给出了一个更加复杂的学习环境。同样的行动，可能会在这一个时期内带来高收益，在下一个时期内却产生低回报。正如人们通常可以预料到的那样，我们发现社会学习模型和个体学习模型都不一定会收敛到有效的均衡，而且它们也可能会产生不同的结果。最后，我们讨论了一些更加复杂的学习规则。[1]

个体学习模型：强化学习模型

在强化学习中，个体要根据各个行动的不同权重来选择行动。权重较大的行动比权重较小的行动更经常被选中。分配给某个行动的权重取决于这个个体在过去采取这个行动时所获得的奖励（收益）。这种高回报收益的强化可以导致个体选择更好的行动。在这里，我们要探讨的问题是，强化学习是不是会收敛为只选择具有最高奖励（收益）的那个备选方案。

乍一看，只选择最有价值的那个备选方案似乎是一个非常容易完成的微不足道的任务。如果奖励是完全以数值形式来表示的，例如金钱的数额或时间的长短，那么我们有理由相信人们会选择最好的那个备选方案。在第 4 章中，我们就是用这种思路来说明一个在洛杉矶工作的人在选择通勤路线时会选择最短的路线。

但是，如果奖励没有采用数值形式（通常情况下都是如此），人们就必须依赖自己的记忆。我们在一家韩国餐厅吃过一次午餐，发现那里的泡菜很美味，所以我们更有可能再次光顾那家餐厅。星期一，我们在跑步前一小时吃了燕麦饼干，结果发现我们连续跑上 10 千米都不觉得累。如果星期三，我们又在跑步前吃了燕麦饼干并且步履如飞，我们就会加大这个行动（跑步前吃点燕麦饼干）的权重，因为我们已经知道燕麦饼干可以改善跑步成绩。

除了人类之外，其他物种也会这样做。早期研究学习的心理学家爱德华·桑代克（Edward Thorndike）设计了一个经典实验。在这个实验中，一只通过拉动杠杆逃离了箱子的猫得到了奖励。在回到箱子中之后，这只猫在几秒钟内就再次拉动了杠杆。桑代克得到的数据表明，猫会持续进行尝试。他发现猫（以及人）在奖励增大时学习得更快。他将这个规律称为效果律（law of effect）。[2] 桑代克的这个发现是有神经解剖学基础的。重复一个行动会构建出一个神经通路，而这个神经通路在未来会引发相同的行为。桑代克还发现，更出人意料的奖励，也就是远远超出过去奖励水平或预期奖励水平的奖励，会使人们学习得更快，他把这个规律称为惊奇律（law of surprise）。[3]

在强化学习模型中，分配给一个所选备选方案的权重，是根据该备选方案在何种程度上超过了预期，即"渴望水平"（aspiration level）来进行调整的。这样的模型，既考虑了效果律，也就是会采取那些能够更经常地产生更高回报的行动，也考虑了惊奇律，也就是对某个备选方案赋予的权重取决于它所带来的奖励超过了渴望水平的程度。[4]

强化学习模型　　假设一个由 N 个备选方案组成的集合 $\{A, B, C, D, \cdots, N\}$、与各备选方案对应的奖励的集合 $\{\pi(A), \pi(B), \pi(C), \pi(D), \cdots, \pi(N)\}$，以及一个严格为正的权重的集合 $\{w(A), w(B), w(C), w(D), \cdots, w(N)\}$。那么，选择备选方案 K 的概率如下：

$$P(K) = \frac{w(K)}{w(A) + w(B) + w(C) + w(D) + \cdots + w(N)}$$

在选中了备选方案 K 之后，$w(K)$ 会增大 $\gamma \times P(K) \times (\pi(K) - A)$，其中 $\gamma > 0$ 等于调整速率（rate of adjustment），$A < \max_K \pi(K)$ 等于渴望水平。[5]

这里需要注意的是，渴望水平必须设定为低于至少一个备选方案的奖励水平。否则，被选中的任何一个备选方案在未来再次被选中的可能性会很低，而且所有备选方案的权重都会收敛到零。不难证明，如果渴望水平低于至少一个备选方案的奖励水平，那么最终几乎所有权重都会被赋予在最优备选方案上。之所以会发生这种情况，是因为每选择一次最优备选方案，权重的增加幅度都会最大，从而给这个备选方案创造了更强的强化。

即便我们将渴望水平设定为低于任何一个备选方案的奖励水平，这种情况也必定会发生。在将渴望水平设定为低于任何一个备选方案的奖励水平时，每种备选方案被选中时权重都会有所增加；因此，这个模型可以用来刻画习惯形成：之所以更频繁地做某件事情，只是因为我们在过去已经做过这件事情。而且，即便将渴望水平设定得很低，会带来最高水平奖励的那个备选方案也会以最快的速度增加权重，因此从长远来看，最优备选方案将会胜出。但是，要收敛到最优备选方案上，所需的时间可能会很长。另外，当我们增加了更多的备选方案时，收敛时间也会变长。

为了避免这些问题，我们可以构造内在愿望（endogenous aspiration）。为此，我们修改上面的模型，将渴望水平设置为平均奖励，从而让它随时间推移而不断调整。想象一下，假设父母试图确定自己的孩子到底是更喜欢苹果薄饼还是香蕉薄饼。设定选择苹果薄饼的奖励为 20，选择香蕉薄饼的奖励为 10，并将两个备选方案的初始权重都设置为 50，将调整速率设定为 1，并将渴望水平设定为 5。假设父母在第一天准备的是香蕉薄饼，这样香蕉薄饼的权重将增加到 55。假设父母在第二天也准备了香蕉薄饼，那么 10 的奖励等于新的渴望水平，香蕉薄饼的权重不会改变。

假设父母在第三天准备了苹果薄饼。这会带来 20 的奖励，超出了渴望水平。这会使苹果薄饼的权重增加到 60，从而使苹果薄饼变成了更可能被选中的备选方案。更高的奖励也提高了平均收益，因而也使渴望水平上升到了 10 以上。因此，如果父母再一次准备香蕉薄饼，香蕉薄饼的权重就会减少，因为香蕉薄饼的奖励水平已经低于新的渴望水平了。也就是说，强化学习将收敛为只会选择苹果薄饼。

我们很容易就可以证明，强化学习将趋向于以概率 1 选择最优备选方案。这个结论意味着，与所有其他备选方案的权重相比，最优备选方案的权重将会变得任意大。

强化学习的效果　　　　在学会选择最优备选方案模型的框架中，当渴望水平被设定为等于平均获得的奖励时，强化学习（最终）几乎总是会选择最优备选方案。

社会学习模型：复制者动态

强化学习假设个体是孤立采取行动的。但是，人们也会通过观察他人来学习。社会学习模型假设个体能够观察到他人的行动和奖励，这可以加快学习速度。现在学界研究得最充分的社会学习模型是复制者动态（replicator dynamics），它假设采取某个行动的概率取决于该行动的奖励和它的受欢迎程度。我们可以将前者称为奖励效应（reward effect），把后者称为从众效应（conformity effect）。[6] 在大多数情况下，复制者动态模型都要假定一个无限种群。在这个假设的基础上，我们可以将所采取的行动描述为各种备选方案之间的概率分布。在标准的复制者动态模型中，时间是不连续的，所以我们可以通过概率分布的变化来刻画学习。

复制者动态　　　　假设一个由 N 个备选方案组成的集合 $\{A, B, C, D, \cdots, N\}$、与各备选方案对应的奖励的集合 $\{\pi(A), \pi(B), \pi(C), \pi(D), \cdots, \pi(N)\}$。在时间 t，一个种群的行动可以用这 N 个备选方案上的概率分布来描述：$(P_t(A), P_t(B), \cdots, P_t(N))$。且这个概率分布随如下复制者动态方程而变化：

$$P_{t+1}(K) = P_t(K) \times \left(\frac{\pi(K)}{\bar{\pi}_t} \right)$$

其中，$\bar{\pi}_t$ 等于第 t 期中的平均奖励。

考虑这样一个例子，父母可以选择准备苹果薄饼、香蕉薄饼和巧克力薄饼。假设所有的孩子都有同样的偏好，再假设这三种薄饼分别能产生 20、10 和 5 的奖励。如果最初有 10% 的父母制作苹果薄饼、70% 的父母制作香蕉薄饼、20% 的父母制作巧克力薄饼，那么平均奖励等于 10。应用复制者动态方程，在第 2 期中选择三个备选方案中的每一个的概率如表 26-1 所示：

表 26-1　　　　　　　　　　　备选方案概率

备选方案	π	P_1	$\pi/\bar{\pi}_t$	P_2
苹果薄饼	20	0.1	20/10	0.2
香蕉薄饼	10	0.7	10/10	0.7
巧克力薄饼	5	0.2	5/10	0.1

复制者动态方程告诉我们，在接下来一段时间里，制作苹果薄饼的父母的比例将会增大到原来的两倍。这是因为苹果薄饼的奖励等于平均奖励的两倍。而制作巧克力薄饼的父母将会减少，因为巧克力薄饼的奖励只相当平均水平的一半。最后，制作香蕉薄饼的父母的比例则不会改变，因为香蕉薄饼的奖励恰恰等于平均奖励。结合所有这些变化，我们发现平均奖励增大到了 11.5。

如前所述，复制者动态同时包括了从众效应（更受欢迎的备选方案更有可能被复制）以及奖励效应。从长期来看，奖励效应占主导地位，因为高奖励的备选方案总是会与奖励水平成比例增长。在复制者动态中，平均奖励发挥的作用，与强化学习中当渴望水平随着平均奖励水平而调整时、渴望水平所发挥的作用类似。两者之间唯一的区别是，在复制者动态中，我们要计算整个种群的平均奖励，而在强化学习中，渴望水平等于个体的平均奖励。只要种群是一个相当大的样本，这种区别就是很重要的。因此，复制者动态产生的路径依赖要远小于强化学习。

在构建复制者动态时，我们需要假设每个备选方案都已经存在于初始种群中。由于最高奖励的备选方案总是具有高于平均奖励水平的奖励，而且它的比例在每个时期都会增加，因而复制者动态（最终）会收敛到整个种群都选择最优备选方案的结果。[7] 因此，在这种学会选择最优的环境中，个体学习和社会学习都会收敛到拥有最高奖励水平的那个备选方案上。但是在博弈中则不一定会这样。

复制者动态能够　　　　在学会从一个有限的备选方案集中选择最好的备选
学会最优行动　　　　方案的过程，无限种群复制者动态几乎总是收敛到整个
　　　　　　　　　　　种群都选择最优备选方案。

博弈中的学习

现在，我们将两种学习模型应用于博弈。[8] 请先回想一下，在博弈中，博弈参与者的收益不仅取决于他自己的行动，同时也取决于其他博弈参与者的行动。某个特定行动的收益，例如在囚徒困境中的合作，可能会在一个时期内很高而在下一个时期却很低，这取决于另一个博弈参与者的行动。

我们先从油老虎车博弈（Guzzler Game）开始讨论。这是一个双人博弈，每个博弈参与者都必须选择是驾驶一辆经济型汽车还是一辆高油耗但很坚固的车。选择高油耗的车总能带来 2 的收益。当一个博弈参与者选择经济型汽车，另一个博弈参与者也选择经济型汽车时，双方都可以得到 3 的收益，因为两个司机都会有更好的视野，汽车耗费燃油也更少，而且都不必担心被巨大的耗油量压垮。但是，如果另一位博弈参与者选择了油老虎车，那么驾驶经济型汽车的博弈参与者必须非常注意那个人的行为。为了刻画这种影响，我们假设在这种情况下，驾驶经济型汽车的博弈参与者的收益会降低为零。图 26-1 中给出了这个收益矩阵。

	开油老虎车	开经济型汽车
开油老虎车	2, 2	2, 0
开经济型汽车	0, 2	3, 3

图 26-1　油老虎车博弈

　　这个油老虎博弈有两个纯策略均衡：两个博弈参与者同时选择经济型汽车，或者两个博弈参与者同时选择油老虎车。[9]双方都选择经济型汽车的这个均衡会带来更高的收益，这是这个博弈中的有效均衡。

　　我们先假设，这两个博弈参与者都会进行强化学习。图 26-2 给出了 4 个数值实验的结果，其参数为：每个行动集的初始权重都等于 5、渴望水平为零、学习速度（γ）为 1/3。在这所有 4 个数值实验中，两个博弈参与者都学会了选择油老虎车，即低效率的纯策略均衡。为什么会这样？为了分析这种情况发生的原因，只需要看一看收益矩阵即可。选择油老虎车的博弈

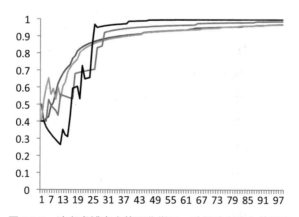

图 26-2　油老虎博弈中的强化学习：选择油老虎车的概率

参与者总能得到 2 的收益；而选择经济型汽车的博弈参与者则有时会得到 3 的收益，有时则什么也得不到（收益为零）。根据假设，两个行动在初始人口中出现的概率是相等的。因此，选择经济型汽车的平均收益仅为 1.5，而选择油老虎车的平均收益则为 2。于是就会有更多的博弈参与者选择油老虎车，而这又使选择经济型汽车的收益进一步下降。

接下来，我们将复制者动态应用到这个博弈中来。我们假设初始人口由相同比例的选择油老虎车和经济型汽车的人组成。然后进一步假设每个博弈参与者与每个其他博弈参与者博弈。选择油老虎车的人会获得更高的收益，因为最初选择每种行动的人的数量相等，所以在第二期会有更多的人选择油老虎车。[10] 如果再次应用复制者动态方程，那么选择油老虎车的博弈参与者的数量将会进一步上升。持续不断地应用复制者动态方程，最终将导致所有的人都选择油老虎车。图 26-3 显示的是对一个有 100 名博弈参与者的油老虎车博弈，运用离散复制者动态进行 4 个数值实验的结果。

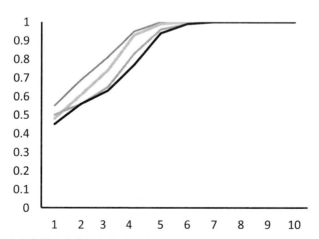

图 26-3　油老虎博弈中的复制者动态（100 名博弈参与者）：选择油老虎车的概率

由于假设了有限种群，所以要引入少量随机性，这样采用每个行动的比例可能不完全等于复制者动态方程所给出的比例。在这 4 个数值实验中，所有博弈参与者全都只在过了 7 期之后就都选择了油老虎车。收敛之所以如此迅速地发生，原因在于从众效应和奖励效应促使人们在第一期后尽快选择油老虎车。例如，当 90% 的人选择了油老虎车时，选择经济型汽车的人的收益将低于选择油老虎车的人的收益的 1/6。从众效应极大地放大了奖励效应，使社会学习比个体学习更快。在个体学习中，平均来说要花费 100 多期才能达到 99% 的人都选择油老虎车的情况。

在这个博弈中，两个学习规则都收敛到了选择油老虎车上，这是因为当两个行动的可能性相同时，选择油老虎车有更高的收益。这种行动被称为风险主导。两种学习规则都更"青睐"风险主导均衡而不是有效均衡。接下来，我们还要再构造一个博弈模型，在那里，这两个学习规则将收敛于不同的均衡。

慷慨 / 妒忌博弈

我们要讨论的下一个博弈，慷慨 / 妒忌博弈（the generous/spiteful game），建立在一个备受关注的人类行为倾向的基础上：我们更加关心的是绝对收益，还是相对收益？假设一个人在以下两个奖金分配方案中选择前者，那么他就是更关心绝对收益：（1）所有同事都能获得 15 000 美元的奖金，而他自己只能得到 10 000 美元；（2）所有同事都只能得到 5 000 美元的奖金，而他自己却能够得到 8 000 美元。相反，宁愿得到更少奖金（在上面两个奖金分配方案中选择后者）的人则更关心相对收益。这种更关心相对收益的偏好，在"居心险恶的人与魔法灯"的寓言故事中得到了很好的体现。

居心险恶的人与魔法灯

在一次考古探险中，一个居心险恶的人发现了一盏青铜灯。他擦了一下灯，结果召唤出了一个精灵。精灵说："我会赐予你一个愿望，因为我是一个仁慈的精灵。我可以给你想要的任何东西！不但如此，对于你认识的每一个人，我都将给予他们给你的两倍。"这个居心险恶的男人仔细想了一会，然后抓起了一根棍子，递给那个精灵，说："好吧。现在请你抠出我的一只眼睛吧。"

这个居心险恶的人所采取的这个行动，在带给他一个很低的绝对收益的同时，又给了他一个高的相对收益。[11] 在外交事务中也会出现类似的紧张局势。新自由主义者认为，每个国家都希望最大化自己的绝对利益，这可以用军事力量、经济繁荣和国内稳定来衡量。但是另外一些人，他们通常被称为新现实主义者，却认为各国更重视的是相对利益，即一个国家宁可只能获得较低的绝对利益，但是一定要比自己的敌人更强。在冷战高潮期间，新现实主义者肯尼思·华尔兹（Kenneth Waltz）这样写道："各国首先关心的不是最大化自己的力量，而是要维持他们在国际体系中的地位。"[12]

我们可以将绝对收益与相对收益之间的这种潜在冲突嵌入到一个 N 人博弈中。在这个博弈中，存在两类行为，一种行为是"慷慨大度"的，它在增加行为者自己绝对收益的同时，也会增加其他人的收益；另一种行为则是"妒忌狭隘"的，它只会增加行为者自己的收益。这个博弈不同于集体行动博弈。在集体行动博弈中，慷慨大度是要付出成本的。[13] 在这个模型中，慷慨的行动是占优策略：无论其他博弈参与者采取的行动是什么，选择慷慨行动的博弈参与者都能获得更高的收益。然而，选择妒忌行动的博弈参与者得到的收益却比选择慷慨行动的博弈参与者更高。

这些陈述，乍一看似乎是自相矛盾的，其实不然。通过选择慷慨的行动，这个博弈参与者能够将自己的绝对收益提高3，而且同时也会将所有其他博弈参与者的收益提高2。而选择妒忌行动的博弈参与者则只能使自己的收益提高2，而且不能提高其他博弈参与者的收益。因此，每个博弈参与者都能通过选择慷慨的行动来提高自己的收益。相反，当一个博弈参与者选择妒忌的行动时，他反而会降低自己本来可以得到的收益，而且（这是关键假设）会使其他人的收益下降得更多。

慷慨 / 妒忌博弈　　在这个博弈中，有 N 个博弈参与者，每一个博弈参与者都要选择：是慷慨（G），还是妒忌（S）。

$$收益（G，N_G）=1+2×N_G$$
$$收益（S，N_G）=2+2×N_G$$

如果我们在慷慨 / 妒忌博弈中应用强化学习规则，那么博弈参与者们都会学会做一个慷慨的人。为什么会这样？要理解这一点，不妨假设博弈参与者处于几乎已经收敛到均衡的状态了，N_G 个博弈参与者都选择了慷慨的行动。这时，如果有一个妒忌的博弈参与者，那么他可以获得 $2+2×N_G$ 的收益。这将成为他的渴望水平。如果他选择的是 G（哪怕发生概率很小），那么他的收益为 $1+2×（N_G+1）=3+2×N_G$，这比他的渴望水平还要高。因此，他将更有可能变成慷慨的。不断应用这种逻辑，我们就会发现所有的博弈参与者都将学会慷慨。

但是，如果我们在慷慨 / 妒忌博弈中应用复制者动态，人们就会学会做一个妒忌的人。只要仔细观察一下复制者动态方程，就可以得出这个结论。在每一期，选择妒忌行动的那些博弈参与者所获得的收益都要高于选择慷慨行动的博弈参与者。因此，在每一期，选择妒忌行动的博弈参与者的比例都会上升。

这些结果突显了个体学习与社会学习之间的关键差异。个体学习会引导人们选择更好的行动，因此人们会学会采取占优行动（如果占优行动存在的话）。而社会学习则引导人们选择相对于其他行为来说表现更好的行动。在大多数情况下，这些行动通常也会产生更高的收益。但是，在慷慨／妒忌博弈中却并不是这样。在这种模型中，妒忌行动的平均收益更高，但是占优的却是慷慨行动。特别需要注意的是，我们的分析得出了一个悖论性质的结果：如果人们进行的是个体学习，那么他们就能够学会做一个慷慨的人——比通过社会学习能够学会的更加慷慨。之所以会出现这种情况，是因为在社会学习中，博弈参与者会复制表现相对较好的博弈参与者的行动。

现在考虑一下之前的观点：我们可以将复制者动态视为一种适应性规则，或者视为发生在若干固定规则之间的选择。如果假设了后者，那么我们的模型就意味着选择可能有利于妒忌这种类型。（自然）选择不一定会导致合作。这个结果与我们在研究重复囚徒困境博弈时发现的结果背道而驰——在那里，重复导致了合作。我们在那里考虑的是重复博弈，并允许更复杂的策略。

将不同的学习模型组合起来

我们已经看到了个体学习模型和社会学习模型都能在一组固定的备选方案中找到最优解决方案，但当把它们应用于博弈时，也可能产生不同的结果。缺乏协议也可以是一种力量。不妨想象一个由所有可能的博弈组成的巨大集合。再想象一个由所有学习模型组成的巨大集合。我们可以将第二个集合中的每个学习模型应用于第一个集合中的每个博弈，并评估它们的表现。然后我们可以将这个包括了所有博弈的集合划分为两个集合：学习规则产生了有效结果的博弈的集合，以及不能得到有效结果的博弈的集合。我们还可以考察实验数据并评估每个学习规则在作为对实际行为的预测器时表现如何。毫无疑问，这种研究将会揭示一些我们未曾预料过的东西。每个学习规则都会在某些博弈中带来有效的结果，但是对其他一些博弈则不能。同时，每个学习规则本身在准确描述了行动的不同情况下也会有所不同。因此，我们提倡多模型思维。

在本章中，我们介绍了两个标准的学习模型。每一个模型都只包括了少数几个会变化的组成部分。我们的目标是对这些令人兴奋的文献给出一个适中的介绍。只要往这两个标准模型中加入更多细节，就能够更好地拟合实验数据和经验数据。请读者回想一下，在强化学习模型中，个体会根据一个已采用过的行动或备选方案的奖励（或收益）是否超过了渴望水平来加大或减少该行动或备选方案的权重。个体不会增加从未采取过的行动的权重；在强化学习模型中，我们不会因为假想采取了某个行动会带来很高的收益，而提高采取这种行动的概率。

在所有情况下，这种假设都没有意义。假设一个员工决定在休假时不带手机。当他去度假时，他的老板打电话要他解决一个重要问题，这个员工没有接到这个电话，并因此错过了一个升职机会。在强化学习模型中，员工不会给"度假时带手机"这个行动赋予更大的权重。有鉴于此，人们对标准模型进行了修正，提出了罗斯－伊雷夫学习模型（Roth-Erev learning model），让未被选择过的备选方案也可以根据其假想的收益来获得权重。在这个例子中，这个员工将会给"度假时带手机"赋予更大的权重。

这个修正导致了基于信念的学习规则。未被选择过的备选方案权重的增加量可以通过一个实验参数来确定。实验参数越高，人们对其他人行为的影响的考虑就越多，对那些行为赋予的权重也增加得越多。经济学家埃尔文·罗斯（Alvin Roth）和伊多·伊雷夫（Ido Erev）还考虑到，其他博弈参与者也在学习，他们的策略也可能在发生变化，因此还对过去进行了贴现处理。[14]

这些额外的假设具有其直观意义，并且都得到了经验证据的支持，但是它们并不适合于所有情况。如果回到前面举过的制作薄饼的例子，那么第一个假设意味着在父母制作好了香蕉薄饼之后，还要赋予制作苹果薄饼的备选方案额外的权重，而且该权重要与苹果薄饼的收益成比例。只有当父母知道苹果薄饼的收益时，这样的假设才是有意义的。但是，只有当人们能够观察到或凭直觉感知未被选择行动的收益时，才会出现这样的情况。

第二个修正模型来自行为经济学家科林·凯莫勒（Colin Camerer）和何（Ho）。他们构建了一个通用的函数形式，把强化学习和基于信念的学习都作为特殊情况包括了进去。这个函数的关键是一个可以用数据拟合的、确定每种类型学习规则相对强度的参数。[15] 将多个模型组合在一起，正是我们学习掌握许多模型的一个重要动机。也就是说，由于参数的增加，组合模型必定能够导致更好的拟合。即便考虑到了参数增多这个因数，凯莫勒和何的模型也能给出更好的预测和更深刻的解释。

对学习建模带来了一些挑战。在一个模型设置中运行良好的学习规则可能完全无法适用其他情况。此外，人们学习的东西可能取决于他们最初的信念，因此两个人可能在同一个环境中以不同方式学习，同一个人也可能在不同的环境中以不同的方式学习。即便我们真的构建出了一个准确的学习模型，也会遇到可利用性原则（exploitability principle）带来的难题：如果一个模型解释了人们如何学习，那么其他模型就可以应用这个模型来预测相关知识，并在某些情况下利用该知识。这样一来，人们就可能会学会如何不会被利用，从而使我们原来的学习模型不再准确。在本书前面的章节中，当我们讨论卢卡斯批判和对有效市场假设的分析时，我们就已经遇到过这种现象了。我们不一定能得出结论说那是因为人们会了解到他们在最优化，然而，学习毕竟倾向于淘汰不良行为、从而有利于更好的行为。

文化能否压倒战略

我们现在将传染模型和学习模型结合起来，以便剖析组织理论中由来已久的一个理论观点：文化压倒战略。[16] 简而言之，这个观点声称，改变行为的战略激励终将归于失败。理论组织家强调，文化——即现有的既定规则和信念的力量实在太强大了。经济学家的观点则相反：推动行为的，只能是激励。

为了将这些相对立的谚语式诊断转变成条件逻辑判断，我们首先必须应用网络传染模型的一个变体。在这个模型中，经理，或者也可能是 CEO，宣布了一个新战略，并给出了推动变革所能带来的好处的多项证据。这位经理或 CEO 甚至可能会对组织的核心原则加以重新界定，以便反映这种新行为的要求。然后，组织中的其他个体决定是否采取这种行为，这取决于经理或 CEO 对其战略的说服力有多大。一开始，只有一部分人执行这个计划。当他们在工作网络中与他人互动时，就会热情洋溢地传播新战略。当然新战略也会面临挑战，会有一种反向的力量拉动人们不去采用新战略。有三个特征决定了新策略能否顺利展开：接触率（$P_{contact}$）、扩散率（P_{spread}）和放弃率（$P_{recover}$），它们很自然地映射到了基本再生数中的参数 R_0 上，即：

$$R_0 = \frac{P_{spread} \times P_{contact}}{P_{recover}}$$

如果再加入存在超级传播者的可能性，就可以得出这样的结论：只要如下三个条件中任何一个条件成立，文化就会压倒战略，否则，战略就能压倒文化。这三个条件分别是：如果人们不相信新战略，如果人们很快就放弃了新战略，如果新战略的拥护者相互之间的连通性不够好。

我们的第二个模型是，将复制者动态方程应用于这个用来表征员工之间互动的文化战略博弈。我们可以将员工的不同选择用博弈论的语言分别表示为文化行动（做他们目前所做的事情）和创新的战略行动。我们还假设，经理或 CEO 已经确定了收益结构，如果两个博弈参与者都选择创新的话，他们都能获得更高的收益；但是，如果只有一个博弈参与者选择创新，那么他的收益将会减少。

	文化	创新
文化	200, 200	220, 180
创新	180, 220	300, 300

文化 / 战略博弈

这个博弈有两个严格的纯策略纳什均衡：一个是两个博弈参与者都创新（战略胜过了文化），另一个是两个博弈参与者都不创新（文化胜过了战略）。乍一看，经理或 CEO 似乎已经给出了足够大的激励，能够保证员工会选择创新的行动。但是通过分析，我们发现，经理或 CEO 必须动员起足够多的初始支持者才能使创新成为现实。如果一开始就支持新战略的人的比例没有超过 20%，那么文化就会胜过战略。如果要增加创新战略的收益，那初始支持者的比例可能会更低，但仍然会产生有效的结果。[17]

这两个模型表明，字面上相反的两个谚语"文化压倒战略"和"人们会对激励做出反应"都是正确的。根据第一种模型，具有很高人格魅力的 CEO 可以制订能够胜过文化的新战略。根据第二种模型，文化能胜过"弱激励"，但是不能胜过"强激励"。

27

多臂老虎机问题

有一件事我确实特别擅长，那就是将网球击过网，打在界内。在这件事情上，我是最棒的。

———————————— 塞雷娜·威廉姆斯（Serena Williams）

在本章中，我们在如何学会选择最优备选方案的学习模型中加入不确定性，从而生成了一类被称为"多臂老虎机问题"（multi-armed bandit problems）的模型。在一个多臂老虎机问题中，不同备选方案的奖励源于一个分布，而不是固定的金额。多臂老虎机问题模型适用于各种各样的现实环境。在收益不确定的行动之间进行的任何选择，无论是药物试验，还是对树立广告牌位置的选择、技术路线的选择，抑或是要不要允许在教室中使用笔记本电脑的决定，都可以建模为多臂老虎机问题。当然，如何选择一个可以出人头地的职业，也可以用多臂老虎机问题模型来建模。[1]

在面对一个多臂老虎机问题时，人们必须对各个备选方案多加尝试，以便通过这种学习过程来了解收益的分布。多臂老虎机问题的这个特征，也导致我们必须在探索（寻找最佳备选方案）和利用（选择迄今为止表现最佳的备选方案）之间善加权衡。在探索与利用权衡中找到最优平衡点，需要非常精妙复杂的规则和行为。[2]

本章的主体内容分为两个部分，最后对模型的应用价值进行了讨论。在本章的第一部分，我们描述了一类特殊的伯努利多臂老虎机问题，其中每个备选方案都是一个伯诺利瓮（瓮中灰球和白色球的比例是未知的）。我们描述并比较多种启发式求解方法，然后说明这些解是如何有助于改进药物疗效的比较检验、广告计划和教学策略的。在第二部分中，我们描述了一个更一般的模型，其中收益分布可以采取任何形式，并且决策者对其类型有一个先验分布。我们还阐明了如何求解确定最优选择的吉廷斯指数（Gittins index）。

伯努利多臂老虎机问题

我们从一类特殊的多臂老虎机问题开始讨论。在这类多臂老虎机问题中，每个备选方案都能以固定的概率产生成功的结果。因此，这类多臂老虎机问题相当于在一系列伯努利瓮之间进行选择，且每个瓮都包含着不同比例的灰球和白球。因此，我们将这类多臂老虎机问题称为伯努利多臂老虎机问题，也经常被称为频率问题，因为决策者对分布一无所知。不过，当决策者对各个备选方案进行了多次实验（探索）之后，他会对这些分布有所了解。

伯努利多臂老虎机问题   一个备选方案集 $\{A, B, C, D, \cdots, N\}$ 中的每一个备选方案都能够产生一个成功的结果，但是各自的概率 $\{P_A, P_B, P_C, P_D, \cdots, P_N\}$ 都是未知的。在每一个时期，决策者选择一个备选方案 K，并以概率 P_K 得到一个成功的结果。

假设一家烟囱清洁公司获得了一批最近购买了房子的人的电话号码，然后打算向他们推销烟囱清洁服务。这家公司测试了三种推销策略。第一种策略是"笃定预约式"（"你好，我打电话来是为安排你家每年一度的烟囱清洁。"）；第二种策略是"关心提问式"（"你好，你知道烟囱堵塞是火灾的最大风险因素吗？"）；第三种策略是"人性感动式"（"你好，我的名字是希尔迪，我已经和我父亲一起打理这家烟囱清扫公司整整 14 个年头了。"）。

每一种推销策略都有可能成功，但是成功概率在事前是未知的。假设该公司首先尝试的推销策略是"笃定预约式"，但是失败了。然后又尝试了"关心提问式"，结果成功地获得了一个客户；而且，这种策略紧接着又成功了一次。但是，在接下来的 3 次尝试中，这种策略都失败了。于是，该公司尝试了第三种策略。第三种策略的第一次尝试是成功的，但是接下来却连续失败了 4 次。这样，在总共进行了 11 次尝试之后，第二种推销策略的成功率是最高的，但是第一种策略只尝试了一次。于是，决策者面临着在利用（选择最有效的备选方案）或探索（回过头去继续尝试其他两种推销策略以获得更多信息）之间的权衡。医院在不同的外科手术方案之间的选择，制药公司对药物检验的不同方案的权衡，也都会碰到同样的问题。每一种"协议"都有未知的成功概率。

为了进一步深入理解这种探索－利用权衡，我们比较了两种启发式。第一种启发式是取样并择优启发式（sample-then-greedy），即先对每个备选方案都尝试固定的次数 M，然后选择具有最高平均收益的备选方案。而在确定尝试次数 M 大小的时候，我们可以参考伯努利瓮模型和平方根规则。平均比例的标准差有一个上界 $1/2\sqrt{M}$。如果每种备选方案都进行了 100 次的测试，那么平均比例的标准差将等于 5%。如果应用两个标准差规则来识别显著差异，当两个比例相差大约 10% 时，我们就能够自信地将它们区分开来了。例如，如果一个备选方案在 70% 的时间内都取得了成功的结果，而另一种方法则只在 50% 的时间内取得了成功，那么就有 95% 以上的置信水平相信我们能够选中正确的备选方案。

第二种启发式称为自适应探测率启发式（adaptive exploration rate heuristic）。它的程序是，第一阶段，先让每种备选方案各完成 10 次试验。第二阶段，再进行总共 20 次试验，但是试验次数根据各备选方案在第一阶段的成功率按比例分配。例如，如果第一阶段的 10 次试验中，有一个备选方案成功了 6 次而另一个只成功了 2 次，那么第一个备选方案将获得接下来的 20 次试验中的 3/4。到第三个阶段，可以根据成功率的平方确定本阶段要进行的 20 次试验的分配比例。如果那两个备选方案的成功率仍然与前面一样，那么更好的备选方案在第三阶段的 20 次试验中将分配到 $\frac{(0.6)^2}{[(0.6)^2+(0.2)^2]}$ 或 90%。

以此类推。对于每一个阶段的 20 次试验，计算分配比例时所用的成功概率的指数可以以某种速率递增。随着时间的推移，通过提高利用率，第二种算法相比第一种算法有所改进。如果一个备选方案的成功概率比另一个备选方案高得多，比如 80% 对 10%，那么第二种算法就不会在第二个备选方案上"浪费"100 次试验。另一方面，如果两个备选方案的成功概率非常接近，就要继续进行试验。[3]

对于第一种启发式，取样并择优启发式，如果在使用时过分执着，那么不仅效率低下，而且可能是不道德的。当美国著名外科医生罗伯特·巴特莱特（Robert Bartlett）在测试人工肺时，发现它的成功率远远超过了其他备选方案。既然人工肺的表现已经如此优异了，那么继续测试其他备选方案就会导致不必要的死亡。于是巴特莱特停止测试其他备选方案，让每个患者都使用上了人工肺。事实上，可以证明这是一个最优规则：如果某个备选方案总能取得成功，那么就继续选择这个备选方案。增加实验可能没有任何价值，因为没有其他备选方案能够表现得更好。

贝叶斯多臂老虎机问题

在贝叶斯多臂老虎机问题中，决策者对各备选方案的收益分布有先验信念。考虑到这些先验信念，我们可以对探索与利用之间的上述权衡进行定量分析，并（至少在理论上可以）在每个时期都做出最优决策。然而，即便是对于最简单的多臂老虎机问题，要确定最优行动也需要进行大量的计算。在真实世界的实际应用中，要精确计算出结果是不可行的。因此决策者通常都会利用近似方法。

贝叶斯多臂老虎机问题　　给定备选方案集 $\{A, B, C, D, \cdots, N\}$，以及对应的收益分布 $\{f(A), f(B), f(C), f(D), \cdots, f(N)\}$。决策者对每个分布都有先验信念。在每一期，决策者选择一个备选方案，并获得收益，并根据收益计算出新的信念。

　　要确定最优行动，需要经过如下四个步骤。首先，要计算出每个备选方案的即时期望收益。其次，对于每个备选方案，都要更新关于收益分布的信念。再次，在得到的关于收益分布的新信念的基础上，根据我们所掌握的信息确定所有后续时期的最优行动。最后，我们将下一期行动的期望收益与未来的最优行动的期望收益相加。最后得到的这个结果就是通常所称的吉廷斯指数。在每一个时期，最优行动的吉廷斯指数都是最大的。

　　这里需要注意的是，计算指数的过程同时也量化了探索的价值。而且，如果我们尝试某个备选方案，那么吉廷斯指数也不会等于期望收益。相反，吉廷斯指数等于假设根据所掌握的知识采取最优行动时，所有未来收益的总和。但是，计算吉廷斯指数非常困难。下面举一个相对简单的例子。假设备选方案有两个，一个是肯定能带来 500 美元的安全的备选方案，另一个是有 10％概率可以带来 1 000 美元的有风险的备选方案，在其余 90％的时间里，有风险的这个备选方案不会带来任何收益。

　　为了计算出这个有风险的备选方案的吉廷斯指数，我们首先要问清楚会发生什么：它要么总是收益 1 000 美元，要么总是没有任何收益。然后再思考每个结果将会怎样影响我们的信念。如果我们知道这个有风险的备选方案会让我们收益 1 000 美元，那么我们总是会选择它。如果我们知道这个有风险的备选方案没有任何收益，那么我们在未来将总是选择安全的那个备选方案。

由此可见，有风险的这个"臂"的吉廷斯指数对应于每个时期获得 1 000 美元奖励的概率为 10%，以及除了第一期之外的每个时期获得 500 美元的概率为 90%。平均来说，要对备选方案进行多次选择的情况下，这相当于每一期大约 550 美元。因此，这个有风险的备选方案才是更好的选择。[4]

吉廷斯指数

为了说明如何计算吉廷斯指数，考虑下面这个只有两个备选方案的例子。备选方案 A 产生的收益抽取自 {0, 80}，且 0 和 80 出现的概率相等。备选方案 B 在 {0, 60, 120} 当中产生一定的收益，而且这三个收益的概率也是相等的。我们假设，决策者试图最大化 10 个时期内的总奖励。

备选方案 A： 收益等于零的概率为 1/2，在出现了这种结果之后，在剩下的全部 9 期内都会选择备选方案 B（备选方案 B 的期望收益 60），这样就得到了 540 的期望收益（9 乘以 60）。收益等于 80 的概率也为 1/2，即便出现了这个结果，在第二期的最优选择仍然是选择备选方案 B。于是有 1/3 的概率，备选方案 B 产生了 120 的收益，因此总收益等于 1 160（80 加上 9 乘以 120）。同样，有 1/3 的概率，备选方案 B 产生了 60 的收益，在这种情况下，备选方案 A 是剩下的所有 8 期的最优选择，这样产生的总收益等于

780（60 加上 9 乘以 80）。最后，还有 1/3 的概率，备选方案 B 产生了零的收益，在这种情况下，备选方案 A 是剩下的所有 8 期的最优选择，这样产生的总收益等于 720（9 乘以 80）。

把上面这些可能性全都考虑进去，可以得出，在第一期，备选方案 A 的吉廷斯指数如下：

$$\text{Gittins index}_1(A) = \frac{1}{2} \times 540 + \frac{1}{2} \left(\frac{1}{3} \times 1160 + \frac{1}{3} \times 780 + \frac{1}{3} \times 720 \right) = \frac{2140}{3}$$

备选方案 B：有 1/3 的概率，收益等于 120。如果发生了这种情况，那么所有未来时期的最优选择也仍然是备选方案 B。因而 10 个时期的总收益将等于 1 200。如果收益等于零（概率为 1/3），那么所有未来时期的最优选择都将是备选方案 A（备选方案 A 的期望收益为 40），因而，期望总收益将等于 360（9 乘以 40）。如果收益等于 60，那么决策者在所有未来时期都应该选择替代方案 B，总回报为 600；但是，如果在第二个时期选择了备选方案 A，那么有一半时间备选方案 A 总是产生 80 的收益，此时总回报为 780（60 加上 9 乘以 80）；另一半时间它产生零收益，并且所有后续时期的最优选择都将是备选方案 B（会产生 60 的收益），于是得到的总收益为 540（9 乘 60）。由此可知，在第二期中选择备选方案 A 才是最优选择，这种选择产生的期望收益等于 660×（1/2×780+1/2×540）。

把所有可能性都考虑进去，不难推出，备选方案 B 在第一期中的吉廷斯指数如下：

$$\text{Gittins index}_1(B) = \frac{1}{3} \times 1200 + \frac{1}{3} \times 660 + \frac{1}{3} \times 360 = \frac{2220}{3}$$

根据这些计算结果，备选方案 B 是第一期的最优选择。最优长期选择则取决于第一期内学习的结果。如果备选方案 B 产生了 120 的结果，那么我们将永远坚持选择备选方案 B。

上述的分析表明，在采取行动时，我们更关心的是备选方案能够成为最优选择的概率而不是它的期望收益。此外，如果某个备选方案会产生非常高的收益，我们应该更有可能在将来选择它。相反，如果它只能产生平均收益，那么即便收益水平高于另一种备选方案的期望收益，我们一直坚持这个备选方案的可能性也不会太高。在尝试的早期阶段尤其如此，因为我们希望找到更高收益的备选方案。这些结果在我们讨论的诸多应用中都是成立的。如果采取行动没有风险，也不需要付出高额成本，那么这个模型告诉我们，即使高收益行动的概率很低，我们也要努力去探索它们。

小结

本书一再强调的一个核心要点是，通过学习模型，我们可以做出更好的决策。在对人们在多臂老虎机问题中"应该"做些什么与人们"实际"做了些什么进行一番比较之后，我们可以对这一点有更深刻的理解。绝大多数人在遇到多臂老虎机问题时，都不会去试图计算一个吉廷斯指数。之所以没能这样做，部分原因是他们没有将必要的数据保存下来。例如，直到最近，医生才开始记录各种手术方法的效果，比如不同类型的人工关节的功效，或者不同类型的心脏支架的优缺点，等等。没有这些数据，医生就无法确定哪一种手术方法会带来最高的期望收益。

其实是所有人，都需要足够的数据，这样才能把模型教给我们的东西应用起来。因此，如果你真的想了解晚餐前散步还是晚餐后散步对你的睡眠更有利，你就需要跟踪记录你的睡眠状况，并运用一些相当复杂的启发式去了解哪种散步模式效果更好。初看上去，这可能会显得小题大做，而且要付出的时间精力相当可观，的确如此，但是现在已经好很多了。新技术的不断涌现，使我们能够非常方便地收集有关睡眠模式、脉搏率、体重，甚至情绪好坏的大量数据。

我们每个人都要做出很多与自己的身体健康息息相关的决策，比如什么时候去锻炼，但是绝大多数人都没有去收集必要的数据并计算出吉廷斯指数。但这其实非常重要，关键在于我们是否能够做到这一点，而且如果做到了，我们的睡眠模式、身体健康状态就会得到改善。心理学家塞思·罗伯茨（Seth Roberts）探索了整整 12 年，结果发现自己每天至少站立 8 小时才可以改善自己的睡眠状态（尽管他还是睡得更少）。他还发现，迎着早晨的阳光站立，可以减轻他上呼吸道的感染症状。[5] 当然，我们一般人可能很难具备他这种用自己身体来做实验的奉献精神。但是，由于不保存数据，也不对相关结果进行比较，我们可能会更容易放任自己不吃早餐或暴饮暴食——尽管我们有更好的选择，比如吃西柚。

在利害关系很大的商业决策、政策制定和医疗决策中，数据更容易收集，应用多臂老虎机问题模型也早就成了一种常见的做法。企业、决策者和非营利组织，都会先对各种备选方案进行探索，然后利用那些表现最好的备选方案。而且在实践中，备选方案往往不会保持固定不变。例如，鼓励参加农业补贴计划的政府邮件可能每一年都会改变，比如将上一年的强健男子的照片换为性感美女的照片，等等。[6] 这种类型的连续实验可以通过将在下一章中讨论的模型来刻画，那就是：崎岖景观模型。

用不同模型分析美国总统选举

我们可以应用至少三种模型来分析美国总统选举：空间竞争模型、分类模型和多臂老虎机问题的模型。

空间竞争模型： 民主、共和两党的总统候选人在意识形态空间中互相竞争以吸引选民。我们有理由预计，各候选人倾向于温和的中间立场、选情会比较胶着，不同政党候选人获胜的顺序是随机的。除了少数例外情况外，总统选举不会以某一方压倒多数获胜结束。为了检验美国总统大选获胜者的顺序是不是随机的，我们构建了从 1868 年到 2016 年 38 次总统大选的获胜政党的时间序列。该序列如下（字母 R、D 分别表示共和党、民主党）：

RRRRDRDRRRRDDRRRDDDDDRRDDRRDRRRRDDRRDDR

然后我们可以计算出不同长度的子序列（块）的熵。长度为 1 的子序列的熵为 0.98。长度为 4 的子序列的熵为 3.61。统计检验表明，我们不能否认这个序列是随机的。作为比较，在长度为 38 的随机序列中，长度为 1 的子序列的熵为 1.0，长度为 4 的子序列的熵为 3.58。

分类模型： 如果我们将每个州视为一个类别，同时假设不同州之间存在着异质性，那么空间竞争模型意味着一旦候选人选定了初始位置，某些州就不再具有竞争力了。这个模型的预测是，在少数几个立场温和的州，选举竞争将特别激烈。2012 年，奥巴马和罗姆尼都在 10 个州花掉了自己电视广告预算的 96% 以上。他们每个人都将广告预算的一半多用于 3 个温和的州：佛罗里达州、弗吉尼亚州和俄亥俄州。2016年，希拉里·克林顿和特朗普也将一半以上的电视广告预算花在了3个温和的州：佛罗里达州、俄亥俄州和北卡罗来纳州。[7]

多臂老虎机问题的模型（回溯性投票）： 选民将更有可能将选票再一次投给有良好执政业绩的那个政党。给绩效好的政党投票，相当于拉一个会带来高收益的杠杆。经济繁荣通常会使竞选连任者受益。有证据表明，当经济表现良好时，选民更有可能投票给执政党的候选人。而且，在执政党内部，现任候选人的影响也大于非现任候选人。[8]

28

崎岖景观模型

当你费心去寻找时，就会发现令人惊奇的事情。

—————————— 传为萨卡加维亚（Sacagawea）所说

在本章中，我们研究崎岖景观模型。与空间竞争模型和享受竞争模型一样，崎岖景观模型也将一个实体定义为属性的集合。每个属性的集合都映射到一个价值上。崎岖景观模型的目标是修改属性，以构造出一个具有最高价值的实体。这类模型起源于生态学中对演化的研究。现在，崎岖景观模型已经广泛用于探索各种问题的求解方法、研究企业之间的竞争和创新，以及其他领域，这也是我们在本书中要研究的重点。在本章中，我们将应用崎岖景观模型揭示，属性影响的相互依赖性如何使创新变得困难、导致所找到的解决方案呈现出路径依赖性、并且还造成了解决方案本身的多样化。同时，我们也会阐明，许多更困难的问题是怎样通过更加多样化的问题求解方法而得以解决的。

本章由三个部分组成，然后，我们讨论了如何扩展模型以刻画竞争。在第一部分中，我们先描述了一个适合度景观模型（fitness landscape model），然后阐明了怎样将它重新解释为一个关于问题求解和创新的模型。在第二部分中，我们讨论了一维模型中崎岖度的含义。在第三部分中，我们提出了崎岖景观的 NK 模型，它将一维模型扩展到了任意数量的二元维数。

适合度景观模型

适合度景观模型假设物种拥有能够促进其适合度的特征或性状，我们可以不那么严格地将之定义为繁殖潜力，同时种群中不同成员所拥有的特定性状的数量或程度可能不同。如果用横轴表示性状，用纵轴表示物种的适合度，就可以绘出一张适合度景观的图，其中高海拔点对应高适合度。

举例来说，为了绘制出一张对应于土狼尾巴长度性状的适合度景观的图，我们应该令土狼的所有其他性状都保持不变，而只改变尾巴的长度，并测量尾巴长度的变化对适合度的影响。这就是说，要绘制出这张图，我们必须先了解土狼尾巴为什么有助于提高它的适合度。

假设一只土狼的尾巴有助于土狼在跳跃时保持平衡，而且土狼可以将它作为表示幸福、恐惧或即将发动攻击的信号。我们从横轴的最左侧开始，在那里，尾巴长度为零，这种情况下它不能执行任何一种功能，因此它的适合度为零。随着尾巴长度的增加，维持平衡和传递信号的功能也随之提高。因此，适合度先是随尾巴长度的增加而上升的。

但是，到了某一点上，比如当尾巴长到 18 英寸时，可能就是有助于土狼保持平衡的最理想长度。如果尾巴变得更长，土狼运动的敏捷度将会下降。不过，更长的尾巴可能还会继续提高它传递信号的价值，因此，长度为 20 英寸的尾巴可能会产生最大的整体适合度。一旦尾巴的长度超过了 20 英寸，适合度就会开始下降。结果如图 28-1 所示，它具有一个单峰。

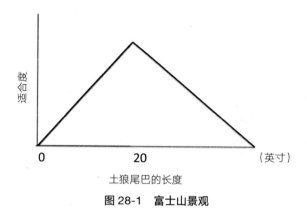

图 28-1　富士山景观

　　这种单峰景观被称为富士山景观。在现实世界中，这样的景观是经常出现的。有富士山景观的问题通常是比较容易解决的问题。我们可以指望演化或学习在遇到这类问题时找到这个山峰。不妨想象一下，假设有一个由尾巴长度各不相同的土狼组成的种群，那么自然选择的压力最终会导致土狼的尾巴长到大约 20 英寸。拥有这个长度的尾巴的土狼，能够同时将维持身体平衡和传递信号这两个任务完成得最好。因此，这样的土狼的适合度最高，能够留下最多的后代，从而导致更多的土狼拥有 20 英寸长的尾巴。如果我们认为这是一个优化问题，那么任何一个爬山算法都能找到这个山峰。

　　我们也可以应用一对多的思维方法，将这个问题重新解释为一个产品设计问题，比如设计一把煤铲。假设我们已经决定了煤铲的长度和形状，只剩下煤铲的大小有待决定。于是，煤铲的面积就是要反映在横轴上的特征。而在纵轴上，我们给出的是一个工人在给定煤铲大小的前提下，一个小时内能够铲煤的数量。

　　与之前的例子一样，我们仍然从最左侧开始，那一点对应于面积为零的煤铲。面积为零的煤铲其实只是一根棍子。当然，用一根棍子去铲煤是完全无效率的，其价值为零。我们逐渐增大煤铲的面积，先是一茶匙大，接着是一汤匙大，然后是像玩具铲那么大……煤铲就变得越来越有效。在这个过程中，煤铲的适合度图形是向上倾斜的。然后，到了某个点上，当煤铲的面积变得太大之后，要用它去铲煤就变成了一件苦差事。一个小时内可以铲煤的数量就会随煤铲的面积进一步增大而减少。最后，当煤铲面积变得足够大时，将没有任何人能够抬起这把煤铲，因而它的适合度又一次变为零。我们又看到了富士山景观。我们有理由期待肯定能够找到山峰，也就是要设计的煤铲的理想面积。

事实上，将铲子的效率作为铲子面积的函数，以此来确定最优铲子大小的思想，正是著名经济学家、管理学家弗雷德里克·泰勒（Frederick Taylor）提出的。在 19 世纪 90 年代，泰勒和其他一些人开创了科学管理的新纪元。在泰勒生活的那个时代，制造业决策，比如流水装配线的移动速度有多快，焊接强度要多高，工人的休息时间是多少，等等，都被建模为崎岖景观问题。进入 20 世纪后，许多伟大的实业家，例如福特汽车公司创始人亨利·福特（Henry Ford）、"石油大王"约翰·D. 洛克菲勒（John D. Rockefeller）和"钢铁大王"安德鲁·卡内基（Andrew Carnegie）都为这个现在用泰勒主义一词来概括的运动做出了卓越的贡献。

从制造个性化的、"只此一家别无分店"产品的工匠生产，转为大规模制造，是一个重大的变革。在大规模生产中，制造流程要分解为多个部分，每个部分都要经过优化，然后变成常规操作。这样一来，效率得到了大幅提高。但是在许多人看来，这个过程也是劳动的非人化过程。这种分歧就是一个提示：我们需要多个模型。任何单一模型都是对世界的过分简化，只能突出其中的某些维度。科学管理模型侧重于流程效率。这种偏向导致了批评。以产出效率为准则做出的决策，会导致其他目标遭到忽视，例如工人的快乐和福祉。

从表面上看，景观模型似乎只是一个相当浅显的想法：将适合度、效率或价值作为特征或性状的函数绘制在图上，然后爬上山顶，找到那个特征或性状的最优值。而且，把解决问题想象为"爬山"，似乎也不过是一个简单的比喻。这当然都是有效的批评。但是，如果构建了正式的景观模型，我们将能够得到一些非凡的结论。

崎岖景观

当我们同时考虑多个属性并且允许一个属性的贡献与其他属性的贡献相互作用时，就会得到一个崎岖景观，也就是具有多个山峰的景观。考虑一个设计沙发的问题，我们必须决定坐垫的厚度和扶手的宽度。我们用沙发在市场上的预期销售额来代表设计的价值，而沙发的销售额与设计的美感相关。如果沙发有厚厚的垫子，那么较宽阔的扶手可能会使沙发更具美感。如果沙发的垫子很薄，那么扶手窄一点会更好。作为扶手宽度和坐垫厚度的函数，预期销售的二维图将具有两个山峰。一个山峰对应于窄扶手、薄垫子的沙发设计；另一个山峰则对应于宽扶手、厚垫子的沙发设计。

变量之间的相互依赖效应，使得景观出现了崎岖的特点。这种崎岖性有好几个重要含义。首先，在崎岖景观中寻找到最高点时所用的不同方法，可能会以找到不同的山峰而告终。如果从不同的起点出发，也可能会找到不同的山峰。因此，崎岖性导致了对初始条件的敏感性和路径依赖的可能性。而这些都意味着，景观的崎岖性有助于结果的多样性。崎岖性也意味着出现次优结果的可能性，在崎岖景观中，次优结果表现为局部高峰。

图 28-2 显示了一个有 5 个山峰的崎岖景观。在这些山峰中，有 4 个是局部高峰，它们只是比与它们相邻的点的值高一些，只有一个是全局高峰，即具有最高值的点。要理解搜索是怎样止步于依赖初始搜索点的局部高峰

的，可以想象从一个点开始往山峰爬的过程。这种过程被称为梯度启发式（gradient heuristic）或爬山算法（hill-climbing algorithm）。在崎岖景观中，梯度启发式技术会"卡"在局部高峰上。

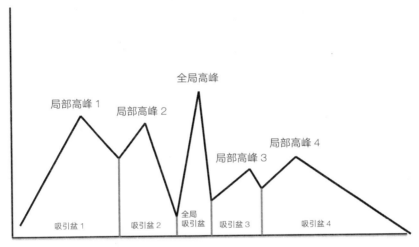

图 28-2　一个有 5 个山峰的崎岖景观

如果起点位于最左侧，那么梯度启发式将定位于局部高峰 1 上，但它不是最优的。如果梯度启发式从图 28-2 中标识为"吸引盆 2"的区域开始，那么它将定位于局部高峰 2 上。其他每个山峰，包括全局高峰，都有这样一个区域：如果梯度启发式从那个区域开始，就会找到那个局部高峰。这些区域被称为吸引盆（basin of attraction），如图 28-2 所示。从图中可以看出，全局高峰吸引盆的面积是最小的。如果我们随机选择一个起点并应用梯度启发式，那么全局高峰恰恰是最不容易被找到的那一个山峰。

吸引盆取决于启发式。如果我们使用了不同的启发式，就可能得到不同的吸引盆。例如，我们也可以不用梯度启发式，转而使用一个名为"一直向右走"的启发式。这个启发式一直向右侧搜索，直到找到一个局部高峰为止。对于这个例子，这两种启发式具有相同的局部高峰但却会产生不同的吸引盆，只要比较一下图 28-3 和图 28-2，就可以看出这一点。

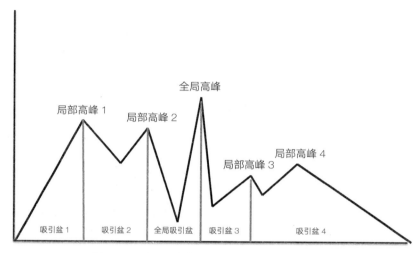

图 28-3　由 "一直向右走" 启发式产生的吸引盆

要在崎岖景观中找到最优或接近最佳的高峰，需要多样性和复杂性的方法。多样性的价值是不言而喻的，如果不同的启发式能够找到不同的峰值，那么对一个问题应用多个不同的启发式就能够产生多个不同的局部峰值，然后就可以从这些局部峰值中选择一个最优的。[1] 或者换一个思路，如果从不同的起点应用同一个启发式，那么也可以得到相同的结果：先找到若干个不同的局部最优点，然后选择其中最优的。

另外还应该注意到，景观的崎岖度（以山峰的数量来衡量）与问题的难度相关。当然，有的问题很难解决，但却不一定有崎岖的景观。在一大块玉米地里找一枚金币这个问题可以用一个平坦的景观来表示，只是在硬币的位置有一个单峰。它的景观不是崎岖的，但是要找到硬币确实很难。

NK 模型

现在描述 NK 模型。利用这个模型，我们可以对属性的相互作用与崎岖性之间的联系加以形式化。[2] 这个模型将对象，或我们这里所称的备选方案，表示为一个长度为 N 的二进制字符串，这就是 NK 模型中 "N" 的含义。至于 "K"，则指与该字符串的每一位交互以确定这一位的值的其他位的数量。如果 K 等于零，那么价值函数就是线性的。如果 K 等于 $N-1$，则所有的位都相互交互，每个字符串的值都是随机的。因此，我们可以考虑增大 K，将景观的崎岖度调整到富士山景观与随机景观之间的某个适当位置。

NK 模型　一个对象由 N 位二进制符号组成，$s \in \{0, 1\}^N$。

这个对象的价值表示为 $V(s)=V_{k1}(s_1, \{s_{1k}\})+V_{k2}(s_2, \{s_2k\})+\cdots+V_{k1}(s_1, \{s_{2k}\})$，其中，$\{s_{ik}\}$ 等于一个从原字符串中除了第 i 位之外随机选择出来的有 k 位的子字符串的集合，而且 $V_{k1}(s_1, \{s_{1k}\})$ 是从区间 $[0, 1]$ 中抽取出来的一个随机数。

$K=0$：得到的是一个关于位的线性函数。

$K=N-1$：任何位的变化都使每个位产生新的随机贡献。

NK 模型作为一个框架，为探索想法和提出问题创造了一个非常好的空间。我们想要问，局部最优值的数量是怎样取决于交互项的数量的。我们还可以问，全局最优值的大小又是如何取决于交互项的数量的。不过眼下，还不是回答这两个问题的适当时机，因为还没有定义好怎样去搜索可能性空间，这就是我们正在使用的启发式，局部最优集及其吸引盆的集合取决于搜索时所用的启发式。

在下文中，我们主要依赖单翻转算法（single flip algorithm）来进行搜索。这个算法按顺序选择每一个属性并切换该属性的状态。如果改变那个属性会产生一个更高的价值，就保留这个切换。否则，那个属性就退回到它原来的状态。之所以选择这个算法，有两方面的动机。首先，我们可以把它解释为描述基因突变的一个粗略模型，让好的基因变异逐步接管整个种群，并让坏的基因变异消失。其次，它也是在我们这个空间中表征爬山算法最自然的一个形式。

作为例子，我们先来求解 $N=20$ 且 $K=0$ 时的 NK 模型。当 $K=0$ 时，每个属性对总价值的贡献独立于其他属性，这时单翻转算法可以识别出每个属性更好的状态和全局最优值。因此，$K=0$ 意味着不存在相互作用，这种情况对应于富士山景观。每个状态的值均匀分布在区间 [0，1] 中。不难证明，从区间 [0，1] 上的均匀分布中随机抽取出来的两个值中较高的那一个期望值为 2/3。只要我们对这 20 个属性的贡献求平均值，就不难推出全局最优值的期望值也是 2/3。

而在另一个极端，当 $N=K-1$ 时，每一个属性都与其他每个属性相互作用。在这种情况下，切换任何一个属性的状态，其他每个属性的贡献都会改变。那将是从区间 [0，1] 中均匀抽取出来的一个新随机数。同时对象的值则将是这 20 个新随机数的总和（每个属性一个）。这就意味着，属性的每一次翻转，都会导致整个对象产生一个新值，而且它与之前的值不相关。因此，景观将会非常崎岖，每一点都可能隆起、每一点都可能下陷。

在上面这两个结果的基础上，我们可以推导出局部峰值的期望数量。如果我们从任何一个备选方案开始，单翻转算法将会对该备选方案与 N 个备选方案中的每一个进行比较。例如，假设我们从所有位都取零值的备选方案开始，那么单翻转算法将评估 N 个备选方案，每一个备选方案都恰好有一位的取值为 1。

初始备选方案：00000000000000000000
属性 1 切换后的备选方案：10000000000000000000
属性 2 切换后的备选方案：01000000000000000000
……
属性 20 切换后的备选方案：00000000000000000001

要成为一个局部高峰，其值必须高于这 N 个备选值中的每一个。原来的备选方案拥有最高值的概率等于 $1/N$。因此，局部峰值的数量近似等于可能的替代方案数量 2^N 除以 N 的商。很容易计算，对于 $N=20$，大约有 5 万个局部峰值。由于具有如此之多的局部最优，只靠单翻转算法很难准确定位全局峰值。

因此，在这里重要的不是局部最优值的数量，而是它们的值有多大。因此还需要将这些最优值的期望均值与全局最优值的期望值进行比较。通过这种比较，我们可以确定单翻转算法的性能如何。而在计算这些值的时候，我们可以利用中心极限定理。在这个例子中，很容易证明局部最优值的期望值大约等于 0.6，而全局最优值的期望值则略大于 0.75。[3] 将这些值与 $K=0$ 时的全局最优值比较一下，就可以发现崎岖景观的局部峰值低于富士山景观的峰值，但是崎岖景观的全局峰值则比富士山景观的峰值更高。

由此自然而然地引出了这样一个问题：在这两个极端之间，也就是当我们将交互作用的属性数量 K 从零增加到 $N-1$ 的过程中，发生了什么事情？答案是，我们可以观察两种效果。交互作用的属性数量的增加，在产生了更高的全局峰值的同时，也产生了更多的（更低的）局部峰值。假设我们在搜索时使用了单翻转算法，那么对这个模型的计算表明，对于比较小的 K 值，互动的好处（得到了更高的全局峰值）超过了互动的坏处（出现了更多的局部峰值）。因此，在开始阶段，局部峰值的期望值会随着 K 的增加而提高。同时，局部峰值数量的增加则意味着它们的平均值将减小。因此，如果决定使用单翻转算法，人们一般更喜欢用相对较小的 K 值，比如 3 或 4。但是，我们为什么要把自己局限在这种只切换单个属性的简单启发式上呢？经由变异而完成的进化也许适用这个启发式，但是我们却不必受它所限。我们可以切换两个属性甚至三个属性的状态。更复杂的算法将会减少局部最优值的数量。

崎岖性与舞动的景观

NK 模型的一个重要含义是，我们需要适度的相互依赖性，因为这种互动能够产生更高的峰值。多模型思维则要求我们跳出模型的特定假设，并仔细思考是什么原理驱动了这些结果。我们不难发现，背后的逻辑由两部分组成。第一个组成部分源于组合学：两个元素的组合数会随对数的平方而增加，而三个元素的组合数则会随三元组数量的立方而增加。因此，这种相互依赖效应有可能会创造出更多有益的互动。

第二个组成部分则源于我们只需要保持更好的组合这个事实。想象一下，假设我们准备利用 4 种食材来制作一份食物。有 4 种食材意味着：如果选用其中的两种，那么有 6 种可能的组合。假设我们所用的是以下 4 种食材：泡菜，香蕉，鸡肉，焦糖。由此产生的 6 种配对是：香蕉和泡菜、泡菜和鸡肉、焦糖和泡菜、香蕉和鸡肉、焦糖和香蕉，以及焦糖和鸡肉。你可能会觉得只有一种搭配对你有吸引力，那么你就会选择那种搭配。假设我们喜欢的是焦糖和香蕉，就会忽略其余配对。[4]

类似的逻辑也适用于进化系统。能够产生正面相互作用的表型组合，例如坚硬的外壳与强健的短腿，会在种群中保存下来。适者生存法则与产生负面相互作用的组合相反。因此，我们现在看不到有如下这种组合的动物：跑得很慢的脚 + 味道鲜美的皮肉 + 外表鲜艳的外表。它们也许曾经存在过，但是早就被捕获并被吃光了。

我们在搜索模型中也会遇到类似的情况。当拥有非常多的可能性时，我们更喜欢变化。同样的逻辑在这里也是适用的：组合（两个元素、三个元素）会产生丰富的可能性。而且我们还希望，这些可能性的价值有很大的变化范围。然后，我们更有可能发现其中一个具有非常高的价值。由于相互作用效应会增加变异，因此总体上说，它们是有利的，但只在一定程度上有利。正如我们在上面已经阐述过的，太多的变化会使景观随机化。在理想情况下，我们会有适度的互动。有的学者认为，如果相互作用的数量和大小可以演化或适应，那么系统应该会自然而然地演变为具有高峰值的崎岖景观。如果真的是那样，那就表明系统倾向于向复杂性而不是均衡或随机性演化。[5]当然，什么时候能够达到这个结果、是不是真能达到这个结果，本身也是一个可以通过模型来探索的有趣问题。

最后要强调的一点是，我们一直将景观视为固定的。但是在生态和社会系统中，物种或企业要面对的景观还取决于他人的行为和属性。任何一个物种的适应，或任何一个企业策略的改变，都会改变和重组它们的竞争对手的适合度景观。

现在，我们可以将空间竞争模型和享受竞争模型重新解释为舞动的景观上的运动模型。这种运动可能会导致均衡，每个博弈参与者都站在局部或全局山峰上。或者，在舞动的景观上的竞争，也可能导致复杂的行动模式和结果。只要粗略地观察一下生态系统、政治领域和经济社会，就会明白后一种情况更容易出现。

我们之所以会观察到如此多的复杂性，一个很重要的原因可能是，我们这个世界在很大程度上是由自适应的、有目的的行为者组成的，它们有能力操纵舞动的景观。为了理解这种复杂性，我们需要多模型思维。

我们可以对知识授予专利权吗

我们今天的幸福源于数百年来的知识积累。知识体现在所有方面：物理定律、内燃机、复式记账法、传染性细菌致病论、X 射线和 HTML 等。知识通常是一种公共物品，永远是非竞争性的，不过知识既可能是、也可能不是排他性的。要想排他，必须有方法验证，当知识已经呈现为特定形式的人工制品时，要验证是比较容易的。例如，要想验证某个人是不是使用了某种算法或技术来解决了某个问题，那往往是不可能的；但是，要想验证某人是不是在软件程序中嵌入了某种算法，就是可以做到的。

当知识的排他性可以保证时，我们就会面临一个选择。我们可以像对待道路和国防那样去对待知识，并通过向民众征税来生产知识。政府可以向那些思考者支付报酬或者直接补贴他们，或者通过支持大学、研究机构来间接地加以支持。政府还允许人们获得专利权。专利制度之所以能够鼓励知识生产，关键就在于它为专利所有权人创造了一定期限的使用知识的独占权、并允许他们向其他使用专利的人收费。在美国和欧洲，专利权的期限为自申请提交之日起20 年。[6]专利倡导者认为，如果任何人都可以免费使用别人发明的东西，那么私人（个人或机构）就不会有什么动力去开发更好的捕鼠器、计算机算法或音响系统了。他们强调，专利制度能够克服知识生产中固有的激励问题。

但是，经济学家米歇尔·博尔德林（Michele Boldrin）和戴维·莱文利用多模型思维，提出了一个有力的反对专利制度的理由。[7] 在他们给出的允许思想（创意）组合的模型中，引入专利权会限制不同思想的组合，从而阻碍创新。如果一家公司获得了触摸屏技术专利，那么就很可能会减少其他企业设计采用这种技术的新产品的动力。如果没有专利保护，就会有更多的产品采用这种技术。也就是说，创新将会增加。

专利制度的支持者则反过来指出，就算专利制度真的会阻碍创新（那将很糟糕），但是如果没有专利保护，那么投资的减少幅度将会大得多。博尔德林和莱文基于我们在本书中讨论过的扩散模型反驳了这种说法。利用新知识设计生产的有用产品会迅速通过消费者传播开来。收音机、电视和谷歌搜索引擎都是如此。这会创造出一种先发优势，创新者仍然会受益，尽管获利程度与专利保护下有所不同。

博尔德林和莱文还对某项发明应该在多大程度上归功于发明者提出了疑问。如果重大突破都是某个孤独的天才在密室中做出的，而且如果没有动力，大多数新思想都不会出现，那么专利制度就是有理由的。但是，崎岖景观模型表明，大多数困难的问题都有很多种可行的解决方案。新发明，特别是那些结合了现有思想和技术的发明，例如汽车、电话和在线拍卖，也许是本来就会发生的"自然事件"，而不是某个天才人物行为的结果。如果各种想法和创意都能够在思考者的群体中自由流动，那么很多人可能早就实现了这些创新。从历史上看，许多重大发明（发现）都有一种引人注目的同时性，例如，微积分是由艾萨克·牛顿和戈特弗里德·莱布尼茨发明的、电话是由亚历山大·格雷厄姆·贝尔和伊莱莎·格雷发明的，以及进化的自然选择理论是由查尔斯·达尔文和阿尔弗雷德·拉塞尔·华莱士发现的。

总而言之，多模型思维能够呈现专利制度的优点和缺点。这些模型提供的更深入、更周详的结论支持一种更加灵活的专利制度。也许，对于其中一些想法，那些许多人都能够发现的想法，以及可以与许多其他想法重新组合的想法，我们应该采取与今天的专利制度不同的专利制度，例如授予更短的保护期限、更宽松的使用条件。甚至，有些想法根本不应该被授予专利。

结语

像芒格一样智慧地思考
——多模型思维的实际应用

一切都是复杂的；如果不是这样，那么生活、诗歌以及所有一切，都只会成为烦恼和负担。

————————————————————————华莱士·史蒂文斯

这是全书的最后一部分内容。在这一部分中，我们用多模型思维分析两个重要的政策问题：阿片类药物滥用和经济不平等。我们将阐明，如果同时运用多个模型，不但可以更好地分析这些问题，而且可以帮助我们理解为什么它们如此难以解决。我们还将会看到，特别是在阿片类药物滥用这个问题上，专家们如何利用多个模型在危机真的发生之前就预测到它。但是在这里，我们并不想说，利用模型就可以避免灾难的发生，那过于夸大其词了。我们这里对阿片类药物滥用问题的分析其实并不深刻，事实上，我们只是试图就如何利用多模型思维来考虑政策制定和政策实施问题给出一个粗糙的模板。我们没有收集过数据，也没有校准模型。相反，只是定性地应用模型得到一些见解。

　　然而另一方面，我们对收入不平等的分析则包括了更多细节，而且与学术文献紧密地结合在一起。它代表了多模型思维的另一个极端，对各个模型都深入地进行探讨。无论是对阿片类药物滥用问题，还是对收入不平等问题，利用多个模型来进行思考都会使我们变得更有知识、更聪明。但从定义上讲，复杂的系统是很难预测和理解的。我们肯定会犯错误，但是可以从这些错误中吸取教训，变得更加明智。

多模型思维与阿片类药物滥用

在美国，阿片类药物滥用情况有多严重？只要举出一个数字就够了：2016 年，医生开出了超过 2 亿多张阿片类药物处方，这相当于差不多每个人一个处方。在那一年，美国有超过 10 万人死于与阿片类药物有关的服药过量。而有阿片类药物滥用问题的人则超过了 1 000 万人，其中有 200 万多人已经被归类为阿片类药物使用障碍患者。

医生之所以开出了如此之多的阿片类药物处方，主要原因当然是它们有疗效，阿片类药物可以减轻疼痛。数以千万计的美国人都需要止疼，从而对这类药物产生了巨大的需求。但是没有人料到，这类药物会被滥用到这个程度。为了解释阿片类药物的滥用，我们采用了多模型思维方法。关于这个危机产生的原因，有四个模型都给出了一些重要的直觉性结果。

第一个模型是多臂老虎机问题，它解释了为什么阿片类药物会被批准使用。在申请药物上市时，制药公司要进行临床试验，以证明药物有显著的疗效并没有有害的副作用。我们可以将药物临床试验建模为一个多臂老虎机问题，其中一只手臂对应新处方药，另一只手臂则对应安慰剂或现有药物。

阿片类药物批准模型——多臂老虎机问题　　为了证明阿片类药物的疗效，制药公司要进行药物与安慰剂的比对试验。在临床试验中，患者随机分为两组，一组服用阿片类药物，另一组服用安慰剂。我们可以把阿片类药物建模为一个"双臂老虎机"问题模型中的一只手臂、而把安慰剂建模为另一只手臂。在试验结束时，每个试验都归类为"成功"或"失败"。临床试验发现，接受阿片类药物治疗的患者的疼痛（在统计学的意义上）显著减轻了。对接受过髋关节置换术、牙科手术和癌症治疗的患者进行的药物试验都表明，阿片类药物的效果显著优于安慰剂。

对于任何一种药物，成瘾的可能性都是一个非常值得关注的问题。只有当临床试验的结果可以证明，药物成瘾的患者比例极小（不到 1%）时，这种药物才有可能获得批准。然而，这种试验并没有考虑过医生会给患者开出"大处方"的可能性，在某些情况下，医生一次开出的药就足够服用一个月。一个人服用阿片类药物的时间越长，成瘾的可能性就越大。数据表明，服药期较长的患者的成瘾率将会超过 2.5%。下面的马尔可夫模型表明，成瘾率从 1% 提高到 2.5%，就可以使阿片类药物成瘾者的均衡人数增加 5 倍。

这些转移概率仅用数据进行了不严格的校准。因为我们在这里用这个模型只是为了得出一个直观结论：相对较小的成瘾率是如何导致了大量成瘾者的。对这个模型的数值实验表明，只要我们稍稍降低成瘾者戒瘾成功的概率并提高从无痛苦状态转变为阿片状态的概率，那么阿片类药物成瘾者的比例会急剧增加。例如，如果我们在第二个模型中将从成瘾状态转变到无痛苦的转移概率降低为 1%，那么成瘾者的比例就会增加到 35%。这种模型思维的含义是非常明显的，在现实世界中也开始得到了落实：有的医疗保健服务提供者，现在已经对医生可以开出阿片类药物的数量进行了限制。

**成瘾模型——
马尔可夫模型**

为了计算出成瘾的概率，我们创建了一个三态马尔可夫模型。这三个状态分别表示不受疼痛折磨的人（无痛状态）、使用阿片类药物的人（阿片状态）和成瘾者（成瘾状态）。我们要估计这三种状态之间的转移概率

（用下图中的箭头表示。左侧的模型假设使用阿片类药物的人当中，会有 1% 的人成瘾，10% 的成瘾者会恢复为无痛状态，并假设 20% 的处于无痛状态的人会成为阿片类药物使用者。在均衡状态下，只有 2.2% 的人是成瘾者。在考虑了"大处方"的情况下，左边的模型假设 2.5% 使用阿片类药物的人会成瘾，同时只有 5% 的成瘾者会恢复为无痛状态，并假设 20% 处于无痛状态的人会成为阿片类药物使用者。现在，在均衡状态下，会有 10% 的人是成瘾者。[1]

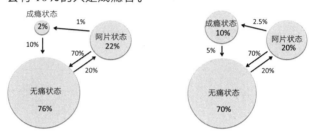

我们的第三个模型是一个系统动力学模型。与马尔可夫模型类似，在这个模型中，我们也假设了有三种类型的人（三个状态）：受疼痛折磨的人、使用阿片类药物的人和不受疼痛折磨的人。然而，这个系统动力学模型并不能直接写出这些状态之间的转移概率，而是想象存在一个"流"：由受疼痛折磨的人，到阿片类药物的使用者，再到不受疼痛折磨的人。更精细的系统动力学模型还可以包括其他一些源（其他药物的提供者），并允许阿片类药物使用者和海洛因使用者之间互动。此外，更精细的模型可能包括其他类型的情况。患有焦虑和抑郁的人更容易成瘾这一事实也可能被纳入这个模型。[2]

**海洛因成瘾之路——
系统动力学模型**

　　模型描述了受疼痛折磨的人群产生阿片类药物使用者和海洛因成瘾者的过程。阿片类药物使用者会变为无痛状态，也会变为成瘾状态。而成瘾者则可以进一步发展成为海洛因使用者。人们使用海洛因的一个原因是他们不能再服用阿片类药物了。因此，随着阿片类药物的流量的加大，海洛因使用者的数量也在增加。

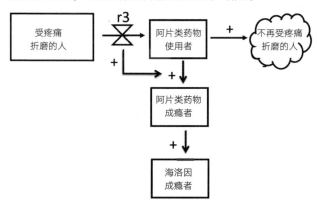

　　可以用来分析成瘾问题的最后一个模型是社会网络模型，我们没有在这里给出它的正式形式。这个模型依靠社会网络解释为什么人均阿片类药物使用量的地图会出现类似于农村地区那样的聚类。根据我们对平方根规则的分析，人口规模越小，变差越大。回想一下前面举过的例子：表现最好的学校和表现最差的学校都是小学校。农村地区阿片类药物的使用更大，也可能是因为医生会给农村病人开出服药时间更久的大处方，因为他们距离药店更远。除了这些解释之外，阿片类药物的使用也出现了聚类现象，而不再像是随机发生的。

　　如果阿片类药物是通过药物贩卖的渠道扩散的，那么就可能会出现这种聚类。与销售二手旧家具不一样（在销售二手家具时，人们会刊登广告），阿片类药物是通过个人关系销售出去的。因此，这样一个社会网络模型将会从家庭和朋友的社交网络开始。模型可能会假设，人们只向亲密的朋友出售阿片类药物。如果真的是这样，那么阿片类药物滥用者将会出现局部聚类现象。[3]

用多模型法分析经济不平等问题

接下来我们讨论最后一个多模型应用。在这里，我们将深入研究经济不平等的各种原因。之所以要讨论这个问题，有三个原因。首先，不平等是我们这个时代最重要的政策问题之一。收入和财富与人类社会的繁荣和未来息息相关。高收入人群拥有更好的健康状况、更长的预期寿命、更高的生活满意度和幸福感。处于收入分布底部的人无论是谋杀率、离婚率，还是精神性疾病患病率都更高，他们普遍更加焦虑。[4] 不过，我们必须非常小心，不要将相关关系与因果关系混淆起来。这种相关关系的很大一部分可以通过更健康、更快乐的人赚的钱更多这个事实来解释。但是，几乎所有研究都表明收入与生活幸福之间存在联系。没有人喜欢自己穷困潦倒。其次，我们有各种各样的不平等模型，这些模型分别由经济学家、社会学家、政治学家，甚至物理学家和生物学家提出。再次，我们拥有丰富的关于收入和财富的国内数据和跨国数据。我们不仅拥有当前的数据，还拥有可以回溯数百年的时间序列数据。

我们要先总结一下有关收入分配的若干经验规律。首先，在任何时代、任何国家，收入分布都有一个很长的尾部——许多低收入者和一小部分高收入者。在历史上，收入分布曾经被校准为对数正态分布或帕累托分布。最近，颗粒度更细的数据表明，收入分布的尾部长于对数正态分布，但是又不完全符合幂律分布。财富分布也同样是偏斜的。

其次，在大多数发达国家，近几十年来收入和财富不平等状况（无论用什么指标来衡量）一直处于不断恶化的趋势中。目前，美国的收入和财富不平等程度已经接近了镀金时代。由于整个分布内部的变化很难辨别，因此按照惯例，我们描述了归属于分布的上尾部的收入份额的变化情况。图 29-1 显示了顶层 0.1% 所占的收入份额随时间流逝而演变的情况。该图表明最顶层千分之一的家庭所占的收入份额在 20 世纪 50 年代后稳步下降，直到 20 世纪 80 年前后一直稳定在不到 4% 的水平。但是现在，这个数字已经上升到了 10% 左右。

图 29-1　最顶层 0.1% 的人的收入份额，1916—2010 年。
资料来源：Piketty，2011。

再次，在全球范围内，生活在极端贫困中的人的数量也急剧下降了。我们应该看到，这些看似对立的趋势之间其实不存在逻辑矛盾。贫穷国家收入的快速增长，显著地减少了收入的跨国差异，但是并没有抵消国内不平等程度的加剧。群体选择模型也产生了类似的效果。利他主义社区数量的增长，压倒了每个社区内部自私者上升的趋势。

不平等有很多原因，而且这些原因往往是相互交织的。经济力量、社会趋势、政治因素，以及发展历史，都会导致不平等。因此，正如经济学家史蒂文·杜鲁夫（Steven Durlauf）所指出的那样，我们不应该试图只用一个方程来解释所有不平等的水平或趋势，也不应该把所有政策建立在一个模型的基础上。[5] 我们必须想得更加细致周到一些。使财富和收入集中在顶层1%或最顶层0.1%的过程，可能与将底层20%人困在贫穷陷阱中的因素无关。要深入了解收入分化的原因，需要采取多模型方法。

我们首先描述解释收入分配变化的模型。收入有以下几个来源：工资和薪金、营业收入、资本收入和资本收益。收入的这些组成部分股票的相对大小因收入水平而异。低收入人群的资本收益或资本收入很少。收入最高的那些人则从每个来源都可以获得很可观的收入。

我们的第一个模型扩展了柯布－道格拉斯（Cobb-Douglass）生产函数模型。在这个模型中，劳动包括两种类型：受过教育的人提供的劳动和未受过教育的人提供的劳动。支付给某种类型的劳动的工资取决于该类型的相对供给和技术。[6] 这个模型可以解释近期基于供求关系不平等程度的上升。在20世纪50年代，制造业的增长增加了对未受过教育的工人的需求。与此同时，大学入学人数的大幅上升（这部分是因为美国《退伍军人安置法案》的实施），增加了受过教育的工人的供给。到了20世纪80年代，由于人们上大学的动力下降，减缓了大学毕业生数量的增长，再加上受教育程度较低的移民流入，增加了低技能工人的供给。与此同时，技术变革——自动化制造的兴起和向更加数字化经济的转型，增加了受过教育的工人的相对价值。他们的工资上涨反映了价值的这种变化。

按教育程度划分的平均收入时间序列数据与这个模型的拟合相当好。出于这个原因，许多经济学家依靠这个模型来提出政策建议。根据这个模型，他们主张增加所有人受教育的机会，因为这能抑制受过教育的工人工资的上涨趋势并减少不平等。这个模型很好地解释了总体趋势，但是它无法解释每个收入阶层内部的变差的扩大。

产出取决于实物资本（K）、受过教育的人的劳动（S）和未受过教育的人的劳动（U），具体生产函数如下：

$$产出 = AK^{\alpha}S^{\beta}U^{\gamma}$$

参数 A、α、β 和 γ 刻画了技术和三种投入要素相对价值。高技能工人和低技能工人的相对市场工资是：[7]

$$Wage_S = \left[\frac{U}{S}\right] \times \left[\frac{\beta}{\gamma}\right] \times Wage_U$$

（Wage$_s$ 是高技能工人的工资，Wage$_s$ 是低技能工人的工资）

不平等的原因：有利于受过教育的工人的技术变革会使 β 增大、使 γ 减少。这一点，再加上低技能工人供给的增加，会增加不平等。

不过，正反馈模型却可以。这个模型着重关注分布的尾部上的人群，特别是企业家群体。2011 年，企业家在美国 400 名最富有的人中所占的比例达到了 70%。[8] 这个模型假设技术，特别是互联网和智能手机使人们之间的联系更加紧密，并使人们在更大程度上受他人的选择的影响。[9] 一个想购买无线立体声扬声器的人，可以在线阅读评论，并从多个可选项中选出"最好的"。在过去，这个人也许只能在当地的立体声商店买，并只能选择唯一可选的某个型号。一个扭伤了膝盖的人，现在可以在网上搜索并了解他最喜欢的运动医生的身份。这种连通性会产生正反馈并导致更大的不平等。为了给这种受社会网络影响的经济选择建模，我们修改一下优先连接模型，以便将正反馈与人才联系起来，从而为受社会影响的经济选择建模。

虽然正反馈模型与时间序列数据的拟合程度不如前面那个强调技术导致增长的模型高，但是我们可以通过运行数值实验来了解反馈是如何导致不平等的。回想一下在第 6 章中描述过的音乐下载实验，也就是让随机分成两个组的大学生在两个不同的情境中下载音乐。在第一个情境中，被试们无法看到其他人在下载什么音乐。这种情境刻画了互联网出现前的世界。在第二个情境中，被试们可以看到每首歌的下载数字。在不能观察到"社交"信息的情境下，没有一首歌的下载次数超过了 200 次，只有一首歌的下载次数少于 30 次。然而，当人们可以看到下载次数时，有一首歌的下载次数超过了 300 次，同时一半以上的歌曲的下载次数少于 30 次。信息和社会影响放大了马太效应。富人变得更加富裕了，而穷人则变得相对更穷了。

对才华的正反馈——优先连接模型

存在 N 个生产者。开始时，每个生产者的销量均为零。第一个消费者随机选中了一个零销量的生产者，购买了产品，使该生产商的销量为正。随后，每个后续消费者都以概率 p 从销量为零的生产者那里购买、以概率 $(1-p)$ 从具有销量为正的生产者那里购买。当从具有销量为正的生产者那里购买时，消费者选择生产者的概率与该生产者的当前销量成正比例。

不平等的原因：更多的联系增加了社会影响，创造了正反馈。

显然，我们可以将同样的逻辑应用于对经济问题的分析。[10] 社交网络的正反馈效应导致不平等的可能性部分取决于人们所购买东西的性质。没有重量的商品，比如说可下载的电影、音乐和网络应用程序，以及某些技术，都很容易传播。点击一下图标是不能复制拖拉机、汽车和洗衣机的。因此，新的智能手机应用程序的销量可以几乎不需要付出任何资本支出就能够扩大，但是汽车却不能，即便是最畅销的汽车也不能。一个例子是，2015 年 5 月，沃尔沃宣布，将在南卡罗来纳州生产 S60 轿车。这家新公司将于 2015 年 9 月破土动工，而第一批汽车将在 2018 年末才能下线。

下一个模型源于空间投票模型。我们用它来解释公司高管（如 CEO）薪酬的上升，它不是由社会网络因素决定的。2012 年，财富 500 强企业 CEO 的平均收入超过了 1 000 万美元，大约相当于当年工人平均工资的 300 倍。相比之下，在 1966 年，CEO 的工资仅为工人平均工资的 25 倍左右。其他国家 CEO 的收入则要少得多。在日本，CEO 的收入大约是普通员工的 10 倍。在加拿大和整个欧洲，CEO 的工资大约是普通工人的 20 倍。

在大多数公司内，CEO 的薪酬是由一个由董事会成员组成的薪酬委员会决定的，通常包括了工资、奖金和股票期权。这就是说，决定 CEO 薪酬的人往往是其他 CEO。他们有很强的动机提高其他 CEO 的薪酬，进而提高自己的薪酬。我们可以使用一个空间模型来表示薪酬委员会的偏好。根据空间投票模型，工资将被设定为中间选民的偏好。CEO 的薪酬跨国差异可以通过董事会和薪酬委员会的组成来解释。在德国，董事会包括工人成员，他们更倾向于减少 CEO 的工资。

CEO 的薪酬 ——空间投票模型　　CEO 薪酬由薪酬委员会投票决定。在美国，薪酬委员会通常由现任和前任 CEO（他们当然更喜欢高薪）以及薪酬专家（X）组成。而在其他国家，薪酬委员会的组成人员中还有工人（W），因而导致中间选民更偏好比较低的薪酬水平。

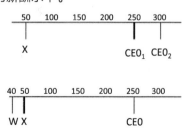

不平等的原因：CEO 通过相互"俘获"来确定自己的薪酬。任何一位 CEO 的薪酬的增加，都会使所有 CEO 更加偏好更高的薪酬。

这个模型根据什么样的薪酬才是适当的来解释 CEO 薪酬的上升。在一点上，我们也可以回过头去考虑分析价值的多模型方法。薪酬委员会成员的理想价值可能是基于数据的，也可能在社会影响下形成的，或者也可能是基于对 CEO 未来价值的预测。

下一个收入不平等模型来自著名经济学家托马斯·皮凯蒂（Thomas Piketty）的畅销书《21 世纪资本论》（*Capital in the Twenty-First Century*）。与其说这是一个正式的模型，还不如说它是一个观察结果：资本回报率总是会超过经济增长率。只要这个关系成立，那么高收入者从资本回报中获得的收入部分就会随着时间的推移而不断增加。如果在增长模型的基础上构建一个更精致的模型，应该不难证明资本回报率始终会超过整个经济体的增长率。从长远来看，经济增长率可能不到 2% 或 3%，但是资本回报率则可能会高出一倍以上。

由此可以推出，在一个由赚取工资的工人和从租金中获得收入的资本家组成的经济体中，资本家的收入份额将会增加。更正式地说，资本增加的速度将取决于三个比率：消费率、税率和资本回报率。消费取决于资本存量水平。一个没有什么资本的人需要把自己收入的很大一部分消费掉，而拥有大量资本的人的消费只占收入的很小一部分。如下面的专栏所示，如果我们将消费率表示为一个常数除以资本水平，那么消费量将不会依赖于资本水平。较富裕的人将以较低的速度消费，而这会使他们的净资本更有可能增加。

资本租金模型（皮凯蒂）——72 法则

经济由工人和资本家组成。工人的工资增长率为 g，即经济增长率。资本家在时间 t 有财富 W_t。资本的回报率为 r（税后净额），且资本家的消费为一个不变的常数 A。资本家的收入将比工人的增长更快，当且仅当：

$$r - \frac{A}{W_t} > g$$

不平等的原因：在市场经济中，资本回报率必定超过经济总增长率（即 $r > g$）。拥有大量财富的资本家只将自己资本收入的一小部分用于消费，因此他们在总收入中的份额将随着时间的推移而不断提高。

为了说明资本回报率与经济增长率之间的差异是怎样导致不平等的，我们可以应用 72 法则。如果在最初的时候，工人的收入与资本家的收入相等，工资的年增长率为 2%，而资本的年增长率为 6%，那么在 36 年后，工资将增加一倍，但是源于资本的收入将增加 8 倍。而在 72 年内，资本家的收入将会达到工人收入的 60 倍。

皮凯蒂就是运用这样一个模型来解释收入和财富不平等的长期趋势的。用法国和英国过去三个世纪以来的数据对这个模型进行校准，结果非常好。这个模型还揭示了过去一个世纪在美国和欧洲各国的不平等的演变模式：两次世界大战摧毁了欧洲的资本存量，使那里的收入和资本分配较为平衡。这个模型能够很好地适合数据的一个原因是它略去了两个相互抵消的效应。由于将企业家排除在外，这个模型低估了不平等。而通过假设资本家的后代会明智地投资（尽管并非所有资本家的后代都能做到这一点），这个模型又夸大了不平等。因此，它在创造了一个新的富人阶层的同时，抹去了一个原来的富人阶层。这个模型，由于同时出现了这两个疏漏，因而比只有一个疏漏的模型更加准确。

这个模型的含义是，只要资本在增加，资本家就会从经济蛋糕中获得越来越大的份额。只要继续应用 72 法则，任何人都能看到资本家的收入将使工人的收入相形见绌。对于这种原因导致的收入不平等，似乎有一个非常简单的解决方案：向富人征收财富税。作为征税的替代方案，有的人可能会期待战争和革命，也就是以暴力的方式重新分配财富；或者，等待能够产生很多新资本家的技术突破的出现。

接下来要考虑的两个模型都优先考虑社会力量，而且两者都有很强的经验证据支持。第一个模型解释了选择性婚配，也就是所谓的门当户对的婚姻选择所导致的不平等恶化。家庭的收入取决于夫妻双方的收入。如果一个低收入者与一个高收入者结婚，那么这种婚姻将有助于平衡收入分配。如果一个高收入者与另一个高收入者结婚，那么收入差距将会增大。虽然大多数人结婚时，都无法确知未来的人生伴侣的终身收入；但是，人们确实可以了解潜在结婚对象的受教育程度和身体健康状况，并且能够收到他们是否拥有雄心壮志的信号。有证据表明，男性（女性）受教育程度越高、收入越高（技术和人力资本模型），他们越有可能选择受教育程度较高的人生伴侣。

不平等的加剧是由以下因素造成的。第一，获得大学学位的女性越来越多。第二，相对收入会随着接受教育的程度的增加而提高。第三，受过良好教育的男性（女性）更喜欢受过良好教育的人生伴侣。因此，由两个受教育程度很高的人组成的家庭，更有可能拥有两个高收入者，从而导致家庭之间的收入不平等状况恶化。这里的逻辑似乎很严密。唯一的问题是这种效应的影响空间有多大。[11]

社会学家通常会将人们按教育水平分为五类：辍学、高中毕业、上过大学、有大学学位，以及研究生。然后，他们计算出每个教育水平的平均收入，并拟合关于每一对教育水平之间的婚姻数量的数据，从而粗略估计出选择性婚配的影响。

选择性婚配模型——分类模型与分类

每个人都有自己的教育水平：{1，2，3，4，5}。（其中 1= 辍学，2= 高中毕业，3= 上过大学，4= 大学学位，5= 研究生）

令 $P(m, j)$ 和 $P(w, j)$ 分别表示男人和女人具有教育水平 j 的概率。收入 (g, ℓ) 表示性别为 g、收入水平为 ℓ 的人的（估计）收入。一对夫妇组成的家庭的收入，包括了一个受教育程度为 ℓ_M 的男子和一名受教育程度为 ℓ_w 的妇女的收入。其家庭收入估计如下：[12]

$$收入(M, \ell_M) + 收入(W, \ell_w)$$

不平等的原因：受过良好教育的女性人数的增加、高教育水平的工人工资的增加，以及选择性婚配（人们喜欢与收入水平相同的异性结婚的倾向）导致了家庭之间收入不平等的增加。

如果婚姻是随机的而不是非得门当户对不可的，收入不平等的程度就会轻得多。一项研究表明，如果婚姻是随机的，那么以基尼系数衡量的收入不平等程度将会减少 25%。[13]

下一个模型则使用马尔可夫模型分析不同收入类别之间的变动。这个模型按收入水平将人们（或家庭）分成四类：高、中高、中低、低。每个类别包括了分布的 1/4。选定一个时间段，可能是 1 年、10 年，也可能是一代人的时间，然后估计收入类别之间的转移概率，以刻画收入流动性。

代际收入（财富）动态变化——马尔可夫模型

将所有人口划分为 4 个人数相等的收入（或财富）类别。我们可以估计一个类别中的个体（或家庭）在一代的时间内流动到另一个类别中的转移概率（如下图所示）。更平等的转移概率对应更大的社会流动性。

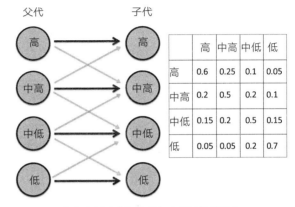

	高	中高	中低	低
高	0.6	0.25	0.1	0.05
中高	0.2	0.5	0.2	0.1
中低	0.15	0.2	0.5	0.15
低	0.05	0.05	0.2	0.7

收入水平（收入等级）之间的转移概率

不平等的原因： 社交技能、隐性知识、对风险和教育的态度以及遗产，减少了收入阶层之间的流动性。

如果代与代之间不存在黏性，那么高收入父母的孩子的收入属于 4 个收入阶层中的任何一个的概率都相同，即所有的转移概率都等于 1/4。在完全不存在流动性的最极端情况下，转移概率将仅包括沿对角线的那些 1。经验结果估计，表明现实介于这两个极端之间。

我们可以拿 100 个随机挑选出来的高收入或低收入水平家庭来进行仿真实验，计算出每一个后代收入的概率分布。如果使用上面的专栏中给出的概率，高收入者的子女有 60% 的机会成为高收入者，只有 5% 的机会成为低收入者，那么高收入者的孙子女成为高收入的可能性不足 43%，成为低收入的可能性却会超过 10%。[14]

这个收入动态模型也可以作为评估收入流动原因的基准模型。我们可能会使用一个线性模型来估计作为父母的财富、收入和能力水平的函数的子女收入（假设我们拥有相关的数据）。皮凯蒂的模型意味着父母的财富与子女的收入之间是正相关的。基于能力的模型则意味着父母的能力与子女的收入是正相关的，因为父母的能力和后代的能力之间存在某种相关性。

需要注意的是，要确定父母收入系数需要每个子女和每个父母的收入数据。只是过去几十年以来，我们才开始拥有比较完整的个人收入数据。幸运的是，在《太阳照常升起》（The Sun Also Rises）这本著名小说中，经济史学家格雷戈里·克拉克（Gregory Clark）发现了一种解决数据匮乏问题的新方法，这种方法利用了人的姓氏。克拉克计算了 1888 年所有名叫撒切尔的人的平均收入，并将之与 1917 年所有名叫撒切尔的人的平均收入进行了比较。30 年的时间基本相当于一个人一辈子的工作时间。结果，克拉克发现姓氏的平均收入存在显著的相关性，这是表明收入缺乏流动性的一个证据。

有了这种模型，我们还可以识别代际转移中的种族差异。非洲裔美国人虽然也有进入收入分布顶端的，但是表现出了更低的财富持久性；而另一方面，他们在低端则表现出更大的持久性。这也就是说，富裕的非洲裔美国人不太可能拥有富裕的子女，而贫穷的非洲裔美国人却更有可能拥有贫穷的子女。[15]

我们要讨论的最后一个关于收入不平等的模型基于邻域效应，它是以杜鲁夫的持续不平等模型（persistent inequality model）为基础的，利用了人们按收入类别分离居住的经验规律性。这也就是说，高收入的人倾向于与其他高收入的人生活在同一个社区中，而低收入的人则与其他低收入的人住在一起。按收入类别分离居住会产生经济上、社会上和心理上的外部性，从而导致流动性下降。在这个模型中，个人收入取决于能力、教育支出和溢出效应。

教育属性还包含教育方面的公共支出。从经验上看，公共教育支出又与平均收入水平相关：高收入地区在公共教育方面的支出高于低收入地区，从而又可以为高收入社区的儿童带来更好的教育和更高的（未来）收入。

溢出可以解释为获取适当工具所需知识的社会传播。在这里，我们可以将杜鲁夫的模型与居住在高收入社区的人们如何获得关于何为适当工具的知识过程联系起来。还可以将模型与社会网络模型和"弱关系有大力量"现象联系起来：生活在高收入社区的人们能够间接地与更多掌握了很有经济价值的信息的人联系起来。

我们还可以将溢出效应解释为一种社会传播行为，例如学习或工作所花费的小时数。如果收入包含了随机成分，那么低收入社区的人就会观察到，花费在自我完善、自我提高上的时间不会带来多少回报（这种观察结论是正确的）。与此相关，溢出还可能包括心理属性，比如对生活积极的或消极的态度、对社会的安全感，以及对自己的信念。

**持续不平等
（杜鲁夫）模型——
谢林隔离模型 +
局部多数模型**

所有个人分别属于不同收入类别，并按不同收入类别分离居住。个人将自己的部分收入用于教育，从而产生正面的溢出效应，这种溢出效应随社区收入水平的上升而增强。生活在社区 C 中的孩子的未来收入取决于自己天生的能力、教育支出和溢出效应。教育支出和溢出效应的贡献取决于这个社区的收入水平，I_C。

个人收入 $_C$=F（能力、教育支出（I_C）、溢出效应（I_C））

不平等的原因：在低收入社区长大的儿童获得的教育机会较少、受益于经济溢出效应的可能性也更低。

在完整的模型中，杜鲁夫求解出了教育支出的均衡水平，并推导出了持续不平等产生的条件。这种持续的不平等源于他所称的"贫困陷阱"。生活在低收入社区的个人缺乏提高收入所必需的教育资源，当地也不存在可以令他受益的溢出水平，因此无论他们的能力水平如何，都很难走出贫困陷阱。杜鲁夫的模型有助于解释收入水平上的巨大种族差距，例如，非洲裔美国人生活在贫困社区的比例过高。杜鲁夫的模型解释了为什么他们更可能陷入低收入的人生轨迹无法自拔。

上面给出的这些模型突出了收入不平等的各种不同原因。对于收入分布的顶层，经验证据最支持的是那些以技术变革为基础的模型。[16] 20 多年来，美国国税局追踪了收入最高的 400 个美国人的收入情况。最顶层这些人的收入主要来自新技术、大众零售和金融行业。这三个行业的共同特点是，它们都可以快速扩展。这种特别高的增长率可能源于像搜索引擎和社交网站这样的赢者通吃市场。但是，以技术变革为基础的模型不能解释收入分布底层的情况。关于收入流动性，它们也无法告诉我们什么信息。此外，它们也不能解释为什么美国 CEO 的薪酬远远超过了其他国家。

为了解释这些现象，我们需要引入其他模型，比如收入流动性模型、杜鲁夫的持续收入不平等模型和空间投票模型。只有在考虑了所有这些模型之后，我们对收入（财富）不平等才会有更加深刻且多方面的理解。我们看到，在不平等的产生和维持中，有许多不同的过程都起到了作用。我们还可以观察到，这些不同的过程之间存在重叠和交叉。当我们对不平等的复杂性和自我强化的因果关系有了更深刻的理解之后，我们就会对任何声称能够"快速"解决不平等问题的简单方案持怀疑态度。我们认为，减少不平等将需要在很多个方面共同努力。

让智慧入世

在本章中，我们讨论了如何将多个模型结合成一个整体来使用。利用这种方法，我们可以解释阿片类药物滥用和收入不平等的多种原因，并揭示任何一个解释框架的局限性。如果我们是制定政策的专家，就可以用这些模型中的某一个或某一些模型去拟合数据、衡量政策效果，还可以组织自然实验来指导政策选择。

我们还可以针对任何一种社会挑战来进行类似的分析，例如，扭转肥胖趋势，改善教学成绩，缓解气候变暖，管理水资源，甚至改善国际关系。

在每种情况下，即使添加一个新模型也可能产生巨大的后果。以预测金融崩溃为例。美国联邦储备委员会依靠传统的经济模型，使用通货膨胀、失业和存货等国民核算数据。但是这些数据存在滞后性，它们每周、每季度或每年发布一次。这些数据也来自调查，即整个经济的样本。

复杂性学者多恩·法默（J. Doyne Farmer）主张基于从网络上获取的实时数据创建第二类模型。这些新模型将依赖于更细粒度的实时数据，因此与传统的模型不同。法默认为，这样的模型可能比现有的模型要好得多，他可能是对的。然而，在预测和预防金融灾难方面，这些新模型并不需要更准确。考虑到新模型将使用不同的数据并依赖于不同的假设，它们将做出不同的预测。从多样性预测定理中我们知道，只要新模型的精度不差很多，当与现有模型相结合时，这些新模型将提高预测的准确性。用法默的话来说，政策制定者将会更有集体意识。

在做商业决策时，高管可能会从事类似的工作。高管可以应用多个模型来决定产品属性、产品发布时间，设计薪酬计划，构建供应链并预测销售。

因为这些操作都发生在一个复杂的系统中，所以任何一个模型都是错误的。多个模型将会带来更好的行动。

总而言之，当面临选择、预测或设计方面的挑战时，我们应该采取多模型方法。基于多模型思维的"谋定而后动"肯定要比仅仅基于冲动和直觉就行动更好。当然，这也就意味着，我们无法保证成功。即便有很多模型，我们也可能无法确定最相关的逻辑链。与要解决的问题有关的领域可能非常复杂，甚至利用许多个模型也可能仅能解释变差的一小部分。

在应用模型来辅助设计时，我们可能会发现自己无法构建出有用的模型抽象。在这种情况下，模型的简单性恰恰可能会成为它们失败的原因。面对复杂性，我们可能会发现模型无助于我们交流思想、做出准确预测和选择最优行动。我们的探索也可能是几乎没有价值的。这本书中讨论的模型的七大用途并不一定能提供顺利登顶的云梯。但是，即便是在这些情况下，我们也能受益。我们可以揭示出相互依赖性，能够理解为什么复杂的过程往往很难理解。

即便是在模型的帮助下，我们的推理能力也会受到限制，所以我们必须保持谦卑，也必须保持好奇心。我们必须继续构建新模型并改进现有模型。如果某个模型遗漏了世界的某些关键特征，例如社会影响、正反馈或认知偏差，那么我们就应该构建能够包含这些假设的其他模型。当采取这些方法后，就可以分辨出哪些属性在什么时候是重要的、重要程度有多高。所有模型都是错的，这当然是事实。但是，我们不会因这个事实而泄气；恰恰相反，它会成为我们通过多个模型来追求智慧的动力。

同样重要的是，我们还应该在这种努力中追求乐趣。虽然本书一直在强调一些务实的目标，比如成为更好的思考者、在工作中取得更好的成绩、做一个有知识有智慧的世界公民。但是，它同时也隐含着另一个重要的目标，那就是，揭示建模的乐趣。建模的实践可以成为一个非常美丽的邂逅。我们做出假设、制订规则，然后根据规则、运用逻辑。正是通过这种合乎逻辑的努力，我们才能提高自己、使自己变得聪明。我们要将这种智慧带入世界，并积极地利用它去改变世界。

当今时代，大数据至热。但是许多人其实只是被大数据裹胁了。有了数据还远远不够，我们还要懂得如何让数据告诉我们信息，懂得如何从信息中总结出知识。说到底，我们需要形成自己直面世界的思维体系。斯科特·佩奇这本书为我们指出了实现这个目标的方向和路径：多模型思维。

佩奇是个跨学科天才，他在书中给出的模型，涉及各个学科领域。有些模型其实相当复杂，但是佩奇总能说得既简明又透彻。在《多样性红利》一书中，佩奇强调了群体智慧可以改善我们的决策；在这一本书中，他进一步落实了如何实现多样性红利，那就是，利用多个模型，让模型组成一个群体来帮助我们。这本书是一个完整的工具包。我相信，只要你愿意尝试成为模型思考者，就肯定能从本书中收获很多东西。

当然，也要防止另一个极端。"只要不断地拷打数据，数据总会说话"，类似的说法已经屡见不鲜。我们理当保持警惕。不要忘记佩奇写这本书的思想前提和知识基础。他是复杂性科学的大师级人物，已经到了驭繁如简的境界。模型就是帮助我们像大师那样去思考的工具。但是，我们切不可把我们要面对的世界简单化。不要以为在土里插个温度计，就可以测量整个地球的温度了。恰恰相反，模型思维的前提就是承认复杂性。作为本书核心的多模型范式，实际上就可以说是复杂性的另一种表述。

译书从来不易。我首先要感谢的是我的太太傅瑞蓉。本书与我以前的每一本译著一样，她的贡献至少要占到一半。感谢儿子贾岚晴带给我的动力和快乐。这本书献给他们。

感谢钟睒睒，有情怀、重情义、善创新、爱读书的他，既是好老板，也是好老师，让我在工作之余能够腾出时间来完成此书。

我还要感谢汪丁丁教授、叶航教授和罗卫东教授的教诲。我对复杂性科学的兴趣，源于他们。同时还要感谢何永勤、虞伟华、余仲望、鲍玮玮、傅晓燕、傅锐飞、陈叶烽、童乙伦、罗俊、邓昊力、陈姝、黄达强、李燕、李欢、丁玫、何志星等好友的帮助。

这本书，是我翻译的第二本佩奇的著作。佩奇的书，简洁而丰富，纯粹而复杂，因而总是有一种神奇的吸引力，我翻译起来也觉得特别得心应手。这是非常难得的体验。感谢湛庐文化和简学给我这个机会。

书中错漏之处在所难免，敬请专家和读者批评指正。

贾拥民

于杭州嵩谷阁

注 释

01 做一个多模型思考者 ————————————————

1. 例如：凯西·欧奈尔（Cathy O'Neil）在 2016 年阐述了基于数据的简单模型如何忽略人口的某些部分以及本书第 4 章提到的自适应。

2. 请参见帕阿斯克和希勒分析森林工业的论文（Paarsch &Shearer,1999）。在他们的模型中，木材加工厂主和林场主要向工人支付按树计件工资。关于植树造林的原始数据显示，计件工资越高，工人种植的树木越少；向某个种植树木的人支付的报酬越多，这个人种植的树木就越少。直接得出的推论与标准经济学原理背道而驰——经济学理论告诉我们，如果每种植一棵树都可以得到更多的报酬，那么种植树木的工人就应该更加努力地工作才是。

   不过，如果我们构建一个包含了小时工资率的市场模型，假设每小时的体力劳动报酬为 20 美元，那么数据和我们的直觉就都可以证明是正确的。从这个假设可以得出这样一个等式：

   20 美元 = 每小时种植的树木数量 × 种一棵树的美元报酬

   这个模型意味着，如果树木很难种植，那么工资将会很高。如果一个人可以在一小时内种植 10 棵树，那么种每棵树的工资就等于 2 美元。如果树很容易种植，那么工资就会很低。如果一个人可以在一小时内种植 20 棵树，那么种每棵树的工资将为 1 美元。因此，这个模型预测，计件工资率与种植的树木数量之间呈负相关关系。这样一来，数据中看似矛盾的东西通过这个模型的镜头来看，在逻辑上是解释得通的。这个模型通过种植条件的变化来解释相关性。事实上，这个模型预测的不仅仅是这种相关性，它还给出了一种特定的数学关系：计件工资率乘以种植的树木数量应该等于一个常数。我们可以对这个结果进行检验。

3. 关于模型胜过了人的证明，请参见：Dawes,1979；Tetlock,2005；Silver,2012；Cohen,2013。关于认知偏差，请参见：Kahneman,2011。

4. Slaughter,2017 & Ramo,2016.

5. 研究表明，最具影响力的科学发现和专利是不成比例地从多个学科中汲取灵感的。有一项研究在分析 3 500 万篇论文后指出，从长远来看，跨学科论文的影响更大（Van Noorden,2015）。思想的组合不一定会表现为模型的组合，但在许多情况下确实是如此；请参见：Jones、Uzzi&Wuchty,2008;Wuchty、Jones&Uzzi, 2007。如果我们将专利解释为创新的证据，那么有两个独立的研究思路都可以将思想的多样性与成功联系起来。Shi、Adamic、Tseng、Clarkson（2009）的研究表明，跨类别的专利被引用得更多。Youn、Strumsky、Bettencourt、Lobo（2015）则证明，大多数专利都包括了多个子类别。跨学科研究也稳步发展到了这样一个临界点：平均而言，社会科学家引用其他学科的论文，多于他们所属学科的论文。

6. Box &Draper,1987.

7. Page,2010a.

8. 我这样说并不意味着可以将知识与模型等同起来。我的意思是，模型可以表示知识并提供一个清晰的形式来交流对有关知识的理解。"知识"一词的含义非常广泛，它还包括了嵌入在身体中的、隐性的技能，例如怎么打网球、说法语或讨价还价。我在本书中使用的是更狭义的知识定义。关于更宽泛的知识概念，请参见：Adler,1970。

9. 只要注意到，从高空往下掉落的跳伞者在终点时速度可以达到 320 千米 / 小时，就可以得出这个近似结果。终端速度与质量的倒数成比例。假设跳伞者的质量比毛绒玩具猎豹大 400 倍。400 的平方根等于 20，因此，毛绒玩具猎豹的终端速度大体上等于 320 千米 / 小时除以 20，即大约 16 千米 / 小时。

10. 他没有说错。弗雷斯诺市比冰岛还要大 30%。埃里克·鲍尔和约瑟夫·李普曼（Joseph LiPuma）（2012）讨论过怎样把学术研究得出的教训应用到商业世界中。

11. Lo,2012.

12. 这个故事的不同版本在美国哲学家与心理学家威廉·詹姆斯（William James）、斯蒂芬·霍金和法学家安东宁·斯卡利亚（Antonin Scalia）的著作中都可以找到。

02 模型的 7 大用途 —————————————

1. 关于对构建模型原因的更细致的分类剖析，请参见：Epstein,2008。查尔斯·拉夫和詹姆斯·马奇（1975）描述了模型的 3 个用途：解释经验现象、预测其他现象和新的现象，以及建造和设计系统。他们也都提倡利用模型进行探索。

2. 请参见：Harte,1988。这种方法也借鉴了一篇阐述的关于模型在社会科学中的各种用途的观点的论文（Johnson,2014）。这两种方法通常也称为伽利略和极简主义的理想化。请参见：Weisberg,2007。关于类比的作用更进一步的讨论，请参见：Pollack,2014；Hofstadter&Sander,2013。侯世达在《表象与本质》一书中将类比称为思考之源和思维之火。另外也请参见：Schelling,1978、1987；他也详细地说明了模型的各种类别。丹尼尔·利特尔（Daniel Little）的博客"理解社会"（understanding society）也提供了相当不错的社会科学本体论的入门知识。

3. 请参见：Arrow,1963。如果我们对可能的个人排序施加限制，那么进行集体排序就是有可能的。比如，如果令每个人都保持相同的排序，那么集体的排序也会如此。但是一般而言，我们无法将个人排序映射为一致的集体排序。

4. 与我同一时代的杰出人士一定已经注意到了，我从《嚎叫》（Howl）中借用了"这是真的发生过的事情"的手法。请参见:Bickel、Hammel&O'Connell,1975。
   下图是一个添加一个节点会减少总边长的诸多可能例子之一。左侧的网络有 4 个点 (分别作为正方形的一个角)。右侧的网络则多了位于中心的第 5 个节点。如果将正方形的边的长度假设为 1，那么左侧图中各边的总长度为 3，右侧图中各边的总长度则等于 4×0.71，小于 3。

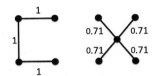

当向录取率更高的院系提出入学申请的男性多于女性时，辛普森悖论就会出现。例如一所拥有医学院和兽医学院的大学。假设有 900 名男生申请入读医学院，其中 480 名（53%）被录取；同时有 300 名女生申请医学院，180 名（60%）被录取。并假设有 100 名男生申请兽医学院，20 名（20%）被录取；同时有 300 名女性申请兽医学院，90 人（30%）被录取。在每一个学院，女生的录取率都比较高，但是就整个学校总体而言，男生的录取率达到了 50%（1000 人申请，500 人被录取）；女生的录取却只有 45%（600 人提出申请，270 人被录取）。

作为"帕隆多悖论"的一个例子，假设有这样两个赌局：在第一个赌局中，一个人总是会输 1 美元；在第二个赌局中，如果轮数不能被 3 整除，那么输 2 美元，如果能够被 3 整除，就赢 3 美元。每一次投注都会形成一个期望损失，但是如果你只在赢的轮次上参加第二个赌局，而在其他轮次上则参加第一个赌局，那么你每三轮就肯定能够赢得 1 美元。

5. Kooti、Hodas&Lerman,2014.

6. 假设每个人都可以赚得相同的收入，并以固定税率 t 缴纳税收。令 c 表示百分比减量，r 表示收入的增量。当前的政府收入等于 $I \times t$。减税政策实施后，政府的收入等于 $I(1+r) \times t(1-c)$。只有当 $I \times t < I(1+r)t(1-c)$ 时，政府收入才会增加。重新排列各项，我们有 $r > c(1+r)$。

7. 基于市场的机制如何能为多维有效载荷问题提供一个更好的解，请参见：Ledyard、Porter&Wessen,2000。

8. 物理学家尤金·维格纳在他的论文（Eugene Wigner,1960）中使用过的一个形容词"好得不合情理"。他说，物理科学中使用数学模型的有效性"好得不合情理"。

9. Ziliak&McCloskey,2008. 他们讨论了社会科学模型解释变差的能力。

10. Porter&Smith,2007.

11. Squicciarini&Voigtländer,2015.Mokyr,2002.

12. 请参见美国财政部网站。

13. 例如，在 20 世纪 90 年代中期，在美国俄亥俄州哥伦布市新开业的餐馆中，大约有 60％后来都关门了。没有任何一家得到过政府的救助，当然政府也不应该救助它们。健康的市场经济本身必定包含了破产。请参见：Parsa et al.,2005。

14. 摘自国际货币基金组织的《2009 年全球金融稳定报告》。连接的强度基于投资组合价值的相关性。但是这种相关性又是基于极端事件的，也就是这些机构表现得特别好或特别糟糕的日子。这个指标可以刻画一家金融机构的破产扩散到另一家的可能性。事实上，业绩表现的相关性可能源于投资组合的相似性以及一家银行对另一家银行资产的持有。

15. Geithner,2014.

16. 要了解旧金山湾的物理模型及其在政策中的用途，请参见：Weisberg,2012。

17. Stone et al.,2014.

18. Dunne,1999&Raby,2001.

03 多模型思维 ———

1. Levins,1966.

2. Page,2007、2017.

3. 关于群体的智慧，请参见：Suroweicki,2006；关于狐狸是如何胜过刺猬的，请参见：Tetlock,2005；关于计算机科学的集成方法，请参见：Patel et al.,2011。

4. 卢红和佩奇（2009）证明，独立的模型需要一个唯一的分类集。这也就是说，在二元分类模型中只存在一种创建一组独立预测的方法。

5. 关于多样性预测定理的详细阐述，请参见我以前出版的几本书：《多样性红利》《多样性与复杂性》等。关于经济预测所用的数据，请参见：Mannes、Soll&Larrick,2014。

6. 考虑下图中用 A、B、C 和 D 表示的四幢平房及其市场价值。根据这些平房是否包含了一个录音室由"门"上方的圆圈符号表示），创建两个类别。平房 A 和 B 不包含录音室，因此它们属于同一个类别；而平房 C 和 D 则包含了一个工作室，因此它们属于第二类。

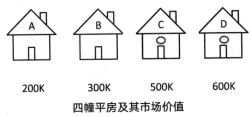

200K   300K   500K   600K

四幢平房及其市场价值

首先计算出这些平房价格的总变差，即每幢房子的价值与均值之差的平方和。这四幢平房的均值等于 400 000 美元，因此总变差等于 100 000：总变差 = $(200-400)^2 + (300-400)^2 + (500-400)^2 + (600-400)^2$。

为了计算分类误差，假设我们知道每个类别内的真实均值：第一个类别为 250 000 美元，第二个类别为 550 000 美元（平房已转变为录音工作室）。但是这种分类将不同价值的房子混同在了一起。剩余的变差等于分类误差：分类误差 A 和 B= $(200-250)^2 + (300-350)^2 = 5\,000$，分类误差 C 和 D= $(500-550)^2 + (600-550)^2 = 5\,000$。总分类误差等于这两个数字的总和，即 10 000。

为了计算出估值误差，假设模型预测平房 A 和 B 的价值均为 300 000 美元、同时预测平房 C 和 D 的价值均为 600 000 美元。估值误差等于每个类别的预测值与真实均值之间的差的平方和。估值误差 A 和 B= $(300-250)^2 + (300-250)^2 = 5\,000$，估值误差 C 和 D= $(600-550)^2 + (600-550)^2 = 5\,000$。于是总估值误差等于 10 000。

总模型误差等于预测值与实际值之间的差的平方和：模型误差 = $(200-300)^2 + (300-300)^2 + (500-600)^2 + (600-600)^2 = 20\,000$。因此不难注意到，模型误差等于分类误差和估值误差之和。

7. 读者如果想了解二维社会互动的旋转玻璃模型，请参见：Brock& Durlauf,2001。爱德华·格莱泽（Edward Glaeser）等人则给出了一个关于犯罪的一维模型。另外，德鲁·弗登伯格（Drew Fudenberg）和戴维·莱文（David Levine）也构建了一个关于大脑的经济模型。

8. 斯塔夫罗斯·尼阿科斯并不是第一个试图利用货船超大空间的人。1858

年，因设计建造大西部铁路的传奇英国工程师伊桑巴德·金德姆·布鲁内尔（Isambard Kingdom Brunel）建成了一艘近 220 米长的大船，并命名为"大东方号"（SS Great Eastern）。事实证明，作为一艘货轮，大东方号是失败的。由于缺乏适当的水动力模型，导致大东方号整体设计不佳。这艘船只有在最慢的速度下才能够航行。幸运的是，它最终还是派上了用场——被用于铺设跨越大西洋的海底电缆。关于多模型思维在设计船舶时的作用，请参见：West,2017。

9. 以磅和英寸为单位时，身体质量指数 $= \dfrac{703 \times 体重}{身高的平方}$。

10. 勒布朗·詹姆斯（LeBron James）身高 6 英尺 8 英寸，体重大约 250 磅，身体质量指数为 27.5。凯文·杜兰特（Devin Durant）身高 6 英尺 9 英寸，体重 235 磅，身体质量指数为 25.2。2012 年和 2016 年奥运会十项全能金牌得主阿什顿·伊顿（Aston Eaton）身高 6 英尺 1 英寸，体重 185 磅，身体质量指数为 24.4。另一位著名运动员，2008 年奥运会十项全能金牌得主布莱恩·克莱（Brian Clay）的身体质量指数则为 25.8。

11. Flegal et al.,2012.

12. 假设这只小鼠 3 英寸长、1 英寸高、1 英寸宽，同时假设这只大象 10 英尺高、10 英尺长、5 英尺宽。大象的表面积为 400 平方英尺，也就是 57 600 平方英寸。大象的体积为 500 立方英尺，相当于 864 000 立方英寸。

13. 杰弗里·韦斯特（Geoffrey West,2017）和他的同事们已经构建了一个更精细和更准确的模型，它预测新陈代谢的规模与质量的四分之三次幂成比例。而且在 80 多年之前，科学家就已经在数据中找到了与之相近的定律，即克雷伯定律（Kleiber's law）。

14. 发送的简历内容完全相同，但是申请人的名字改变了的实验表明，女性获得的报酬低于男性，得到的评价也低于男性；请参见：Moss-Racusina et al.,2012。

15. 一个男性员工成为 CEO 的概率等于他连续获得 15 次晋升的概率。概率比，也就是男性成为 CEO 的概率与女性成为 CEO 的概率之间的比值。按照我们的假设，男性每次升职的概率为 50%，女性每次升职的概率为 40%，于是概率为（1.25）^{15}=28.4。

16. Dyson, 2004.

17. Breiman, 1996.

04 对人类行为者建模

1. Haidt, 2006; Simler&Hanson, 2018.

2. 要证明这个结果，需要利用一些微积分知识。假设一个人的收入为 M，一单位食品的价格为 1 美元，一个单位的住房服务的价格等于 P_H。那么我们可以将他的预算约束写成 $M=F+P_H×H$。而这当然就意味着 $F=M-P_H×H$。可以将其效用函数写成

$$U(H)=(M-P_H×H)^{\frac{2}{3}}H^{\frac{1}{3}}$$

为了求这个函数的最大值，我们对 H 求导数并令它等于零：即

$$-\frac{2}{3}P_H\left(\frac{H}{M-P_H×H}\right)^{\frac{1}{3}}+\frac{1}{3}\left(\frac{M-P_H×H}{H}\right)^{\frac{2}{3}}=0$$

把第一项移到等式的右侧，交叉相乘，可以得到：$2P_H×H=M-P_H×H$。在预算约束的条件下，用 $2P_H×H$ 替换 $M-P_H×H$，可以得到 $M=2P_H×H+P_H×H$，或者 $M=3P_H×H$。因此，他将收入的 1/3 用于住房。

3. 在美国，这是一个不错的近似值。

4. 这个定理的正式表达如下：$X=\{A，B，C，...，N\}$ 表示一个结果的有限集，并设定一个抽奖，令它成为这个结果集上的一个概率分布，即 $L=(pA，pB，...，pN)$。如果对彩票的偏好（>）满足完备性、传递性、独立性和连续性，那么这个偏好可以表示为一个连续的有实数值的效用函数，可以给每个彩票赋予一个效用。完备性是指，任何两个彩票，L 和 M，都可以进行比较；传递性是指，如果 $L>M$，并且 $M>N$，那么 $L>N$）；独立性是指，如果 $L>M$，那么给定任意一个彩票 N 和任意一个概率 $p>0$，都有 $pL+(1-p)N>pM+(1-p)N$；连续性：如果 $L>M$ 且 $M>N$，那么存在概率 p 使得 $pL+(1-p)N\sim M$。这个定理的正式证明有点繁杂，下面只给出证明的简要思路。假设存在最优结果 B 和最差结果 W，并且假设 B 的效用等于 1、W 的效用

等于零。给定任何其他结果 A，根据连续性公理，存在概率 p，使得人们在肯定能够得到 A，与以 p 的概率得到 B 并以（$1-p$）的概率得到 W，两者之间无差异。利用上面的符号，我们把它写成 A ～ pB+（$1-p$）W。然后，我们再将 A 的效用指定为 p。按此思路推导（这需要一点点数学知识），可以证明，一个人越喜欢某个结果（或彩票），p 就越大。这样一来，我们也就魔术般地将排序转变成了数字。对于这个定理的完整的证明，请参见：Von Neumann&Morgenstern,1953。

5. Rust,1987.

6. Camerer,2003.

7. Harstad&Selten,2013.

8. 关于以理性选择模型为基准的理由，请参见：Myerson,1999。

9. 对于这个领域的一个早期的综述，请参见：Camerer、Loewenstein&Prelec,2005。

10. Kahneman,2011.

11. 开放科学协作组织的原始论文（2015），导致了更多的复制结果的研究，它们得出相似的百分比。

12. 要想了解关于被试多样性的重要性，请参见：Medin、Bennis&Chandler,2010。

13. Berg&Gigerenzer,2010. 他们充分表达了这种批评意见，认为它破坏了基于数学的心理模型。

14. Kahneman&Tversky,1979.

15. 例如，治疗方案 A——肯定能够拯救 40% 的患者，治疗方案 B——有 50% 的机会拯救所有人。损失框架：治疗方案 A'——肯定会有 60% 的患者死亡，治疗方案 B'——有 50% 的机会没有任何人死亡，有 50% 的机会所有人都死亡。根据前景理论，大多数医生在收益框架下都会选择治疗方案 A，而在损失框架下都会选择 B'。

16. 关于双曲贴现的含义的早期研究，请参见：Thaler,1981；Laibson,1997。

17. 双曲贴现的公式可以写成如下更一般的形式：

$$H(r,t) = \frac{1}{(1+rt)^{\frac{\beta}{\alpha}}}。$$

18. Gigerenzer&Selten,2002.

19. Gode&Sunder,1993.

20. Gigerenzer&Selten,2002.

21. 在弗农·史密斯（Vernon Smith）的诺贝尔奖获奖演说中，他指出："生态理性，要使用推理，也就是用理性的重建来考察个人的行为，但根据的是他们的经验和常识。人们遵循规则但不一定能清楚地将它们表达出来。但是，它们是可以被发现的。"请参见：Smith,2002。

22. Arthur,1994.

23. Lucas,1976; Campbell,1976.

24. 关于模型如何阐明可能发生的事情的进一步讨论，请参见：de Marchi,2005。关于基于方程和规则的模型（行为者在类似的博弈中做出类似的行为），请参见：Gilboa&Schmiedler,1995；Bednar&Page,2007、2018。

05 正态分布

1. 给定一个数据集 $\{x_i, \dots, x_N\}$，方差等于数据与均值之间距离的平方的平均值，可以写为：

$$VAR = \frac{\sum_{i=1}^{N}(x_i - \mu)^2}{N}$$

标准差则等于数据与均值之间距离的平方的平均值的平方根，即：

$$s.d. = \sqrt{\frac{\sum_{i=1}^{N}(x_i - \mu)^2}{N}}$$

2. 这里有好几个条件，而且只要满足其中任何一个条件就足够了。林德伯格条件（Lindeberg condition）是比较常见的一种，它要求，随着变量的数量的无限增加，来自任何一个变量的总变差的比例将收敛为零。

3. Lango et al., 2010.

4. 对于一般情况，假设独立性，我们可以得到如下表达式：

$$\bar{\mu} = \frac{\sum_{i=1}^{N} \mu_i}{N}$$

$$\bar{\sigma} = \sqrt{\frac{\sum_{i=1}^{N} \sigma_i^2}{N^2}}$$

用 σ 代替 σi，就可以得到 $\bar{\sigma} = \sqrt{\frac{N\sigma^2}{N^2}} = \frac{\sigma}{\sqrt{N}}$。

5. Wainer,2009.

6. 两个标准差的阈值（5％显著性）是一个惯例。尽管经常受到批评，但它仍然是社会科学家最常使用的。当然，6％显著性水平的大相关系数，可能比 4.9％显著性水平的小相关系数更值得注意。进一步的讨论，请参见：Ziliak&McCloskey,2008。

7. Gawande,2009.

8. 随机变量的乘积分布之所以称为对数正态分布，是因为分布的对数将会是正态分布的。个中的原理，我们可以简述如下。首先，我们写出一些数字的乘积，$y = x_1 \times x_2 \times x_3 \cdots \cdots x_n$，并将它写为如下以 10 为底的幂的乘积的形式：

$$10^{log_{10}(y)} = 10^{log_{10}(x_1)} \times 10^{log_{10}(x_2)} \times 10^{log_{10}(x_3)} \cdots 10^{log_{10}(x_n)} = 10^{log_{10}(x_1) + log_{10}(x_2) + log_{10}(x_3) + \cdots + log_{10}(x_n)}$$

然后，我们对两边同时取以 10 为底的对数，得到以下的等式：

$$log_{10}(y) = log_{10}(x_1) + log_{10}(x_2) + log_{10}(x_3) + \cdots + log_{10}(x_n)$$

因此，变量 y 的对数可以写为随机变量的对数之和。这些随机变量的对数也是随机变量，只要它们的方差满足中心极限定理的条件，它们的和 $log_{10}(y)$ 就是正态分布的。

9. Limpert、Stahel&Abbt,2001.

10. 这个思想最早可以追溯到罗伯特·吉布拉特（Robert Gibrat）1931 年的研究。

06 幂律分布

1. 关于这场大洪水的影响和文化意义，请参见：Parrish,2017。

2. 在这个例子中，指数假设为 2。这个例子借用自：Clauset、Young&Gleditsch,2007。

3. 关于本章所述模型的技术性细节以及其他关于幂律的例子，请参见：

Newman,2005。

4. Newman,2005; Piantadosi,2014.

5. 常数 C 使所有结果的总概率等于 1。根据这个定义，幂律分布满足标度不变性（scale invariance），如果改变了用来衡量结果的单位，那么分布的形状仍然不会发生变化。

6. 在计算这些概率的时候，可以先求出事件在一年内未发生的概率。例如，如果事件的概率为 1/2，那么这个事件在一年内不发生的概率等于 $(0.999)^{365}$= 0.69。因此，该事件发生的概率等于 31%。一个概率为一百万分之一的事件在一个世纪内不发生的概率也可以用类似的方法计算。

7. Cederman,2003;Clauset、Young&Gleditsch,2007;Roberts&Turcotte, 1998. 恐怖袭击导致 x 人死亡的概率大体上可以写为一个常数项：0.06 除以 x 的平方。对于 x 只取整数值的离散分布，幂律分布则可以写为 $p(x)=0.608x^{-2}$。之所以选择系数 0.608，是为了使概率总和等于 1。因为 $\sum_{n=1}^{\infty} \frac{1}{n^2} = 1.644934$；0.608 与 1.644934 的乘积等于 1。

8. 对于幂律，我们对两边同时取对数，并将 $y=Cx^{-a}$ 变换为 $\log(y)=\log(C)-a\log(x)$，这是一个 $\log(y)$ 关于 $\log(x)$ 的线性方程。当我们绘制出 $\log(y)$ 随 $\log(x)$ 而变的图形时，将会得到一条直线。对于指数分布，$y=C\times A^{-x}$。如果取两边的对数，就可以得到 $\log(y)=\log(C)-x\log(A)$，这意味着 $\log(y)$ 对于 x 是线性的。换句话说，$\log(y)$ 将随 $\log(x)$ 而快速减少，从而形成凹的图形。

9. 如果我们取对数正态分布的对数，就会得到以下形式的方程：$\log(y)= C-b\times\log(x)-\frac{\log(x)^2}{\sigma^2}$，其中，$\sigma$ 是这个对数正态分布的标准偏差的自然对数，作为该分布方差的一个代理变量。对于很大的 σ，$\log(x)^2$ 的贡献将很小，直到 $\log(x)$ 的值变得足够大，可以引起图形出现下降为止。

10. 关于对数正态分布和幂律分布的正式区别，请参见：Broido&Clauset,2018。研究认为，许多曾经被认为具有幂律分布特点的网络，实际上并不是幂律分布的。

11. 要了解齐普夫的单词频率定律和其他可选模型，请参见：Piantadosi,2014。如果事件的大小分布满足幂律，那么排名也符合这个定律。在开放区间

[1，∞）上，指数为 a 的幂律分布具有形式 $p_a(x)=ax^{-a}$。假设有 100 个事件。令 S_R 表示第 R 大的事件的预期大小。那么某个事件大于 S_R 的概率必定等于 $\frac{R}{100}$。例如，如果 $R=3$，那么一个事件大于 S_3 的概率必定等于 3%。因此：

$$\int_{S_R}^{\infty} ax^{-a} = \frac{R}{100}$$

从中可以解得 $S_R^{-(a-1)}=\frac{R}{100}$，而它又可以改写为：$S_R=\left(\frac{R}{100}\right)^{\frac{-1}{(a-1)}}$。

在 $a=2$ 的特殊情况下，上述表达式就变成了 $S_R=\left(\frac{R}{100}\right)^{-1}$。

12. Bak,1996. 这个模型的适用范围很广，至今仍然没有看到它的边界。学者们已经利用这个模型来解释经济波动、战争中的死伤、恐怖主义行为、进化中的间断均衡以及交通拥塞等理论和现实问题了。请参见：Paczuski&Nagel,1996；Sneppen et al.,1995。

13. Salganik、Dodd&Watts,2006;Ormerod,2012. 幂律分布还意味着，构成概率分布的很大一部分是非常多的小事件。这些小事件合到一起，也足以产生与大事件同等规模的经济价值。请参见：Anderson,2008b。互联网的出现，使零售商能够出售大量的书籍、电影和音乐，尽管有些东西只能吸引少数人。一个只卖一本畅销书、卖出了 500 万的零售商，获得的利润可能与另一个销售 1 万种书、每种书只卖出 500 本的零售商差不多。

14. 有一个模型说明了这种情况是怎样出现的，请参见：Denrell&Liu,2012。

15. 地质学家使用里氏标准来表示地震震级。震级等于地震强度的对数。因此，里氏 6 级地震的强度是里氏 5 级地震的 10 倍。地震的强烈可以用齐普夫定律来预测（但不是地震的时间），请参见：Merriam&Davis,2009。

16. Eliot、Golub&Jackson,2014. 他们给出了增大连通性如何使失败的可能性降低的明确模型。

17. Mayt、Levin&Sugihara,2008.

18. Stock&Watson,2003.

19. Carvalho&Gabaix,2003.

20. Claridat、Galí&Gertler,2000.

21. 我要感谢塞思·劳埃德（Seth Lloyd），是他提醒我注意到了这个例子。

22. 我们让工资分布等于随机变量 x 的 100 000 倍，其中，$p(x)=2x^{-3}$ 从 1 到 ∞。

变量 x 的均值等于 2，因此工资分布的均值为 200 000 美元。

23. Weitzman,1979. 他给出的模型在更一般的情况下证明了这个结果。

24. Bell et al.,2018.

07 线性模型 ————————————

1. 有价值的葡萄酒，如波尔多葡萄酒，都要由专家加以排名。这些葡萄酒同
   时也在市场上定价。价格和排名都可以作为质量的代理变量。奥利·阿申
   费尔特（Orley Ashenfelter）根据冬季降雨量、收获季降雨量和 9 月份的平
   均温度，拟合出了关于波尔多葡萄酒的质量的（对数）线性模型。请参见：
   Ashenfelter,2010。线性模型将因变量的对数表示为自变量的对数的线性和，
   例如：

$$\log\ (y)\ =b_0+b_1\log\ (x_1)\ +b_2\log\ (x_2)$$

这个表达式意味着，因变量也可以写成自变量的乘积。只需对上式的两边同
时取以 e 为底的指数，就可以做到这一点。于是，我们得到：

$$y=e^{b_0}(x_1)^{b_1}(x_2)^{b_2}$$

通过取对数，乘式就可以变加式，然后就可以应用线性回归的工具了。以年
份葡萄酒的价格为因变量，阿申费尔特的模型的拟合度指标（R^2，即，得到
了解释变差的百分比）达到了 83% 左右。有证据表明，它比葡萄酒专家的判
断更加准确地预测了葡萄酒的价格。阿申费尔特的模型甚至可以预测专家的
估值的变化。罗伯特·帕克（Robert Parker），一位著名的葡萄酒评酒专家，
最初将 Pomerol 和 St. Emilion 于 1975 年出品的葡萄酒评为 95 分（满分为
100 分）。但是，在阿申费尔特的模型的预测中，对这些酒的质量排名则较
低。后来，到了 1983 年，罗伯特·帕克将他对这些酒的排名降低到了低于
平均水平，一如阿申费尔特的模型的预测。请参见：Storchmann,2011。

2. Xie,2007.

3. Ryall&Bramson,2013.

4. Mauboussin,2012. 他讨论了如何利用这个方程式指导合理的管理决策。

5. Bertrand&Mullainathan,2001.

6. Shapiro、Meschede&Osoro,2013.他们并没有把相关性和因果关系混为一谈。如果两个变量不相关，就不应该期待它们之间存在因果关系。

7. 为了找到最优的那条线，我们使用的是支持向量机（SVM），这是一种类似于回归的方法。两者之间关键区别在于，支持向量机将所有数据分成正的组或负的组，然后找到最大化到每组中最近点的直线。如果不存在这样的直线，就会对偏离行为进行处罚。回归则考虑到所有点的距离。

08 非线性模型

1. Arthur,1994.

2. 30 次倍增为 2^{30}，超过 10 亿。

3. Karlsson,2016.

4. Ebbinghaus,1885.

5. 关注大脑反应的研究者发现，即便是享用巧克力，消费了一定数量后，人们也会开始觉得厌恶，请参见：Small et al.,2001。

6. 与本书中的许多例子一样，这个例子我也是从拉夫和马奇出版于 1975 年的那本书中借用来的。

7. 假设你每年投资 3 000 美元。如果股票的价格维持在每股 15 美元的水平不变，那么你每年可以买 200 股。如果价格在 20 美元到 10 美元之间变动，那么在价格最高的年份你只能购买 150 股，而在价格较低的年份你可以购买 300 股。平均而言，你可以购买 225 股，这比你在价格不变的情况下购买的数量更多。

8. 关键假设是，在柯布－道格拉斯模型中的指数 a 和 $(1-a)$ 的总和为 1。这个假设意味着如果我们将工人数量和资本数量加倍，总产出也会增加一倍，即：

$$产出 = 常数 \times (2 \times 工人)^a (2 \times 资本)^{(1-a)}$$

展开各项并重新排列，就可以得到输出加倍的方程式：

$$产出 = 常数 \times (2 \times 工人)^a (2 \times 资本)^{(1-a)}$$

9. 在第二年，每天产出等于 $100\sqrt{2} = 141$。在第三年，产出则 $100\sqrt{3} = 173$。增

长率等于每年的产出增长百分比。

10. 计算过程如下。第 2 年，机器：290；产出：1 702（$=100\sqrt{290}$）。投资 =（0.2）×1 702=340，因此消费 =1 362。折旧 =（0.1）×290=29。第 3 年，机器：601，产出：2 453（$=100\sqrt{601}$）。投资 =（0.2）×2 453=491，因此消费 =1 962。折旧 =（0.1）×601=60。

11. 长期均衡可以通过求解 $M*$ 求出，即，使得 $0.2\times 100\sqrt{M^*}=0.1\,M^*$。$M^*=$ 40 000。

12. 在完整的索洛增长模型中，会用一个参数 a 替换掉这里的平方根函数，像在柯布－道格拉斯模型中一样，还包括劳动市场。

13. 为了求出均衡，我们设定投资等于折旧：$s\times A\sqrt{L}\sqrt{K^*}=d\times K^*$。因此，均衡机器数量 K^* 要满足等式 $\sqrt{K^*}=A\frac{s}{d}\sqrt{L}$。将之代回产出函数，可以求得产出等于 $A^2 L\frac{s}{d}$。

14. 经济学家罗伯特·戈登（Robert Gordon,2016）则采取了一种悲观的看法，认为即将出现的新技术将使得 A 出现大幅增长。更高级的增长模型将技术视为其他变量的函数。例如，保罗·罗默（Paul Romer,1986）的模型假设增长源于商品种类的增加：随着经济的增长，产品种类也在增长。经济学家马丁·魏茨曼（Martin Weitzman,1998）则对思想的产生和组合给出了明确的模型。

15. 关于技术变革中的滞后，请参见：Arthur,2011。

16. 例如，以前从来没有通过固定电话的乡村地区，可以直接建造无线基部并提供手机服务。亚历山大·格申克伦（Alexander Gerschenkron,1952）将这种现象称为"后发优势"。

17. 皮凯蒂（2014）揭示，从 1700 年到 2012 年，世界 GDP 的年平均增长率仅为 1.6%，而且这种增长中的一半是来自人口增长。将 72 法则应用于这 0.8% 的年增长率，我们可以发现，在 300 年的时间内，平均生活水平提高了大约 10 倍。

09 与价值和权力有关的模型

1. 这个值是这样计算出来的：将桨手能够增加价值的概率 1/6 乘以桨手能够增加的价值的期望值（后者等于 4/5×10 再加 1/5×2）。同时注意到，夏普利值的总和为 10，也就是这个博弈的总价值。

2. 正式的计算过程如下：在阿伦的 6 个想法中，只有两个是他独有的，一个是贝蒂也提出来的，3 个是每个人都提出来的。如果他是最先进入的那个人（这个事件发生的概率为 1/3），那么增加的价值为 6。如果他是第二个进入的，那么能够增加两个独有的想法，这两个想法都是其他人所不知道的；而且，在贝蒂和卡洛斯进入之前，他还有 1/2 的机会再增加一个想法。所以，他总共增加了 2.5 个想法。如果他是第三个进入的，那么他可以增加两个他独有的想法。因此，他的夏普利值等于 3.5。贝蒂提出了 4 个与另外一个人共同的想法、3 个与所有人共同的想法。因此，她的夏普利值等于 3。最后，卡洛斯提出了 3 个与另一个人共同的想法以及 3 个与所有人共同的想法，所以他的夏普利值等于 2.5。需要特别注意的是，夏普利值的总和为 9，即所有想法的总数。

3. 衡量投票权力的另一种方法是，班茨哈夫－彭罗斯指数（Banzhaf-Penrose index）。它的计算方法是，根据所有可能的获胜联盟确定所有可能成为"关键投票者"的政党的数量，而赋予一个政党的值就等于它发挥关键作用的次数的值除以这个数字。请参见：Banzhaf,1965。

4. Groseclose&Snyder,1996.

10 网络模型

1. 对网络模型的全面讨论，请参见：Newman,2010；想要了解网络模型在社会科学领域的应用，请参见：Jackson,2008；Tassier,2013。

2. 给定任何一个节点，它的最小路径长度可以为 1 到 4 个节点，也可以为 2 到 4 个节点，还可以为 3 到 4 个节点，由此，从每个节点开始的最小路径共有 12 个节点。平均而言，节点的最小路径是访问另一个节点。由此可以得出，每个节点的平均介数等于 1/12。根据对称性，所有节点必定都具有相同的介数。

3. 关于社区探寻算法的更多细节，请参见：Newman, 2010。由于可能性的数量不同，用这些算法构造出来的分区可能有所不同。具有 100 个节点的网络可以用超过 1.9 亿个不同的方法进行分区。删除边的次序的随机性，相同的算法通常也会产生不同的分区。通过应用多个算法并多次应用每个算法，就可以增强推理的鲁棒性。

4. 根据中心极限定理，我们知道度是正态分布的，并且其均值为 $\frac{2E}{N}$，因为每个边连接两个节点。

5. Watts&Strogatz, 1998.

6. 关于网络形成的正式分析，请参见：Newman, 2010。

7. Ugander et al., 2011。

8. 给定一个具有 N 个人的网络，令 d_i 表示节点 i 的邻居的数量，即度。平均度 $\bar{d}$ 可以表示为如下形式：

$$\bar{d} = \frac{\sum_{i=1}^{N} d_i}{N}$$

平均度 $\bar{d}$ 等于这个节点的期望邻居数。而在计算邻居的邻居的平均数量时，度为 d_i 的节点会被"数上" d_i 次，即，每个邻居一次。因此，节点的邻居的邻居的总数 N_2 可以表示如下：

$$N_2 = \sum_{i=1}^{N} d_i^2$$

因此，为了求得一个节点的邻居的平均度，我们必须用这个数除以邻居的总数，得出的结果为 $N\bar{d}$。因此，只要证明下式就足够了：

$$\frac{\sum_{i=1}^{N} d_i^2}{N\bar{d}} \geq \bar{d}$$

而它可以重写为

$$\frac{\sum_{i=1}^{N} d_i^2}{N} - \bar{d}^2 \geq 0$$

左边的项等于度分布的方差。如果任意两个节点具有不同的度数，那么度分布就具有正的方差，因此，节点的邻居的平均度，超过节点的平均度。

9. Eom&Jo,2014.

10. Dodds、Muhamad&Watts,2003.

11. Newman,2010; Jackson,2008.

12. Granovetter,1973.

13. 四度朋友的数量是通过对如下 8 组节点求和来计算的：CRCR=4 000 000，CRRC=4 000 000，RCRC=4 000 000，CRRR=800 000，RCRR=800 000，RRCR=800 000，RRRC=800 000，RRRR=160 000。

14. Albert、Albert&Nakarado,2004.

15. Groysberg,2012. 条纹模型可以解释它们为何无法成功回归均值。

16. 关于填补结构洞的人的价值，请参见：Burt,1995。

17. 关于对教师网络的影响，请参见：Frank et al.,2018。

18. 具有非零价值的联盟是 {A，B}、{B，C} 和 {A，B，C}。在前两个联盟中，每个联盟的价值都等于 10。第三个联盟的附加价值等于 -6。第三个联盟的独立价值等于 14，但是这个联盟是由两个联盟组成的，每个联盟的价值都是 10。因此，联盟的价值等于 14 减去 20：-6=（14-10-10）。然后，我们可以为每个联盟中的每个博弈参与者分配如下夏普利值：联盟 {1，2}：博弈参与者 1 为 5，博弈参与者 2 为 5；联盟 {2，3}：博弈参与者 2 为 5，博弈参与者 3 为 5；联盟 {1，2，3}：博弈参与者 1 为 -2，博弈参与者 2 为 -2，博弈参与者 3 为 -2。对这些值求和，就可以得到迈尔森值。

11 广播模型、扩散模型和传染模型

1. 这些模型都假设了离散的时间（步长），例如，天或周，并使用差分方程来描述"明天"被感染（或变得知情）的人的数量与"今天"被感染（或变得知情）的人的数量之间关系。连续时间模型则需要运用微分方程和微积分。但是，如果改用连续时间模型，那么结果从定性的角度来看不会有所不同。

2. 将第一个方程式插入第二个方程式，可以得出：$36\ 000=20\ 000 + 20\ 000 - P_{broad} \times 20\ 000$，进一步化简为 $4\ 000=P_{broad} \times 20\ 000$，所以我们有：$P_{broad}=0.2$，

以及 $N_{POP}=100\ 000$。

3. Griliches,1988.

4. 假设，每个应用程序的初始销售量（I）等于 100。一开始，设定 $P_{diffuse}=0.4$，同时 POP=1 000。第三期的新销售量等于 $0.4 \times \frac{100 \times 900}{1\ 000} = 36$。与此类似，我们可以计算出未来各期的销售数据。对于第二组数据，令 $P_{diffuse}=0.3$，POP=100 000。第二期的新销售量 $0.3 \times \frac{100 \times 999\ 900}{1\ 000\ 000} = 30$。用同样的方法，可以求得后续各期的销售量。

5. 巴斯把率先采用某种技术或购买某种产品的人称为"创新者"，而把跟着这样做的人称为"模仿者"（Bass,1969）。

6. 对 R_0 的正式推导始于这样一个观察结果：当感染者的人数很小的时候，易感者的数量大体上相当于相关人群的数量。因此，为了减少变量的数量，我们可以用相关人群的数量代替易感者的数量。然后，我们可以将感染者人数的变化写成最初感染者人数的线性函数的形式（见正文中的专栏）。对 R_0 的正式推导过程如下。当出现了一种新的传染病时，它最初只会感染少数人。我们用 I_0 表示这个很小的感染者的数量。将之代入 SIR 模型，第一期中感染者的数量等于：

$$I_1 = I_0 + P_{contact} \times P_{spread} \times \frac{I_0}{N_{POP}} \times S_0 - P_{recover} I_t$$

以 N_{POP} 为 S_0 的近似，上面这个式子就变为 $I_1 = I_0 + P_{contact} \times P_{spread} \times I_1 - P_{recover} I_1$。由此我们可以推出，感染者的人数将上升，当且仅当 $P_{contact} \times P_{spread} > P_{recover}$，而这又等价于下式：

$$\frac{P_{contact} \times P_{spread}}{P_{recover}} \geq 1$$

7. 强制隔离会使接触的概率降低到接近零的水平，从而有效降低基本再生数，但是成本很高。在 20 世纪初，结核病（$R_0 \approx 3$）在美国每年都会导致超过 10 万人死亡，各州都不得不加征财产税，以建立强制性的疗养院以收容隔离病人，因为手术治疗如摘除肺叶和整个肺，甚至往肺部空洞处塞入乒乓球，但最终全都被证明是无效的。请参见：Dubos,1987。

8. 为了求疫苗接种阈值，我们需要对 SIR 模型进行一些修正，以便容纳接种了疫苗的人群。一种传染病要得到传播，感染者必须与未接种疫苗的人（概率为（1-V）接触（接触概率为$P_{contact}$），并且传染病必须是会扩散的（P_{spread}）。第一期的差分方程可以写为如下形式：

$$I_1 = I_0 + P_{contact} \times P_{spread} \times \frac{I_0}{N_{POP}} \times (1-V) \times S_0 - P_{recover}I_t$$

运用近似值$S_0 = N_{POP}$（就像在推导R_0时一样），上式就可以改写为：

$$I_1 = I_0 + P_{contact} \times P_{spread} \times I_0 \times (1-V) - P_{recover}I_t$$

当且仅当$P_{contact} \times P_{spread} \times (1-V) > P_{recover}I_t$时，感染者的人数才会增加。这个不等式可以重写为$R_0(1-V) \leqslant 1$。展开并重新排列各项，我们有$R_0-1 < V \times R_0$。只要两边同时除以$R_0$就可以得到我们想要的结果。

9. 关于从社会科学角度对SIR模型和群体免疫力的更详尽的分析，请参见：Tassier,2013。

10. Stein,2011.

11. Updike,1960.

12. Tweedle&Smith,2012.

13. Lamberson&Page,2012b.

14. 数据源自网络。

15. Christakis&Fowler,2009.

16. 对此，达蒙·森托拉（Damon Centola）和迈克尔·梅西（Michael Macy）（2007）称之为复杂的传染病（complex contagion）。

12 熵：对不确定性建模

1. Smaldino,2013.

2. 数字x的以2为底的对数必定等于使2产生x的幂，因此$\log_2(4) = 2$，且$\log_2(2^N) = N$。在一般情况下，$\log_a(x)$等于使a产生x的幂。因此，如果$a^y = x$，则$\log_a(x) = \log_a(a^y) = y$。

3. 我们可以将信息熵写成如下的长形式：

$$H = -\frac{1}{2} \times \log_2\left(\frac{1}{2}\right) - \frac{1}{8} \times \log_2\left(\frac{1}{8}\right) - \frac{1}{8} \times \log_2\left(\frac{1}{8}\right) - \frac{1}{8} \times \log_2\left(\frac{1}{8}\right) - \frac{1}{8} \times \log_2\left(\frac{1}{8}\right)$$

这个式子可以化简为：

$$\frac{1}{2}(1) + \frac{1}{8}(3) + \frac{1}{8}(3) + \frac{1}{8}(3) + \frac{1}{8}(3) = \frac{1}{2}(1 + 3) = 2$$

4. 多样性指数，即，概率的平方和的倒数，可以满足前两个公理以及乘法公理。以多样性指数来衡量，已知结果的多样性等于 1。请参见：Page,2007、2010a。

5. Wolfram,2001; Page,2010a.

6. 亚历山大总共列出了 15 个这样的属性。他将自己的想法，再加上很多精英的照片集结成册，自行出版了 4 本精美的书：《秩序的本质，第 1 册：生命现象》（*The Nature of Order, Book 1: The Phenomenon of Life*）（2002）、《秩序的本质，第 2 册：创造生命的过程》（*The Nature of Order, Book 2: The Process of Creating Life*）（2002）、《秩序的本质，第 3 册：生活世界的愿景》（*The Nature of Order, Book 3: A Vision of a Living World*）（2005），以及《秩序的本质，第 4 册：流光溢彩的大地》（*The Nature of Order, Book 4: The Luminous Ground*）（2004）。这 4 本书中，第 2 册与我们这里讨论的主题的关系最密切。

13 随机游走

1. 欲了解更多关于随机游走的知识，请参见：Mlodinow,2009。

2. Taleb,2001.

3. Turchin,1998; Suki&Frey,2017.

4. 需要注意的是，大数定律说明平均比例是收敛的，而中心极限定理则告诉我们白球比例的分布是正态的。

5. 一位三分球命中率为 46% 的篮球运动员连续投中 9 个三分球的概率大约为 1/1 000（0.46⁹）。如果这个篮球运动员一直继续投三分，那么在 10 年的 NBA 生涯中（总共参加大约 800 场比赛），一次都做不到三分球 9 投 9 中的概率大约为 47%（0.999⁸⁰⁰）。

30 多年来，统计学家一直在争辩，篮球运动员和其他职业运动员是不是真的会出现"热手效应"，或者换句话说，任何一次投篮或罚球命中的概率是否与前一次的成功相关。请参见：Chance,2009。他分析了乔·迪马吉奥（Joe DiMaggio）的 56 场比赛连胜纪录。在考虑"热手效应"的证据时，我们必须考虑到行为。如果一名篮球运动员认为自己的手感很好，那么可能会尝试更加困难的投篮。此外，如果防守方觉得对方哪个运动员手感太好，他们就会收紧对他的防守。这些行为反应在模型中可以通过加大难度来体现。特沃斯基等人没有发现可以证明"热手效应"的证据。乔舒亚·米勒（Joshua Miller）和亚当·圣胡尔霍（Adam Sanjurjo）（2015）则在以往的研究中的条件概率计算中发现了一个推理错误，进而证明以前那些声称没有发现"热手效应"的研究实际上支持了"热手效应"假说。以前研究的这种误差源于采样技术中的缺陷。这些研究收集了多名（例如）篮球运动员投篮命中和不中的序列；然后再计算随机选择的多次投篮后某次投篮命中的概率。这种采样程序会引入一种微妙的统计偏差。

为了说明这种偏差，不妨考虑如下这种情况：多名篮球运动员每人只投篮 4 次，而且每次投篮都有相同的命中概率，这样就有 16 种可能的投篮命中和未命中的序列。我们用 B 代表投篮命中，用 M 代表投篮不中。在这 16 个序列中，有 6 个是连续两次命中后再接着投篮一次产生的，它们是：BBBB、BBBM、MBBB、BBMB、BBMM 和 MBBM。这些都是连续两次投篮命中后再投第三次篮的情形。如果抽到了 BBBB，那么无论选择哪一个由两个 B 组成的序列，那么接下来再投篮命中的概率都等于 100％。如果选择了 MBBB，那么 B 跟着 BB 出现的概率也等于 100％。但是，如果选择了 BBBM，那么 BB 之后出现 M 的概率等于 50％。最后，如果选择的是 MBBM、BBMB 或 BBMM，那么 M 必定会在 BB 之后出现。求这 6 种情况的平均值：

$$p(\mathrm{B}|\mathrm{BB}) = \frac{1}{6}\left[1 + 1 + \frac{1}{2} + 0 + 0 + 0\right] = \frac{5}{12}$$

之所以会产生偏差，是因为在序列 BBBB 中，有两个 BB 可以选择，但是在其他序列中，则只有一个（例如，BBMB）。前述采样程序使得 BBBB 的这两个子序列中的每一个被选中的概率都仅为 BBMB 中的那一个子序列的一半。这种偏差的含义是，如果不存在"热手效应"，那么这种采样程序就已经证明投篮命中后再投篮时更有可能不中。当然事实并非如此，而这就意味着投篮命中之后再投篮实际上更有可能命中。

6. 麦道夫几十年来一直宣称自己的客户每月的回报率为 1.5％。他声称，无论市场大环境（"大盘"）如何变化，他的投资每个月都在升值。在经济衰退期间维持正收益，要比表现优于市场更加困难。当市场下跌时，一个人即使战胜了市场也仍然可能会出现负收益。整体市场下跌了 80 多个月，但是麦道夫却一直声称自己实现了正收益。如果我们愿意冒风险做出一个"英勇"的假设：即使在大盘下跌的时间超过 3/4 的情况下，麦道夫也能以某种神奇的方法取得正收益，那么他连续 80 期成功的概率大约为十亿分之一（0.75^{80}）。

7. 只要了解到，一个随机游走的值是相同的、独立的随机变量的总和，我们就可以求解标准差。每个随机变量的均值都为零，而且取值为 +1 或 −1。因此，每个都具有 1 的标准差。设置 $\sigma=1$ 并且对所得到的总和应用西格玛平方根公式，就可以得出结果。

8. Newman,2005.

9. Levinthal,1991;Axtell,2001.

10. Newman,2005;Sneppen et al.,1995.

11. 湖泊是按面积计算的。我们的模型产生幂律直径。面积等于直径平方的常数倍，因此面积也将是幂律分布的。具体数据请参见：Downing et al.,2006。

12. 在平衡的轮盘赌轮上，所有间隔都应有相同的可能性。如果桌子有任何倾斜，那么球在上坡时更可能从外缘掉落。关于多恩·法默、诺曼·帕卡德（Norman Packard）和他们的朋友通过"可穿戴计算机"，利用这个现象并击败轮盘赌的故事，请参见网络。

13. N 次投注后，这随机游走的期望值等于 $N \times \left(\frac{18}{38} - \frac{20}{38} \right) = \frac{-N}{19}$。由于获胜的概率大约为 $\frac{1}{2}$，我们可以将这个值的标准偏差近似为 $\sqrt{N}$。确切的值则等于 $2\sqrt{\frac{18}{38} \times \frac{20}{38}N} = 0.9986 \sqrt{N}$。

14. L. 皮尔（L. Peel）和 A. 克劳塞特（A. Clauset）（2015）将每个博弈模型化为一个单个序列，并发现得分序列表现出了反持续性：上次得过分的队伍不太可能接下来马上得分。鉴于球队交替发动进攻，这个结果应该是预料之中的。

15. Baxter,2009.

16. 这个结果的证明需要先计算在 N 个步骤内返回起点的概率，然后把所有可能的 N 的结果都加总起来。

17. Samuelson,1965.

18. Grossman&Stiglitz,1980.

19. Lo&MacKinlay,2007. 席勒（2005）证明，市盈率相对较低的股票的表现优于市场。

20. Mauboussin,2012.

21. 从 1967 年到 2017 年的这个窗口期恰好正逢标准普尔 500 指数上涨周期。在大多数窗口期，股票价格增长速度高于经济整体的增长速度。

14 路径依赖模型 —————————————

1. Hathaway,2001.

2. Pierson,2004.

3. Bednar&Page,2007、2018.

4. Page,2006.

5. 这里是我在 2006 年给出的一个证明概要。显然，只要证明在前 N 期抽取出 K 个白球的概率等于 $1/(N+1)$ 即可。存在（$N+1$）种可能性，因为 K 最小可以取零值，最大则可以等于 N。N 个周期中抽取出给定 K 个白球序列的概率可以写为 N 个分数的乘积。这些分数的分母分别是数字 2 到 $N+1$。分子分别为数字 1 到 K（白球）和 1 到（$N-K$）（灰球）。分子的乘积等于 K！乘以（$N-K$）！而分母的乘积则等于（$N+1$）！。通过这个计算，就可以给出 K 个白球的特定序列的概率。在 N 个期内排列 K 个球的可能方式的数量等于 $\binom{N}{K} = \frac{N!}{K!(N-K)!}$。因此，正好抽取出 K 个白球的总概率等于

$$\frac{K!(N-K)!}{(N+1)!} \cdot \frac{N!}{K!(N-K)!} = \frac{1}{(N+1)}$$

6. 我们用反证法来证明，假设结果不成立。从长期看，60％的结果是白色的，因此，瓮中 60％的球将是灰色的。但是，这又意味着 60％的结果将是灰色的。于是，出现矛盾，原命题得证。

7. 要想了解更多依赖用熵来度量不确定性的模型，请参见：Lamberson&Page,2012b。

8. Lamberson&Pag,2012b.

9. Page,1997.

10. 风险价值也可以用年内任何时候损失超过 10 000 美元的概率来计算。

11. 这些计算依据的是以下事实：长度为 N 的随机游走的值的标准差等于 $\sqrt{N}$。
2.5% 对应于两个标准差。

15 局部互动模型

1. 在物理学中，局部多数模型通常称为伊辛模型（Ising model）。局部多数模型是投票者模型的一个变体。投票者模型假设了随机选择各种规模的邻居。请参见：Castellano、Fortunato&Loreto,2009。

2. 对于沿 4 条边的元胞，我们将顶部的边连接到底部的边，创建出一个圆柱体，然后将左侧的边连接到右侧的边，创建出一个圆环。

3. 在局部多数模型的另一个版本中，元胞可以被同时激活，或者根据更新的动机来激活，其中处于相反状态的最大多数邻居元胞最先移动。如果元胞同时更新，局部多数模型可以生成循环。

4. 关于起立鼓掌的模型，请参见：Miller&Page,2004。

5. 关于包括了跨域行动一致性的文化模型，请参见：Bednar et al.,2010。

6. 在这里，也是先将顶部连接到底部创建出一个圆柱体，然后连接两端以形成一个"瘦小"的圆环。

7. 有一类称为扩散反应的模型也会在较窄的形状上产生条纹，并在较宽的形状上产生斑点。使用这些模型，科学家可以预测哪些动物会有条纹，哪些动物会有斑点，哪些动物会是纯色。答案取决于在发育阶段的哺乳动物胚胎的大小，即在模式形成时的大小，而不是成年动物的大小。否则，大象就会有斑点。请参见：Murray,1988。

8. 我要感谢伯纳多·休伯曼（Bernardo Huberman）提供给我这个比喻。

9. 要证明这一点，需要编写一个计算机程序。这个程序能够生成随机数字序列或随机模式，并证明生命游戏模仿了计算机程序。正式的证明需要说明生命游戏在元胞自动机的集合中是通用的。请参见：Berlekamp、Conway&Guy,1982。

10. Dennett,1991; Hawking&Mlodinow,2011.

16 李雅普诺夫函数与均衡

1. Nagel,1995.

2. 我要感谢珍娜·贝德纳，她提供了关于逐底竞争的几个例子，除此之外，她还提供了本书的很多个例子。

3. Page,2001.

4. 外部性（即便是负外部性）的存在，不能排除构建李雅普诺夫函数的需要。局部多数模型和路径选择模型都包含了负外部性。在局部多数模型中，当一个元胞改变了自己状态时，它会对处于相反状态的邻居施加负外部性。然而，它与现在匹配的邻居产生的正外部性更大。

5. Guy,1983. 如果你够大胆，那么就从 27 开始试一试。

17 马尔可夫模型

1. 正式的研究论文需要利用统计技术更准确地估计转移概率并计算出误差范围。它还要检验转移概率在那个时间段内是不是保持不变的。如果转移概率取决于人均收入，那么就不会。请参见：Przeworski et al.,2000。

2. Flores&Nooruddin,2016.

3. Tilly,1998.

4. 采用瓷砖的人的均衡百分比等于从油毡转移到瓷砖的概率除以从油毡转移到瓷砖的概率与从瓷砖转移到油毡的概率的总和。这就等于 $\frac{\frac{1}{4} \cdot \frac{1}{10}}{\frac{1}{4} \cdot \frac{1}{10} + \frac{3}{4} \cdot \frac{1}{60}} = \frac{\frac{1}{40}}{\frac{3}{80}} = \frac{2}{3}$。我们还可以写出如下更一般的模型。令 D 表示拥有昂贵的耐用品的人的百分比，C 表示拥有更便宜的商品的人的百分比。再令 BUY（C）$> \frac{1}{2}$ 表示有人购买更便宜的商品的概率。令 REPLACE（C）和 REPLACE（D）表示更换两种产品的概率。如果以下不等式成立：

REPLACE（C）× $\Big($ 1-BUY（C）$\Big)$ > REPLACE（D）×BUY（C）

那么会有更多的人买更便宜的商品，但是同时更多的人拥有耐用品。根据假设，命题的第一部分显然成立。为了证明第二部分，我们要先解出转移概率。某个人从 D 移动到 C 的概率是 $P(D，C) = \text{REPLACE}(D) \times \text{BUY}(C)$。与此类似，某个人从 C 移动到 D 的概率是 $P(C，D) = \text{REPLACE}(C) \times (1-\text{BUY}(C))$。在均衡状态下，$D - D \times P(D，C) + C P(C，D) = D$。设定 $C = (1-D)$，我们得到 $D = \frac{P(C,D)}{P(C,D) + P(D,C)}$。如果 $P(C，D) > P(D，C)$，那么上式大于 0.5。这个不等式与 $\text{REPLACE}(C) \times (1-\text{BUY}(C)) > \text{REPLACE}(D) \times \text{BUY}(C)$ 是等价的。

5. McPhee,1963;Ehrenberg,1969. 他们给出了一些证明双重危险的经验证据。为了证明这个结果，我们只需要证明消费者在转换品牌时会以同样的概率购买任何一种产品。

6. Briggs&Sculpher,1998.

7. Schrodt,1998.

8. Khmelev&Tweedie,2001.

9. Khmelev&Tweedie,2001.

10. Reynolds&Saxonhouse,1995.

11. 请参见网络。

12. 巧妙构建此类模型的关键在于，定义有用的状态并分配准确的转移概率。请参见：Langville&Meyer,2012。

13. 在食物链中，一个物种与它所消费的物种相连。请参见：Allesina&Pascual,2009。

14. Russakoff,2015.

18 系统动力学模型 ———————————————————————

1. Sterman,2000.

2. 关于定性系统动力学模型的价值分析，请参见：Wellman,1990。

3. 这个模型假设所有野兔都是因被狐狸吃掉而死亡的。为野兔的其他死亡方式增加变量，只会使模型复杂化，但不会改变其结果，因为这样做其实只降低了现在这个模型中野兔增长率的取值范围。这里的符号 $\dot{H}$ 表示每单位时间内

H 的变化率，换一种写法是 $\frac{\partial H}{\partial t}$。当野兔和狐狸数量的变化率都等于零时，即 $\dot{H}=\dot{F}=0$ 时，均衡就实现了。为了求解均衡，取方程 $gH-aFH=0$，然后两边同时除以 H，可以得到 $g-aF=0$。解出 F 就可以得到结果。接下来，再取方程 $bFH-dF=0$，然后两边同时除以 F，可以得到 $bH-d=0$。求解 H 就可以得到结果。

4. 我要感谢多伦多大学的迈克尔·赖亚尔（Michael Ryall），他提供了这个例子。

5. 对于这个模型的相关结果的总结，请参见：Meadows et al.,1972。

6. 这套模型就是通常人们所称的"罗马俱乐部"模型。戴维·洛克菲勒（David Rockefeller）于 1968 年创立的罗马俱乐部，资助了围绕这些模型的研究，并推广了这些模型的发现。

7. 通过对变量在更小范围内进行操纵，约翰·米勒还可以将模型的预测推向近 300 亿。请参见：Miller,1998。

8. Hecht,2008；MacKenzie, 2012.

9. Sterman,2006.

10. Glantz,2008.

19 基于阈值的模型 ————————————————

1. Granovetter,1978.

2. 爱彼迎创始人采取的方法是，在 2008 年美国总统大选期间，开发出了奥巴马奥氏（ObamaO's）和船长麦凯恩氏（Cap'n McCain's）谷物早餐，然后挨家挨户上门推销。

3. 关于旋转门模型，请参见：Jacobs,1989。实证研究表明，在几乎不需要接受传统"正规"教育的职业中（例如调酒行业和园艺行业），当某个工作场中女性员工的比例占到了 15％时，男性就会选择离开（或选择不进入），请参见：Pan,2015。

4. Syverson,2007.

5. Gammill&Marsh,1988.

6. Easley et al.,2012.

20 空间竞争模型与享受竞争模型

1. Clark、Golder&Golder,2008.

2. 关于对法律立场的分析，请参见：Martin&Quinn,2002。

3. 霍特林（1929）研究了地理区位决策。凯尔文·兰开斯特（Kelvin Lancaster）（1966）扩展了霍特林的模型，用来研究经济选择之间的享受竞争；唐斯（1957）则将这个模型应用于政治学研究。

4. 提名分数模型提供了一种更复杂的方法来分配意识形态立场，但是所依据的基本思想是一样的，请参见：Poole&Rosenthal,1985。

5. 选择常数项（表达式中的 C）时，要让所有收益均为正。为了实现这一点，可以将它设定为任何理想点和可选点之间的最大可能距离。

6. 在以这种方式构建分割线时，我们假设消费者赋予这两个属性的权重是相同的，也可以将权重不同的情况包括进来。如果人们认为含糖量比可可含量更重要，那么我们会以逆时针的角度倾斜这条分割线。而在极端情况下，如果（例如）人们只重视含糖量一个属性，那么分割线将是水平的，并且会在垂直轴上均匀地划分 A 和 B。空间模型提供了一个清晰的例子，说明我们应该怎样将直觉——在这里直觉是我们更喜欢且更接近我们的理想的东西，转换为正式的模型。一旦将备选方案（巧克力棒）和消费者的理想点在空间上画出来，并根据它们与理想点之间的距离来定义偏好排序（将备选方案从最优到最差排列好），我们事实上就已经根据这些备选方案给出了一个效用函数了。一种产品的效用等于它与理想点之间的距离的倒数。

7. Havel,1978.

8. Martin&Quinn,2002.

9. McCarty,2011. 这些百分比可能会随着对党派忠诚度的变化或者提交投票的法案类型的变化而改变。

10. 从形式上说，如果我们假设选民的人数为奇数并且在二维中位数上存在一个选民理想点，那么这个条件就要求通过二维中位数的任何一条线都会将剩下的选民理想点划分为两个大小相等的集合。请参见：Plott,1967。

11. 理查德·麦凯尔维（Richard McKelvey,1979）证明，连续进行一系列投票，会导致具有两个维度或多个维度的任何一个政策都有可能会被选中，从而导致"混乱结果"的发生。不过，麦凯尔维谨慎地声明，他这个结论只针对给定偏好下可能产生的结果序列，而不是对系列投票会发生什么事情的预测。也请参见：Kollman、Miller&Page,1997；他们给出了多维空间模型的一个计算版本，在那个版本中，候选人在各种行为假设下会移动到中心位置。

12. 提议者可能不得不提议 41。

13. McCarty&Meirowitz,2014. 他们对这个模型以及应用于政治学领域的其他博弈论模型进行了更加深入的分析。

14. 关于拥有否决权的投票者的影响的进一步的分析，请参见：Tsebelis,2002。

15. 有一项关于洛杉矶房价的研究估计，通勤成本大约为每小时 28 美元；请参见：Bajari&Kahn,2008。

16. 这里的计算过程如下。初始收入等于价格乘以数量，我们可以将它写成 $p \times q$。在稀疏的市场中，价格下跌后，收入下降 10%，销售额增加 8%，因此收入等于 $0.9p \times 1.08q = 0.972p \times q$。而对于拥挤的市场，价格下跌后的收入等于 $0.9p \times 1.33q = 1.197p \times q$。

21 博弈论模型

1. 正式模型以及相关证明如下。令 E_i 表示博弈参与者 i 的努力水平。如果胜出，那么博弈参与者 i 获得的收益等于 $M-E_i$，否则为 $-E_i$。假设博弈参与者胜出的概率等于他在总努力水平中所占的比例，即：

$$P(i\,wins) = \frac{E_i}{\sum_{j=1}^{N} E_j}$$

为了求解这个模型的唯一的（对称）纳什均衡，我们考虑这个问题：假设所有其他博弈参与者都选择相同的努力水平 E^*，博弈参与者 i 的努力水平是什么。博弈参与者 i 的收益等于：

$$\frac{E_i \times M}{E_i + (N-1)E^*} - E_i$$

这个函数的一阶导数等于：

$$\frac{(N-1)E^* \times M}{E_i^2 + 2(N-1)E^*E_i + (N-1)^2(E^*)^2} - 1$$

为了求出最大值，我们令一阶导数等于零，于是可以得出 $(N-1)E^* \times M = E_i^2 + 2(N-1)E^*E_i + (N-1)^2(E^*)^2$。在对称均衡中，$E_i = E^*$。代入上式就可以得出结果。而为了证明一阶导数确实给出了最大值，我们只需检验收益函数的二阶导数是不是为负即可。

2. 欲了解如何梳理网络效应、以及为什么使用快照数据很难得出关于网络效应的结论，请参见：Shalizi&Thomas,2011。关于聚类行为和属性的实例，请参见：Christakis&Fowler,2009。

22 合作模型

1. 请参见 2005 年出版的《科学》杂志创刊 125 周年纪念特刊。

2. Martin et al.,2008;Biernaskie,2011。

3. Zaretsky,1998. 在银行的例子中，如果银行能够赚取大量的地理租金，ATM 会降低它们利润吗？地理租金指，银行可以利用客户无法承担长途跋涉到另外一个城镇的银行办理业务的成本而获得的额外利润。我要感谢西蒙·威尔基（Simon Wilkie）以及其他一些朋友，他们与我一起讨论了这个例子。

4. 从技术上讲，我们这样说其实是在证明冷酷触发策略是概率性重复囚徒困境博弈中的均衡策略。其他策略，例如针锋相对策略，在与冷酷触发策略配对时，也可以成为均衡策略。

5. 当另一方博弈参与者采取冷酷触发策略时，选择背叛的博弈参与者在第一个时期内可以获得收益 T，但是在未来的任何一次博弈中都只能获得最多为零的收益。如果博弈参与者在每个时间段使用冷酷触发策略，那么在博弈进行的第一期都能获得 R 的收益。博弈进行两期的概率为 P，进行三期的概率为 P^2，进行 N 期的概率为 p^{N-1}。因此，期望收益等于：

$$\sum_{t=1}^{\infty} P^{t-1} \times R = \frac{R}{1-P}$$

对 $(1+P+P^2+P^3+\cdots) = \frac{1}{1-P}$ 的证明如下。假设结果为真，然后对等式的

两边同时乘以（1-P），于是右侧等于1，左侧等于（1+P+P^2+P^3+…）-（P+P^2+P^3+…），它也等于1。

6. 我们只需要把保持合作时的那个计算过程重做一遍，并使 P 下降到 $\hat{P}$ 即可。如果 $\hat{P}$ 不支持合作，那么，继续以概率为 P 的博弈进行几期后，再以 $\hat{P}$ 的继续概率进行博弈，也不能支持合作。

7. 诺瓦克和卡尔·西格蒙德（Karl Sigmund）（1998）称之为图像评分。另外也请参见：Bshary&Grutter,2006。

8. 如果假设它们能够增大鸣鸟的领地，那么这两种形式的攻击都可以映射为背叛。请参见：Godard,1993。不过，将某些行动映射为具有收益的博弈形式，需要广泛的实地观察。

9. 其中有四对值得重点阐述。当针锋相对策略与冷酷触发策略配对时，两者会永远合作下去，而且每个博弈参与者的平均收益均为3。当欺负好人策略与欺负好人策略配对时，前两轮双方都会背叛，然后永远合作，其平均收益略小于2。当冷酷触发策略与欺负好人策略配对时，冷酷触发策略在第一轮合作、欺负好人策略在第一轮就背叛；在第二轮，双方都背叛；在第三轮和第四轮中，冷酷触发策略背叛和欺负好人策略合作；此后，两者都一直背叛。冷酷触发策略的收益序列可以写成 1，2，4，4，然后一直是 2，因此平均收益为 2^+。欺负好人策略的收益序列可以写成 4，3，1，1，然后一直是 2，平均收益正好为 2。当针锋相对策略与欺负好人策略配对时，针锋相对策略在第一轮合作，而欺负好人策略在第一轮就背叛。第二轮双方都背叛。在第三轮中，欺负好人策略合作，但是针锋相对策略继续背叛。在第四轮中，欺负好人策略第二次合作，针锋相对策略恢复合作。此后，双方都永远合作。双方的收益均为一个 1、一个 4、一个 2，以及一直为 3，因此双方的平均收益均为略小于 3。

10. 事实上，始终合作策略和冷酷触发策略都是被针锋相对策略占优的。无论针对什么策略，针锋相对策略至少与始终合作策略或冷酷触发策略一样好（或更好）。针锋相对策略之所以占优永远合作策略，是因为针锋相对策略不会被始终背叛策略和欺负好人策略所"剥削"。针锋相对策略之所以占优冷酷触发策略，是因为它能够与欺负好人策略合作，因为针锋相对策略能够原谅欺负好人策略的背叛，但是冷酷触发策略却不能。

在一个后来成为经典的著名实验中，罗伯特·阿克塞尔罗德要求各个领域的学者参加一项"锦标赛"——提交用于有一定概率继续进行下去的重复囚徒困境博弈中的不同策略。在学者们提交的 14 个策略中，针锋相对策略表现最佳。然后他又组织了一场，要求大家提交新的策略。这一次有 62 个人提交了各种策略。针锋相对策略再一次胜出。阿克塞尔罗德将针锋相对策略的成功归结为该策略的如下性质：它会合作，又会惩罚，同时它也是宽容的。冷酷触发策略不宽容，因此冷酷触发策略无法重启与欺负好人策略的合作。请参见：Axelrod，1984。表 22-1 没有给出针对所有策略的平均收益，因为那将意味着假设每个策略具有相同的可能性。一个种群可能大多数人都采取针锋相对策略；另一个种群可能包括了很大比例的采取欺负好人策略的人；而第三个种群则可能有很多人采取始终合作策略和始终背叛策略。

11. 假设，诱惑收益等于奖励收益的 4 倍，即，$T=4S$，而且种群中 5% 的人会合作。这样一来，P 必定超过 $\frac{20T-R}{20\,T}$。要维持合作，只需要 P 超过 $\frac{(T-R)}{T}$ 即可。在 $T=4$ 且 $R=3$ 的情况下，合作的出现要求 $P \geqslant \frac{77}{80}$，而维持合作则要求 $P \geqslant \frac{1}{4}$。接下来给出一般性的证明。假设在种群中，有 θ 比例的人采取针锋相对策略（或，冷酷触发策略），比例（$1-\theta$）的人采取始终背叛策略。再假设每个人都要与整个种群中的所有其他人博弈。与针锋相对策略配对的针锋相对策略（或冷酷触发策略）在每一期都能获得 R 的收益，因而其期望收益为 $\frac{R}{(1-P)}$。与始终背叛策略配对的针锋相对策略只能获得 $-S$ 的回报。而始终背叛策略与始终背叛策略相配对时，双方都只能获得零收益。而且，始终背叛策略与针锋相对策略配对时，始终背叛策略能够获得 T 的收益。因此，针锋相对策略的平均收益等于 $\theta \times \frac{R}{(1-P)} - (1-\theta) \times S$，同时始终背叛策略的平均收益则为 $\theta \times T$。这样一来，当且仅当 $\frac{R}{1-P} - S \times \frac{(1-\theta)}{\theta} \geqslant T$ 时，针锋相对策略胜过始终背叛策略。因此，当且仅当下式成立时，针锋相对策略获得更高的收益：

$$P \geqslant \frac{T-R+S \times \frac{(1-\theta)}{\theta}}{T+S \times \frac{(1-\theta)}{\theta}}$$

如果 θ 很小，那么 $\frac{(1-\theta)}{\theta}$ 将变得非常大，上述条件很难成立。关于合作的出现比合作的维持更加困难的进一步分析，请参见：Boyd,2006。

12. 这个模型，以及对于它的分析，是我们从诺瓦克的论文中借用的（Nowak,2006）。诺瓦克证明，重复博弈、声誉和亲属选择也能支持合作。

13. 边缘上的节点会复制表现最好的邻居的行动。根据假设，所有相邻的背叛者获得的收益都等于零。而合作的邻居则可以获得 $K×B-D×C$ 的收益——当且仅当 $\frac{B}{C} \geq \frac{D}{K}$ 时，这一收益大于零。

14. 关于群体选择理论的基本概念，请参见：Wilson,1975。

15. 对于特劳森和诺瓦克的模型，在这里要简单地介绍一下。将一个由 N 个人组成的种群划分为 M 个不同大小的群体。在每个群体中，都应用合作行动模型并为每一个人分配一个表现值。令选中个体 i 的概率等于 i 的表现除以所有 N 个人的表现之和的结果。然后，将这个人的一个克隆体添加到同一个群体中。

如果加入这个克隆体后，该群体的大小超过了阈值 $\bar{S}$，那么就以概率（$1-q$）随机地从这个群体中的某个个体移除，同时以概率 q 将该群体分成两个群体，每个成员随机地进入其中一个群体中。为了保持群体的总数不变，再随机选择一个现有群体将之移除。当 M 很大且群体分裂很少发生（q 很小）时，当且仅当 $\frac{B}{C} \geq 1+\frac{\bar{S}}{M}$ 成立，合作者的数量就会增加。关于这个模型的更加完整的说明，请参见：Nowak,2006。

16. 当敏捷管理的倡导者米歇尔·佩鲁索（Michelle Peluso）成了 IBM 的首席营销官时，她组建了一些相互竞争团队，每一个团队的表现都是其他团队可观察的。然后对表现最好的团队加以奖励（Dan,2018）。这种类型的敏捷管理实践借鉴了敏捷编程的思想。敏捷编程采用同时推进代码编写、程序测试和与用户互动的方法，取代了标准的按顺序依次推进的瀑布式方法。

17. 还有一种策略是慷慨的针锋相对，即，一开始选择合作，且只在部分时间惩罚背叛行为。在会出现误差的博弈中，这种策略优于针锋相对策略和"赢则坚持，输则改之"策略。请参见：Rand et al.,2009；Wu&Axelrod,1995。

18. Axelrod&Pienta,2006.

23 与集体行动有关的问题

1. Hardin,1968.

2. Diamond,2005.

3. Ostrom,2005; Ostrom、Janssen&Anderies,2007.

4. 为了得出社会最优解，假设每个人在公共物品上花费 X。整个种群的总效用等于：

$$N\left[2\sqrt{NX} + 收入 -X\right]$$

对 X 求导，并令得到的导数等于零，可以得到：

$$N\left(\frac{\sqrt{N}}{\sqrt{X}}-1\right)=0$$

得到 $X=N$。

为了求解对称纳什均衡，我们假设其他每个人都为公共物品贡献相同的数额，并将这个数额记为 A。令 Y 表示这个人贡献的数额。于是这个人的效用等于：

$$2\sqrt{(N-1)A+Y} + 收入 -Y$$

对 Y 求导，并令得到的导数等于零，我们可以得到 $\frac{1}{\sqrt{(N-1)A+Y}}=1$。重新排列各项并对两边同时取平方，得到 $\left(Y+\left(N-1\right)A\right)=1$。在对称均衡中，每个人贡献相同的数额（$Y=A$），因此有 $Y=\frac{1}{N}$。

5. 哲学家会认为这是功利主义。约翰·罗尔斯（John Rawls,1971）提出了另一种选择：最大最小原则（maxmin principle）。根据这个原则，理想的社会结果就能最大化最不富裕的人的效用。罗尔斯争辩说，我们应该站在"无知之幕"背后去考虑配置问题。"无知之幕"指我们对自己社会中的地位毫不知情。有了"无知之幕"，我们不知道我们是贫是富、有无名声，也不知道自己拥有多大的能力、会不会受到环境的阻碍。罗尔斯要求对最不富裕的人赋予最大的权重，而功利主义则平等地给每个人赋予权重。

6. 用 i 来给这 N 个人编号。我们可以把第 j 个人的效用写成如下形式：

$$\text{Utility}_i(\text{PUBLIC}+\text{PRIVATE}) = \sqrt{\text{PUBLIC}} +\text{PRIVATE}_i$$

为了解出对称纳什均衡，我们假设每一个其他人都为公共物品贡献了数量 A。

再令 Y 表示个体 j 所贡献的数额。用 I 表示所有人的共同的收入水平。这样一来，个体 j 的效用等于：

$$(1-\alpha)\left(2\sqrt{(N-1)A+Y}+I-Y\right)+\alpha N\left(2\sqrt{(N-1)A+Y}\right)+\alpha(N-1)(I-A)+(I-Y)$$

对 Y 求导，并令得到的导数等于零，我们可以得到：

$$\frac{1-\alpha}{\sqrt{(N-1)A+Y}}+\frac{\alpha N}{\sqrt{(N-1)A+Y}}=1$$

重新排列各项，我们有：$(1-\alpha)+\alpha N=\sqrt{Y+(N-1)A}$。在对称平衡中，$Y=A$。从而，遵循 $(1-\alpha)+\alpha N=\sqrt{NY}$。等号双边求平方，可以得到 $[(1-\alpha)+\alpha N]^2=NY$，这就意味着，$Y=\frac{[(1-\alpha)+\alpha N]^2}{N}$。

7. Cornes & Sandler,1996.

8. 更现实的模型还要假设非线性拥塞成本（也许是 S 形的）。这种假设能够刻画像道路这样的资源的如下特点：前几位其他用户对个人的利益不会有任何影响，但是到了某个时点上，资源会因过于拥挤而归于无用。

9. 使用资源的 M 个人的总效用等于 $(B-\theta\times M)$。对 M 求导，并令得到的导数等于零，我们可以得到 $(B-2M\theta)=0$，求解可得 $M=\frac{B}{2\theta}$。为了求解纳什均衡，我们将从不使用资源的收益设定为零值。于是，人们会使用资源，直到收益等于外部可选项，即：$M=\frac{B}{\theta}$。

10. 需要注意的是：我们将最大收益 B 设定为等于种群规模 N，目的是减少变量的数量。为了求解社会最优结果和纳什均衡，我们首先注意到，总效用等于 $(N-M)\times M+3\left(N-(N-M)\right)\times(N-M)$，从而得到 $4(N-M)M$。对 M 求导，得 $4N-8M=0$。求解可得 $M=N/2$。于是总效用等于 $4(\frac{N}{2})^2=N^2$。为了求解均衡，我们要找到一个 M，使两个公园的边际效用相等。这种情况在 $(N-M)=3N-3(N-M)$ 时发生。这个式子可以重写为 $N=4M$。将 M 和 N-M 的值代入效用函数，就可以计算出总效用。

11. 为了求解均衡消费，只要设定 $R*=(1-g)(R*-C*)$ 并解出 $R*$ 即可。

12. Kurlansky,1998.

13. 为了说明为什么变化没有抵消，可以考虑一个两期模型。第一年的增长率为 20%，因此只有 96 个单位的资源（80×1.2=96）。第二年的增长率为 30%，这导致了 98.8=（96-20）×1.3 个单位的资源。如果我们将这两年的增长率互换一下，那么在第一年之后，就会有 104 个单位的资源，而且在第二年之后会存在 100.8＝（104-20）×1.2 个单位的资源。

14. Ostrom、Janssen&Anderies,2007.

15. Craine&Dybzinski,2013.

16. Ostrom,2010;Ostrom,2004.

24 与机制设计有关的模型

1. Ledyard、Porter&Rangel,1997.

2. 以帕累托有效为例。考虑 3 个人的以下 4 种收益情况：

$$\{ (3，3，4)，(9，0，0)，(0，8，1)，(2，2，3) \}$$

除了（2，2，2）之外，都是帕累托有效的。但是配置（2，2，3）被（3，3，4）占优。

3. Hurwicz&Schmeidler,1978.

4. 第三个竞买人可能出价略高于60美元，为了简化分析，假设正好为60美元。

5. 我们在这里给出的证明假设了这些值是均匀分布的，但是这个结果在其他类型的分布下仍然成立。假设其他（N-1）个竞买人的出价都是真实价值乘以 $\frac{N-1}{N}$。如果其他竞买人的价值乘以 $\frac{N-1}{N}$ 小于 b，那么出价 b 就将高于另一个竞买人的出价。发生这种情况的概率等于 $b\frac{N}{N-1}$。由此可知，大于所有其他（N-1）个出价的概率等于这个值的（N-1）次幂。因此，如果竞买人的真实价值为 V，则出价 b 的预期价值等于该价值减去出价的差（V-b）乘以 b 为最高出价的概率。这样一来，就可以将预期价值写为：

$$预期价值 = (V-b)\left(b\frac{N}{N-1}\right)^{N-1}$$

为了使上式的值最大化，我们对 b 求导，并令求得的导数等于零，于是可以得到如下条件：

$$V(N-1)\left(\frac{N}{N-1}\right)^{N-1}b^{N-2} - N\left(\frac{N}{N-1}\right)^{N-1}b^{N-1} = 0$$

简化后可以得到这个表达式：$V(N-1) - Nb = 0$，重写为 $b = \frac{V(N-1)}{N}$。为了证

明出价最高的竞买人付出的价格等于出价第二高的竞买人的出价的预期价值，我们要先注意到，如果从区间 [0，i] 上的均匀分布中抽取 N 个随机的值，那么最高出价的预期价值等于 $1 \times \frac{N}{N+1}$。第二高的出价的预期价值则等于 $1 \times \frac{N-1}{N+1}$。因此，出价最高的竞买人的预期价值等于：

$$\left(\frac{N-1}{N}\right) \times 1 \times \left(\frac{N}{N+1}\right) = 1 \times \left(\frac{N-1}{N+1}\right)$$

这就等于第二高的竞买人的预期价值。

6. 罗杰·迈尔森（Roger Myerson）是我的博士生导师，他因这个贡献获得了诺贝尔经济学奖。

7. 在全支付拍卖中，当竞买人的价值位于区间 [0，1] 上时，其最优策略可以表示为：拥有价值 V 的竞买人出价 $V^N \frac{(N-1)}{N}$。因此，如果有三个竞买人，那么价值为 $\frac{1}{2}$ 的竞买人将出价 $\frac{1}{8} \times \frac{2}{3} = \frac{1}{12}$。

8. 相关的实验证据，请参见 Lucking-Reiley,1999。相关的 eBay 拍卖实验证据，请参见 Morgan&Hossain,2006。相关的木材拍卖证据，请参见 Athey、Levin&Seira,2011。

9. Ostrovsky、Edelman&Schwarz,2007.

10. Page,2012.

25 信号模型

1. 有关信号如何驱动行为和选择的更多例子，请参见：Simler&Hanson ,2018。

2. 一个弱者类型的个体发送信号成本等于 MC。假设所有 S 个强者类型的个体都发出了信号，那么收益等于 $\frac{B}{S+1}$。因此，如果 $MC \geqslant \frac{B}{S+1}$，那么弱者类型个体就不会发送信号。如果他们源于分离的收益 $\frac{B}{S} - cM$，超过了所有 N 个个体分担信号时的 $\frac{B}{N}$，强者类型更偏好发送信号。从先前的计算可知，使弱者类型的个体不发送信号的最小信号等于 $M = \frac{B}{(S+1)C}$。因此，如果我们 $\hat{M} = \frac{B}{SC} M$，那么弱者类型将不会发出信号。而要让强者类型更偏好发送信号 $\hat{M}$，我们必须保证 $\frac{B}{S} - c\frac{B}{SC} \geqslant \frac{B}{N}$。上式两边同时除以 B 并乘以 C，就可以得到 $\frac{C}{S} - \frac{c}{S} \geqslant \frac{C}{N}$。这个式子可以简化为 $(C-c) N \geqslant CS$，可以改写为 $C(N-S) \geqslant cN$。

3. 经济学家迈克尔·斯宾塞（Michael Spence）提出了这种可能性。斯宾塞因提出了一个假设教育没有功能性价值的就业市场模型（Spence,1973）获得了诺贝尔经济学奖。

4. 尾羽过大就会影响孔雀的适合度。请参见：Zahavi,1975。

5. Bird&Smith,2005.

6. Smith&Bird,2003.

26 学习模型

1. 关于学习的心理学研究，涵盖的背景要比我们在这里所讨论的更加广泛。一个人可以通过学习，了解一个事实，例如阿肯色州的首府在哪里。一个人也可以通过学习，获得某种隐性知识，例如怎样烤面包、修理发动机或编写计算机程序。一个人还可以通过学习，掌握某种知识体系，例如有机化学。

2. Thorndike,1911.

3. Rescorla&Wagner,1972.

4. 我描述的这个模型是以下述论著中模型为基础的：Rescorla&Wagner,1972;Herrnstein,1970;Bush&Mosteller,1955;Cyert&March,1963;Bendor、Diermeie&Ting,2003;Epstein,2014。

5. 对参数 γ 的选择，必须保证备选方案的权重为正。如果 γ 超过了最高可能渴望水平与任何备选方案的最小奖励之间差异的倒数，就可以做到这一点。

6. Bendor&Swistak,1997.

7. 如果我们构建出一个有限种群的复制者动态模型，随后的种群是随机选择的，那么就可能无法重新复制出最优备选方案。如果真的是这样，那么复制者动态模型将找不到最优选择，因为它无法将备选方案重新引入到种群中。

8. Fudenberg&Levine,1998;Camerer,2003.

9. 这个博弈还有一个混合策略均衡，其中 2/3 选择经济型汽车，1/3 选择一个油老虎车。但是，根据我们的学习规则，这种均衡是不稳定的，因此忽略它。

10. 更正式的表示是，P（经济型汽车，1）=0.5，P（油老虎车，1）=0.5，收益（经济型汽车，1）=1.5，收益（油老虎车，1）=2，平均收益 =1.75。应用复制者方程，我们可以得出 P（经济型汽车，2）$=0.5\times\frac{1.5}{1.75}=0.43$，以及 P（油老虎车，2）$=0.5\times\frac{2}{1.75}=0.57$。

11. Frank,1985.

12. Waltz,1979;Powell,1991.

13. Vriend,2000. 这篇论文分析了类似的收益结构，并将它解释为生产相同产品并同时选择数量的企业之间的竞争。经济学家将这种模型称为古诺竞争模型（Cournot competition model）。

14. 罗斯-伊雷夫学习模型是通过以下公式更新第 t 期中的备选方案 k 的权重 W（k，t）的：W（k，$t+1$）$=$（$1-r$）$\times W$（k，t）$+\triangle$（k，t，e）。参数 r 是一个新近度参数（recency parameter）。如果行动 k 被选中，那么 $\triangle$（k，t，e）$=$（$1-e$）$\times$ 收益（k，t）；如果行动 k 没有被选中，那么 $\triangle$（k，t，e）$=e\times$ 收益（k，t）。参数 e（实验参数）决定了未被选中的备选方案的权重。

15. Camerer&Ho,1999.

16. 这个分析紧密追随了贝德纳和佩奇（2007，2018）的思路，并借鉴了格雷夫（2006）的模型。贝德纳和佩奇强调了初始行动对于均衡的涌现的重要性，而格雷夫则更侧重于信念的作用。也请参见：Gilboa&Schmiedler,1995. 他们提出了基于案例的决策理论。另外，关于身份在经济选择中的作用，请参见：Akerlof&Kranton,2010.

17. 为了证明复制者动态的结果，请注意当且仅当以下情况成立时，按文化规范采取行动才会有更高的收益：

$$（1-B）\times200+B\times220>（1-B）\times180+300B$$

重新排列各项，得 20（$1-B$）$>80B$。结果得证。

27 多臂老虎机问题 ————————————————

1. 关于这类问题与经济现象的相关性，请参见：Bergemann&Valimaki,2008。

2. Hills et al.,2015.

3. 欲了解多臂老虎机问题的更多技术细节，以及对各种启发式的详细比较，请参见：Scott,2010。

4. 吉廷斯和琼斯（1972）率先描述了这些最优规则。可以将吉廷斯指数重新表述为一个贝尔曼方程（Bellman equation）。贝尔曼方程适用于任何通过一系列选择完成、且每个选择都会产生收益的问题。贝尔曼方程依赖于价值函数的构造。该价值函数的值等于收益序列的总和（其中，未来的收益要根据当前利率进行贴现）。

5. Roberts,2004.

6. 请参见杰克·鲍尔斯（Jake Bowers）等人（2017）对美国农业部农场服务机构小额贷款项目的实验分析。

7. 数据源于 2012 年的《华盛顿邮报》，以及 Dann,2016。

8. 如果他们是在位领导人，那么阿尔·戈尔（Al Gore）、乔治·H.W. 布什（George H. W. Bush）和希拉里·克林顿将会因经济繁荣而获得更大声誉。关于较早期的政治选情与经济景气的关系的分析，请参见：Markus,1988。关于更晚近的证据，请参见：Fair,2012。关于候选人与政党效应大小的相关证据，请参见：Campbell、Dettrey&Yin,2010。

28 崎岖景观模型 ———————————————

1. 关于多样性的价值的更加深入的阐述，请参见《多样性红利》一书。

2. 对 NK 模型更加全面的介绍，请参见：Kauffman,1993。

3. 当 $N=20$，$K=19$ 时，我们可以推导出局部峰值和全局峰值的期望值。每个属性的贡献均匀分布在区间［0，1］上，其均值为 $\frac{1}{2}$、方差为 $\frac{1}{12}$。这个结果只要通过观察均匀分布就可以证明。每个备选方案的价值等于 20 个属性的贡献的平均值。因此，根据中心极限定理，这些值服从均值为 $\frac{1}{2}$、方差为 $\frac{1}{12N}$ 的正态分布。从而，在 $N=20$ 的情况下，每一个标准偏差的大小为 $0.0645=\sqrt{\frac{1}{240}}$。然后我们可以估计出局部峰值的平均值：0.609。我们可以认为，从这个分布中随机抽取 21 次当中最好的那一次就是一个局部峰值。因此，它的期望值等于近似地从正态分布中抽取出来的、使 $\frac{21}{22}$ 的备选方案都有较低的值的一个值。它将会比平均值略低两个标准偏差。使用正态分布计算器，可以算出期望平均值等于 0.609。为了估计出全局峰值的期望值 0.759，我们注意到，全

局峰值具有所有 2^{20} 个备选方案的最高值。每个备选方案可以被视为是从该分布中抽出的一个值，因此其期望值等于近似地从正态分布中抽取出来的、使 $\frac{2^{20}}{2^{20}+1}$ 的备选方案都有较低的值的一个值。利用正态分布计算器，可以算出该期望平均值等于 0.759。全局峰值的值，应该比 100 万次抽取的最高值还更高。

4. Wright,2001. 研究认为这些整合重组有助于人类以及人类社会的出现，也有利于这个时代的技术和科学进步。

5. Kaufman,1993;Miller&Page,2007. 他们把复杂性描述为"有趣的中间状态"。

6. 在美国，如果申请专利后获批的时间超过了 3 年，那么专利保护期为从专利发布日起计算 17 年。

7. Boldrin&Levine,2010.

结语 像芒格一样智慧地思考——多模型思维的实际应用

1. 根据正文所述的概率，确切的统计均衡是：无痛状态为 70.7%，阿片状态为 19.5%，上瘾状态为 9.8%。而对于第一种情况，相应的百分比则分别为 76.3%、21.5%和 2.2%。

2. Wakeland、Nielsen&Geissert,2015.

3. 我要感谢艾比·雅各布斯（Abbie Jacobs），她帮助我得到了这个结果。她有所需要的模型和数据。

4. Wilkinson&Pickett,2009.

5. 这是杜尔劳夫在芝加哥大学贝克尔·弗里德曼研究所（Becker Friedman Institute）主办的一次会议上的评论。会议的主题是"了解不平等及其应对措施"，于 2015 年 11 月 6 日举行。

6. Goldin&Katz,2008; Acemoglu&Autor,2011; Murphy&Topel,2016.

7. Mas-Colell、Whinston&Green,1995.

8. Kaplan&Rauh,2013a; Jones&Kim,2018. 他们的模型将能力作为企业家创意的可扩展性的代理变量。另请参见：Frank,1996；该文是关于不同职业中的不平等是如何产生的早期研究。另请参见：Xie、Killewald&Near,2016.

9. Ormerod,2012.

10. Ormerod,2012. 该文详细描述了日益增强的连通性如何导致了不平等。

11. Cancian&Reed,1999;Schwartz&Mare,2005.

12. Greenwood et al.,2014.

13. 估计的结果是 0.34 而不是 0.43。请参见：Greenwood et al.,2014. 基尼系数可以衡量收入分布与平均分布之间的距离。令 $S(P)$ 表示收入分布中最底部 $P\%$ 的人口所占的总份额（例如，如果位于收入最底部 30% 的人口获得了总收入的 2%，那么 $S(30)=2$，计算出来的基尼系数为：

$$基尼系数 = \frac{2}{99} \times \sum_{P=1}^{100}\left[\frac{P}{100} - S(P)\right]$$

如果收入是均匀分布的，即 $S(P) = \frac{P}{100}$，那么基尼系数 =0。如果所有的收入都归于最顶部的 1%，那么对于所有 $P<100$，都有 $S(P)=0$，且 $S(100)=1$，因此基尼系数 =1。

14. 计算可以按如下过程进行。儿童属于四个类别的概率为（0.6，0.25，0.1，0.05）。这也就是说，高收入者的下一代中 60% 的人有高收入，中高收入者的下一代中 20% 的人有高收入，中低收入者的下一代中 15% 的人有高收入，而低收入者的下一代中只有 5% 的人有高收入。高收入者的孙子女中有高收入的人的百分比则等于 0.6×0.6+0.25×0.2+0.1×0.15+0.05×0.05=0.4275，低收入者的孙子女中有高收入的人的百分比则等于 0.6×0.05+0.25×0.1+0.1×0.15+0.05×0.7=0.105。

15. Pfeffer&Killewald,2017.

16. Kaplan&Rao,2013b.

参考文献

Acemoglu, Daron, and David Autor. 2011. "Skills, Tasks and Technologies: Implications for Employment and Earnings." In Orley Ashenfelter and David Card, eds., *Handbook of Labor Economics,* 4: 1043–1171. Amsterdam: Elsevier-North Holland.

Acemoglu, Daron, and James Robinson. 2012. *Why Nations Fail: The Origins of Power, Prosperity, and Poverty*. Cambridge, MA: Harvard University Press.

Adler, Mortimer Jerome. 1970. *The Time of Our Lives: The Ethics of Common Sense.* New York: Holt, Rinehart and Winston.

Akerlof, G., and R. Kranton. 2010. *Identity Economics*. Princeton, NJ: Princeton University Press.

Albert, Rika, Istvan Albert, and Gary L. Nakarado. 2004. "Structural Vulnerability of the North American Power Grid." *Physical Review E* 69: 025103.

Allesina, Stefano, and Mercedes Pascual. 2009. "Googling Food Webs: Can an Eigenvector Measure Species' Importance for Coextinctions?" *PLOS: Computational Biology* 9, no. 4.

Allison, Graham. 1971. *Essence of Decision: Explaining the Cuban Missile Crisis*. New York: Little, Brown.

Alvaredo, Facundo, Anthony B. Atkinson, Thomas Piketty, and Emmanuel Saez. 2013. "The World Top Incomes Database." https://www.inet.ox.ac.uk/projects/view/149.

Anderson, Chris. 2008a. "The End of Theory: The Data Deluge Makes the Scientific Method Obsolete." *Wired* 16, no. 7.

Anderson, Chris. 2008b. *The Long Tail: Why the Future of Business Is Selling Less of More.* New York: Hachette.

Anderson, Phillip. 1972. "More Is Different." *Science* 177, no. 4047: 393–396.

Arrow, Kenneth. 1963. *Social Choice and Individual Values*. New Haven, CT: Yale University Press.

Arthur, W. B. 1994. "Inductive Reasoning and Bounded Rationality (The El Farol Problem)."

American Economic Review Papers and Proceedings 84: 406–411.

Arthur, W. B. 2011. *The Nature of Technology: What It Is and How It Evolves.* New York: Free Press.

Ashenfelter, Orley. 2010. "Predicting the Quality and Prices of Bordeaux Wine." *Journal of Wine Economics* 5, no. 1: 40–52.

Athey, Susan, Jonathan Levin, and Enrique Seira. 2011. "Comparing Open and Sealed Bid Auctions: Evidence from Timber Auctions." *Quarterly Journal of Economics* 126, no. 1: 207–257.

Austin, David. 2008. "Percolation: Slipping Through the Cracks." American Mathematical Society. www.ams.org/publicoutreach/ feature-column/fcarc-percolation.

Axelrod, Robert. 1984. *The Evolution of Cooperation.* New York: Basic Books.

Axelrod, David, Robert Axelrod, and Kenneth J. Pienta. 2006. "Evolution of Cooperation Among Tumor Cells." *Proceedings of the National Academy of Sciences* 103, no. 36: 13474–13479.

Axtell, Robert L. 2001. "Zipf Distribution of U.S. Firm Sizes." *Science* 293: 1818–1820.

Bajari, Patrick, and Matthew E. Kahn. 2008. "Estimating Hedonic Models of Consumer Demand with an Application to Urban Sprawl." In *Hedonic Methods in Housing Markets,* 129–155. New York: Springer.

Bak, Per. 1996. *How Nature Works: The Science of Self-Organized Criticality.* New York: Springer.

Baldwin, Carliss Y., and Kim B. Clark. 2000. *Design Rules. Vol. 1, The Power of Modularity.* Cambridge, MA: MIT Press.

Ball, Eric, and Joseph LiPuma. 2012. *Unlocking the Ivory Tower: How Management Research Can Transform Your Business.* Palo Alto, CA: Kauffman Fellow Press.

Banzhaf, John F. 1965. "Weighted Voting Doesn't Work: A Mathematical Analysis." *Rutgers Law Review* 19, no. 2: 317–343.

Barber, Gerald M. 1997. "Sequencing Highway Network Improvements: A Case Study of South Sulawesi." *Economic Geography* 53, no. 1: 55–69.

Bass, Frank. 1969. "A New Product Growth Model for Consumer Durables." *Management Science* 15, no. 5: 215–227.

Baxter, G.William. 2009. "The Dynamics of Foraging Ants." Paper presented at the annual meeting of the American Physical Society, March 16–20, abstract H40.00011.

Bednar, Jenna. 2007. "Credit Assignment and Federal Encroachment." *Supreme Court Economic Review* 15: 285–308.

Bednar, Jenna. 2008. *The Robust Federation: Principle of Design.* Cambridge: Cambridge University Press.

Bednar, Jenna, Aaron Bramson, Andrea Jones-Rooy, and Scott E. Page. 2010. "Emergent Cultural Signatures and Persistent Diversity: A Model of Conformity and Consistency." *Rationality and Society* 22, no. 4: 407– 444.

Bednar, Jenna, and Scott E. Page. 2007. "Can Game(s) Theory Explain Culture? The

Emergence of Cultural Behavior Within Multiple Games." *Rationality and Society* 19, no. 1: 65–97.

Bednar, Jenna, and Scott E. Page. 2018. "When Order Affects Performance: Culture, Behavioral Spillovers and Institutional Path Dependence." *American Political Science Review* 112, no. 1: 82–98.

Bell, Alex, Raj Chetty, Xavier Jaravel, Neviana Petkova, and John Van Reenen. 2018 "Who Becomes an Inventor in America? The Importance of Exposure to Innovation: Executive Summary." www.equality-of-opportunity.org.

Bendor, Jonathan, Daniel Diermeier, and Michael Ting. 2003. "A Behavioral Model of Turnout." *American Political Science Review* 97, no. 2: 261– 280.

Bendor, Jonathan, and Piotr Swistak. 1997. "The Evolutionary Stability of Cooperation." *American Political Science Review* 91: 290–307.

Bendor, Jonathan, and Scott E. Page. 2018. "A Model of Team Problem Solving." Unpublished manuscript.

Berg, Nathan, and Gerd Gigerenzer. 2010. "As-If Behavioral Economics: Neoclassical Economics in Disguise?" *History of Economic Ideas* 18, no. 1: 133–166.

Bergemann, Dirk, and Juuso Välimäki. 2008. "Bandit Problems." In *The New Palgrave Dictionary of Economics,* 2nd ed., ed. Steven N. Durlauf and Lawrence E. Blume. London: Palgrave Macmillan.

Berlekamp, Elwyn R., John H. Conway, and Richard K. Guy. 1982. "What Is Life?" In *Winning Ways for Your Mathematical Plays*. Vol. 2, *Games in Particular*. London: Academic Press.

Bertrand, Marianne, and Sendhil Mullainathan. 2001. "Are CEOs Rewarded for Luck? The Ones Without Principles Are." *Quarterly Journal of Economics* 116: 901–932.

Bickel, P. J., E. A. Hammel, and J.W. O'Connell. 1974. "Sex Bias in Graduate Admissions: Data from Berkeley." *Science* 187 (4175): 398–404.

Biernaskie, Jay, M. 2011. "Evidence for Competition and Cooperation Among Climbing Plants." *Proceedings of the Royal Society B* 278: 1989– 1996.

Bird, Rebecca, and Eric Smith. 2004. "Signaling Theory, Strategic Interaction, and Symbolic Capital." *Current Anthropology* 46, no. 2: 222–248.

Boldrin, Michele, and David Levine. 2010. *Against Intellectual Monopoly*. Cambridge: Cambridge University Press.

Borges, Jorge Luis. 1974. *A Universal History of Infamy*. Trans. Norman Thomas de Giovanni. London: Penguin.

Bowers, Jake, Nathaniel Higgins, Dean Karlan, Sarah Tulman, and Jonathan Zinman. 2017. "Challenges to Replication and Iteration in Field Experiments: Evidence from Two Direct Mail Shots." *American Economic Review Papers & Proceedings* 107, no. 5: 1–3.

Bowles, Samuel, and Herbert Gintis. 2002. "The Inheritance of Inequality." *Journal of Economic Perspectives* 16, no. 3: 3–30.

Box, George E. P., and Norman Draper. 1987. *Empirical Model-Building and Response*

Surfaces. New York: Wiley.

Boyd, Robert. 2006. "Reciprocity: You Have to Think Different." *Journal of Evolutionary Biology* 19: 1380–1382.

Breiman, Leo. 1996. "Bagging Predictors." *Machine Learning* 24, no. 2: 123–140.

Briggs, Andrew, and Mark Sculpher. 1998. "An Introduction to Markov Modeling for Economic Evaluation." *Pharmaco Economics* 13, no. 4: 397– 409.

Brock, William, and Steven Durlauf. 2001. "Discrete Choice with Social Interactions." *Review of Economic Studies* 68: 235–260.

Broido, A. D., and A. Clauset. 2018. "Scale-Free Networks Are Rare." Working paper.

Bshary, R., and A. S. Grutter. 2006. "Image Scoring and Cooperation in a Cleaner Fish Mutualism." *Nature* 441, no. 7096: 975–978.

Burt, Ronald. 1995. *Structural Holes: The Social Structure of Competition*. Cambridge, MA: Harvard University Press.

Bush, Robert, and Frederick Mosteller. 1954. *Stochastic Models for Learning*. New York: John Wiley and Sons.

Camerer, Colin F. 2003. *Behavioral Game Theory: Experiments in Strategic Interaction*. Princeton, NJ: Princeton University Press.

Camerer, Colin, Linda Babcock, George Loewenstein, and Richard Thaler. 1997. "Labor Supply of New York City Cabdrivers: One Day at a Time." *Quarterly Journal of Economics* 112, no. 2: 407–441.

Camerer, Colin, and Tek Ho. 1999. "Experience-Weighted Attraction Learning in Normal Form Games." *Econometrica* 67, no. 4: 827–874.

Camerer, Colin, George Loewenstein, and Drazen Prelec. 2005. "Neuroeconomics: How Neuroscience Can Inform Economics." *Journal of Economic Literature* 43: 9–64.

Campbell, Donald T. 1976. "Assessing the Impact of Planned Social Change." Public Affairs Center, Dartmouth College.

Campbell, James E., Bryan J. Dettrey, and Hongxing Yin. 2010. "The Theory of Conditional Retrospective Voting: Does the Presidential Record Matter Less in Open-Seat Elections?" *Journal of Politics* 72, no. 4: 1083– 1095.

Cancian, Maria, and Deborah Reed. 1999. "The Impact of Wives' Earnings on Income Inequality: Issues and Estimates." *Demography* 36, no. 2: 173–184.

Carvalho, Vasco, and Xavier Gabaix. 2013 "The Great Diversification and Its Undoing," *American Economic Review* 103, no. 5: 1697–1727.

Castellano, Claudio, Santo Fortunato, and Vittorio Loreto. 2009. "Statistical Physics of Social Dynamics." *Review of Modern Physics* 81: 591–646.

Cederman, Lars Erik. 2003. "Modeling the Size of Wars: From Billiard Balls to Sandpiles." *American Political Science Review* 97: 135–150.

Centola, Damon, and Michael Macy. 2007. "Complex Contagions and the Weakness of Long Ties." *American Journal of Sociology* 113: 702–734.

Chance, Donald. 2009. "What Are the Odds? Another Look at DiMaggio's Streak." *Chance*

22, no. 2: 33–42.

Christakis, N. A., and J. Fowler. 2009. *Connected: The Surprising Power of Our Social Networks and How They Shape Our Lives.* New York: Little, Brown.

Churchland, Patricia, and Terry J. Sejnowski. 1992. *The Computational Brain.* Cambridge, MA: MIT Press.

Chwe, Michael. 2013. *Jane Austen: Game Theorist*. Princeton, NJ: Princeton University Press.

Clarida, Richard, Jordi Galí, and Mark Gertler. 2000. "Monetary Policy Rules and Macroeconomic Stability: Evidence and Some Theory." *Quarterly Journal of Economics* 115, no. 1: 147–180.

Clark, Gregory. 2014. *The Son Also Rises: Surnames and the History of Social Mobility.* Princeton, NJ: Princeton University Press.

Clark, William, Matt Golder, and Sona Nadenicheck Golder. 2008. *Principles of Comparative Politics.* Washington, DC: Congressional Quarterly Press.

Clauset, Aaron, M. Young, and K. S. Gleditsch. 2007. "On the Frequency of Severe Terrorist Attacks." *Journal of Conflict Resolution* 51, no. 1: 58–88.

Cohen, Tyler. 2013. *Average Is Over: Powering America Beyond the Age of the Great Stagnation.* New York: Dutton.

Cooke, Nancy J., and Margaret L. Hilton, eds. 2014. *Enhancing the Effectiveness of Team Science.* Washington, DC: National Academies Press.

Cornes, Richard, and Todd Sandler. 1996. *The Theory of Externalities, Public Goods, and Club Goods.* 2nd ed. Cambridge: Cambridge University Press.

Craine, Joseph, and Ray Dybzinski. 2013. "Mechanisms of Plant Competition for Nutrients, Water and Light." *Functional Ecology* 27: 833–840.

Cyert, Richard M., and James G. March. 1963. *A Behavioral Theory of the Firm*. Englewood Cliffs, NJ: Prentice-Hall.

Dan, Avi. 2018. "How Michelle Peluso Is Redefining Marketing at IBM." *Forbes,* January 18.

Dann, Carrie. 2016. "Pro-Clinton Battleground Ad Spending Outstrips Trump Team by 2." NBC News, November 4.

Dawes, Robyn. 1979. "The Robust Beauty of Improper Linear Models in Decision Making." *American Psychologist* 34: 571–582.

de Marchi, Scott. 2005. *Computational and Mathematical Modeling in the Social Sciences*. Cambridge: Cambridge University Press.

DeMiguel, Victor, Lorenzo Garlappi, and Raman Uppal. 2009. "Optimal Versus Naive Diversification: How Inefficient Is the $\frac{1}{N}$ Portfolio Strategy?" *Review of Financial Studies* 22, no. 5: 1915–1953.

Dennett, Daniel C. 1991. *Consciousness Explained*. Boston: Back Bay Books.

Dennett, Daniel C. 1994. *Darwin's Dangerous Idea: Evolution and the Meanings of Life.* New York: Simon & Schuster.

Denrell, Jerker, and Chengwei Liu. 2012. "Top Performers Are Not the Most Impressive When Extreme Performance Indicates Unreliability." *Proceedings of the National Academy of Sciences* 109, no. 24: 9331–9336.

Diamond, Jared. 2005. *Collapse: How Societies Choose to Fail or Succeed*. New York: Viking Penguin.

Dodds, Peter, Robby Muhamad, and DuncanWatts. 2003. "An Experimental Study of Search in Global Social Networks." *Science* 301: 827–829.

Downing, John A., et al. 2006. "The Global Abundance and Size Distribution of Lakes, Ponds, and Impoundments." *Limnology and Oceanography* 51, no. 5: 2388–2397.

Dragulescu, Adrian, and Victor M. Yakovenko. 2001. "Exponential and Power-Law Probability Distributions of Wealth and Income in the United Kingdom and the United States." *Physica A* 299: 213–221.

Drucker, Peter. 1969. *The Age of Discontinuity: Guidelines to Our Changing Society.* New York: Harper and Row.

Dubos, Jean. 1987. *The White Plague: Tuberculosis, Man and Society.* New Brunswick, NJ: Rutgers University Press.

Dunne, Anthony. 1999. *Hertzian Tales: Electronic Products, Aesthetic Experience and Critical Design.* London: Royal College of Art.

Dyson, Freeman. 2004. "A Meeting with Enrico Fermi." *Nature* 427: 297.

Easley, David, and Jon Kleinberg. 2010. *Networks, Crowds, and Markets: Reasoning About a Highly ConnectedWorld.* Cambridge: Cambridge University Press.

Easley, David, Marcos Lopez de Prado, and Maureen O'Hara. 2012. "Flow Toxicity and Liquidity in a High Frequency World." *Review of Financial Studies* 24, no. 5: 1457–1493.

Easterly, William, and Stanley Fischer. 1995. "The Soviet Economic Decline." *World Bank Economic Review* 9, no. 3: 341–371.

Ebbinghaus, Herman. 1885. *Memory: A Contribution to Experimental Psychology.* Online in *Classics in the History of Psychology*. http://psychclassics.yorku.ca/Ebbinghaus/index.htm.

Ehrenberg, Andrew. 1969. "Towards an Integrated Theory of Consumer Behaviour." *Journal of the Market Research Society* 11, no. 4: 305–337.

Einstein, Albert. 1934. "On the Method of Theoretical Physics." *Philosophy of Science* 1, no. 2: 163–169.

Eliot, Matt, Ben Golub, and Matthew Jackson. 2014. "Financial Networks and Contagion." *American Economic Review* 104, no. 10: 3115–3153.

Eom, Young-Ho, and Hang-Hyun Jo. 2014. "Generalized Friendship Paradox in Complex Networks: The Case of Scientific Collaboration." *Scientific Reports* 4: 4603.

Epstein, Josh. 2006. *Generative Social Science: Studies in Agent-Based Computational Modeling*. Princeton, NJ: Princeton University Press.

Epstein, Joshua. 2008. "Why Model?" *Journal of Artificial Societies and Social Simulation*

11, no. 4: 12.

Epstein, Joshua. 2014. *Agent Zero: Toward Neurocognitive Foundations for Generative Social Science*. Princeton, NJ: Princeton University Press.

Ericsson, K. A. 1996. "The Acquisition of Expert Performance: An Introduction to Some of the Issues." In *The Road to Excellence: The Acquisition of Expert Performance in the Arts and Sciences, Sports, and Games,* ed. K. A. Ericsson, 1–50. Mahwah, NJ: Erlbaum.

Fair, Raymond. 2012. *Predicting Presidential Elections and Other Things*. 2nd ed. Stanford, CA: Stanford University Press.

Farmer, J. Doyne 2018. "Collective Awareness: A Conversation with J. Doyne Farmer." *The Edge*. https://www.edge.org/conversation/j doyne farmer-collective-awareness.

Feld, Scott L. 1991. "Why Your Friends Have More Friends than You Do." *American Journal of Sociology* 96, no. 6: 1464–1477.

Flegal, Katherine M., Brian K. Kit, Heather Orpana, and Barry I. Graubard. 2012. "Association of All-Cause Mortality with Overweight and Obesity Using Standard Body Mass Index Categories: A Systematic Review and Meta-analysis." *Journal of the American Medical Association* 309, no. 1: 71–82.

Flores, Thomas, and Irfan Nooruddin. 2016. *Elections in Hard Times: Building Stronger Democracies in the 21st Century.* Cambridge: Cambridge University Press.

Florida, Richard. 2005. *Cities and the Creative Class*. New York: Routledge.

Foster, Dean, and H. Peyton Young. 2001. "On the Impossibility of Predicting the Behavior of Rational Agents." *Proceedings of the National Academy of Sciences* 98, no. 22: 12848–12853.

Frank, Kenneth, et al. 2018. "Teacher Networks and Educational Opportunity." In *Handbook on the Sociology of Education,* ed. Barbara Schneider and Guan Saw. New York: Oxford University Press.

Frank, Robert. 1984. *Choosing the Right Pond*. Oxford: Oxford University Press.

Frank, Robert. 1996. *The Winner-Take-All Society: Why the Few at the Top Get So Much More than the Rest of Us.* New York: Penguin.

Freeman, Richard, and Wei Huang. 2015. "Collaborating with People Like Me: Ethnic Co-authorship Within the U.S." *Journal of Labor Economics* 33 no. S1: S289-S318.

Fudenberg, Drew, and David Levine. 1998. *Theory of Learning in Games*. Cambridge, MA: MIT Press.

Fudenberg, Drew, and David Levine. 2006. "A Dual-Self Model of Impulse Control." *American Economic Review* 96: 1449–1476.

Gammill, James F. , Jr., and Terry A. Marsh. 1988. "Trading Activity and Price Behavior in the Stock and Stock Index Futures Markets in October 1987." *Journal of Economic Perspectives* 2, no. 3: 25–44.

Gawande, Atul. 2009. *The Checklist Manifesto: How to Get Things Right*. New York: Henry Holt.

Geithner, Timothy. 2014. *Stress Test: Reflections on Financial Crises.* New York: Crown.

Gerschenkron, Alexander. 1952. "Economic Backwardness in Historical Perspective." In *The Progress of Underdeveloped Areas*, ed. B. F. Hoselitz. Chicago: University of Chicago Press.

Gertner, Jon. 2012. *The Idea Factory: Bell Labs and the Great Age of American Innovation.* New York: Penguin.

Gibrat, Robert. 1931. *Les inégalités economique.* Paris: Sirely.

Gigerenzer, Gerd, and Reinhard Selten. 2002. *Bounded Rationality: The Adaptive Toolbox.* Cambridge, MA: MIT Press.

Gigerenzer, Gerd, and Peter Todd. 2000. *Simple Heuristics That Make Us Smart.* New York: Oxford University Press.

Gilboa, Itzhak, and David Schmeidler. 1994. "Case-Based Decision Theory." *Quarterly Journal of Economics* 110: 605–639.

Gilovich, Thomas, Amos Tversky, and R. Vallone. 1984. "The Hot Hand in Basketball: On the Misperception of Random Sequences." *Cognitive Psychology* 17, no. 3: 295–314.

Glaeser, Edward, Bruce Sacerdote, and Jose Scheinkman. 1996. "Crime and Social Interactions." *Quarterly Journal of Economics* 111, no. 2: 507– 548.

Glantz, Andrew. 2008. "A Tax on Light and Air: Impact of the Window Duty on Tax Administration and Architecture, 1696–1851." *Penn History Review* 15, no. 2: 18–40.

Glasserman, Paul, and H. Peyton Young. 2014. "Contagion in Financial Networks." Office of Financial Research Working Paper.

Godard, Renee. 1993. "Tit for Tat Among Neighboring Hooded Warblers." *Behavioral Ecology and Sociobiology* 33, no. 1: 45–50.

Gode, Dhananjay K., and Shyam Sunder. 1993. "Allocative Efficiency of Markets with Zero-Intelligence Traders: Market as a Partial Substitute for Individual Rationality." *Journal of Political Economy* 101, no. 1: 119– 137.

Goldin, Claudia, and Lawrence F. Katz. 2008. *The Race Between Education and Technology.* Cambridge, MA: Harvard University Press.

Gordon, Robert J. 2016. *The Rise and Fall of American Growth: The U.S. Standard of Living Since the Civil War.* Princeton, NJ: Princeton University Press.

Granovetter, Mark. 1973. "The Strength of Weak Ties." *American Journal of Sociology* 78, no. 6: 1360–1380.

Granovetter, Mark. 1978. "Threshold Models of Collective Behavior." *American Journal of Sociology* 83, no. 6: 1360–1443.

Greenwood, Jeremy, Nezih Guner, Georgi Kocharkov, and Cezar Santos. 2014. "Marry Your Like: Assortative Mating and Income Inequality." *American Economic Review: Papers & Proceedings* 104, no 5: 348-353.

Greif, Avner. 2006. *Institutions and the Path to the Modern Economy: Lessons from Medieval Trade.* Cambridge: Cambridge University Press.

Griliches, Zvi. 1957, 1988. "Hybrid Corn: An Exploration of the Economics of Technological

Change." In *Technology, Education and Productivity: Early Papers with Notes to Subsequent Literature*. New York: Basil Blackwell.

Groseclose, Tim, and James Snyder. 1996. "Buying Supermajorities." *American Political Science Review* 90: 303–315.

Grossman, S., and J. Stiglitz. 1980. "On the Impossibility of Informationally Efficient Markets." *American Economic Review* 70, no. 3: 393–408.

Groysberg, Boris. 2012. *Chasing Stars: The Myth of Talent and the Portability of Performance*. Princeton, NJ: Princeton University Press.

Guy, Richard. 1983. "Don't Try to Solve These Problems." *American Mathematical Monthly* 90: 35–41.

Haidt, Jonathan. 2006. *The Happiness Hypothesis: Finding Modern Truth in Ancient Wisdom*. Basic Books. New York: NY.

Haldene, Andrew. 2012. "The Dog and the Frisbee." Speech given at the Federal Reserve Bank of Kansas City's 36th Economic Policy Symposium, Jackson Hole, WY.

Haldene, Andrew. 2014. "The Dappled World." Speech given at the University of Michigan Law School, Ann Arbor, October 23.

Haldane, John B. S. 1928. "On Being the Right Size." Online version available at http://irl.cs.ucla.edu/papers/right-size.html.

Hardin, Garret. 1968. "The Tragedy of the Commons." *Science* 162, no. 3859: 1243–1248.

Harrell, Frank E. 2001. *Regression Modeling Strategies with Applications to Linear Models, Logistic Regression, and Survival Analysis*. New York: Springer.

Harstad, Ronald M., and Reinhard Selten. 2013. "Bounded Rationality Models: Tasks to Become Intellectually Competitive." *Journal of Economic Literature* 51, no. 2: 496–511.

Harte, John. 1988. *Consider a Spherical Cow*. Mill Valley, CA: University Science Books.

Hathaway, Oona. 2001. "Path Dependence in the Law: The Course and Pattern of Change in a Common Law Legal System." *Iowa Law Review* 86.

Havel, Václav. 1985. *The Power of the Powerless: Citizens Against the State in Central-Eastern Europe*. Ed. John Keane. Armonk, NY: M. E. Sharpe.

Hawking, Stephen, and Leonard Mlodinow. 2011. *The Grand Design*. New York: Bantam.

Hecht, Jeff. 2008. "Prophecy of Economic Collapse 'Coming True.'" *New Scientist*. November 17.

Herrnstein, Richard J. 1970. "On the Law of Effect." *Journal of the Experimental Analysis of Behavior* 13: 243–266.

Hills, Thomas, Peter M. Todd, David Lazer, A. David Redish, Iain D. Couzin, and the Cognitive Search Research Group. 2015. "Exploration Versus Exploitation in Space, Mind, and Society." *Trends in Cognitive Science* 19, no. 1: 46–54.

Hofstadter, Douglas, and Emmanuel Sander. 2013. *Surfaces and Essences: Analogy as the Fuel and Fire of Thinking*. New York: Basic Books.

Holland, John. 1975. *Adaptation in Natural and Artificial Systems*. Ann Arbor: University of

Michigan Press.

Hong, Lu, and Scott E. Page. 2009. "Interpreted and Generated Signals." *Journal of Economic Theory* 144: 2174–2196.

Hotelling, Harold. 1929. "Stability in Competition." *Economic Journal* 39, no. 153: 41–57.

Huffaker, Carl Burton. 1958. "Experimental Studies on Predation: Dispersion Factors and Predator-Prey Oscillations." *Hilgardia* 27, no. 14: 343– 383.

Hurwicz, Leo, and David Schmeidler. 1978. "Outcome Functions Which Guarantee the Existence and Pareto Optimality of Nash Equilibria." *Econometrica* 46: 144–174.

Inman, Mason. 2011. "Sending Out an SOS." *Nature Climate Change* 1: 180–183.

International Monetary Fund. 2009. *Global Financial Stability Report*.

Jackson, Matthew. 2008. *Social and Economic Networks*. Princeton, NJ: Princeton University Press.

Jackson, Matthew and Asher Wolinsky. 1996. "A Strategic Model of Social and Economic Networks." *Journal of Economic Theory* 71: 44–74.

Jacob, Francois. 1977. "Evolution and Tinkering." *Science* 196: 1161–1166.

Jacobs, Jane. 1989. *Revolving Doors: Sex Segregation and Women's Careers*. Stanford, CA: Stanford University Press.

Johnson, James. 2014. "Models Among the Political Theorists." *American Journal of Political Science* 58, no. 33: 547–560.

Johnson-Laird, Philip. 2009. *How We Reason.* New York: Oxford University Press.

Jones, Benjamin F., Brian Uzzi, and Stefan Wuchty. 2008. "Multi-University Research Teams: Shifting Impact, Geography and Social Stratification in Science." *Science* 322: 1259–1262.

Jones, Charles, and Jihee Kim. 2018 "A Schumpeterian Model of Top Income Inequality." *Journal of Political Economy.* Forthcoming.

Kahneman, Daniel. 2011. *Thinking Fast and Slow*. New York: Farrar, Straus and Giroux.

Kahneman, Daniel, and Amos Tversky. 1979. "Prospect Theory: An Analysis of Decisions Under Risk." *Econometrica* 47, no. 2: 263–291.

Kalyvas, Stathis. 1999. "The Decay and Breakdown of Communist One- Party Systems." *Annual Review of Political Science* 2: 323–343.

Kamin, Leon J. 1969. "Predictability, Surprise, Attention and Conditioning." In *Punishment and Aversive Behavior,* ed. B. A. Campbell and R. M. Church, 279–296. New York: Appleton-Century-Crofts.

Kaplan, Steven, and Joshua D. Rauh. 2013a. "Family, Education, and Sources of Wealth Among the Richest Americans, 1982–2012." *American Economic Review Papers and Proceedings* 103, no. 3: 158–162.

Kaplan, Steven, and Joshua D. Rauh. 2013b. "It's the Market: The Broad- Based Rise in the Return to Top Talent." *Journal of Economic Perspectives* 27, no. 3: 35–56.

Karlsson, Bengt. 2016. "The Forest of Our Lives: In and Out of Political Ecology." *Conservation and Society* 14, no. 4: 380–390.

Kauffman, Stuart. 1993. *The Origins of Order: Self-Organization and Selection in Evolution.* Oxford: Oxford University Press.

Kennedy, John F. 1956. *Profiles in Courage.* New York: Harper & Brothers.

Khmelev, Dmitri, and F. J. Tweedie. 2001. "Using Markov Chains for Identification of Writers." *Literary and Linguistic Computing* 16, no. 4: 299– 307.

Kleinberg, Jon, and M. Raghu. 2015. "Team Performance with Test Scores." Working paper, Cornell University School of Information.

Knox, Grahame. n.d. "Lost at Sea." *Insight*, http://insight.typepad.co.uk /lost_at_sea.pdf.

Kollman, Ken, J. Miller, and S. Page. 1992. "Adaptive Parties in Spatial Elections." *American Political Science Review* 86: 929–937.

Kooti, Farshad, Nathan O. Hodas, and Kristina Lerman. 2014. "Network Weirdness: Exploring the Origins of Network Paradoxes." Paper presented at the International Conference on Weblogs and Social Media (ICWSM), March.

Kurlansky, Mark. 1998. *Cod: A Biography of the Fish That Changed theWorld.* New York: Penguin.

Kydland, Finn E., and Edward C. Prescott. 1977. "Rules Rather than Discretion: The Inconsistency of Optimal Plans." *Journal of Political Economy* 85, no. 3: 473–491.

Lai, T. L., and Herbert Robbins. 1985. "Asymptotically Efficient Adaptive Allocation Rules." *Advances in Applied Mathematics* 6, no. 1: 4–22.

Laibson, David. 1997. "Golden Eggs and Hyperbolic Discounting." *Quarterly Journal of Economics* 112, no. 2: 443–477.

Lamberson, P. J., and Scott E. Page. 2012a. "The Effect of Feedback Variability on Success in Markets with Positive Feedbacks." *Economics Letters* 114: 259–261.

Lamberson, P. J., and Scott E. Page. 2012b. "Tipping Points." *Quarterly Journal of Political Science* 7, no. 2: 175–208.

Lancaster, Kelvin J. 1966. "A New Approach to Consumer Theory." *Journal of Political Economy* 74: 132–157.

Landemore, Helene. 2013. *Democratic Reason: Politics, Collective Intelligence, and the Rule of the Many.* Princeton, NJ: Princeton University Press.

Lango, Allen H., et al. 2010. "Hundreds of Variants Clustered in Genomic Loci and Biological Pathways Affect Human Height." *Nature* 467, no. 7317: 832–838.

Langville, Amy N., and Carl D. Meyer. 2012. *Who's #1?: The Science of Rating and Ranking.* Princeton, NJ: Princeton University Press.

Lave, Charles, and James G. March. 1975. *An Introduction to Models in the Social Sciences.* Lanham, MD: University Press of America.

Ledyard, John, David Porter, and Antonio Rangle. 1997. "Experiments Testing Multiobject Allocation Mechanisms." *Journal of Economics and Management Strategy* 6, no. 3: 639–675.

Ledyard, John, David Porter, and Randii Wessen. 2000. "A Market-Based Mechanism for Allocating Space Shuttle Secondary Payload Priority." *Experimental Economics* 2, no. 3:

173–195.

Levins, Richard. 1966. "The Strategy of Model Building in Population Biology." *American Scientist* 54: 421–431.

Levinthal, Daniel A. 1997. "Adaptation on Rugged Landscapes." *Management Science* 43: 934–950.

Levinthal, Daniel. 1991. "RandomWalks and Organizational Mortality." *Administrative Science Quarterly* 36, no. 3: 397–420.

Levitt, Steven, and Stephen Dubner. 2009. *SuperFreakonomics: Global Cooling, Patriotic Prostitutes, and Why Suicide Bombers Should Buy Life Insurance.* New York: William Morrow.

Lewis, Michael. 2014. *Flash Boys: A Wall Street Revolt.* New York: W. W. Norton.

Limpert, Eckhard, Werner A. Stahel, and Markus Abbt. 2001. "Log-normal Distributions Across the Sciences: Keys and Clues." *BioScience* 51, no. 5: 341–352.

Little, Daniel. 1998. *Microfoundations, Method, and Causation: On the Philosophy of the Social Sciences.* Piscataway, NJ: Transaction Publishers.

Lo, Andrew W., and A. Craig MacKinlay. 2007. *A Non-Random Walk Down Wall Street.* Princeton, NJ: Princeton University Press.

Lo, Andrew W. 2012. "Reading About the Financial Crisis: A Twenty-One- Book Review." *Journal of Economic Literature* 50, no. 1: 151–178.

Lucas, Robert. 1976. "Econometric Policy Evaluation: A Critique." In *The Phillips Curve and Labor Markets,* ed. K. Brunner and A. Meltzer, 19– 46. Carnegie-Rochester Conference Series on Public Policy 1. New York: Elsevier.

Lucking-Reiley, David. 1999. "Using Field Experiments to Test Equivalence Between Auction Formats: Magic on the Internet." *American Economic Review* 89, no. 5: 1063–1080.

MacKenzie, Debora. 2012. "Boom and Doom: Revisiting Prophecies of Collapse." *New Scientist*, January.

Mannes, Albert E., Jack B. Soll, and Richard P. Larrick. 2014. "The Wisdom of Select Crowds." *Journal of Personality and Social Psychology* 107: 276–299.

Markowitz, Harold M. 1952. "Portfolio Selection." *Journal of Finance* 7, no. 1: 77–91.

Markus, Greg B. 1988. "The Impact of Personal and National Economic Conditions on the Presidential Vote: A Pooled Cross-Sectional Analysis." *American Journal of Political Science* 32: 137–154.

Martin, Andrew D., and Kevin M. Quinn. 2002. "Dynamic Ideal Point Estimation via Markov Chain Monte Carlo for the U.S. Supreme Court, 1953–1999." *Political Analysis* 10: 134–153.

Martin, Francis, et al. 2008. "The Genome of *Laccaria bicolor* Provides Insights into Mycorrhizal Symbiosis." *Nature* 452: 88–92.

Martinez Peria, Maria Soledad, Giovanni Majnoni, Matthew T. Jones, and Winfrid Blaschke. 2001. "Stress Testing of Financial Systems: An Overview of Issues, Methodologies, and

FSAP Experiences." IMF Working Paper no. 01/88.

Mas-Colell, Andreu, Michael D. Whinston, and Jerry R. Green. 1994. *Microeconomic Theory.* New York: Oxford University Press.

Mauboussin, Michael. 2012. *The Success Equation: Untangling Skill and Luck in Business*. Cambridge, MA: Harvard University Press.

May, Robert M., Simon A. Levin, and George Sugihara. 2008. "Ecology for Bankers." *Nature* 451: 893–895.

McCarty, Nolan. 2011. "Measuring Legislative Preferences." In *Oxford Handbook of Congress,* ed. Eric Schickler and Frances Lee. New York: Oxford University Press.

McCarty, Nolan, and Adam Meirowitz. 2014. *Political Game Theory: An Introduction*. Cambridge: Cambridge University Press.

McKelvey, Richard. 1979. "General Conditions for Global Intransitivities in Formal Voting Models." *Econometrica* 47: 1085–1112.

McPhee, William N. 1963. *Formal Theories of Mass Behaviour.* New York: Free Press of Glencoe.

Meadows, D., G. Meadows, J. Randers, and W. W. Behrens III. 1972. *The Limits to Growth.* New York: Universe Books.

Medin, Douglas, Will Bennis, and Michel Chandler. 2010. "The Home-Field Disadvantage." *Perspectives on Psychological Science* 5, no. 6: 708–713.

Merriam, Daniel F., and John C. Davis. 2009. "Using Zipf's Law to Predict Future Earthquakes in Kansas." *Transactions of the Kansas Academy of Science* 112, nos. 1&2: 127–129.

Merton, Robert C. 1969. "Lifetime Portfolio Selection Under Uncertainty: The Continuous-Time Case." *Review of Economics and Statistics* 51, no. 3: 247–257.

Merton, Robert K. 1963. "Resistance to the Systematic Study of Multiple Discoveries in Science." *European Journal of Sociology* 4, no. 2: 237–282.

Milgrom, Paul, and John Roberts. 1986. "Pricing and Advertising Signals of Product Quality." *Journal of Political Economy* 94, no. 4: 796–821.

Miller, John H. 1998. "Active Nonlinear Tests (ANTs) of Complex Simulation Models." *Management Science* 44, no. 6: 820–830.

Miller, John H. 2015. *A Crude Look at the Whole*. New York: Basic Books.

Miller, John H., and Scott E. Page. 2004. "The Standing Ovation Problem." *Complexity* 9, no. 5: 8–16.

Miller, John H., and Scott E. Page. 2007. *Complex Adaptive Systems: An Introduction to Computational Models of Social Life*. Princeton, NJ: Princeton University Press.

Miller, Joshua B., and Adam Sanjurjo. 2015. "Surprised by the Gambler's and Hot Hand Fallacies: A Truth in the Law of Small Numbers." IGIER Working Paper no. 552.

Mitchell, Melanie. 1996. *An Introduction to Genetic Algorithms*. Cambridge, MA: MIT Press.

Mitchell, Melanie. 2009. *Complexity: A Guided Tour.* Oxford: Oxford University Press.

Mlodinow, Leonard. 2009. *The Drunkard's Walk: How Randomness Rules Our Lives.* New

York: Penguin.

Mokyr, Joel. 2002. *The Gifts of Athena: Historical Origins of the Knowledge Economy.* Princeton, NJ: Princeton University Press.

Morgan, John, and Tanjim Hossain. 2006. ". . . Plus Shipping and Handling: Revenue (Non) Equivalence in Field Experiments on eBay." *Advances in Economic Analysis & Policy* 6, no. 2: 3.

Moss-Racusin, Corinne, John F. Dovidio, Victoria L. Brescoll, Mark J. Graham, and Jo Handelsman. 2012. "Science Faculty's Subtle Gender Biases Favor Male Students." *Proceedings of the National Academy of Sciences.* 1647–1649.

Munger, Charles. 1994. "A Lesson on Elementary, Worldly Wisdom as It Relates to Investment Management & Business." University of Southern California Business School.

Murphy, Kevin M., and Robert H. Topel. 2016. "Human Capital Investment, Inequality and Growth." *Journal of Labor Economics* 34: 99–127.

Murray, J. D. 1988. "Mammalian Coat Patterns: How the Leopard Gets Its Spots." *Scientific American* 256: 80–87.

Myerson, Roger B. 1999. "On the Value of Game Theory in Social Science." *Rationality and Society* 4: 62–73.

Myerson, Roger B. 1999. "Nash Equilibrium and the History of Economic Theory." *Journal of Economic Literature* 37, no. 3: 1067–1082.

Nagel, Rosemarie. 1995. "Unraveling in Guessing Games: An Experimental Study." *American Economic Review* 85, no. 5: 1313–1326.

Newman, Mark E. 2005. "Power Laws, Pareto Distributions and Zipf's Law." *Contemporary Physics* 46: 323–351.

Newman, Mark E. 2010. *Networks: An Introduction.* Oxford: Oxford University Press.

Nowak, Martin. 2006. "Five Rules for the Evolution of Cooperation." *Science* 314, no. 5805: 1560–1563.

Nowak, Martin A., and Karl Sigmund. 1998. "Evolution of Indirect Reciprocity by Image Scoring." *Nature* 393: 573–577.

Olson, Mancur. 1965. *The Logic of Collective Action: Public Goods and the Theory of Groups.* Cambridge, MA: Harvard University Press.

O'Neil, Cathy 2016. *Weapons of Math Destruction: How Big Data Increases Inequality and Threatens Democracy.* New York, NY: Crown.

Open Science Collaboration. 2015. "Estimating the Reproducibility of Psychological Science." *Science* 349: 6251.

Organization for Economic Co-operation and Development. 1996. *The Knowledge Based Economy.* Paris: OECD.

Ormerod, Paul. 2012. *Positive Linking: How Networks Can Revolutionise the World.* London: Faber and Faber.

Ostrom, Elinor. 2004. *Understanding Institutional Diversity.* Princeton, NJ: Princeton

University Press.

Ostrom, Elinor. 2010. "Beyond Markets and States: Polycentric Governance of Complex Economic Systems." *Transnational Corporations Review* 2, no. 2: 1–12.

Ostrom, Elinor, Marco A. Janssen, and John M. Anderies. 2007. "Going Beyond Panaceas." *Proceedings of the National Academy of Sciences* 104: 15176–15178.

Ostrovsky, Michael, Benjamin Edelman, and Michael Schwarz. 2007. "Internet Advertising and the Generalized Second Price Auction: Selling Billions of Dollars Worth of Keywords." *American Economic Review* 97, no. 1: 242–259.

Paarsch, Harry J., and Bruce S. Shearer. 1999. "The Response of Worker Effort to Piece Rates: Evidence from the British Columbia Tree-Planting Industry." *Journal of Human Resources* 34, no. 4: 643–667.

Packer, Craig, and Anne E. Pusey. 1997. "Divided We Fall: Cooperation Among Lions." *Scientific American,* May, 52–59.

Paczuski, Maya, and Kai Nagel. 1996. "Self-Organized Criticality and 1/ f Noise in Traffic." arXiv: cond-mat/9602011.

Page, Scott E. 1997. "An Appending Efficient Algorithm for Allocating Public Projects with Complementarities," *Journal of Public Economics* 64, no 3: 291–322.

Page, Scott E. 2001. "Self Organization and Coordination." *Computational Economics* 18: 25–48.

Page, Scott E. 2006. "Essay: Path Dependence." *Quarterly Journal of Political Science* 1: 87–115.

Page, Scott E. 2007. *The Difference: How the Power of Diversity Creates Better Groups, Teams, Schools, and Societies*. Princeton, NJ: Princeton University Press.

Page, Scott E. 2010a. *Diversity and Complexity*. Princeton, NJ: Princeton University Press.

Page, Scott E. 2010b. "Building a Science of Economics for the Real World." Presentation to the House Committee on Science and Technology Subcommittee on Investigations and Oversight, July 20.

Page, Scott E. 2012. "A Complexity Perspective on Institutional Design." *Politics, Philosophy and Economics* 11: 5–25.

Page, Scott E. 2017. *The Diversity Bonus*. Princeton, NJ: Princeton University Press.

Pan, Jessica. 2014. " Gender Segregation in Occupations: The Role of Tipping and Social Interactions." *Journal of Labor Economics* 33, no. 2: 365–408.

Parrish, Susan Scott. 2017. *The Flood Year 1927: A Cultural History*. Princeton, NJ: Princeton University Press.

Parsa, H. G., John T. Self, David Njite, and Tiffany King. 2005. "Why Restaurants Fail." *Cornell Hospitality Quarterly* 46, no. 3: 304–322.

Patel, Kayur, Steven Drucker, James Fogarty, Ashish Kapoor, and Desney Tan. 2011. "Using Multiple Models to Understand Data." *Proceedings of the International Joint Conference on Artificial Intelligence*, 1723-1728.

Peel, L., and A. Clauset. 2014. "Predicting Sports Scoring Dynamics with Restoration and Anti-Persistence." *Proceedings of the International Conference on Data Mining*. Philadelphia: SIAM.

Pfeffer, Fabian T., and Alexandra Killewald. 2017. "Generations of Advantage: Multigenerational Correlations in Family Wealth." *Social Forces,* 1–31.

Piantadosi, Steven. 2014. "Zipf'sWord Frequency Law in Natural Language: A Critical Review and Future Directions." *Psychonomic Bulletin & Review* 21, no. 5: 1112–1130.

Pierson, Paul. 2004. *Politics in Time: History, Institutions, and Social Analysis*. Princeton, NJ: Princeton University Press.

Piketty, Thomas. 2014. *Capital in the 21st Century.* Trans. Arthur Goldhammer. Cambridge, MA: Belknap Press.

Pollack, John. 2014. *Shortcut: How Analogies Reveal Connections, Spark Innovation, and Sell Our Greatest Ideas.* New York: Gotham.

Poole, Keith T., and Howard Rosenthal. 1984. "A Spatial Model for Legislative Roll Call Analysis." *American Journal of Political Science* 29, no. 2: 357–384.

Porter, David, and Vernon Smith. 2007. "FCC Spectrum Auction Design: A 12-Year Experiment." *Journal of Law, Economics, and Policy* 3, no. 1: 63–80.

Powell, Robert. 1991. "Absolute and Relative Gains in International Relations Theory." *American Political Science Review* 85, no. 4: 1303–1320.

Przeworski, Adam, Jose Antonio Cheibub, Michael E. Alvarez, and Fernando Limongi. 2000. *Democracy and Development: Political Institutions and Material Well-Being in the World, 1950–1990.* Cambridge: Cambridge University Press.

Raby, Fiona. 2001. *Design Noir: The Secret Life of Electronic Objects*. Basel: Birkhauser.

Ramo, Joshua Cooper. 2016. *The Seventh Sense: Power, Fortune, and Success, in the Age of Networks.* New York: Little, Brown and Company.

Rand, David G., Hisashi Ohtsukia, and Martin A. Nowak. 2009. "Direct Reciprocity with Costly Punishment: Generous Tit-for-Tat Prevails." *Journal of Theoretical Biology* 256, no. 1: 45–57.

Rapoport, Anatol. 1978. "Reality-Simulation: A Feedback Loop." *Sociocybernetics,* 123–141.

Rauch, Jeffrey. 2012. *Hyperbolic Partial Differential Equations and Geometric Optics.* Graduate Studies in Mathematics. Providence, RI: American Mathematical Society.

Rawls, John. 1971. *A Theory of Justice*. Cambridge, MA: Harvard University Press.

Rescorla, Robert, and Allan Wagner. 1972. "A Theory of Pavlovian Conditioning: Variations in the Effectiveness of Reinforcement and Nonreinforcement." In *Classical Conditioning II,* ed. A. H. Black and W. F. Prokasy, 64–99. New York: Appleton-Century-Crofts.

Reynolds, Noel B., and Arlene Saxonhouse. 1994. *Three Discourses.* Chicago: University of Chicago Press.

Roberts, D. C., and D. L. Turcotte. 1998. "Fractality and Self-Organized Criticality of Wars." *Fractals* 6: 351–357.

Roberts, Seth. 2004. "Self-Experimentation as a Source of New Ideas: Ten Examples

About Sleep, Mood, Health, and Weight." *Behavioral and Brain Sciences* 27, no. 2: 227–262

Romer, Paul. 1986. "Increasing Returns and Long-Run Growth." *Journal of Political Economy* 94: 1002–1037.

Rosen, Sherwin. 1981. "The Economics of Superstars." *American Economic Review* 71: 845–858.

Roth, Alvin, and Ido Erev. 1995. "Learning in Extensive Form Games: Experimental Data and Simple Dynamic Models in the Intermediate Term." *Games and Economics Behavior* 8: 164–212.

Russakoff, Dale. 2015. *The Prize: Who's in Charge of America's Schools?* Boston: Houghton Mifflin Harcourt.

Rust, Jon. 1987. "Optimal Replacement of GMC Bus Engines: An Empirical Model of Harold Zurcher." *Econometrica* 55, no. 5: 999–1033.

Ryall, Michael D., and Aaron Bramson *Inference and Intervention: Causal Models for Business Analysis.* New York: Routledge.

Salganik, Matthew, Peter Dodds, and Duncan J.Watts. 2006. "Experimental Study of Inequality and Unpredictability in an Artificial Cultural Market." *Science* 311: 854–856.

Samuelson, Paul. 1964. "Proof That Properly Anticipated Prices Fluctuate Randomly." *Industrial Management Review* 6: 41–49.

Schiller, Robert. 2004. *Irrational Exuberance.* 2nd ed. Princeton, NJ: Princeton University Press.

Schrodt, Philip. 1998. "Pattern Recognition of International Crises Using Hidden Markov Models." In *Non-Linear Models and Methods in Political Science,* ed. Diana Richards. Ann Arbor: University of Michigan Press.

Schwartz, Christine R., and Robert D. Mare. 2004. "Trends in Educational Assortative Marriage from 1940 to 2003." *Demography* 42, no. 4: 621– 646.

Schelling, Thomas. 1978. *Micromotives and Macrobehavior*. New York: W. W. Norton.

Scott, Steven L. 2010. "A Modern Bayesian Look at the Multi-Armed Bandit." *Applied Stochastic Models in Business and Industry* 26: 639–658.

Shalizi, Cosma, and Andrew C. Thomas. 2011. "Homophily and Contagion Are Generically Confounded in Observational Social Network Studies." *Sociological Methods and Research* 40: 211–239.

Shapiro, Thomas, Tatjana Meschede, and Sam Osoro. 2013. "The Roots of theWidening RacialWealth Gap: Explaining the Black-White Economic Divide." Research and Policy Brief, Institute on Assets and Social Policy, Brandeis University, Waltham, MA.

Shi, Xiaolin, Lada A. Adamic, Belle L. Tseng, and Gavin S. Clarkson. 2009. "The Impact of Boundary Spanning Scholarly Publications and Patents." *PLoS ONE* 4, no. 8: e6547.

Silver, Nate. 2012. *The Signal and the Noise: Why So Many Predictions Fail— but Some Don't.* New York: Penguin.

Simler, Kevin, and Robin Hanson. 2018. *The Elephant in the Brain: Hidden Motives in*

Everyday Life. Oxford: Oxford University Press.

Simmons, Matthew, Lada Adamic, and Eytan Adar. 2011. "Memes Online: Extracted, Subtracted, Injected, and Recollected." Paper presented at the International Conference on Web and Social Media.

Slaughter, Ann Marie. 2017. *The Chessboard and the Web: Strategies of Connection in a Networked World*. New Haven, CT: Yale University Press.

Smaldino, Paul. 2013. "Measures of Individual Uncertainty for Ecological Models: Variance and Entropy." *Ecological Modelling* 254: 50–53.

Small, Dana M., Robert J. Zatorre, Alain Dagher, Alan C. Evans, and Marilyn Jones-Gotman. 2001. "Changes in Brain Activity Related to Eating Chocolate: From Pleasure to Aversion." *Brain* 124, no. 9: 1720–1733.

Smith, Eric, Rebecca Bliege Bird, and D. Bird. 2003. "The Benefits of Costly Signaling: Meriam Turtle Hunters." *Behavioral Ecology* 14: 116–126.

Smith, Vernon. 2002. "Constructivist and Ecological Rationality." Nobel Prize lecture.

Sneppen, Kim, Per Bak, Henrik Flyvbjerg, and Mogens Jensen. 1994. "Evolution as a Self-Organized Critical Phenomenon." *Proceedings of the National Academy of Sciences* 92: 5209–5213.

Solow, Robert M. 1956. "A Contribution to the Theory of Economic Growth." *Quarterly Journal of Economics* 70, no. 1: 65–94.

Spence, A. Michael. 1973. "Job Market Signaling." *Quarterly Journal of Economics* 87, no. 3: 355–374.

Squicciarini, Mara, and Nico Voigtländer. 2015. "Human Capital and Industrialization: Evidence from the Age of Enlightenment." *Quarterly Journal of Economics* 30, no. 4: 1825–1883.

Starfield, Anthony, Karl Smith, and Andrew Bleloch. 1994. *How to Model It: Problem Solving for the Computer Age*. Minneapolis, MN: Burgess International.

Stein, Richard A. 2011. "Superspreaders in Infectious Diseases." *International Journal of Infectious Diseases* 15, no. 8: e510–e513.

Sterman, John D. 2000. *Business Dynamics: Systems Thinking and Modeling for a Complex World*. New York: McGraw-Hill.

Sterman, John. 2006. "Learning from Evidence in a ComplexWorld." *American Journal of Public Health* 96, no. 3: 505–515.

Stiglitz, Joseph. 2013. *The Price of Inequality: How Today's Divided Society Endangers Our Future*. New York: W. W. Norton.

Stock, James H., and Mark W. Watson. 2003. "Has the Business Cycle Changed and Why?" In *National Bureau of Economic Research Macroeconomics Annual 2002*, vol. 17, ed. Mark Gertler and Kenneth Rogoff, 159–218. Cambridge, MA: MIT Press.

Stone, Lawrence D., Colleen M. Keller, Thomas M. Kratzke, and Johan P. Strumpfer. 2014. "Search for theWreckage of Air France Flight AF 447." *Statistical Science* 29, no. 1: 69–80.

Storchmann, Karl. 2011. "Wine Economics: Emergence, Developments, Topics." *Agrekon* 50, no. 3: 1–28.

Suki, Bela, and Urs Frey. 2017. "A Time Varying Biased RandomWalk Model of Growth: Application to Height from Birth to Childhood." *Journal of Critical Care* 38: 362–370.

Suroweicki, James. 2006. *The Wisdom of Crowds*. New York: Anchor Press.

Syverson, Chad. 2007. "Prices, Spatial Competition, and Heterogeneous Producers: An Empirical Test." *Journal of Industrial Economics* 55, no. 2: 197–222.

Taleb, Nassim. 2001. *Fooled by Randomness*. New York: Random House.

Taleb, Nassim. 2007. *The Black Swan: The Impact of the Highly Improbable*. New York: Random House.

Taleb, Nassim. 2012. *Antifragile: Things That Gain from Disorder*. New York: Random House.

Tassier, Troy. 2013. *The Economics of Epidemiology.* Amsterdam: Springer.

Tetlock, Phillip. 2005. *Expert Political Judgment: How Good Is It? How Can We Know?* Princeton, NJ: Princeton University Press.

Thaler, R. H. 1981. "Some Empirical Evidence on Dynamic Inconsistency." *Economic Letters* 8, no. 3: 201–207.

Thompson, Derek. 2014. "How You, I, and Everyone Got the Top 1 Percent All Wrong: Unveiling the Real Story Behind the Richest of the Rich." *Atlantic,* March 30.

Thorndike, Edward L. 1911. *Animal Intelligence.* New York: Macmillan.

Tilly, Charles. 1998. *Durable Inequality.* Berkeley: University of California Press.

Tsebelis, George. 2002. *Veto Players: How Political InstitutionsWork.* Princeton, NJ: Princeton University Press.

Turchin, Peter. 1998. *Quantitative Analysis of Movement: Measuring and Modeling Population Redistribution in Animals and Plants.* Sunderland, MA: Sinauer Associates.

Tweedle, Valerie, and Robert J. Smith. 2012. "A Mathematical Model of Bieber Fever: The Most Infectious Disease of Our Time?" In *Understanding the Dynamics of Emerging and Re-Emerging Infectious Diseases Using Mathematical Models,* ed. Steady Mushayabasa and Claver P. Bhunu. Cham, Switzerland: Springer.

Ugander, Johan, Brian Karrer, Lars Backstrom, and Cameron Marlow. 2011. "The Anatomy of the Facebook Social Graph." arXiv:1111.4503.

Updike, John. 1960. "Hub Fans Bid Adieu." *New Yorker,* October 22.

US Bureau of Labor Statistics. 2013. *Consumer Expenditures in 2011*. Report 1042, April. Washington, DC: BLS.

Uzzi, Brian, Satyam Mukherjee, Michael Stringer, and Ben Jones. 2013. "Atypical Combinations and Scientific Impact." *Science* 342: 468–471.

Van Noorden, Richard. 2015. "Interdisciplinary Research by the Numbers." *Nature,* September 16.

von Neumann, John, and Morgenstern, Oskar. 1953. *Theory of Games and Economic Behavior.* Princeton, NJ: Princeton University Press.

Vriend, Nicolaas J. 2000. "An Illustration of the Essential Difference Between Individual and Social Learning, and Its Consequences for Computational Analyses." *Journal of Economic Dynamics and Control* 24: 1– 19.

Wainer, Howard. 2009. *Picturing the UncertainWorld.* Princeton, NJ: Princeton University Press.

Wakeland, W., A. Nielsen, and P. Geissert. 2015. "Dynamic Model of Nonmedical Opioid Use Trajectories and Potential Policy Interventions." *American Journal of Drug and Alcohol Abuse* 41, no. 6: 508–518.

Waltz, Kenneth. 1979. *Theory of International Politics*. New York: McGraw- Hill.

Washington Post. 2012. "Mad Money: TV Ads in the 2012 Presidential Campaign." http://www.washingtonpost.com/wp-srv/special/politics /track-presidential-campaign-ads-2012.

Watts, Duncan. 2011. *Everything Is Obvious Once You Know the Answer*. New York: Crown Business.

Watts, Duncan, and Steven Strogatz. 1998. "Collective Dynamics of 'Small- World' Networks." *Nature* 393, no. 6684: 440–442.

Weisberg, Michael. 2007. "Three Kinds of Idealization." *Journal of Philosophy* 104, no. 12: 639–659.

Weisberg, Michael. 2012. *Simulation and Similarity: Using Models to Understand the World.* Oxford: Oxford University Press.

Weisberg, Michael, and Muldoon, Ryan. 2009. "Epistemic Landscapes and the Division of Cognitive Labor." *Philosophy of Science* 76, no. 2: 225– 252.

Weitzman, Martin L. 1979. "Optimal Search for the Best Alternative." *Econometrica* 77: 641–654.

Weitzman, Martin L. 1998. "Recombinant Growth." *Quarterly Journal of Economics* 2: 331–361.

Wellman, Michael. 1990. "Fundamental Concepts of Qualitative Probabilistic Networks." *Artificial Intelligence* 44: 257–303.

Wellman, Michael. 2013. "Head to Head: Does US High-Frequency Trading Need Stricter Regulatory Oversight? (YES)." *International Financial Law Review,* September.

West, Geoffrey. 2017. *Scale: The Universal Laws of Growth, Innovation, Sustainability, and the Pace of Life in Organisms, Cities, Economies, and Companies*. New York: Penguin.

Whittle, Peter. 1979. "Discussion of Dr Gittins' Paper." *Journal of the Royal Statistical Society, Series B* 41, no. 2: 148–177.

Whitty, Robin W. 2017. "Some Comments on Multiple Discovery in Mathematics." *Journal of Humanistic Mathematics* 7, no. 1: 172–188.

Wigner, Eugene. 1960. "The Unreasonable Effectiveness of Mathematics in the Natural Sciences." *Communications in Pure and Applied Mathematics* 13, no. 1.

Wilkinson, Richard, and Kate Pickett. 2009. *The Spirit Level: Why Greater Equality Makes Societies Stronger*. London: Bloomsbury.

Wilson, David Sloan. 1975. "A Theory of Group Selection." *Proceedings of the National Academy of Sciences* 72, no. 1: 143–146.

Wolfram, Stephen. 2001. *A New Kind of Science*. Champaign, IL: Wolfram Media.

Wright, Robert. 2001. *Nonzero: The Logic of Human Destiny.* New York: Vintage.

Wu, Jianzhong, and Robert Axelrod. 1995. "How to Cope with Noise in the Iterated Prisoner's Dilemma." *Journal of Conflict Resolution* 39, no. 1: 183–189.

Wuchty, Stefan, Benjamin F. Jones, and Brian Uzzi. 2007. "The Increasing Dominance of Teams in the Production of Knowledge." *Science* 316, no. 5827: 1036–1039.

Xie, Yu. 2007. "Otis Dudley Duncan's Legacy: The Demographic Approach to Quantitative Reasoning in Social Science." *Research in Social Stratification and Mobility* 25: 141–156.

Xie, Yu, Alexandra Killewald, and Christopher Near. 2016. "Between- and Within-Occupation Inequality: The Case of High Status Professions." *Annals of the American Academy of Political and Social Science* 663, no. 1: 53–79.

Youn, Hyejin, Deborah Strumsky, Luis Bettencourt, and José Lobo. 2015. "Inventions as a Combinatorial Process: Evidence From US Patents." *Journal of the Royal Society Interfaces* 12: 0272.

Zagorsky, Jay. 2007. "Do You Have to Be Smart to Be Rich? The Impact of IQ onWealth, Income and Financial Distress." *Intelligence* 35: 489–501.

Zahavi, Amotz. 1974. "Mate Selection: A Selection for a Handicap." *Journal of Theoretical Biology* 53, no. 1: 205–214.

Zak, Paul, and Stephen Knack. 2001. "Trust and Growth." *Economic Journal* 111, no. 470: 295–321.

Zaretsky, Adam. 1998. "Have Computers Made Us More Productive? A Puzzle." *Regional Economist,* Federal Reserve Bank of St. Louis.

Ziliak, Stephen T., and Deirdre N. McCloskey. 2008. *The Cult of Statistical Significance: How the Standard Error Costs Us Jobs, Justice, and Lives.* Ann Arbor: University of Michigan Press.

未来，属于终身学习者

我这辈子遇到的聪明人（来自各行各业的聪明人）没有不每天阅读的——没有，一个都没有。巴菲特读书之多，我读书之多，可能会让你感到吃惊。孩子们都笑话我。他们觉得我是一本长了两条腿的书。

——查理·芒格

互联网改变了信息连接的方式；指数型技术在迅速颠覆着现有的商业世界；人工智能已经开始抢占人类的工作岗位……

未来，到底需要什么样的人才？

改变命运唯一的策略是你要变成终身学习者。未来世界将不再需要单一的技能型人才，而是需要具备完善的知识结构、极强逻辑思考力和高感知力的复合型人才。优秀的人往往通过阅读建立足够强大的抽象思维能力，获得异于众人的思考和整合能力。未来，将属于终身学习者！而阅读必定和终身学习形影不离。

很多人读书，追求的是干货，寻求的是立刻行之有效的解决方案。其实这是一种留在舒适区的阅读方法。在这个充满不确定性的年代，答案不会简单地出现在书里，因为生活根本就没有标准确切的答案，你也不能期望过去的经验能解决未来的问题。

而真正的阅读，应该在书中与智者同行思考，借他们的视角看到世界的多元性，提出比答案更重要的好问题，在不确定的时代中领先起跑。

湛庐阅读 App：与最聪明的人共同进化

有人常常把成本支出的焦点放在书价上，把读完一本书当作阅读的终结。其实不然。

时间是读者付出的最大阅读成本

怎么读是读者面临的最大阅读障碍

"读书破万卷"不仅仅在"万"，更重要的是在"破"！

现在，我们构建了全新的"湛庐阅读"App。它将成为你"破万卷"的新居所。在这里：

● 不用考虑读什么，你可以便捷找到纸书、电子书、有声书和各种声音产品；

● 你可以学会怎么读，你将发现集泛读、通读、精读于一体的阅读解决方案；

● 你会与作者、译者、专家、推荐人和阅读教练相遇，他们是优质思想的发源地；

● 你会与优秀的读者和终身学习者为伍，他们对阅读和学习有着持久的热情和源源不绝的内驱力。

从单一到复合，从知道到精通，从理解到创造，湛庐希望建立一个"与最聪明的人共同进化"的社区，成为人类先进思想交汇的聚集地，与你共同迎接未来。

与此同时，我们希望能够重新定义你的学习场景，让你随时随地收获有内容、有价值的思想，通过阅读实现终身学习。这是我们的使命和价值。

本书阅读资料包

给你便捷、高效、全面的阅读体验

本书参考资料

- ☑ **参考文献**
  为了环保、节约纸张，部分图书的参考文献以电子版方式提供

- ☑ **主题书单**
  编辑精心推荐的延伸阅读书单，助你开启主题式阅读

- ☑ **图片资料**
  提供部分图片的高清彩色原版大图，方便保存和分享

相关阅读服务

- ☑ **电子书**
  便捷、高效，方便检索，易于携带，随时更新

- ☑ **有声书**
  保护视力，随时随地，有温度、有情感地听本书

- ☑ **精读班**
  2~4周，最懂这本书的人带你读完、读懂、读透这本好书

- ☑ **课　程**
  课程权威专家给你开书单，带你快速浏览一个领域的知识概貌

- ☑ **讲　书**
  30分钟，大咖给你讲本书，让你挑书不费劲

湛庐编辑为你独家呈现
助你更好获得书里和书外的思想和智慧，请扫码查收！

（阅读资料包的内容因书而异，最终以湛庐阅读App页面为准）

湛庐阅读 App

思想者的
声音图书馆

倡导亲自阅读

不逐高效，提倡大家亲自阅读，通过独立思考领悟一本书的妙趣，把思想变为己有。

阅读体验一站满足

不只是提供纸质书、电子书、有声书，更为读者打造了满足泛读、通读、精读需求的全方位阅读服务产品 —— 讲书、课程、精读班等。

以阅读之名汇聪明人之力

第一类是作者，他们是思想的发源地；第二类是译者、专家、推荐人和教练，他们是思想的代言人和诠释者；第三类是读者和学习者，他们对阅读和学习有着持久的热情和源源不绝的内驱力。

CHEERS

以一本书为核心

遇见书里书外，更大的世界

有声书

随时随地，有温度、
有感情地听本书

纸质书

湛庐纸书一站购买
还有读者专享福利

精 读

2~4周，带你读完、
读懂、读透一本好书

电子书

最新最全的湛庐电子书
随时随地亲自阅读

讲书

30分钟
大咖给你讲本书
让你挑书不费劲

延伸阅读

编辑精心制作的内容拓展
测试、视频、注释、参考文献
只为优化你的体验

课 程

权威专家带你快速浏览
一个领域的知识概貌

专 题

主题式阅读书单
让你与更多好书相遇